抗生素污染控制技术与原理

姚 宏 孙佩哲 著

科学出版社
北京

内 容 简 介

  本书系统总结了作者近年来对抗生素污染控制的研究与认识。全书共有 5 章，重点介绍抗生素的分类与使用、污染特性、危害与风险等；论述基于 UV 的抗生素水污染控制技术、原理及应用，包括 UV/H_2O_2 技术、UV/过硫酸盐技术、UV/自由氯技术、UV/氯胺技术、UV/PAA 技术和光催化陶瓷膜技术等；以及生物炭的抗生素水污染控制技术、原理及应用，包括生物炭/H_2O_2 技术、生物炭/过硫酸盐技术和生物炭/氯胺技术等。对抗生素制药污泥污染控制技术、原理及应用，包括臭氧-厌氧消化工艺、热水解-厌氧消化工艺、臭氧/热水解-厌氧消化工艺等进行详细说明；并结合目前的抗生素环境行为及污染防治技术研究现状，提出该领域的研究热点和发展方向。

  本书可作为高等院校师生的教材或教学参考书，也可作为环境工作从业者、教育工作者、科研工作者的参考资料。

图书在版编目（CIP）数据

抗生素污染控制技术与原理/姚宏, 孙佩哲著. —北京：科学出版社，2020.4
ISBN 978-7-03-064482-4

Ⅰ.①抗⋯ Ⅱ.①姚⋯ ②孙⋯ Ⅲ.①抗菌素–环境污染–研究 Ⅳ.①X501

中国版本图书馆 CIP 数据核字(2020)第 030308 号

责任编辑：朱 丽 郭允允 付林林 / 责任校对：樊雅琼
责任印制：吴兆东 / 封面设计：图阅盛世

科学出版社出版
北京东黄城根北街 16 号
邮政编码：100717
http://www.sciencep.com

北京虎彩文化传播有限公司印刷
科学出版社发行 各地新华书店经销
*

2020 年 4 月第 一 版 开本：787×1092 1/16
2024 年 4 月第二次印刷 印张：21 1/4
字数：503 000
定价：**168.00 元**
(如有印装质量问题，我社负责调换)

前　言

抗生素在保障人类健康和促进畜牧业发展等方面发挥着重要作用，但由于过度使用所引起的环境污染问题对生态系统和人类健康造成极大的潜在风险，特别是抗生素耐药菌和抗性基因的出现已成为当前威胁人类健康的最大挑战之一。我国是全球抗生素生产和使用的第一大国。人类日常生活、畜禽水产养殖、制药生产、医院等产生的污水如不经有效处理，残留的抗生素会进入河流、土壤等环境介质中，加大土壤和水资源环境中微生物的耐药性，再次诱导抗生素抗性基因，并通过食物链导致耐药菌传播，最终影响人类的健康。因此，抗生素污染引发的环境问题亟待引起政府和民众的高度重视。

作为一种新型污染物，抗生素种类繁多、组成复杂、结构与性质不同于传统污染物，传统的研究方法或理论模型难以预测或解释其环境行为，这给抗生素的削减与控制带来巨大挑战。因此，加强对抗生素的分析手段、环境行为、生态与健康风险及控制技术的深入研究，推动相关理论水平的提高、带动相关技术和方法的创新，是保障居民身体健康和区域生态环境安全的迫切需求与必经之路。尤其是抗生素及其导致耐药菌污染防控措施、技术与原理等问题已成为国内外学者近些年的研究热点。

本书总结了北京交通大学姚宏课题组及天津大学孙佩哲课题组近年在抗生素污染控制方面的研究，重点介绍了基于紫外系列耦合技术、基于生物炭吸附催化技术、臭氧催化、热水解与厌氧消化组合技术对抗生素和抗性基因的控制效能，阐释了处理工艺中的化学生物转化机理，并提供了能耗分析方法和效能预测模型，以期为抗生素污染的阻控提供可行的技术方案。

本书第 1 章和第 4 章由姚宏撰写，第 2 章、第 3 章由姚宏和孙佩哲共同撰写，第 5 章由孙佩哲撰写，全书由姚宏统稿。在本书的编写过程中，参考了国内外许多专家学者的经验和文献资料，书中重要科研数据支撑材料和资料整理工作得到课题组硕士生、博士生的帮助。本书出版获得北京高等学校卓越青年科学家计划（BJJWZYJH01201910004016）的资金支持，对此一并表示衷心感谢。

由于本书涉及内容较多，科学研究日新月异，而编者水平和精力有限，一些最新成果如有遗漏或反映不足，敬请读者批评指正，以便我们在后续工作中加以改进和完善。

作　者

2019 年 12 月

本书所涉及彩图及内容信息请扫描右侧二维码扩展阅读。

目　　录

前言
第1章　绪论 ·· 1
  1.1　抗生素概述 ·· 1
    1.1.1　抗生素的分类 ··· 1
    1.1.2　抗生素的作用机理 ··· 3
    1.1.3　抗生素的生产 ··· 4
    1.1.4　抗生素的使用 ··· 5
  1.2　抗生素的污染特性及危害 ··· 14
    1.2.1　主要污染途径 ·· 14
    1.2.2　国内外污染现状 ··· 15
    1.2.3　危害与风险 ··· 18
  参考文献 ·· 19
第2章　基于紫外光催化的抗生素水污染控制技术 ······································ 23
  2.1　基于紫外光催化的高级氧化技术基本原理 ·· 23
    2.1.1　概述 ·· 23
    2.1.2　UV/H_2O_2 ··· 23
    2.1.3　UV/PDS 和 UV/PMS ··· 28
    2.1.4　UV/FC ··· 30
    2.1.5　UV/NH_2Cl ·· 32
    2.1.6　UV/PAA ··· 32
    2.1.7　Matlab 模型拟合 ·· 33
  2.2　UV/H_2O_2 对农用抗生素的降解 ··· 40
    2.2.1　UV/H_2O_2 ·· 40
    2.2.2　研究方法 ·· 41
    2.2.3　结果和讨论 ··· 42
  2.3　UV/PDS 对 PFOA 的降解 ··· 51
    2.3.1　UV/PDS 及 PFOA 简介 ·· 51
    2.3.2　研究方法 ·· 52
    2.3.3　结果和讨论 ··· 54
  2.4　UV/H_2O_2 和 UV/PDS 对尿液中抗生素的处理 ·································· 69
    2.4.1　UV/H_2O_2 和 UV/PDS 对尿液中磺胺类抗生素的降解作用 ············· 69
    2.4.2　UV/H_2O_2 和 UV/PDS 处理尿液中抗生素的产物鉴定和毒性评估 ··· 82
  2.5　UV/FC 对药物类污染物的降解 ·· 93

2.5.1 药物类污染物现状及 UV/FC 工艺介绍 93
2.5.2 UV/FC 工艺实验装置 94
2.5.3 UV/FC 过程中的分析方法 95
2.5.4 UV/FC 体系中的动力学建模 96
2.5.5 DEET 和咖啡因在 UV/FC 体系中的降解 96
2.5.6 小结 109
2.6 UV/氯胺对药物类污染物的降解 109
2.6.1 UV/氯胺工艺介绍 109
2.6.2 实验设计装置 111
2.6.3 分析方法 111
2.6.4 动力学建模 112
2.6.5 UV/NH_2Cl 对 OMPs 的降解 112
2.6.6 小结 126
2.7 UV/PAA 对药物类污染物的降解 126
2.7.1 UV/PAA 工艺介绍 126
2.7.2 UV/PAA 实验设计 127
2.7.3 污染物在 UV/PAA 下的降解 129
2.7.4 小结 142
2.8 UV/H_2O_2、UV/PDS、UV/PAA 的杀菌消毒机理与应用 142
2.8.1 UV/H_2O_2 和 UV/PDS 的杀菌消毒机理与应用 142
2.8.2 UV/PAA 的杀菌消毒机理与应用 156
2.9 光催化陶瓷膜对药物类污染物的降解 162
2.9.1 光催化陶瓷膜工艺介绍 162
2.9.2 实验设计装置 165
2.9.3 光电平衡模型 166
2.9.4 污染物降解研究 167
2.9.5 小结 178
参考文献 178

第 3 章 基于生物炭的抗生素水污染控制技术 199
3.1 生物炭及生物炭耦合技术简介 199
3.1.1 概述 199
3.1.2 生物炭吸附技术 200
3.1.3 生物炭耦合技术 202
3.1.4 生物炭及其耦合技术的机理研究 205
3.2 生物炭/H_2O_2 对磺胺类抗生素的去除 208
3.2.1 概述 208
3.2.2 分析方法 209
3.2.3 磺胺类抗生素在尿液及磷酸缓冲液体系中的吸附 214

3.2.4 抗生素性质对吸附过程的影响·····218
3.2.5 尿液组分对吸附过程的影响·····222
3.2.6 磺胺类抗生素在生物炭/H_2O_2体系中的降解·····223
3.2.7 小结·····225
3.3 生物炭/PDS 对磺胺类抗生素的去除·····226
3.3.1 概述·····226
3.3.2 分析方法·····226
3.3.3 磺胺类抗生素在生物炭/PDS 体系中的降解·····228
3.3.4 尿液组分对降解过程的影响·····232
3.3.5 磺胺类抗生素的降解机理·····235
3.3.6 连续流实验及降解产物的毒性测定·····239
3.3.7 小结·····243
3.4 生物炭/氯胺对药物类污染的去除·····244
3.4.1 概述·····244
3.4.2 分析方法·····245
3.4.3 结果与讨论·····246
3.4.4 转化产物的雌激素效应·····260
3.4.5 生物炭耦合氯胺体系的展望·····260
3.5 生物炭吸附抗生素·····261
3.5.1 概述·····261
3.5.2 实验部分·····261
3.5.3 污泥活性炭的性质·····263
3.5.4 污泥基生物炭吸附剂的筛选·····266
3.5.5 吸附时间的影响·····267
3.5.6 污泥活性炭投加量的影响·····268
3.5.7 加替沙星初始浓度的影响·····268
3.5.8 pH 的影响·····269
3.5.9 正交实验·····269
3.5.10 小结·····272

参考文献·····272

第 4 章 制药污泥污染控制技术·····282
4.1 概述·····282
  4.1.1 抗生素制药污泥来源与特性·····282
  4.1.2 抗生素制药污泥研究现状·····283
  4.1.3 污泥中抗性基因控制研究现状·····284
4.2 臭氧-厌氧消化工艺对制药污泥处理效果研究·····288
  4.2.1 臭氧预处理反应装置及污泥来源·····288
  4.2.2 臭氧预处理对制药污泥性质的影响·····290

4.2.3　臭氧-厌氧消化工艺处理效果研究···296
4.3　热水解-厌氧消化工艺对制药污泥处理效果研究·······································300
　　4.3.1　热水解预处理反应装置及优化条件···300
　　4.3.2　热水解预处理对制药污泥性质的影响··301
　　4.3.3　热水解-厌氧消化工艺处理效果研究···304
4.4　臭氧/热水解-厌氧消化工艺对抗性基因的去除··306
　　4.4.1　臭氧预处理对抗性基因的去除··307
　　4.4.2　热水解预处理对抗性基因的去除···308
　　4.4.3　臭氧/热水解-厌氧消化工艺对抗性基因的去除································310
　　4.4.4　抗性基因组成变化与相关性分析···313
参考文献···319

第5章　抗生素污染控制技术发展趋势···324
5.1　研究热点··324
5.2　发展趋势··325
参考文献···328

第 1 章 绪 论

1.1 抗生素概述

1.1.1 抗生素的分类

抗生素（antibiotics）的全称为抗微生物药物，是一种具有抑制或杀灭细菌生长的药物，一般指由细菌、霉菌或其他微生物在生活过程中所产生的具有抗病原体或其他活性的物质[1]。它是某些微生物的代谢产物或半合成的衍生物，在小剂量的情况下能抑制微生物的生长，而对宿主细胞不产生严重的毒性。它是全球最常用的抗微生物药物，用于控制细菌感染。抗生素的发现彻底改变了传染性细菌疾病的治疗方法，这些疾病在抗生素发现以前导致了全球数百万人死亡。

抗生素类药物种类繁多，根据功能和作用范围可分为：抗细菌药物、抗结核菌药物、抗病毒药物、抗真菌药物、抗寄生虫药物；根据化学结构可分为：β-内酰胺类、大环内酯类、林可霉素类、多肽类、氨基糖苷类、四环素类、氯霉素类、喹诺酮类、磺胺类等。

（1）β-内酰胺类（β-lactams）：是指分子中含有四个原子组成的 β-内酰胺环的一类抗生素，主要用于抗革兰氏阳性菌，但有些经过改造可抗革兰氏阴性菌。该类抗生素抗菌活性强、抗菌范围广、毒性低、适应证广、品种多，主要有青霉素类、头孢菌素类、其他 β-内酰胺类、β-内酰胺类酶抑制类、β-内酰胺类抗生素的复方制剂，代表药物如表 1-1 所示。

表 1-1 β-内酰胺类抗生素代表药物

类别	组别	代表药物
青霉素类	窄谱青霉素类	青霉素 G、青霉素 V
	耐酶青霉素类	甲氧西林、氯唑西林、氟氯西林
	广谱青霉素类	氨苄西林、阿莫西林
	抗铜绿假单胞菌广谱青霉素类	羧苄西林、哌拉西林
	抗革兰氏阴性菌青霉素类	美西林、匹美西林
头孢菌素类	一代头孢	头孢拉定、头孢氨苄
	二代头孢	头孢呋辛、头孢克洛
	三代头孢	头孢哌酮、头孢噻肟、头孢克肟
	四代头孢	头孢匹罗
其他 β-内酰胺类	碳青霉烯类	亚胺培南、美罗培南、厄他培南
	头霉菌素类	头孢西丁
	单环类 β-内酰胺类	氨曲南
β-内酰胺类酶抑制类	—	克拉维酸、舒巴坦、他唑巴坦
β-内酰胺类抗生素的复方制剂	—	—

(2)大环内酯类（macrolides）：是由链霉菌产生的一类显弱碱性的抗生素，分子结构特征为含有一个内酯结构的十四元、十五元或十六元大环。该类抗生素疗效稳定，无严重不良反应，代表药物如表 1-2 所示。

表 1-2 大环内酯类抗生素代表药物

类别	代表药物
十四元大环内酯类	红霉素、竹桃霉素、克拉霉素、罗红霉素、地红霉素、泰利霉素、喹红霉素
十五元大环内酯类	阿奇霉素
十六元大环内酯类	麦迪霉素、乙酰麦迪霉素、吉他霉素、乙酰吉他霉素、交沙霉素、螺旋霉素、乙酰螺旋霉素、罗他霉素

(3)林可霉素类（lincomycins）：包括林可霉素和克林霉素。林可霉素由链丝菌产生，克林霉素是林可霉素分子中第 7 位羟基被氯离子取代的半合成品。由于克林霉素的抗菌活性、毒性和临床疗效均优于林可霉素，故更为常用。

(4)多肽类（polypeptides）：是由 10 个以上氨基酸组成的抗生素，代表药物有万古霉素类（万古霉素、去甲万古霉素、替考拉宁）、多黏菌素类（多黏菌素 B、多黏菌素 E、多黏菌素 M）和杆菌肽类（杆菌肽、短杆菌肽）。

(5)氨基糖苷类（aminoglycosides）：是由氨基糖（单糖或双糖）与氨基环醇通过氧桥连接而成的苷类抗生素，20 世纪 60～70 年代曾经非常广泛地使用。但是，由于该类抗生素常有比较严重的耳毒性和肾毒性，使其应用受到一定限制，正在逐渐淡出一线用药的行列。其代表药物有链霉素、庆大霉素、卡那霉素、妥布霉素和依替米星。

(6)四环素类（tetracyclines）：是由放线菌产生的以并四苯为基本骨架的一类广谱抗生素。四环素类抗生素具有共同的基本母核（氢化并四苯），仅取代基有所不同。四环素类药物是快速抑菌剂，高浓度时具有杀菌作用，抗菌谱广、价格便宜，但近年来其应用受到耐药的影响。其代表药物有天然四环素（四环素、土霉素、金霉素、地美环素）和半合成四环素（美他环素、多西环素、米诺环素）。

(7)氯霉素类（chloram phenicols）：是从委内瑞拉链霉菌中分离提取的一种广谱抗生素。该类抗生素疗效高，但易诱发致命性不良疾病，临床应用受限，代表药物有氯霉素、甲砜霉素、无味氯霉素。

(8)喹诺酮类（quinolones）：是人工合成的含 4-喹诺酮基本结构的抗菌药，已经在我国人医和兽医临床上广泛应用，被认为是理想的抗菌药物。喹诺酮类抗生素按发明年代的先后顺序和抗菌性能的不同分为四代，如表 1-3 所示。喹诺酮类抗生素以其抗菌活性强、抗菌谱广、口服吸收好、组织分布广、生物利用度高、半衰期长、使用方便、与其他抗菌药物之间交叉耐药现象较少等特点，在临床上广泛用于治疗各种感染性疾病。

(9)磺胺类（sulfonamides）：是应用最早的一类人工合成抗菌药物，分子中含有一个苯环、一个对位氨基和一个磺胺基，各种化学基团取代磺胺基上的氢原子，合成了大量有效的衍生物。磺胺类抗生素属于广谱抗菌药，用于临床已近 50 年，具有抗菌谱广、性质稳定、疗效强、方便安全等优点，代表药物有磺胺嘧啶、磺胺噁唑、柳氮磺吡啶、磺胺嘧啶银、磺胺醋酰钠。

表 1-3 喹诺酮类抗生素代表药物

类别	特点	代表药物
第一代	20 世纪 60 年代开发，抗菌谱较窄、抗菌作用弱，只对大肠杆菌、痢疾杆菌、克雷白杆菌、少部分变形杆菌有抗菌作用	萘啶酸、吡咯酸、噁喹酸
第二代	20 世纪 70 年代开发，抗菌谱有所扩大，抗菌作用有所增强，主要对革兰氏阴性菌有效	吡哌酸、新噁酸、噻喹酸
第三代	抗菌谱进一步扩大，对葡萄球菌等革兰氏阳性菌也有抗菌作用，对一些革兰氏阴性菌的抗菌作用进一步加强	环丙沙星、氧氟沙星、诺氟沙星、氟甲喹、托氟沙星、依诺沙星
第四代	在结构上修饰，加强了抗厌氧菌活性、抗革兰氏阳性菌活性，不良反应更小，但价格较贵	加替沙星、莫西沙星、吉米沙星、普卢利沙星

（10）其他合成类抗菌药：甲氧苄啶、复方磺胺甲噁唑、联磺甲氧苄啶、呋喃妥因、呋喃唑酮、甲硝唑。

（11）广谱抗病毒药物：该类药物能够抑制多种病毒的生长繁殖，可分为嘌呤或嘧啶核苷类似物和生物制剂类药物。代表药物有：利巴韦林、干扰素、转移因子、胸腺 α_1。

（12）抗人类免疫缺陷病毒药物：主要通过抑制反转录酶或蛋白酶发挥作用。代表药物有：齐多夫定、扎西他滨、司坦夫定、拉米夫定、去羟肌苷。

（13）抗流感病毒药物：金刚乙胺、金刚烷胺、奥斯他韦、扎那米韦。

1.1.2 抗生素的作用机理

抗生素对微生物的作用具有选择性，根据其作用可分为广谱或专一抗生素，通过其特异性干扰细菌的生化代谢过程，影响细菌的结构和功能，使细菌失去正常生长繁殖能力，达到抑制或杀灭细菌的目的，其作用机理可分为 4 类[2, 3]。细菌结构与抗菌药物作用机理如图 1-1 所示[4]。

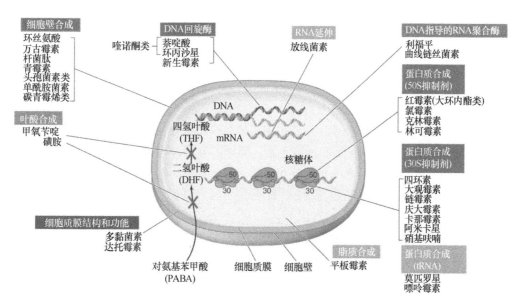

图 1-1 抗生素的作用机理示意图

（1）影响核酸和叶酸代谢：阻碍细菌脱氧核糖核酸（DNA）的复制和转录，其中，阻碍 DNA 复制将导致细菌细胞分裂繁殖受阻，阻碍 DNA 转录成信使核糖核酸（mRNA）则导致后续的 mRNA 翻译合成蛋白质的过程受阻，以这种方式作用的抗生素包括喹诺酮类、磺胺类、利福平。

（2）抑制蛋白质的合成：细菌核糖体为 70S，可解离为 50S 和 30S 两个亚基，而人体细胞的核糖体为 80S，可解离为 60S 和 40S 两个亚基。人体细胞的核糖体与细菌核糖体的生理、生化功能不同，因此抗菌药物在临床中的常用剂量能选择性地影响细菌蛋白质的合成而不影响人体细胞的功能。细菌蛋白质的合成包括起始、肽链延伸及合成终止三个阶段。在胞质内通过核糖体循环完成抑制蛋白质合成的药物分别作用于细菌蛋白质合成的不同阶段：①起始阶段。氨基糖苷类抗生素能阻止 30S 亚基和 70S 亚基合成始动复合物。②肽链延伸阶段。四环素类抗生素能与核糖体 30S 亚基结合，阻止氨基酰 tRNA 在 30S 亚基 A 位的结合，阻碍了肽链的形成，产生抑菌作用；氯霉素类和林可霉素类抗生素能抑制肽酰基转移酶；大环内酯类抗生素抑制移位酶。③终止阶段。氨基糖苷类抗生素阻止终止因子与 A 位结合，使合成的肽链不能从核糖体释放出来，致使核糖体循环受阻，合成不正常或无功能的肽链，因而具有杀菌作用。蛋白质的合成十分复杂，因此抑制的作用点也很多。以这种方式作用的抗生素包括四环素类、氨基糖苷类、大环内酯类、林可霉素类、氯霉素类等。

（3）改变细胞膜的通透性：抗生素与细菌细胞膜相互作用，增强细菌细胞膜的通透性、打开膜上的离子通道，让细菌内部的有用物质外漏或电解质平衡失调而死。以这种方式作用的抗生素有多黏菌素、两性霉素 B。

（4）抑制细胞壁的合成：细菌细胞壁是维持细菌细胞外形完整的坚韧结构，能适应多样的环境变化，并能与机体相互作用。细胞壁的主要成分为肽聚糖，它构成巨大网状分子包围着整个细菌。抗生素作用于细菌菌体的青霉素结合蛋白质，抑制细菌细胞壁的合成，导致细菌在低渗透压环境下溶胀破裂死亡，同时借助细菌的自溶酶，溶解菌体而产生抗菌作用。以这种方式作用的抗生素主要有 β-内酰胺类、万古霉素类、杆菌肽类抗生素。

1.1.3 抗生素的生产

从 1928 年英国科学家亚历山大·弗莱明（Alexander Fleming）发现青霉素开始到现在，全世界已经发现了 4000 多种抗生素，其中具有医学使用价值的抗生素不过 100 种。目前，国际市场上抗生素的平均年增长率在 8%左右，各制药企业纷纷投入巨资进行抗生素药物的研发，使抗生素新品不断涌现[5, 6]。我国抗生素产业更多集中于低端的原料药，在全球范围内具有绝对优势。

抗生素主要通过微生物发酵的方式生产，少部分通过人工合成，主要来源包括链霉菌属、青霉属、念珠菌属和芽孢杆菌属（表 1-4）[7]。发酵类药物的生产过程基本相似，都是利用微生物发酵，产生抗生素或其他药物的活性成分。一般都需要经过菌种筛选、种子制备、微生物发酵、发酵液预处理和固液分离、提炼纯化、精制、干燥、包装等步骤，典型的生物发酵工艺如图 1-2 所示[6]。

表 1-4 一些常见的天然抗生素的来源

菌类名称	拉丁名称	抗生素名称	英文名称
产黄青霉菌	*Penicillium chrysogenum*	青霉素	penicillin
灰黄青霉菌	*Penicillium griseofulvin*	灰黄霉素	griseofulvin
头孢霉属物种	*Cephalosporinium species*	头孢噻吩	cephalothin
多孔木霉	*Tolypocladium inflatum*	环孢菌素	cyclosporin
放线菌/链霉菌			
委内瑞拉链霉菌	*Streptomyces venezuelae*	氯霉素	chloramphenicol
玫瑰孢链霉菌	*Streptomyces roseosporus*	达托霉素	daptomycin
弗拉迪链霉菌	*Streptomyces fradiae*	磷霉素	fosfomycin
林可链霉菌	*Streptomyces lincolnensis*	林可霉素	lincomycin
弗拉迪链霉菌	*Streptomyces fradiae*	新霉素	neomycin
白色链球菌	*Streptomyces alboniger*	嘌呤霉素	puromycin
灰色链霉菌	*Streptomyces griseus*	链霉素	streptomycin
卡那霉素链霉菌	*Streptomyces kanamyceticus*	卡那霉素	kanamycin
地中海链霉菌	*Streptomyces mediterranei*	利福霉素-利福平	rifamycins-rifampin
龟裂链霉菌	*Streptomyces rimosus*	四环素	tetracycline
金霉素链霉菌	*Streptomyces aureofaciens*	金霉素	chlortetracycline
东方链霉菌	*Streptomyces orientalis*	万古霉素	vancomycin
红色链霉菌	*Streptomyces erythreus*	红霉素	erythromycin
克拉维链霉菌	*Streptomyces clavuligerus*	克拉维酸	clavulanic acid
结节链霉菌	*Streptomyces nodosus*	两性霉素 B	amphotericin B
诺尔斯链霉菌	*Streptomyces noursei*	制霉菌素	nystatin
阿维链霉菌	*Streptomyces avermitilis*	伊维菌素	ivermectin
放线菌/小单孢菌			
降红产色小单孢菌	*Micromonospora purpureochromogenes*	庆大霉素	gentamicin
依里奥小单孢菌	*Micromonospora inyonensis*	突变霉素和奈替米星	mutamicin and netilmicin
肌醇小单孢菌	*Micromonospora inositola*	西索米星	sisomicin
革兰氏阴性厌氧菌			
荧光假单胞菌	*Pseudomonas fluorescens*	嘌呤霉素	puromycin
革兰氏阳性杆菌			
地衣形芽孢杆菌	*Bacillus licheniformis*	杆菌肽	bacitracin
多黏芽孢杆菌	*Bacillus polymyxa*	多黏菌素 B	polymyxin B

1.1.4 抗生素的使用

抗生素已经成为改善人类和动物健康的福音，可用于①人类和动物治疗疾病，②作为生长促进剂，③提高饲料效率[8]。目前，大约注册了 250 个不同的化学实体用于医学

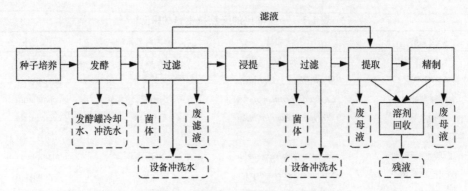

图 1-2 发酵类生物制药工艺流程

和兽医学[9]。广泛使用的抗生素类药物有喹诺酮类（quinolones，QNs），四环素类（tetracyclines，TCs），磺胺类（sulfonamides，SAs）和大环内酯类（macrolides，MALs）。

据报道，全球抗生素的使用量高达 10 万～20 万 t/a，其中约 50%用作兽用药物或促生长剂[10]。不同国家和地区的应用模式不尽相同，例如，在德国禁止使用的链霉素在美国广泛使用。欧盟成员国和瑞士等国家将抗生素使用量的 65%用于人类医疗，其他用作兽药（29%）和生长促进剂（6%）[6]。而美国的抗生素使用量（2.27 万 t/a）要高于欧盟和瑞士（1.32 万 t/a），其中一半用于人类医疗，另一半用于农业、动物和水产养殖等[11]。澳大利亚的抗生素使用量中，56%用于动物饲料添加剂，8%用于兽药，另外 36%用于人类医疗[12]。

世界卫生组织《抗生素消费监测报告：2016—2018》显示（表 1-5），全球 65 个国家和地区（不含中国）抗生素的总消费量为千人 4.4～64.4 限定日剂量（defined daily doses，DDD）[13]。每年的绝对消耗量从 1 t 到 2225 t 不等[14]。若按照现有的抗生素消耗速度，预计 2030 年抗生素的消耗会比 2015 年高出 200%[15]。其中，中国的抗生素消耗量最大（图 1-3）[16]。

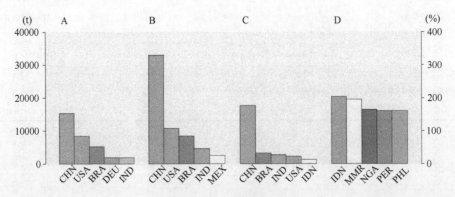

图 1-3 抗生素消费情况

（A）2010 年牲畜抗生素最大的 5 个消费国；（B）到 2030 年，牲畜抗生素药物最大的 5 个消费国；（C）2010～2030 年，抗生素药物消费量增长最大的 5 个国家；（D）2010～2030 年，抗生素消费量相对增加幅度最大的 5 个国家。CHN，中国；USA，美国；BRA，巴西；DEU，德国；IND，印度；MEX，墨西哥；IDN，印度尼西亚；MMR，缅甸；NGA，尼日利亚；PER，秘鲁；PHL，菲律宾

表1-5　65个国家和地区中的抗生素总消费量[13]

国家和地区	统计年份	总DDD①	千人平均限定日剂量/g	消费量/t
布基纳法索	2015	91114955	13.78	136.4
布隆迪	2015	16533614	4.44	56.39
科特迪瓦	2015	90050956	10.68	134.82
坦桑尼亚	2016	553622340	27.29	712.46
玻利维亚	2016	15400592	19.57	22.14
巴西	2016	1724124919	22.75	2225.47
加拿大	2015	223101184	17.05	242.69
哥斯达黎加	2016	25143759	14.18	30.17
巴拉圭	2016	31825441	19.38	36.45
秘鲁	2016	71432278	10.26	94.63
阿尔巴尼亚	2015	17251602	16.41	18.17
亚美尼亚	2015	10981069	10.31	14.39
奥地利	2015	38081745	12.17	38.84
阿塞拜疆	2015	26995944	7.66	36.45
白罗斯	2015	60556399	17.48	68.88
比利时	2015	104860173	25.57	112.95
波斯尼亚和黑塞哥维那	2015	23033283	17.85	28.66
保加利亚	2015	53233312	20.25	52.18
克罗地亚	2015	31280578	20.28	35.27
塞浦路斯	2015	8389248	27.14	8.10
捷克	2015	66073164	17.18	67.87
丹麦	2015	36848791	17.84	53.25
爱沙尼亚	2015	5822060	12.13	6.30
芬兰	2015	36983121	18.52	47.21
法国	2015	628986424	25.92	764.02
乔治亚州（美国）	2015	33152652	24.44	33.04
德国	2015	340449193	11.49	290.85
希腊	2015	134139320	33.85	139.18
匈牙利	2015	58664563	16.31	57.27
冰岛	2015	2146458	17.87	2.18
爱尔兰	2015	39318933	23.27	50.22
意大利	2015	590686917	26.62	662.47
哈萨克斯坦	2015	114558903	17.89	162.22

续表

国家和地区	统计年份	总DDD	千人平均限定日剂量/g	消费量/t
科索沃	2015	13271382	20.18	16.62
吉尔吉斯斯坦	2015	39013935	17.94	77.30
拉脱维亚	2015	9644074	13.3	10.93
立陶宛	2015	16877454	15.83	19.87
卢森堡	2015	4583651	22.31	4.92
马耳他	2015	3428658	21.88	3.55
黑山	2015	6660880	29.33	7.97
荷兰	2015	60338150	9.78	55.66
挪威	2015	31998795	16.97	46.35
波兰	2015	337067701	24.3	306.61
葡萄牙	2015	67089554	17.72	79.84
摩尔多瓦	2015	17411914	13.42	20.87
罗马尼亚	2015	206717694	28.5	253.28
俄罗斯	2015	779270524	14.82	915.65
塞尔维亚	2015	81762868	31.57	98.34
斯洛伐克	2015	48154016	24.34	49.55
斯洛文尼亚	2015	10152289	13.48	14.07
西班牙	2015	304475774	17.96	343.91
瑞典	2015	48834144	13.73	72.70
塔吉克斯坦	2015	68493070	21.95	121.12
土耳其	2015	1090722974	38.18	1195.69
英国	2015	484761369	20.47	535.37
乌兹别克斯坦	2015	97762994	8.56	185.90
伊朗	2015	1123329829	38.78	1178.61
约旦	2015	29836359	8.92	21.23
苏丹	2015	497782564	35.29	675.75
文莱	2015	901761	5.92	1.13
日本	2015	658400748	14.19	524.9
蒙古国	2015	69986355	64.41	133.24
新西兰	2015	38036523	22.68	36.85
菲律宾	2015	304852740	8.21	260.55
韩国	2015	515342775	27.68	546.37

① 表示该国家/地区总限定日剂量。

我国是全球抗生素生产和使用量最大的国家。2013年，我国抗生素的使用总量约为16万t，远高于其他国家的报道值，约为美国（全球抗生素使用量第二的国家）的9倍；抗生素的人均使用量均在英国、美国、加拿大的6倍以上[17]。其中，我国使用量前五名的抗生素依次为阿莫西林、氟苯尼考、林可霉素、青霉素和诺氟沙星。我国抗生素使用总量中约48%用于人类医疗，其余为兽用抗生素。

2013年，我国所有抗生素的总产量约为24.8万t，进出口量分别为600 t和8.8万t[17]。目前我国使用量、销售量位于前15位的药品中，有10种是抗菌药物，全国住院患者使用抗菌药物的费用占药物总费用的50%以上（国外一般在15%~30%）[2]。我国48家初级卫生保健机构的抗生素处方显示，头孢菌素类占28%、氟喹诺酮类占15.7%、青霉素类占13.9%、咪唑类占12.6%和大环内酯类占7.3%[18]。表1-6和表1-7分别列出了临床上常用的抗生素[19]和常用兽用抗生素[20]的物理/化学特性。

2013年，我国抗生素使用总量约为16.2万t（表1-8），磺胺类、四环素类、氟喹诺酮类、大环内酯类、β-内酰胺类和其他抗生素分别占总使用量的5%、7%、17%、26%、21%和24%。中国七个地区对五大类抗生素使用的调查结果表明，华东地区抗生素消耗量最大，西北地区消耗量最小。阿莫西林、氟苯尼考、林可霉素、青霉素和诺氟沙星是我国使用最多的五种抗生素。阿莫西林在人类和动物中的使用量最大；奥美普林使用量最小，仅被鸡和其他动物使用，如表1-9所示[17]。

表1-6 临床常用抗生素及其重要物理/化学特性

类别	名称	英文名称	分子式	CAS号	M_W/(g/mol)	特点
青霉素类	阿莫西林	amoxicillin	$C_{16}H_{19}N_3O_5S$	26787-78-0	365.40	最早在临床上使用，疗效好且毒性低
	苯唑西林	oxacillin	$C_{19}H_{19}N_3O_5S$	1173-88-2	401.44	
	青霉素	penicillin G	$C_{16}H_{18}N_2O_4S$	61-33-6	334.39	
	氨苄青霉素	ampicillin	$C_{16}H_{19}N_3O_4S$	7177-48-2	349.40	
头孢菌素类	头孢氨苄	cefalexin	$C_{16}H_{17}N_3O_4S$	15686-71-2	347.39	20世纪60年代使用于临床，目前应用日益宽泛，习惯上依据药品问世的时段和对细菌的作用将其分为一代、二代、三代和四代
	头孢唑啉	cefazolin	$C_{14}H_{14}N_8O_4S_3$	25953-19-9	454.50	
	头孢拉定	cefradine	$C_{16}H_{19}N_3O_4S$	38821-53-3	349.41	
氨基糖苷类	阿米卡星	amikacin	$C_{22}H_{43}N_5O_{13}$	37517-28-5	585.61	性质稳定，有氧情况下能够有效杀灭敏感细菌，治疗指数较其他抗生素低，属于广谱抗生素
	卡那霉素	kanamycin	$C_{18}H_{36}N_4O_{11}$	8063-07-8	484.50	
	庆大霉素	gentamicin	$C_{60}H_{123}N_{15}O_{21}$	1403-66-3	1390.71	
	链霉素	streptomycin	$C_{21}H_{39}N_7O_{12}$	57-92-1	581.58	
大环内酯类	红霉素	erythromycin	$C_{37}H_{67}NO_{13}$	114-07-8	733.93	属抑菌剂，仅适用于轻度及中度感染，当前最好的抗生素之一
	螺旋霉素	spiramycin	$C_{43}H_{74}N_2O_{14}$	232-429-6	843.07	
	阿奇霉素	azithromycin	$C_{38}H_{72}N_2O_{12}$	83905-01-5	748.98	
	麦迪霉素	midecamycin	$C_{41}H_{67}NO_{15}$	35457-80-8	813.98	
	蔷薇霉素	rosamicin	$C_{31}H_{51}NO_9$	35834-26-5	581.75	
	交沙霉素	josamycin	$C_{42}H_{69}NO_{15}$	16846-24-5	827.99	
	克拉霉素	clarithromycin	$C_{38}H_{69}NO_{13}$	81103-11-9	747.96	

表 1-7 常用兽用抗生素及其重要物理/化学特性

类别	名称	英文名称	分子式	CAS 号	M_W/(g/mol)	pK_a	pK_b	$\lg K_{ow}$
氨基糖苷类	新霉素	neomycin	$C_{23}H_{48}N_6O_{17}S$	1404-04-2	712.77	12.9	9.52	−3.70
	链霉素	streptomycin	$C_{21}H_{39}N_7O_{12}$	57-92-1	581.58	NA	NA	NA
	卡那霉素	kanamycin	$C_{18}H_{36}N_4O_{11}$	8063-07-8	484.50	7.2	NA	NA
β-内酰胺类	青霉素 G	penicillins G	$C_{16}H_{18}N_2O_4S$	61-33-6	334.39	2.62	NA	1.67
	氨苄西林	ampicillin	$C_{16}H_{19}N_3O_4S$	69-53-4	349.41	2.61	NA	1.35
	头孢噻呋	ceftiofur	$C_{19}H_{17}N_5O_7S_3$	80370-57-6	523.55	2.62	NA	0.54
大环内酯类	泰乐菌素	tylosin	$C_{46}H_{77}NO_{17}$	1401-69-0	916.11	13	7.73	3.41
	替米考星	tilmicosin	$C_{46}H_{80}N_2O_{13}$	108050-54-0	869.14	13.16	9.81	5.09
	红霉素	erythromycin	$C_{37}H_{67}NO_{13}$	114-07-8	733.93	8.8	NA	NA
	竹桃霉素	oleandomycin	$C_{35}H_{64}NO_{16}P$	7060-74-4	785.86	7.7	NA	NA
磺胺类	周效磺胺	sulfamethoxine	$C_{11}H_{12}N_4O_3S$	651-06-9	280.30	6.69	1.48	0.42
	磺胺二甲嘧啶	sulfamethazine	$C_{12}H_{14}N_4O_2S$	57-68-1	278.33	7.45	2.79	0.80
	磺胺	sulfanilamide	$C_6H_8N_2O_2S$	63-74-1	172.20	10.6	1.9	−0.62
	磺胺嘧啶	sulfadiazine	$C_{10}H_{10}N_4O_2S$	68-35-9	250.27	6.4	1.6	−0.09
	磺胺吡啶	sulfapyridine	$C_{11}H_{11}N_3O_2S$	144-83-2	249.28	8.4	2.9	0.35
四环素类	金霉素	chlortetracycline	$C_{22}H_{23}ClN_2O_8$	57-62-5	478.88	4.5	9.26	NA
	土霉素	oxytetracycline	$C_{22}H_{24}N_2O_9$	79-57-2	460.44	4.5	9.68	NA
	四环素	tetracycline	$C_{22}H_{24}N_2O_8$	60-54-8	444.44	3.3~9.6	NA	NA
林可酰胺类	林可霉素	lincomycin	$C_{18}H_{34}N_2O_6S$	154-21-2	406.54	12.9	8.78	0.86
氟诺喹酮类	恩诺沙星	enrofloxacin	$C_{19}H_{22}FN_3O_3$	93106-60-6	359.40	2.74	7.11	2.53
	诺沙星	danofloxacin	$C_{19}H_{20}FN_3O_3$	112398-08-0	357.38	2.73	9.13	1.85
	沙拉沙星	sarafloxacin	$C_{20}H_{17}F_2N_3O_3$	98105-99-8	385.37	6.0	NA	NA
	奥索利酸	oxolinic acid	$C_{13}H_{11}NO_5$	14698-29-4	261.23	6.9	NA	NA

注：NA 表示暂无数据。

表 1-8 2013 年我国七大地区抗生素使用情况　　　　　　　　（单位：t）

地区	磺胺类	四环素类	氟喹诺酮类	大环内酯类	β-内酰胺类[①]	其他	总计[②]
华东	2270	3710	7290	14800	10700	N	38770
华北	1660	2520	6700	9560	7410	N	27850
华中	1530	1760	5960	5790	6080	N	21120
华南	596	1060	1970	2870	2530	N	9026
东北	300	679	1140	2590	1360	N	6069
西北	180	383	419	854	519	N	2355
西南	1390	1880	3850	5740	5450	N	18310
小计	7926	11992	27329	42204	34049	38400	161900

注：N 表示数据不适用于每个地区，但具有全国总值。
① 包括青霉素类和头孢菌素类；② 每个地区的总量是五种抗生素类别的总和。

表 1-9 2013 年 36 种抗生素在我国的使用情况

类别	名称	英文名称	缩写	CAS 号	用量/t			
					人类	猪	鸡	其他	总计
磺胺类	磺胺嘧啶	sulfadiazine	SDZ	68-35-9	238	648	221	148	1255
	磺胺二甲嘧啶	sulfamethazine	SMZ	57-68-1	68.4	388	132	88.7	677.1
	磺胺甲噁唑	sulfamethoxazole	SMX	723-46-6	2	198	67.6	45.3	312.9
	磺胺噻唑	sulfathiazole	STZ	72-14-0	0.66	40.2	13.7	9.18	63.74
	磺胺氯吡嗪	sulfachloropyridazine	SCP	80-32-0	a	329	111	77.5	517.5
	磺胺对甲氧嘧啶	sulfameter	SM	651-06-9	12.6	315	107	72	506.6
	磺胺间甲氧嘧啶	sulfamonomethoxine	SMM	1220-83-3	9.93	1400	477	320	2206.93
	磺胺喹噁啉	sulfaquinoxaline	SQX	59-40-5	a	0	1250	190	1440
	磺胺脒	sulfaguanidine	SG	57-67-0	73.6	46.9	16	10.7	147.2
	甲氧苄啶	trimethoprim	TMP	738-70-5	500	157	53.5	35.8	746.3
	奥美普林	ormetoprim	OMP	6981-18-6	a	0	1.01	6.91	7.92
四环素类	土霉素	oxytetracycline	OTC	79-57-2	192	740	253	170	1355
	四环素	tetracycline	TC	60-54-8	1265	119	40.7	27.3	1452
	金霉素	chlortetracycline	CTC	57-62-5	48.3	136	46.5	31.2	262
	多西环素	doxycycline	DC	564-25-0	199	2300	786	527	3812
	美他环素	methacycline	MT	914-00-1	64.2	5.45	1.92	0.85	72.42
氟喹诺酮类	诺氟沙星	norfloxacin	NFX	70458-96-7	1013	2820	961	644	5438
	环丙沙星	ciprofloxacin	CFX	85721-33-1	455	3110	1060	712	5337
	氧氟沙星	ofloxacin	OFX	82419-36-1	1286	2440	832	557	5115
	洛美沙星	lomefloxacin	LFX	98079-51-7	228	650	222	149	1249
	恩诺沙星	enrofloxacin	EFX	93106-60-6	a	3090	1150	940	5180
	氟罗沙星	fleroxacin	FL	79660-72-3	119	60.6	21.6	15.1	216.3
	培氟沙星	pefloxacin	PEF	70458-92-3	200	1320	451	302	2273
	双氟沙星	difloxacin	DIF	98106-17-3	a	378	172	117	667

续表

类别	名称	英文名称	缩写	CAS号	用量/t				总计
					人类	猪	鸡	其他	
大环内酯类	螺旋霉素	leucomycin	LCM	8025-81-8	205	941	321	215	1682
	克拉霉素	clarithromycin	CTM	81103-11-9	65.9	114	71.5	41.4	292.8
	罗红霉素	roxithromycin	RTM	80214-83-1	184	112	67.3	22.5	385.8
	泰乐菌素	tylosin	TYL	1401-69-0	a	3090	1050	706	4846
	红霉素	erythromycin-H₂O	ETM-H₂O	23893-13-2	1244	1580	565	377	3766
β-内酰胺类	头孢氨苄	cephalexin	CPX	114-7-8	2542	83.4	28.3	19.2	2672.9
	阿莫西林	amoxicillin	AMOX	26787-78-0	2129	6860	2340	1570	12899
	青霉素	penicillin	PEN	69-57-8	917	3700	1260	846	6723
	头孢唑啉	cefazolin	KZ	25953-19-9	6.14	0.15	0.05	0.04	6.38
其他	氟苯尼考	florfenicol	FF	73231-34-2	a	6370	2150	1510	10030
	氯霉素	chloramphenicol	CAP	56-75-7	215	552	342	119	1228
	林可霉素	lincomycin	LIN	154-21-2	999	4340	1480	993	7812
总计					14482	48434	18123	11616	92653.79

a. 一种兽用抗生素，不适用于人类。

与发达国家相比,我国的抗生素使用量很大[21](图1-4),千人平均限定日剂量几乎是美国和欧洲的5倍。此外,我国动物的抗生素使用量为84240t,而美国为14610 t(表1-10)。世界卫生组织首次发表了抗生素耐药率全球耐药监测报告,报告中描述的9种特定临床病原体,我国有7种耐药率高于全球平均水平。

我国抗生素的滥用情况十分严峻。据统计,在我国各级医院患者中,抗菌药物使用率在70%以上,远高于世界卫生组织推荐值(30%)及欧美发达国家和地区的使用率(10%),甚至高于其他发展中国家(42%)[22]。在较低级别的医院或西部欠发达地区,抗生素过度使用的问题更加严重。据调查,我国卫生保健机构所用的处方中,最常见的抗生素包括头孢菌素、氟喹诺酮、青霉素、咪唑和大环内酯[8]。自2011年我国执行医疗体制改革以来,医院抗菌药物使用的种类、数量受到严格限制,抗生素处方模式有所改善[9]。

在农业和畜牧业中,我国使用的抗生素几乎涵盖了所有医用抗生素的种类[10]。自从大规模生产青霉素和金霉素以来,兽用抗生素作为有效的生长促进剂广泛使用。使用最多的兽用抗生素包括阿莫西林、氟苯尼考、林可霉素、青霉素和诺氟沙星,2013年这些抗生素在我国的消耗量超过4000 t。近年来,我国兽用抗生素的使用量逐年增加(由2007年的46%上升至2013年的52%)。据估计,我国兽用抗生素的使用量占全球抗生素总用量的比例将由2010年的23%上升到2030年的30%[23]。

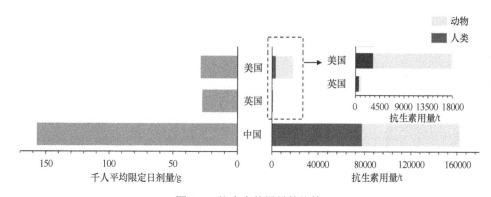

图1-4 抗生素使用量的比较

表1-10 抗生素的使用情况

国家	年份	用量/t			千人平均限定日剂量/g
		总计	人类	动物	
中国	2013	162000	77760	84240	157
英国	2013	1061	641	420	27.4
美国	2011/2012	17900	3290	14610	28.8
加拿大	2013	ND	251	ND	20.4

注:ND表示没有可用数据。

1.2 抗生素的污染特性及危害

1.2.1 主要污染途径

抗生素在环境中的污染主要通过两种途径：医用抗生素和农用兽药抗生素的使用。

医用抗生素分为医源性和家庭自医两种类型[24]。医源性抗生素主要用于医院，该类抗生素的使用比较频繁，通过医院废水集中排放；家庭自医药物主要随排泄物进入生活废水。大量研究表明，目前的污水处理技术对大多数抗生素的处理效果较差[25]，未被处理掉的抗生素会随着污水处理厂出水排入受纳水体。例如，现有的污水除理技术对氯贝酸（一种降血脂药）几乎没有去除效果。因此，医院和市政污水中通常含有多种抗生素，由于处理效果有限，该类废水的排放均可造成对地表水、地下水和农田土壤的污染。

农用兽药抗生素主要用于动物疾病的预防及治疗，或以亚治疗剂量长期添加于动物饲料中，以达到促进动物生长和增产的目的[24]。然而，抗生素药物在动物体内的吸收利用率很低，大部分抗生素不能代谢而随动物尿液或粪便直接进入环境中。研究表明，幼牛服用的金霉素中，有17%～75%未经代谢就直接排放到环境中[26]。目前，大多数养殖场所采用的常规污水处理工艺对抗生素的处理效果较差，因此，规模化养殖场附近的土壤中通常存在不同程度的抗生素污染，而对于没有污水处理措施的小型养殖场，抗生素污染可能更严重。

抗生素还被广泛应用于水产养殖，一般通过饵料口服或药浴浸泡两种方式给药。其中，一部分抗生素未被水生生物吸收或通过生物粪便排泄，最终汇集于沉积物底部。水产养殖中使用的抗生素大部分（70%～80%）不能被生物吸收而直接进入水环境[27]。与畜禽养殖中的抗生素排放不同，水产养殖废水一般未经处理，可直接造成严重的环境污染。因此，水产养殖业中抗生素的大量使用也是抗生素污染的一个重要途径[28]。水产养殖使用的抗生素会在自然水环境中逐渐富集，导致生态环境破坏，如危害非靶生物、诱导抗生素抗性基因、威胁水产品消费者健康等[29]。目前，海水中也发现了不同程度的抗生素污染，其主要来源也是水产养殖中抗生素的使用。相关研究表明，海洋沉积物中土霉素的含量已高达 500～4000 μg/kg [30]。

动物粪便常作为肥料施用于农田，这也是未代谢抗生素进入土壤环境的重要途径之一。研究表明，动物尿液或粪便中残留的抗生素可达到抗生素使用量的 30%～90%。这些含有抗生素的粪便一般不经处理便直接以有机肥的方式施用到农田，可导致严重的生态环境污染[19]。抗生素在土壤中可经淋溶、渗滤等迁移方式进一步污染地表水和地下水，甚至被土壤微生物或农作物吸收进入食物链并富集，进而威胁动物和人体健康。

此外，阿维菌素、红霉素、氟苯尼考等抗生素也可用作农用杀虫剂或杀菌剂，这些抗生素的使用也是其进入环境的一个重要途径[31]。

1.2.2 国内外污染现状

抗生素具有应用范围广、使用量大的特点,在各类环境介质中均有检出,如地表水、地下水、土壤、污泥和沉积物等,甚至在饮用水中也有检出(图 1-5)[7]。在各类抗生素中,环境检出率较高的包括四环素类、大环内酯类、磺胺类和喹诺酮类等,而β-内酰胺类等极易水解的抗生素检出率较低[32]。现有文献和统计资料表明,中国是全球最大的抗生素生产国和消费国,大量使用抗生素来治疗人类疾病和牲畜疾病以及促进生长。消耗的人类和兽用抗生素主要通过尿液和粪便排泄进入环境,大多数抗生素都是水溶性的,服用或注射的抗生素90%残留在尿液中,而在动物粪便中高达75%[33]。人类和动物的尿液排放及动物粪便的土地利用是抗生素进入环境的两条主要途径,并以代谢物或母体化合物的形式存在。

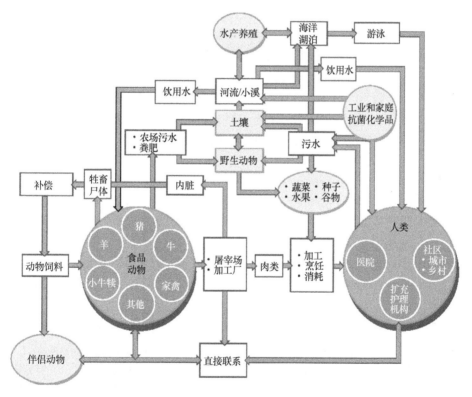

图 1-5 抗生素在环境中的传播

1. 水环境中抗生素的污染现状

1)废水

由于传统废水处理工艺对抗生素的处理效果较差,在污水处理厂进出水、养殖废水、医院废水和制药废水中均有抗生素检出(μg/L 级~mg/L 级)。抗生素在传统的污水处理工艺中无法得到有效去除，因此在二级出水中仍有不同程度抗生素的残留，这些抗生素会随之排入到环境水体中。例如，瑞典污水处理厂进水中环丙沙星和红霉素的浓度分别为 1.41 μg/L 和 0.47 μg/L，而处理后出水中的浓度分别为 0.06 μg/L 和 0.35 μg/L[34]。据报道，德国的医院和家庭废水中所含的抗生素高达抗生素使用量的 70%[35]。流入北科罗拉多河的某水厂出水中氨苄青霉素和苯唑西林的浓度分别为 86 μg/L 和 95 μg/L[36]。而在制药厂或医院废水中，抗生素浓度可能会更高。例如，印度海德巴拉附近一个处理大规模制药厂废水的水处理厂出水中，氧氟沙星和环丙沙星的浓度分别高达 160 μg/L 和 31000 μg/L[37]。另外，废水排放口处的抗生素浓度水平显著高于一般地表水。例如，西班牙某医院出水附近的河流中，氧氟沙星和环丙沙星的浓度均高于 13 μg/L[38]。

我国市政污水处理厂污水中抗生素浓度水平可高达 μg/L 数量级。我国市政污水中浓度较高的抗生素为磺胺类抗生素，其中 5 种磺胺类抗生素的最大浓度均超过 1500 ng/L，远高于韩国、西班牙、加拿大和澳大利亚等国家的最大浓度（500 ng/L）[31]。我国南部珠江流域检出最多的抗生素种类包括大环内酯类（罗红霉素和红霉素）、氟喹诺酮类（氧氟沙星和诺氟沙星）和磺胺类（磺胺甲噁唑）[32]。不同城市污水中抗生素组成不同，如香港的市政污水中以头孢氨苄为主，而深圳的市政污水中主要抗生素为头孢噻肟[39]，这可能由于不同城市的处方模式不同。我国东部长江三角洲流域污水中检出较多的抗生素包括土霉素、四环素、磺胺甲嘧啶、磺胺嘧啶和磺胺甲噁唑[34]。江苏省市政污水中抗生素浓度最大值达 211 μg/L[33]，而相同区域的农场污水中，抗生素最高浓度达 1405 ng/L[40]，说明畜禽养殖废水是该区域主要抗生素污染源。

2）地表水

地表水是各类废水的主要受纳水体，废水中含有的大量抗生素直接导致地表水的污染。目前在世界各地的河流，如湄公河、塞纳河和黄河等，甚至在海水中都检测到不同程度的抗生素污染。根据美国 139 条河流的调查结果显示，抗生素浓度在 1.9 μg/L 以下，而在日本四条城市河流中抗生素浓度在 233 ng/L 以下[41]。在我国的众多河流中，典型抗生素的浓度一般在 0.1 ng/L～1.0 μg/L，大多数抗生素的浓度中值在 100 ng/L 以下[42]。在我国的五条主要流域中，海河流域由于人口密度大、抗生素用量大、流速慢，在整体上呈现出最高的抗生素污染水平，浓度中值（1.30～176 ng/L）显著高于其他四条流域；而长江流域由于流域面积大、降雨多和流速快，其水体中抗生素的浓度中值较低（1.33～17.3 ng/L）[31]。

磺胺类、氟喹诺酮类和大环内酯类抗生素是地表水中浓度水平较高的三种抗生素[43]。同时，磺胺类和氟喹诺酮类抗生素也是在欧洲水环境中研究最多的抗生素[44]。磺胺类、氟喹诺酮类和大环内酯类抗生素在我国主要河流和海洋（除东海外）中占抗生素种类的 65%～100%。例如，海河流域共检测到 65 种抗生素，其中磺胺类 19 种、氟喹诺酮类 18 种、大环内酯类 11 种，三类抗生素共占抗生素种类的 74%。磺胺甲噁唑是全球水环境中浓度最高的抗生素[45]。虽然磺胺类抗生素的使用量不是很高（约占抗生素总量的 5%），但由于磺胺类抗生素的水溶性较低、在土壤和沉积物中的吸附性较差，这类抗生素在环境中的迁移性较强。例如，磺胺甲嘧啶在越南地表水中的浓度高达 19 μg/L，磺胺甲噁唑在非洲莫桑比克和肯尼亚地表水中的浓度分别达 53.8 μg/L 和 38.9 μg/L[40, 41]。

在我国珠江流域地表水中，磺胺甲嘧啶的浓度为 40~1390 ng/L，海河流域磺胺甲噁唑的浓度为 ND~940 ng/L[46]。相反，尽管 β-内酰胺类抗生素是我国使用量第二的抗生素，但由于这类抗生素极易水解，在环境中的检出率较低[33]。

3）地下水和饮用水

环境中的抗生素可通过淋溶、渗滤等方式进入地下水和饮用水中，进而对人类健康造成潜在威胁。研究表明，抗生素污染主要集中于距离地表 50 m 以内的地下水中[47]。据报道，美国 24 个大城市的井水受到抗生素污染，影响约 41 万人的饮用水安全[48]。不同国家和地区的地下水中抗生素种类有所不同。例如，磺胺类抗生素是西班牙加泰罗尼亚地区地下含水层中检出最多的抗生素，其中磺胺甲噁唑是城市地下水浓度最高的抗生素[49]。我国天津某地地下水中存在磺胺多辛（78.3 ng/L）和环丙沙星（31.8~42.5 ng/L）等多种抗生素污染[50]。而氟喹诺酮类抗生素是我国广州和澳门等地区井水中最常检出的抗生素[44]。湖北多处地下水也检测出氟喹诺酮类抗生素，浓度在 ng/L 数量级。一般饮用水中抗生素污染水平低于污灌区地下水。例如，我国南部饮用水管网中检测出磺胺甲噁唑、卡巴克洛、阿替洛尔和磺胺嘧啶 4 种药物，浓度在 1 ng/L 左右[51]。

2. 污泥和沉积物中抗生素的污染现状

在市政污水处理过程中，一部分抗生素随出水排入受纳水体，另一部分可能聚集到活性污泥中；而水体中的抗生素也可能随着絮凝沉淀等作用聚集到沉积物中。抗生素在污泥和沉积物中难以降解，因此更容易蓄积。我国主要流域沉积物中典型抗生素浓度水平在 0.1 ng/g~1.0 μg/g，浓度中值大多在 100 ng/g 以下[31]。我国沉积物中抗生素浓度水平稍高于其他国家，如美国拉伯德河沉积物中抗生素浓度为 1.1~102.7 ng/g，南非姆松杜兹河沉积物中抗生素浓度在 125.35 ng/g 以下。在我国五大流域中，海河流域沉积物中典型抗生素浓度最高，浓度中值为 0.15~110 ng/g；黄河流域沉积物中抗生素浓度水平较低（浓度中值为 0.04~9.04 ng/g），可能是由于该流域水体悬浊颗粒含量高、沉积物有机质含量低；而长江流域沉积物中四环素类和氟喹诺酮类抗生素的浓度要高于其他流域，原因是这两类抗生素在该区域农业中使用量较大[31]。我国市政污水处理厂污泥中的抗生素含量更高，最高达 21.0 μg/g[52]。

抗生素在污泥和沉积物中的残留浓度取决于抗生素在水中的溶解度、固-液相中的分配系数、亲脂系数 K_{ow} 和表面所带电荷等因素，而与抗生素的使用量没有直接的相关性[29]。例如，虽然氟喹诺酮类和四环素类抗生素氟含量较低，但这两类抗生素很容易在污泥中富集，而使用广泛的 β-内酰胺类和磺胺类抗生素在沉积物上的吸附很少，更容易存在于水中[53]。据报道，土霉素、四环素、诺氟沙星和氧氟沙星是我国珠江流域沉积物中检出浓度最高的抗生素，浓度分别高达 100 ng/g、72.6 ng/g、1120 ng/g 和 1560 ng/g，而水体中这几种抗生素都没有检出[54]。

3. 土壤中抗生素的污染现状

土壤环境中的抗生素主要来自污水灌溉或畜禽粪便等有机肥的施用，抗生素在土壤中蓄积，进而被植物吸收进入食物链，对土壤生态系统产生威胁。调查结果显示，一般土壤中抗生素浓度水平在 μg/kg 数量级，而施用有机肥料的土壤中抗生素浓度水平较高，变化范围较大，在 μg/kg 到 mg/kg 数量级浮动，其中磺胺二甲基嘧啶在施用有机肥的土壤中含量高达 900 mg/kg[24]。德国某农田土壤中，四环素平均浓度约为 160 μg/kg，且主要集中在表层（0～30 cm）土壤中[55]。根据我国珠江三角洲土壤调查结果显示，该地区蔬菜基地土壤中普遍检出四环素类、喹诺酮类和磺胺类等多种抗生素，浓度水平在几十到几百 μg/kg[56]。相比于其他抗生素，喹诺酮类抗生素在土壤中表现更强的蓄积性和持久性[57]。

不同土壤中抗生素污染情况与土壤类型、施肥和灌溉情况、抗生素类型、气候条件等因素密切相关，由于不同作物根系对抗生素的降解能力不同，因此还与作物种类有关。例如，喹诺酮类抗生素在不同植物土壤中表现出显著差异：在苦麦菜土壤中以环丙沙星和恩诺沙星为主，总含量达 31.19 μg/kg；而在葱、萝卜土壤中以诺氟沙星和环丙沙星为主，总含量为 7.33～9.81 μg/kg，相差 4 倍以上[58]。Pan 等[59]研究发现，含有抗生素的废水灌溉给土壤和作物带来了更高的风险，相比于畜禽粪便施肥表现出更高的抗生素蓄积。另外，土壤中抗生素浓度随季节变化，我国天津某蔬菜土壤中土霉素（124～2683 μg/kg）和金霉素（33.1～1079 μg/kg）的含量波动较大，表现为冬季高于夏季[50]。

4. 生物样品中抗生素的污染现状

地表水生态系统中的抗生素可进入水生生物体内，如鱼类和贝类等，并且在生物体内富集。研究发现，在烤鳗肌肉中具有较高含量的喹诺酮类抗生素，其中环丙沙星的浓度最高，为 7.6～31.6 μg/kg[60]。在中国环渤海地区贝类样品中同样存在较高水平（平均浓度都 10 μg/kg 以上）的喹诺酮类抗生素污染[61]。不同生物种类对抗生素的富集程度有所不同，例如，文蛤对喹诺酮类抗生素的富集可达几百 μg/kg，而蛤蜊的富集能力相对较弱，在几十 μg/kg 以下[26]。

土壤中的抗生素可能会被植物或土壤生物吸收并富集。例如，研究发现生菜中能够检出氟苯尼考（15 μg/kg）和甲氧苄啶（6.0 μg/kg）；而胡萝卜中能够检出恩诺沙星（2.8 μg/kg）、氟苯尼考（5.0 μg/kg）和甲氧苄啶（5.3 μg/kg）等抗生素[62]。此外，研究表明，植物的不同部位对抗生素的吸收能力也有所不同，茎叶等部位的吸收能力通常大于根部[55]。

1.2.3 危害与风险

1. 对抗性基因的诱导

随着抗生素药物的广泛使用，大量抗生素进入地表水、地下水、土壤、污泥和沉积物等各类环境介质中，导致环境生物长期暴露于低浓度水平的抗生素中，这可能诱导抗生素抗性基因和耐药性细菌的产生和发展。耐药性细菌的产生会加速宿主体内药物的降解，从而削弱药物的抑菌作用，影响药效[63]。

研究发现，水环境抗生素污染会导致耐药性细菌增加[64]。例如，从智利某鱼类养殖场水体中分离出的多种细菌均对阿莫西林、红霉素、氨苄西林、头孢氨苄和氯霉素等抗生素具有抗药性[65]。而在越南的某虾养殖水体中,发现多种细菌对甲氧苄啶、诺氟沙星和磺胺甲噁唑表现出耐药性,且不同细菌表现出的耐药性有所不同[63]。另外,在污水中也发现了多种耐药性细菌,如果这些细菌通过污水灌溉、污泥施肥等途径进入食物链,将对人类健康造成极大威胁[66]。研究发现,在某接收大量污水排放的河水和底泥中,大肠菌群对多种抗生素表现出耐药性,耐药性大肠菌在排污口处的数量显著高于下游监测点,且与排污时间具有显著相关性[67]。

2. 对水体生态的危害

一般来说,抗生素可有效抑制致病菌的生长,而耐药菌群的生长不受影响或由于缺少竞争而成为优势菌群,这种现象会严重破坏水生态环境的平衡[68]。自然水体中的抗生素污染,对水中微生物菌群的平衡有很大影响,甚至导致自然水体的自净能力下降。微生物菌群是水生态系统的分解者,一旦失去了平衡,将对水生态系统产生极大危害。例如,如果水体中某些有害物质不能及时被细菌分解,就可能对水体产生持续性污染,导致底泥增加,水体功能逐渐退化。另外,细菌内的抗性基因可能会遗传给子代细菌,也可能在不同细菌间传递。一旦致病菌获得了抗性基因,将会对生态系统和人类健康产生极大的危害[1]。

3. 对人类健康的威胁

饮用水源中有一定的抗生素残留,而现有的饮用水处理工艺很难将其有效去除,尽管饮用水中痕量水平(约 ng/L 数量级)的抗生素不会直接危害人体健康,但长期饮用可能会对人体免疫系统产生不良影响,进而降低机体免疫力[1]。另外,由于一些食品性动物(如畜禽、水产等)长期摄入抗生素,导致抗生素在其肉、蛋、奶及内脏中蓄积,甚至可能产生耐药性细菌[69]。这些残留的抗生素通过食物链的富集作用最终进入人体,可能引起过敏反应,导致食物中毒。有些抗生素会抑制有益菌群的生长,影响某些人体器官组织功能,甚至产生致癌、致畸、致突变等作用[70]。除此之外,抗生素抗性基因的产生和传播将严重影响抗生素的治疗效果,对人类健康的危害远大于残留抗生素的直接危害[71]。

参 考 文 献

[1] 胡譞予. 水环境中抗生素对健康的危害[J]. 食品与药品, 2015, 17(3): 215-219.
[2] 徐维海. 典型抗生素类药物在珠江三角洲水环境中的分布、行为与归宿[D]. 广州: 中国科学院研究生院(广州地球化学研究所), 2007.
[3] 杨宝峰. 药理学(第 8 版)[M]. 北京: 人民卫生出版社, 2013.
[4] Wikimedia Commons. Bibliographic details for file: Antibiotics mechanisms of action.png[EB/OL]. 2018. [2019-10-11]. https://commons.wikimedia.org/w/index.php?title=File:Antibiotics_Mechanisms_of_action.png&oldid= 215151338.
[5] In Food and Drug Administration, Department of Health and Human Services. 2016 Summary report on antimicrobials sold or distributed for use in food-producing animals[EB/OL]. 2016. [2019-11-21]. https://www.fda.gov/ downloads/forindustry/userfees/animaldruguserfeeactadufa/ucm588085.pdf.
[6] 刘昌孝. 全球关注: 重视抗生素发展与耐药风险的对策[J]. 中国抗生素杂志, 2019, 44(1): 1-8.

[7] Bbosa G S, Mwebaza N, Odda J, Kyegombe D B, Ntale M. Antibiotics/antibacterial drug use, their marketing and promotion during the post-antibiotic golden age and their role in emergence of bacterial resistance[J]. Health, 2014, 6(5): 410.

[8] Wang J, Wang P, Wang X, Zheng Y, Xiao Y. Use and prescription of antibiotics in primary health care settings in China[J]. Jama Internal Medicine, 2014, 174(12): 1914.

[9] Bao L, Rui P, Yi W, Ma R, Ren X, Meng W, Sun F, Fang J, Ping C, Yang W. Significant reduction of antibiotic consumption and patients’ costs after an action plan in China, 2010&2014[J]. PloS One, 2015, 10(3): e0118868.

[10] Danner M-C, Robertson A, Behrends V, Reiss J. Antibiotic pollution in surface fresh waters: Occurrence and effects[J]. Science of the Total Environment, 2019, 664: 793-804.

[11] Kummerer K. Antibiotics in the aquatic environment: A review. Part I[J]. Chemosphere, 2009, 75(4): 417-434.

[12] Richardson B J, Lam P K, Martin M. Emerging chemicals of concern: Pharmaceuticals and personal care products (PPCPs) in Asia, with particular reference to Southern China[J]. Marine Pollution Bulletin, 2005, 50(9): 913-920.

[13] WHO. WHO report on surveillance of antibiotic consumption: 2016-2018 early implementation[R]. 2018. [2019-01-01]. https://apps.who.int/iris/bitstream/handle/10665/277359/9789241514880-eng.pdf.

[14] Van Boeckel T P, Gandra S, Ashok A, Caudron Q, Grenfell B T, Levin S A, Laxminarayan R. Global antibiotic consumption 2000 to 2010: An analysis of national pharmaceutical sales data[J]. Lancet Infectious Diseases, 2014, 14(8): 742-750.

[15] Sutherland M E. Antibiotic use across the globe[J]. Nature Human Behaviour, 2018, 2(6): 373-373.

[16] Van Boeckel T P, Brower C, Gilbert M, Grenfell B T, Levin S A, Robinson T P, Teillant A, Laxminarayan R. Global trends in antimicrobial use in food animals[J]. Proceedings of the National Academy of Sciences, 2015, 112(18): 5649-5654.

[17] Zhang Q Q, Ying G G, Pan C G, Liu Y S, Zhao J L. Comprehensive evaluation of antibiotics emission and fate in the river basins of China: Source analysis, multimedia modeling, and linkage to bacterial resistance[J]. Environmental Science & Technology, 2015, 49(11): 6772-6782.

[18] 杨永超. 厌氧颗粒污泥法处理高浓度抗生素废水的研究及应用[D]. 青岛: 青岛理工大学, 2010.

[19] 吕昌彬. 关于抗生素滥用问题的思考[D]. 济南: 山东中医药大学, 2014.

[20] Sarmah A K, Meyer M T, Boxall A B A. A global perspective on the use, sales, exposure pathways, occurrence, fate and effects of veterinary antibiotics (VAs) in the environment[J]. Chemosphere, 2006, 65(5): 725-759.

[21] Boeckel T P V, Brower C, Gilbert M, Grenfell B T, Levin S A, Robinson T P, Teillant A, Laxminarayan R. Global trends in antimicrobial use in food animals[J]. Proceedings of the National Academy of Sciences of the United States of America, 2015, 112(18): 5649.

[22] 曾化松, 王艳琳. 抗生素滥用的现状及应对策略[J]. 中国卫生事业管理, 2012, 29(05): 341-343.

[23] 罗迪君. 国内抗生素的主要来源和污染特征[J]. 绿色科技, 2019, (14): 159-161.

[24] 周启星, 罗义, 王美娥. 抗生素的环境残留、生态毒性及抗性基因污染[J]. 生态毒理学报, 2007, (3): 243-251.

[25] Heberer T, Reddersen K, Mechlinski A. From municipal sewage to drinking water: Fate and removal of pharmaceutical residues in the aquatic environment in urban areas[J]. Water Science and Technology, 2002, 46(3): 81-88.

[26] Montforts M H, Kalf D F, Van Vlaardingen P L, Linders J B. The exposure assessment for veterinary medicinal products[J]. Science of the Total Environment, 1999, 225(1-2): 119-133.

[27] Samuelsen O. Degradation of oxytetracycline in seawater at two different temperatures and light intensities[J]. Aquaculture, 1989, 83: 7-16.

[28] 曾庆军. 抗生素在生态环境中的污染转归以及应对措施[J]. 湖南畜牧兽医, 2017, (5): 49-52.

[29] Hoa P T P, Nonaka L, Viet P H, Suzuki S. Detection of the sul1, sul2, and sul3 genes in sulfonamide-resistant bacteria from wastewater and shrimp ponds of north Vietnam[J]. Science of the

Total Environment, 2008, 405(1-3): 377-384.
[30] Capone D G, Weston D P, Miller V, Shoemaker C. Antibacterial residues in marine sediments and invertebrates following chemotherapy in aquaculture[J]. Aquaculture, 1996, 145(1-4): 55-75.
[31] 邵一如, 席北斗, 曹金玲, 高如泰, 许其功, 张慧, 刘树庆. 抗生素在城市污水处理系统中的分布及去除[J]. 环境科学与技术, 2013, 36(7): 85-92+182.
[32] Östman M, Lindberg R H, Fick J, Björn E, Tysklind M. Screening of biocides, metals and antibiotics in Swedish sewage sludge and wastewater[J]. Water Research, 2017, 115: 318-328.
[33] Tong C, Zhuo X, Guo Y. Occurrence and risk assessment of four typical fluoroquinolone antibiotics in raw and treated sewage and in receiving waters in Hangzhou, China[J]. Journal of Agricultural and Food Chemistry, 2011, 59(13): 7303-7309.
[34] Liu J L, Wong M H. Pharmaceuticals and personal care products (PPCPs): A review on environmental contamination in China[J]. Environment International, 2013, 59: 208-224.
[35] Kummerer K, Henninger A. Promoting resistance by the emission of antibiotics from hospitals and households into effluent[J]. Clinical Microbiology and Infection, 2003, 9(12): 1203-1214.
[36] Cha J, Yang S, Carlson K. Trace determination of β-lactam antibiotics in surface water and urban wastewater using liquid chromatography combined with electrospray tandem mass spectrometry[J]. Journal of Chromatography A, 2006, 1115(1-2): 46-57.
[37] Larsson D J, De Pedro C, Paxeus N. Effluent from drug manufactures contains extremely high levels of pharmaceuticals[J]. Journal of Hazardous Materials, 2007, 148(3): 751-755.
[38] Rodriguez-Mozaz S, Chamorro S, Marti E, Huerta B, Gros M, Sànchez-Melsió A, Borrego C M, Barceló D, Balcázar J L. Occurrence of antibiotics and antibiotic resistance genes in hospital and urban wastewaters and their impact on the receiving river[J]. Water Research, 2015, 69: 234-242.
[39] Gulkowska A, Leung H W, So M K, Taniyasu S, Yamashita N, Yeung L W, Richardson B J, Lei A, Giesy J P, Lam P K. Removal of antibiotics from wastewater by sewage treatment facilities in Hong Kong and Shenzhen, China[J]. Water Research, 2008, 42(1-2): 395-403.
[40] Wei R, Ge F, Huang S, Chen M, Wang R. Occurrence of veterinary antibiotics in animal wastewater and surface water around farms in Jiangsu Province, China[J]. Chemosphere, 2011, 82(10): 1408-1414.
[41] Murata A, Takada H, Mutoh K, Hosoda H, Harada A, Nakada N. Nationwide monitoring of selected antibiotics: Distribution and sources of sulfonamides, trimethoprim, and macrolides in Japanese rivers[J]. Science of the Total Environment, 2011, 409(24): 5305-5312.
[42] Li S, Shi W, Liu W, Li H, Zhang W, Hu J, Ke Y, Sun W, Ni J. A duodecennial national synthesis of antibiotics in China's major rivers and seas (2005—2016)[J]. Science of the Total Environment, 2018, 615: 906-917.
[43] Bai Y, Meng W, Xu J, Zhang Y, Guo C. Occurrence, distribution and bioaccumulation of antibiotics in the Liao River Basin in China[J]. Environmental Science: Processes & Impacts, 2014, 16(3): 586-593.
[44] Carvalho I T, Santos L. Antibiotics in the aquatic environments: A review of the European scenario[J]. Environment International, 2016, 94: 736-757.
[45] Bu Q, Wang B, Huang J, Deng S, Yu G. Pharmaceuticals and personal care products in the aquatic environment in China: A review[J]. Journal of Hazardous Materials, 2013, 262: 189-211.
[46] Luo Y, Xu L, Rysz M, Wang Y, Zhang H, Alvarez P J. Occurrence and transport of tetracycline, sulfonamide, quinolone, and macrolide antibiotics in the Haihe River Basin, China[J]. Environmental Science & Technology, 2011, 45(5): 1827-1833.
[47] Holm J V, Rügge K, Bjerg P L, Christensen T H. Occurrence and distribution of pharmaceutical organic compounds in the groundwater downgradient of a landfill(Grindsted, Denmark)[J]. Environmental Science & Technology, 1995, 29(5): 1415-1420.
[48] Wang Q-J, Mo C-H, Li Y-W, Gao P, Tai Y-P, Zhang Y, Ruan Z-L, Xu J-W. Determination of four fluoroquinolone antibiotics in tap water in Guangzhou and Macao[J]. Environmental Pollution, 2010, 158(7): 2350-2358.
[49] Jurado A, Vàzquez-Suñé E, Carrera J, De Alda M L, Pujades E, Barceló D. Emerging organic

contaminants in groundwater in Spain: A review of sources, recent occurrence and fate in an European context[J]. Science of the Total Environment, 2012, 440: 82-94.

[50] Hu X, Zhou Q, Luo Y. Occurrence and source analysis of typical veterinary antibiotics in manure, soil, vegetables and groundwater from organic vegetable bases, Northern China[J]. Environmental Pollution, 2010, 158(9): 2992-2998.

[51] Qiao T, Yu Z, Zhang X, Au D W. Occurrence and fate of pharmaceuticals and personal care products in drinking water in Southern China[J]. Journal of Environmental Monitoring, 2011, 13(11): 3097-3103.

[52] Gao L, Shi Y, Li W, Niu H, Liu J, Cai Y. Occurrence of antibiotics in eight sewage treatment plants in Beijing, China[J]. Chemosphere, 2012, 86(6): 665-671.

[53] Heise J, Höltge S, Schrader S, Kreuzig R. Chemical and biological characterization of non-extractable sulfonamide residues in soil[J]. Chemosphere, 2006, 65(11): 2352-2357.

[54] Zhou L-J, Ying G-G, Zhao J-L, Yang J-F, Wang L, Yang B, Liu S. Trends in the occurrence of human and veterinary antibiotics in the sediments of the Yellow River, Hai River and Liao River in Northern China[J]. Environmental Pollution, 2011, 159(7): 1877-1885.

[55] Hamscher G, Pawelzick H T, Höper H, Nau H. Different behavior of tetracyclines and sulfonamides in sandy soils after repeated fertilization with liquid manure[J]. Environmental Toxicology and Chemistry, 2005, 24(4): 861-868.

[56] 李红燕, 陈兴汉. 环境中抗生素的污染现状及危害[J]. 中国资源综合利用, 2018, (5): 28.

[57] Yang L, Wu L, Liu W, Huang Y, Luo Y, Christie P. Dissipation of antibiotics in three different agricultural soils after repeated application of biosolids[J]. Environmental Science and Pollution Research, 2018, 25(1): 104-114.

[58] 邰义萍, 莫测辉, 李彦文, 吴小莲, 邹星, 高鹏, 黄显东. 长期施用粪肥土壤中喹诺酮类抗生素的含量与分布特征[J]. 中国环境科学, 2010, 30(6): 816-821.

[59] Pan M, Chu L. Transfer of antibiotics from wastewater or animal manure to soil and edible crops[J]. Environmental Pollution, 2017, 231(1): 829-836.

[60] 谢东华, 俞雪钧, 殷居易, 倪梅林. 烤鳗中氟喹诺酮类多残留检测方法的研究[J]. 中国卫生检验杂志, 2008, (6): 969-971.

[61] Li W, Shi Y, Gao L, Liu J, Cai Y. Investigation of antibiotics in mollusks from coastal waters in the Bohai Sea of China[J]. Environmental Pollution, 2012, 162: 56-62.

[62] Boxall A B, Johnson P, Smith E J, Sinclair C J, Stutt E, Levy L S. Uptake of veterinary medicines from soils into plants[J]. Journal of Agricultural and Food Chemistry, 2006, 54(6): 2288-2297.

[63] Le T X, Munekage Y, Kato S. Antibiotic resistance in bacteria from shrimp farming in mangrove areas[J]. Science of the Total Environment, 2005, 349(1-3): 95-105.

[64] 邓玉, 倪福全. 水环境中抗生素残留及其危害[J]. 南水北调与水利科技, 2011, 9(3): 96-100.

[65] Miranda C D, Kehrenberg C, Ulep C, Schwarz S, Roberts M C. Diversity of tetracycline resistance genes in bacteria from Chilean salmon farms[J]. Antimicrobial Agents and Chemotherapy, 2003, 47(3): 883-888.

[66] Kümmerer K. Significance of antibiotics in the environment[J]. Journal of Antimicrobial Chemotherapy, 2003, 52(1): 5-7.

[67] Akiyama T, Savin M C. Populations of antibiotic-resistant coliform bacteria change rapidly in a wastewater effluent dominated stream[J]. Science of the Total Environment, 2010, 408(24): 6192-6201.

[68] 曾冠军, 柳娴, 马满英. 水体中抗生素污染研究进展[J]. 安徽农业科学, 2017, 45(3): 72-74.

[69] 王冉, 刘铁铮, 王恬. 抗生素在环境中的转归及其生态毒性[J]. 生态学报, 2006, 1: 265-270.

[70] 陈秋颖, 金彩霞, 吕山花, 樊颖伦. 兽药残留及其对生态环境影响的研究进展[J]. 安徽农业科学, 2008, 16: 6943-6945, 6952.

[71] 苏建强, 黄福义, 朱永官. 环境抗生素抗性基因研究进展[J]. 生物多样性, 2013, 21(4): 481-487.

第 2 章 基于紫外光催化的抗生素水污染控制技术

2.1 基于紫外光催化的高级氧化技术基本原理

2.1.1 概 述

高级氧化工艺（advanced oxidation process, AOPs）是一种高效的处理水和废水的新方法。与传统的常规氧化技术不同，高级氧化工艺通过生成高活性的中间自由基，如羟基自由基、氯自由基、硫酸根自由基等，氧化水中的有机污染物，使其降解为小分子有机物或者直接降解为 CO_2 和 H_2O。这些自由基通常由臭氧、过氧化氢、自由氯及过硫酸盐等产生，结合过渡金属、半导体催化剂和紫外光（UV）一起使用，具有反应速率快、选择性低、处理完全、无公害、适用范围广等优点，现已得到广泛的关注。其中基于紫外光联用的光化学氧化工艺在过去的几十年中得到了广泛的研究。

高级氧化工艺一般由两个步骤组成，第一步是原位形成反应活性物（如自由基）；第二步是这些反应活性物与目标污染物的反应。自由基的生成机理取决于工艺的特定参数，并且可能受到系统设计及水质的影响。本章主要叙述 UV/H_2O_2、UV/PDS、UV/FC、UV/NH_2Cl 和 UV/PAA 5 种基于紫外光联用的光化学高级氧化工艺（UV-AOPs）的作用原理及处理特性和优缺点，同时对各工艺的影响因素进行评估。

2.1.2 UV/H_2O_2

羟基自由基(·OH)具有较强的氧化性$[E^0(·OH/H_2O)= 1.9 \sim 2.7\ V]$，氧化能力比 H_2O_2、O_3 和 Cl_2 强，仅次于氟。另外，·OH 的选择性低，可以降解大部分抗生素并具有较高的反应速率。因此，基于·OH 的 AOPs 技术在水处理及消毒系统中得到了广泛的应用。UV/H_2O_2 已经被广泛用于污水处理系统并对抗生素起到良好的去除效果。UV/H_2O_2 主要通过三种途径发挥氧化作用：

(1) 对于对 UV 具有吸收作用的有机污染物，光子激发可以直接降解污染物；
(2) H_2O_2 本身也具有一定的氧化性，可以对降解某些污染物起到作用；
(3) 最主要的降解途径是通过·OH 的氧化作用。

H_2O_2 在紫外光的照射下可以分解产生·OH，其简单机理如下。

$$H_2O_2 \longrightarrow 2·OH$$

$$\cdot OH + H_2O_2 \longrightarrow HOO\cdot + H_2O$$

$$HOO\cdot + H_2O_2 \longrightarrow H_2O + O_2 + \cdot OH$$

UV 照射与 H_2O_2 结合可以光解 H_2O_2 使其生成两个·OH。然而 H_2O_2 在 254 nm 的摩尔吸光系数 ε 非常小，只有 18.6 L/(mol·cm)，这就导致 H_2O_2 的分解速率小于 10%。假如使用低压汞灯（LPUV），产生足够的·OH 就需要很高浓度的 H_2O_2（5~20 mg/L），这就导致必须在后续步骤中去除残余的 H_2O_2。因此，H_2O_2 的实际使用剂量需从经济的角度考虑。一般而言，UV 光强越强，被激发产生的·OH 越多，系统的氧化能力也越强，但过高的 UV 光强可能会造成资源的浪费。H_2O_2 的投加量也不宜过多，因为过多的·OH 会发生自捕获反应，即·OH 自身发生反应，或·OH 会与过量的 H_2O_2 发生反应，从而消耗·OH 进而降低对污染物的去除效率。用 UV/H_2O_2 体系来降解抗生素已经有了广泛的研究，研究范围从超纯水到尿液及污水（表 2-1）。

表 2-1 UV/H_2O_2 降解抗生素

抗生素	初始浓度	水质条件	反应条件	去除率/%	参考文献
Sulfamethoxazole 磺胺甲噁唑	120 ng/L	污水	2768 mJ/cm²；室温，pH=6.5，H_2O_2 = 1.72 g/L，15 min	100	[1]
	578 ng/L	污水	550 W/m²，17℃，pH=2.5，H_2O_2 = 50 mg/L，30 min	100	[2]
	1.0 μg/L	超纯水	200 mJ/cm²；pH=6.5，H_2O_2 = 10 mg/L	>99	[3]
Trimethoprim 甲氧苄啶	~95 ng/L	污水	2768 mJ/cm²；室温，pH=6.5，H_2O_2 = 1.72 g/L，15 min	100	[1]
	—	污水	550 W/m²，17℃，pH=2.5，H_2O_2 = 50 mg/L，30 min	100	[2]
	1.0 μg/L	超纯水	200 mJ/cm²；pH=6.5，H_2O_2 = 10 mg/L	>99	[3]
	10 μmol/L	合成新鲜尿液和水解尿液	2.57×10⁻⁶ Einstein/(L·s)，pH=9，H_2O_2 = 294 μmol/L	>99	[4]
	131 ng/L	污水	550 W/m²，17℃，pH=2.5，H_2O_2 = 50 mg/L，30min	100	[2]
	68.9 μmol/L	超纯水	2000 mJ/cm²，室温，pH=7.4，H_2O_2 = 10 mg/L，30 min	>99	[5]
Amoxicillin 阿莫西林	25 mg/L	蒸馏水	2.3 W/cm²，40 ℃，pH=7.0，H_2O_2 =588 mg/L，67 min，10r/min	~90	[6]

续表

抗生素	初始浓度	水质条件	反应条件	去除率/%	参考文献
Erythromycin 红霉素	110 ng/L	污水	2768 mJ/cm², 室温, pH=6.5, H_2O_2 = 1.72 g/L, 15 min	~98	[1]
	2.48 μg/L	超纯水	500 mJ/cm², pH=6.5, H_2O_2 = 10 mg/L	>99	[3]
Ofloxacin 氧氟沙星	41 ng/L	污水	550 W/m², 17 ℃, pH=2.5, H_2O_2=50 mg/L, 30 min	100	[2]
Ciprofloxacin 环丙沙星	129 ng/L	污水	550 W/m², 17 ℃, pH=2.5, H_2O_2=50 mg/L, 30 min	100	[2]
	6.04 μmol/L	超纯水	2000 mJ/cm², 室温, pH=7.4, H_2O_2=10 mg/L, 30 min	>99	[5]
Penicillin 青霉素	29.9 μmol/L	超纯水	2000 mJ/cm², 室温, pH=7.4, H_2O_2=10 mg/L, 30 min	>99	[5]
Tylosin 泰乐菌素	65 μmol/L	超纯水	7.2×10^{-5} Einstein/s, 25 ℃, pH=3.0, H_2O_2=3 mmol/L, 3 min	100	[7]
Enoxacin 依诺沙星	0.06 mmol/L	超纯水	2×10^6 光子/s, H_2O_2 = 0.05 mmol/L, 30 min	100	[8]
Tetracycline 四环素	~70 ng/L	污水	2768 mJ/cm², 室温, pH=6.5, H_2O_2 = 1.72 g/L, 15 min	~99	[1]

综上,UV/H_2O_2是一种很有前景的处理抗生素的方法。值得注意的是,此工艺针对不同的污染物的去除效果差别很大。因此不同的处理条件,如 pH、温度、H_2O_2浓度等以及水质条件对污染物降解的影响值得进一步研究。

1. UV 光强的影响

光化学反应进行的程度(即所得到的产量)与被吸收的光能的数量成正比,即与被吸收光的强度成正比。相关研究也表明,H_2O_2在一定波长紫外光照射下可发生下式反应,释放出·OH。因此,通常情况下提高 UV 光强度有利于光化学反应的进行。

$$H_2O_2 + h\nu \longrightarrow 2\cdot OH$$

Muruganandham 和 Swaminathan[9]进行了 UV/H_2O_2活性偶氮染料降解实验,结果表明污染物的降解效率基本随着 UV 光强的增加而增加。Chang 等[10]则用 UV/H_2O_2对活性偶氮染料降解动力学进行研究,在 10~100 W 范围内,反应速率也随 UV 光强度呈线性增加。UV 光强的提高,增加了单位溶液的能量密度,有利于产生更多的有效光子,进而激发 H_2O_2产生更多的·OH,但当 UV 光强度达到一定值后,继续提高则会使经济性降低,对光源的要求也会大大提高,因此需要保持一个最佳值。

2. UV 波长的影响

紫外光是波长在 100～380 nm 的电磁波，根据其波长及功能的不同，又分为 4 个波段，即 UV-A（长波，315～380 nm），UV-B（中波，280～315 nm），UV-C（短波，200～280 nm）和 UV-V（真空紫外光，100～200 nm）。由能量方程可知，一个光子能量大小可由以下几部分定量计算求得

$$E = h\nu = hc/\lambda \tag{2-1}$$

式中，h 为普朗克常量，6.6256×10^{-34} J·s；c 为光速，2.9979×10^{8} m/s；λ 为波长，m；ν 为辐射光频率，s^{-1}。激发能通常用 kJ/Einstein 为单位表示，1 个 Einstein 代表 1 mol 相同波长的粒子数。

由式（2-1）可知，波长较短的紫外光具有更强的激发能，能够更加有效地激发分子键解离释放出自由基，因此，在杀菌消毒和污染物处理研究领域低压紫外光 UV-C（253.7 nm）应用较为广泛；UV-V 虽然具有更强的能量，但穿透力很差，只能在真空中传播，因而无法广泛应用；UV-A 与 UV-B 具有穿透力强及功率大等优势，在半导体光催化领域也获得广泛的应用。Parkinson 等研究分析了不同波长紫外光（UV-A，UV-B，UV-C 及 UV-C/H_2O_2）对自然水体中无机物组分（NOM）的降解效果[11]，研究表明，UV-A 与 UV-B 处理的自然水体污染物降解产物中不含有毒成分，但 UV-C 及 UV-C/H_2O_2 工艺在反应完成后，溶液中却产生了有毒中间体。由此表明，不同波长紫外光引发的光化学反应机理可能有较大差异。

3. H_2O_2 投加量的影响

H_2O_2 作为 ·OH 的释放剂，在光催化反应中起到关键作用。Muruganandham 和 Swaminatham[9]进行了 UV/H_2O_2 活性偶氮染料降解实验，结果表明，当 H_2O_2 投加量从 5 mmol/L 增加到 20 mmol/L 时，污染物的降解效率从 83.6%上升到 98.3%，进一步将 H_2O_2 投加量由 20 mmol/L 增加到 25 mmol/L，其降解效率从 98.3%下降到 94.3%。Chang 等[10]用 UV/H_2O_2 对活性偶氮染料降解动力学进行研究，结果也表明，当 H_2O_2 浓度较低时，增加 H_2O_2 的浓度有利于污染物的降解，但当 H_2O_2 浓度达到一定值时，继续增加则降低了污染物的降解效率。

H_2O_2 投加量的影响一般可通过以下机理过程进行解释：

（1）当 H_2O_2 浓度较低时，溶液中主要发生如下反应[12-14]

$$H_2O_2 + h\nu \longrightarrow 2 \cdot OH$$

因此，一定范围内 H_2O_2 浓度增加有利于促进·OH 自由基的生成，进而提高污染物的矿化效率与降解效率。

（2）当 H_2O_2 浓度继续增加并超过极大值后，溶液中开始发生如下副反应过程[12, 13]：

$$H_2O_2 + \cdot OH \longrightarrow \cdot HO_2 + H_2O$$

$$\cdot OH + \cdot HO_2 \longrightarrow H_2O + O_2$$

$$\cdot OH + \cdot OH \longrightarrow H_2O_2$$

由此可见，H_2O_2 在作为自由基释放剂的同时还是一种自由基猝灭剂，产生的 $·HO_2$（$2.563×10^{-19}$ J）的氧化能力远远小于 $·OH$（$4.486×10^{-19}$ J），抑制了反应过程。因此，科研或生产实践过程中，H_2O_2 投加量需要根据实际反应体系进行设计优化，以达到经济效益最佳化。

4. 初始 pH 的影响

在不同 pH 的溶液中，一般即使是同一种氧化还原剂，其表现出的氧化还原电位也会有较大差异。此外，H_2O_2 对温度及溶液酸碱性比较敏感，因此，研究初始 pH 对 UV/H_2O_2 的影响是重点考察内容之一。Muruganandham 等进行了 UV/H_2O_2 活性偶氮染料降解实验[9]，首先考察了溶液初始 pH 影响，结果表明：pH 在 1.0~8.0 范围内，当 pH 从 1.0 增加到 3.0 时，污染物的降解效率从 10.32%上升到 88.68%；当 pH 从 3.0 进一步增加到 8.0 时，污染物的降解效率从 88.68%下降到 10.22%。Chang 等研究了 UV/H_2O_2 降解活性偶氮染料的降解动力学并考察了 pH 的影响[10]，结果显示，在酸性与中性条件下，pH 对反应速率的影响较小，但当溶液处于碱性条件下，反应速率则大大降低。相关研究认为，在碱性条件下容易发生如下反应[15]：

$$H_2O_2 \longrightarrow HO_2^- + H^+$$

$$H_2O_2 + HO_2^- \longrightarrow H_2O + O_2 + OH^-$$

$$·OH + HO_2^- \longrightarrow OH^- + ·HO_2$$

$$·OH + HO_2^- \longrightarrow H_2O + O_2^- ·$$

由此可见，一方面，水解产生 HO_2^- 能够强烈促进 H_2O_2 分解为 H_2O 和 O_2，大大降低了 H_2O_2 的利用效率；另一方面，$·OH$ 与 HO_2^- 的反应速率远远大于 $·OH$ 与 H_2O_2 的反应速率（约 100 倍以上），是一种极为有效的自由基猝灭剂，从而显著降低了自由基的浓度。而 pH 过低产生的负面影响则可能与物质类型及其在酸性条件下的存在形态密切相关。

5. 溶液温度的影响

通常情况下，在一般的化学反应体系中，反应速率与温度的关系符合 Arrhenius 定律，而 UV/H_2O_2 体系的反应机理一般以自由基氧化反应为主[16]，自由基氧化反应的活化能很低，双自由基反应活化能甚至为零，因而温度对光化学反应的影响一般较小。

6. 污染物初始浓度的影响

对于一般的化学反应体系，单从反应速率理论角度讲，加大反应物的浓度一般能够有效提高反应速率，但对于光化学反应而言，污染物浓度提高带来的影响可能更加复杂，降解效率一般随着污染物初始浓度的增加而下降。光学定律方程表示如下：

$$I_a = I_0 e^{(-kl C_B)} \tag{2-2}$$

式中，I_a 为透射光强；I_0 为入射光强；k 为光吸收系数；l 为光通过的介质层厚度；C_B

为光吸收介质的浓度。

由式（2-2）可以看出，紫外光的透过光强随着反应介质的浓度及光吸收系数的增加呈指数下降。对于绝大多数有机污染物，污染物浓度增加的同时也会使溶液的色度大大增加，一般会增大光吸收系数，使得紫外光的穿透能力急剧下降，此时光化学反应一般仅能聚集在靠近光/液交界面的单薄液层内进行，这严重限制了整体反应体系的处理能力，从而使得整体效率显著下降。

7. 无机阴离子对反应过程的影响

无机阴离子，如 HCO_3^-、CO_3^{2-}、Cl^-、NO_3^-、SO_4^{2-} 广泛存在于自然水体中，在一般的有机废水以及气体污染物中，无机阴离子含量较大，不少有机物在降解过程中也会释放出大量的无机阴离子。因此，考察无机阴离子对反应过程的影响是必要的。

在自由基链反应中，由于 CO_3^{2-}、HCO_3^- 与 $\cdot OH$ 之间具有很快的反应速率而常常被认为是一类有效的自由基 $\cdot OH$ 侵蚀剂，生成的 $CO_3^- \cdot$ 具有较低的氧化还原电位，显著降低了光化学反应速率，相关基元反应机理如下[16]：

$$\cdot OH + CO_3^{2-} \longrightarrow OH^- + CO_3^- \cdot$$

$$\cdot OH + HCO_3^- \longrightarrow H_2O + CO_3^- \cdot$$

Cl^- 与 $\cdot OH$ 虽然具有更大的反应速率常数，但反应生成的中间体很不稳定，绝大部分又通过逆向反应分解成自由基，因此对反应的整体影响并不显著[17]：

$$\cdot OH + Cl^- \longrightarrow \cdot HOCl^-$$

$$\cdot HOCl^- + H^+ \longrightarrow Cl^- + H_2O$$

SO_4^{2-} 与 NO_3^- 引发的机理如下[18]：

$$SO_4^{2-} + \cdot OH \longrightarrow SO_4^- \cdot + OH^-$$

$$SO_4^- \cdot + H_2O \longrightarrow SO_4^{2-} + \cdot OH + H^+$$

$$NO_3^- + \cdot OH \longrightarrow NO_3 \cdot + OH^-$$

$$NO_3^- + H^+ + h\nu \longrightarrow \cdot OH + NO_2$$

SO_4^{2-} 与 $\cdot OH$ 反应生成 $SO_4^- \cdot$，其氧化还原电位高达 2.5～3.1 eV，能够从 H_2O 中直接夺取氢原子重新产生 $\cdot OH$，因而整体影响也较小。而 NO_3^- 在 UV 作用下能直接产生 $\cdot OH$，并且对 UV 具有惰性滤层作用，这种双重作用使得 NO_3^- 对光化学反应影响也不大。

2.1.3 UV/PDS 和 UV/PMS

传统的高级氧化技术是基于 $\cdot OH$ 的氧化性以降解有机物，近年来基于 $SO_4^- \cdot$ 的高级氧化技术因其可以有效去除多种难降解污染物而受到重视。$SO_4^- \cdot$ 具有很强的氧化性，可以氧化水中大部分的有机污染物并转化为无毒的硫酸盐，对环境比较友好。$SO_4^-\cdot$主要是过硫酸盐（peroxydisufate，PDS，$S_2O_8^{2-}$）和单过氧硫酸氢盐（peroxymonosulfate，PMS，HSO_5^-）通过热（活化能约 33.5kcal/mol）、UV（波长小于 270nm）及过渡金属（Fe^{2+}、Ag^{2+}、Cu^{2+}、Mn^{2+}、Co^{2+}等）等方式激活，在中性条件下，$SO_4^-\cdot\left[E^0\left(SO_4^-\cdot/SO_4^{2-}\right)=2.5\sim3.1V\right]$的氧化能力甚至强于·OH。$SO_4^-\cdot$的主要反应机理是氢原子夺取、加成和电子转移三种方式。与饱和有机物（如烷烃、醇类、醚类及酯类等）的反应主要通过氢原子夺取的方式；与含有不饱和键的烯烃类化合物的反应主要通过加成的方式；与芳香类化合物的反应则主要通过电子转移的方式。

以 PDS 为例，$S_2O_8^{2-}$在 UV 照射下可以被激活分裂生成$SO_4^-\cdot$，$S_2O_8^{2-}$的量子产率要明显大于H_2O_2的量子产率（1.4倍），$S_2O_8^{2-}$的摩尔吸光系数也比H_2O_2稍大[分别为 22 L/(mol·cm)和 18.6 L/(mol·cm)]，因此将 PDS 作为氧化剂与H_2O_2相比能产生更多的自由基。而 PMS 在 pH=7 时，通过 UV 激活能产生$SO_4^-\cdot$和·OH，量子产率为 0.52。

$$S_2O_8^{2-} + h\nu \longrightarrow 2SO_4^-\cdot$$

$$S_2O_8^{2-} + e^- \longrightarrow SO_4^-\cdot + SO_4^{2-}$$

UV/PDS 或 UV/PMS 也已经被广泛研究，基于$SO_4^-\cdot$的高级氧化技术已经被证明可以有效降解多种抗生素。Gao 等[19]证明 UV/PDS 可以有效地去除磺胺甲基嘧啶。Zhang 等[4,20]证明 UV/PDS 和 UV/PMS 可以有效地去除合成新鲜尿液及水解尿液中的磺胺甲噁唑和甲氧苄啶。

然而，$SO_4^-\cdot$具有更高的选择性，导致体系对水质的变化及溶解性有机物（DOM）成分更加敏感。在某些特定的目标污染物及水质条件下，基于$SO_4^-\cdot$的高级氧化体系可以作为·OH 高级氧化体系的替代。

1. PDS 浓度的影响

在一定浓度范围内，随着$S_2O_8^{2-}$浓度的增加，反应速率加快。当超过一定浓度后，随着$S_2O_8^{2-}$浓度的增加，污染物降解速率不会一直上升。这是因为$S_2O_8^{2-}$本身就是$SO_4^-\cdot$的猝灭剂，尤其是在酸性条件下[21]：

$$SO_4^-\cdot + S_2O_8^{2-} \longrightarrow SO_4^{2-} + \cdot S_2O_8^-$$

2. pH 的影响

在 UV/PDS 体系中，总自由基的浓度和氧化物质的形态受 pH 变化的影响很大。文献报道$SO_4^-\cdot$在中性条件下活化能最小[19]。另外，在高 pH 条件下$SO_4^-\cdot$可能转化产生·OH：

$$SO_4^-\cdot + OH^- \longrightarrow SO_4^{2-} + \cdot OH$$

Liang 和 Su 等[22]用化学探针的方法鉴定了体系中氧化剂的种类，发现在 pH=12 时，·OH 占主要比例；当在中性条件下，$SO_4^-\cdot$和·OH 都存在；当 pH<7 时，$SO_4^-\cdot$比例

增大。但是当 pH=3 时，$SO_4^-\cdot$ 会与 Cl^- 发生反应：

$$SO_4^-\cdot + Cl^- \longrightarrow SO_4^{2-} + \cdot Cl$$

2.1.4　UV/FC

UV/FC 是另一种很有前景的高级氧化工艺，是 UV/H_2O_2 的替代工艺之一。已经有文献报道 UV/FC 可以高效地降解一些抗生素，如磺胺甲噁唑和甲氧苄啶等。在 UV 激活下，氯气可以生成初始的自由基 $Cl\cdot$ 和 $\cdot OH$，然后初始自由基反应生成 $ClO\cdot$ 和 $\cdot Cl_2^-$ 等次级自由基，反应式如下：

$$HOCl/OCl^- + h\nu \longrightarrow \cdot OH/O^- + \cdot Cl$$

$$\cdot Cl + Cl^- \longrightarrow \cdot Cl_2^-$$

$$HOCl + \cdot OH \longrightarrow ClO\cdot + H_2O$$

$$OCl^- + \cdot OH \longrightarrow ClO\cdot + OH^-$$

$$\cdot Cl + HOCl \longrightarrow ClO\cdot + Cl^- + H^+$$

$$\cdot Cl + OCl^- \longrightarrow ClO\cdot + Cl^-$$

$\cdot OH$ 是一种广谱的强氧化剂，而活性氯类物质（RCS）如 $\cdot Cl$、$\cdot Cl_2^-$ 和 $ClO\cdot$ 等与 $\cdot OH$ 相比具有更高的选择性。$\cdot Cl$、$\cdot Cl_2^-$ 和 $ClO\cdot$ 的氧化还原电位分别为 2.4V、2.0V 和 1.5~1.8V。$\cdot Cl$ 具有选择性并且针对特定有机物（如苯甲酸、苯酚等）的氧化性要强于 $\cdot OH$。$\cdot Cl_2^-$ 更容易攻击烯烃类和含有羟基、甲氧基和氨基取代基的芳香环类物质。而 $ClO\cdot$ 则倾向于与含有甲氧基取代基的芳香烃发生反应。

1. 工艺条件的影响

需要注意的是，UV/FC 去除污染物的效率受工艺（如自由氯浓度、pH）和水质条件影响很大。Wang 等[23]研究了甲氧苄啶和洛硝哒唑在 UV/FC 体系内的降解规律，发现在一定范围内，甲氧苄啶的降解速率随自由氯浓度的增加呈线性增长；增大 pH 可以显著降低洛硝达唑在 UV/FC 体系内的降解速率，但是对甲氧苄啶的影响要小很多，这是因为 $ClO\cdot$ 与甲氧苄啶反应很快。自由氯浓度和 pH 对体系降解速率的影响与抗生素的化学性质有关。

pH 会影响 $HOCl/OCl^-$ 的解离状态（pK_a=7.5），进而影响自由氯的光解和自由基的形成。由于这两种存在形式的摩尔吸光系数有很大的不同，pH 增大会降低自由氯的光解速率并且可以加速自由基的猝灭，从而会减少 $Cl\cdot$ 与 $\cdot OH$ 的产生。这些猝灭反应会产生 $ClO\cdot$：

$$HOCl/OCl^- + \cdot OH \longrightarrow ClO\cdot + H_2O/OH^-$$

$$HOCl/OCl^- + \cdot Cl \longrightarrow ClO\cdot + HCl/Cl^-$$

2. 水质条件的影响

DOM、碱度、氨及卤化物广泛存在于不同水体类型中。

1）DOM 的影响

DOM 通过猝灭自由基和吸收紫外光，可以显著抑制某些抗生素的降解。DOM 与·OH 和 Cl·的二级反应速率常数分别为 2.5×10^4 L/(mg·s)和 1.3×10^4 L/(mg·s)[24]，与 ClO·和·CO_3^- 的二级反应速率常数分别为 $(4.5\pm0.2)\times10^4$ L/(mg·s)和 $(5.8\pm0.4)\times10$ L/(mg·s)[25]。这就表明 DOM 与这些自由基具有很强的反应性，可以通过抢夺自由基而影响抗生素的降解。

2）碱度的影响

HCO_3^- 和 DOM 是水中常见的自由基猝灭剂，通过以下反应来消耗自由基：

$$\cdot OH + HCO_3^- \longrightarrow CO_3^-\cdot + H_2O$$

$$\cdot Cl + HCO_3^- \longrightarrow CO_3^-\cdot + Cl^- + H^+$$

$$\cdot Cl_2^- + HCO_3^- \longrightarrow CO_3^-\cdot + 2Cl^- + H^+$$

3）氨的影响

氨在中性条件下与自由氯快速发生反应生成氯胺（NH_2Cl），而生成二氯胺的速率很慢，体系中主要是自由氯和氯胺。UV/NH_2Cl 作为一种新兴的高级氧化工艺已经受到一些关注，此部分内容将在 2.1.5 节具体描述。

4）卤化物的影响

Cl^- 可以快速地与·Cl 和·OH 反应，但是这个反应是可逆的。Fang 等研究发现当体系中 Cl^- 的浓度为 5~540 mmol/L 时，虽然体系中·Cl_2^- 的浓度提高了一个数量级，但是体系中·Cl 和·OH 的浓度并没有明显的变化。

$$Cl^- + \cdot OH \rightleftharpoons Cl\cdot OH^-$$

$$\cdot Cl + Cl^- \rightleftharpoons \cdot Cl_2^-$$

Br^- 可以与 HOCl 迅速反应生成 HOBr [$k=1.55\times10^3$ L/(mol·s)]，HOBr/OBr^- 在 UV 照射下光解为 Br^- 和·OH。值得注意的是，Br^- 消耗 HOCl 的反应非常缓慢，因此产生的·OH 的影响可以忽略不计。多余的 Br^- 可以与·OH 发生反应，猝灭体系中的·OH，进而显著抑制·OH 与抗生素的反应。此外，Br^- 还可以与 Br·反应生成 $Br_2^-\cdot$，$Br_2^-\cdot$ 的反应活性很低。

$$Br^- + \cdot OH \rightleftharpoons Br\cdot OH^-$$

$$\cdot Cl + Br^- \rightleftharpoons ClBr^-$$

$$Br^- + Cl \cdot OH^- \rightleftharpoons ClBr^- + OH^-$$

$$Br^- + \cdot Cl_2^- \rightleftharpoons ClBr^- \cdot + Cl^-$$

·Cl 与·OH 相比具有更高的选择性，更容易降解富含电子的污染物。在 UV/FC 体系中经常使用的氧化物是次氯酸盐和二氧化氯。UV/FAC 比较适用于低 pH 的水体，如渗滤液等。目前研究主要集中于实验室水平来降解一些污染物。基于 Cl·的基元反应涉及活性氯种类的形成，这些活性氯种类很有可能会被·OH 氧化生成氯酸盐、高氯酸盐和卤化的消毒副产物（OBPs）。

2.1.5　UV/NH$_2$Cl

UV/NH$_2$Cl 是另一种很有前景的高级氧化工艺，也是 UV/H$_2$O$_2$ 的替代工艺之一。NH$_2$Cl 在 UV 照射下可以分解为一个氯自由基（·Cl）和一个氨基自由基（·NH$_2$）。NH$_2$Cl 在 254 nm 下的摩尔吸光系数 ε 为 382 L/(mol·cm)，量子产率 Φ 为 0.29 mol/Einstein。一部分·Cl 直接降解抗生素，一部分·Cl 则参与到·OH、CO$_3^-$·、CO$_2^-$· 等的生成转化。·NH$_2$ 可以和水中的溶解氧等生成其他含氮活性基团（RNS），反应式如下：

$$NH_2Cl + h\nu \longrightarrow \cdot NH_2 + \cdot Cl$$

$$\cdot Cl + OH^- \longrightarrow ClOH^-$$

$$\cdot Cl + H_2O \longrightarrow ClOH^- + H^+$$

$$\cdot ClOH^- \longrightarrow \cdot OH + Cl^-$$

$$\cdot Cl + Cl^- \longrightarrow \cdot Cl_2^-$$

$$\cdot NH_2 \longrightarrow RNS$$

$$NH_2Cl + \cdot OH/\cdot Cl \longrightarrow \cdot NHCl + H_2O/HCl$$

2.1.6　UV/PAA

过氧乙酸［PAA，CH$_3$C(=O)O$_2$H］是一种广谱性抗微生物剂。PAA 的氧化电位高于 H$_2$O$_2$（1.96 eV vs. 1.78 eV），且抗菌效果远远大于 H$_2$O$_2$，在 pH＜8.2（p$K_{a, PAA}$，25℃）[26]时灭活生物的形式是未溶解的 PAA（PAA^0）而不是溶解态的物质（PAA$^-$）。在 UV 照射下，PAA 的 O—O 键发生均裂，产生乙酰氧基自由基［CH$_3$C(=O)O·］和·OH[27]。随后，CH$_3$C(=O)O·迅速解离成甲基自由基（·CH$_3$）和 CO$_2$，其中·CH$_3$ 可与氧结合产生弱过氧自由基（CH$_3$O$_2$·），同时，·OH 可能攻击 PAA 分子[27]。CH$_3$C(=O)O·也可与 PAA 反应生成乙酰基过氧自由基［CH$_3$C(=O)O$_2$·］[28]。在 UV/PAA 体系中形成的各种基团可以表现出不同的反应性。此外，由于 PAA 溶液中总是存在一定量的 H$_2$O$_2$，因此

UV/PAA 高级氧化工艺同时存在着 UV/H$_2$O$_2$ 高级氧化工艺。反应式如下：

$$CH_3C(=O)O_2H + h\nu \longrightarrow CH_3C(=O)O\cdot + \cdot OH$$

$$CH_3C(=O)O\cdot \longrightarrow \cdot CH_3 + CO_2$$

$$\cdot CH_3 + O_2 \longrightarrow CH_3O_2\cdot$$

$$CH_3C(=O)O_2H + \cdot OH \longrightarrow CH_3C(=O)O_2\cdot + H_2O$$

$$CH_3C(=O)O_2H + \cdot OH \longrightarrow CH_3C(=O)\cdot + O_2 + H_2O$$

$$CH_3C(=O)O_2H + \cdot OH \longrightarrow CH_3C(=O)OH + \cdot OOH$$

$$CH_3C(=O)O_2H + CH_3C(=O)O\cdot \longrightarrow CH_3C(=O)OH + CH_3C(=O)O_2\cdot$$

2.1.7 Matlab 模型拟合

1. 概述

高级氧化工艺所使用的紫外灯、氧化剂消耗大量的能量和财力，大幅增加水处理厂的运行负担。因此，如何优化高级氧化工艺使其能耗降低成为高级氧化工艺应用中首要解决的问题。

目前，针对高级氧化工艺的模拟主要基于稳态的动力学模型，忽略了大部分基元反应过程，其预测精度难以满足工程优化要求。因此，本节将介绍如何应用 Matlab 中 SimBiology 程序，整合典型高级氧化反应过程中的大部分基元反应，建立一个非稳态动力学模型，为高级氧化工艺的处理效果预测及工艺优化提供有力的数学工具。

2. Matlab 操作

打开 Matlab 软件（以 Matlab R2016b 版本为例）进入软件界面，位于上方的水平方向有主页、绘图、APP 三个框，点击 APP 框后下方出现 Curve Fitting、Optimization、PID Tuner 等软件，点击 SimBiology 软件后等待一段时间，将会打开 SimBiology 软件（图 2-1）。

点击新建（new），再点击 finish，便会生成新的模型。双击左方计划工作区（Project Workspace）中的 untitled，进入软件的计划工作区界面。在该软件界面中，左方有 parameter、species、reaction 等图标，右方有空心正方形框（图 2-2）。

点击并且拖动 species 图标放入右方正方形框便会生成一个成分，第 1 个为 species_1，第 2 个为 species_2，species_3，依次类推。双击 species，便会进入成分的设置界面。该设置界面从上到下依次有成分名称（Name）、范围（Scope）、初始值（InitialAmount）、初始值单位（InitialAmountUnits）。设置界面下方为描述界面（Description），有标签（Tag）、标记（Notes）等，供研究人员做笔记时使用。描述界面下方为显示界面（Appearance），其中的 X、Y 表示成分在界面中的坐标位置，宽度（Width）和高度（Height）表示成分的图标大小，下方的文字位置（Text Location）、文本字体

（Text Font）、框体表现（Block Appearance）等都是为方便观看而设，本书研究中用不到（图2-3）。

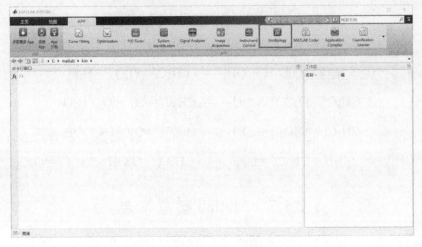

图2-1　Matlab初始界面

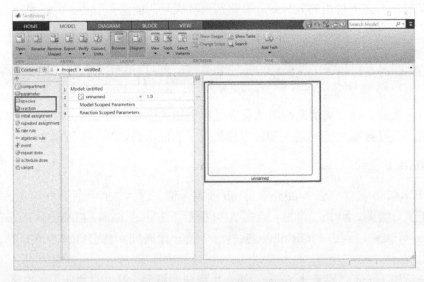

图2-2　SimBiology初始界面

点击并且拖动 reaction 图标放入右方正方形框便会生成一个反应，第 1 个为 reaction_1，第 2 个为 reaction_2，第 3 个为 reaction_3，依次类推。双击 reaction，便会进入反应的设置界面。该设置界面从上到下依次有反应名称（Name）、反应内容（Reaction）、动力学定律（Kinetic Law）、反应使用的量（Quantities Used by Reaction）、反应速率（ReactionRate）等内容。设置界面下方为描述界面（Description）。描述界面下方为显示界面（Appearance），描述界面和内容已经在前面讲述（图2-4）。

第 2 章 基于紫外光催化的抗生素水污染控制技术

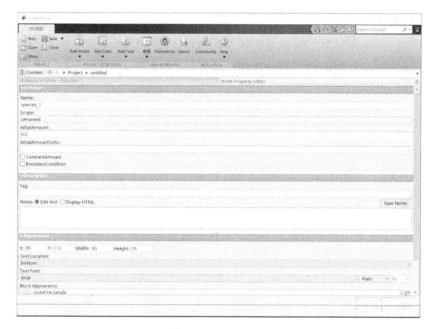

图 2-3 species 界面

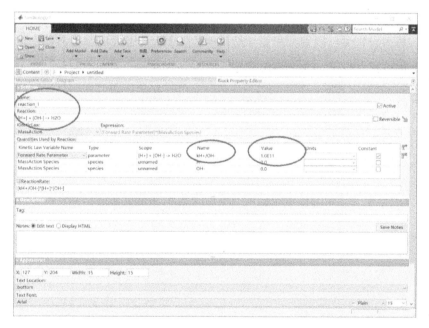

图 2-4 reaction 界面

在反应名称处可以修改名字,如修改为反应物 A/反应物 B,或者是生成物 A/生成物 B,或者是其他便于分辨的名字,以方便输入后的查找和检查。由于本书研究中需要输入的化学反应式众多,如果只是通过 reaction_1 这样的名字来查找实属不便,改为方便辨明的名称比较方便后续工作。

反应名称下方的反应内容部分需要使用人员输入具体的反应式,如"[H+] +

[OH−]⟶H2O"。需要注意的是，如氢离子等离子成分需要在左右附上括号以与反应式中的加号及⟶号区分，否则反应式会出错而无法进行。成分与加号之间需要相隔一个空格以上，使得系统能够识别为不同的成分，否则可能会出现[H+OH−]的成分出现。另外，系统有时难以识别自由基的"·"，相应的自由基成分换成别的表示方法较好。以·OH为例，在本书研究的程序中输入为 OHr，PDS 输入为 S2O8，防止系统出错。

输入完反应内容后，动力学定律处一般会自动变为 Mass Action，不需要人为去改变它。

至于反应内容下方的反应使用的量中，可以看到动力学定律变量名称（Kinetic Law Variable Name）、类型（Type）、范围（Scope）、名称（Name）、数值（Value）、单位（Units）、常量（Constant）等内容。其中数值下方第一栏为该反应的速率，填入数据即可。而名称下方第一栏为该反应速率的名称，为了方便检查和修改速率，建议修改为容易辨认的名称，如反应[H+] + [OH−]⟶H2O，在此处的名称处会由 kf 修改为 kH+/OH−，后面的数值也需要修改为对应数值，其他的内容在此暂时不需要改变。

当反应输入完成后，回到拖动 species 和 reaction 的界面，重复输入化学式。

在进入计划工作区的界面中，在左上方的增加任务（Add Task）处点击运行扫描（Run Scan）进入 Scan 界面。上方有编辑（Editor）、探索（Explorer）、视角（View）三个蓝色框，选择编辑（Editor）框，会出现模拟设置（Simulation Settings）、运行（Run）等按键，点击模拟设置可以设置反应模拟结果的公差值。点开后出现的界面中下方有绝对公差（AbsoluteTolerance）和相对公差（RelativeTolerance）（图 2-5），输入的数值越低

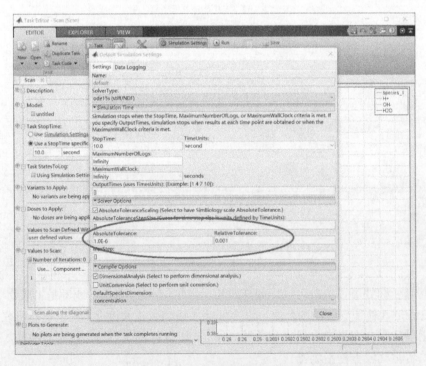

图 2-5　Simulation Settings 界面

模拟的结果会越准确,但耗费的时间会越长,甚至会出现严重卡顿和程序出错(出现红字而 Scan 界面无法继续运行)。在本书的研究中,NH_2Cl 的数据模拟都将绝对公差设置为 1.0×10^{-7},相对公差设置为 1.0×10^{-5},其余的成分模拟都将绝对公差设置为 1.0×10^{-8},相对公差设置为 1.0×10^{-6}。

Scan 界面的左边有描述(Description)、模型(Model)、任务停止时间(Task Stop Time)、任务状态(Task StatesToLog)、剂量适用(Doses to Apply)、扫描数值(Values to Scan)等选项,本书研究中仅涉及其中的任务停止时间和扫描数值(图 2-6)。

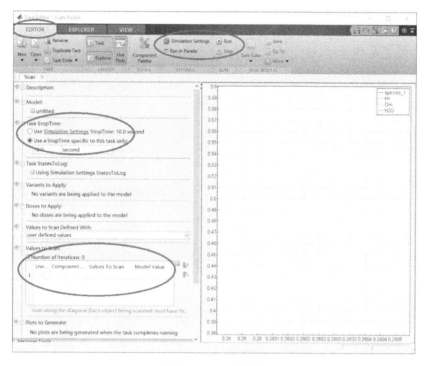

图 2-6　Scan 主界面

点击任务停止时间,然后选择仅使用特定于此任务的停止时间(Use a StopTime specifific to this task only),在下方的左框中填入 60.0,在右边的框中选择秒(second),表示该模拟反应过程为 60 s。

然后打开扫描数值(Scan)界面,该界面框从左到右分别为使用扫描(Use in Scan)、成分名称(Component Name)、模拟数值(Values to Scan)、模型数值(Model Value)。

成分名称最下方有双击输入名称或从组件面板拖动(double click to enter name or drag from the component palette),双击后可以输入需要模拟的数据成分,如 H,界面上会出现可选定的成分,可左键单击选择成分,随后按下回车键完成选择。本书研究中需要把 PAA^0、$HOCl$、NH_2Cl、$S_2O_8^{2-}$、H_2O_2、alpha 都加入进去(图 2-7)。

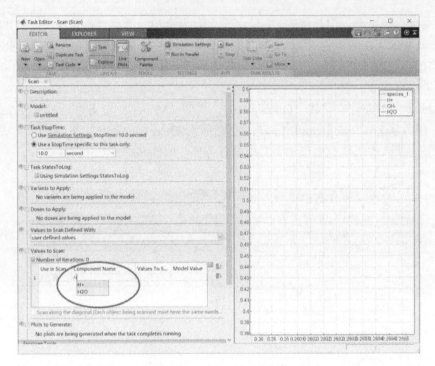

图 2-7 Values to Scan 界面

在模拟数值中可以添加模拟的成分浓度，双击对应成分的模拟数值框后弹出具体界面，选择下方的单个数值（Individual Values）即可输入需要设定的浓度，输入完成后单击 OK 即可完成。

模型数值（Model Value）中的数值无法在扫描界面改变，如果需要改变需要进入项目工作区中的成分的设置界面。

扫描界面的右方为具体的模拟界面，分为上下两个界面，右下方的界面能够显示化学成分的变化过程（折线图），本书研究中将会使用这一模块。将光标移动到右下角的模拟框内，点击右键，选择性能（Properties）（图 2-8），将会出现要绘制的数据（Data To Plot）、线属性（Line Properties）、轴属性（Axes Properties），选择要绘制的数据，在选择（Select）框的左边框中选择 Plot State Data，然后点击选择（Select），将会出现需要显示的数据（本书中仅选用·OH、Cl·等），点击加入（Add）后点击关闭（Close），这时选择的成分已经出现在图例名称（Legend Name）中，再在左边方框点击打勾即表明将绘制该成分的变化曲线。点击性能（Properties）框右下角的应用（Apply）后再点击 OK 即可完成（图 2-9）。

点击上方模拟设置（Simulation Settings）右方的绿色运行（Run），开始进行数据模拟。模拟结束后，在右下角的模拟框内，点击右键，选择输出数据（Export Data），在随后出现的框内点击输出（Export）即可（图 2-9）。

第 2 章　基于紫外光催化的抗生素水污染控制技术

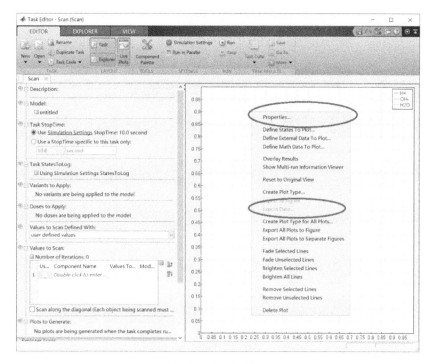

图 2-8　模拟界面

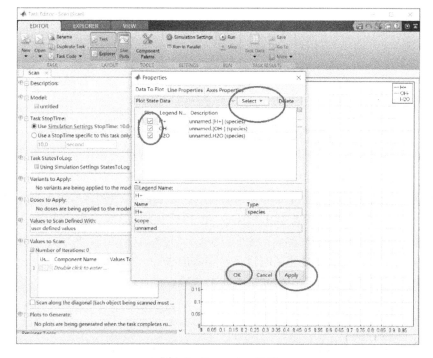

图 2-9　Properties 界面

回到 Matlab 的开始界面，右边的工作区中已经出现了输出的数据，双击最下方的 X 即可得到整个模拟过程的数据，该部分数字从左到右为不同成分的数据，从上到下为所选成分在不同时间点的浓度。本书研究中摘取每次模拟的最后一行数据，即反应 60 s 后各成分的剩余量（图 2-10）。

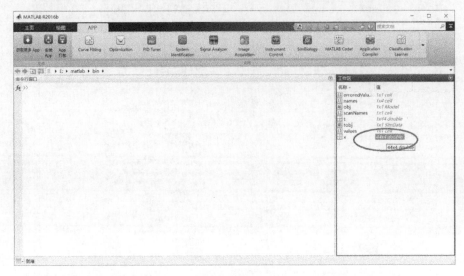

图 2-10 数据界面

另外，可以在项目工作区中单击某种成分后点击右键，其中的选择反应区可以查看与选定成分相关的反应。

2.2 UV/H_2O_2 对农用抗生素的降解

2.2.1 UV/H_2O_2

AOPs 可以产生高反应性和非选择性的亲电试剂（如羟基自由基），因此成为去除水中痕量和不可生物降解的有机污染物最有前景的方法之一[29-33]。其中，基于羟基自由基和硫酸根的 AOPs，已成功应用于去除不同水基质（如废水、地表水、地下水和尿液）中的有机微污染物[34-37]。羟基自由基可以使有机物完全矿化，UV 与 H_2O_2 的组合是水处理中使用最广泛的 AOPs 技术之一。UV/H_2O_2 AOPs 主要通过 UV 光解[38]和 UV 激活 H_2O_2 产生的羟基自由基[1]来降解污染物。然而，在 UV/H_2O_2 AOPs 中，水质组分可以通过吸光或与羟基自由基反应从而显著影响目标污染物的去除。

为了更好地评估 UV/H_2O_2 AOPs 在不同水基质中对目标化合物的去除效果，之前的研究已经开发了各种数学模型，包括稳态模型[39]和非稳态动力学模型（Adox 程序）[40]以模拟水成分对反应动力学的影响等。此外，动力学模型结合每单位污染物去除量所消耗的电能（EE/O）是评估 UV/H_2O_2 AOPs 工艺性能的有效方法，可以用于优化效率和降低成本。例如，之前的研究已经将 EE/O 用于优化 UV/H_2O_2 AOPs 去除甲基叔丁基醚（MTBE）过程中所需的最优 H_2O_2 的用量[41]。

本节旨在研究 UV/H_2O_2 AOPs 体系中，离子载体类抗生素（IPAs）在不同水基质中的去除效果。本节主要研究三种被广泛使用的 IPAs,包括莫能菌素(MON)、盐霉素(SAL)和甲基盐霉素(NAR),以及具有结构代表性的尼日利亚菌素(NIG)。本节主要通过测定 UV/H_2O_2 AOPs 中 IPAs 的光解速率常数和与羟基自由基的二级反应速率常数,并通过数学模型评估不同水基质中 IPAs 的反应动力学和去除效率,进而优化 H_2O_2 的加入剂量。最后利用 LC-MS 对 UV/H_2O_2 AOPs 体系中 IPAs 的转化产物进行了分析。

2.2.2 研究方法

1. 水样的采集和表征

水样为地表水(surface water,SW)和市政污水处理厂二级出水(wastewater,WW)。地表水取自查塔胡奇河(美国),污水样品在活性污泥处理之后和氯化消毒之前采集。样品采集后被放在加冰的储存箱中并且立即运到实验室,在 4℃下冷藏保存。样品使用前通过 0.45 μm 玻璃纤维过滤器过滤除去颗粒,利用 ShimadzuTOC 分析仪测量 TOC;利用 DionexDX-100 离子色谱仪测量硝酸盐、氯离子和磷酸根的含量;利用安捷伦电感耦合等离子体质谱仪(ICP-MS)测量溶解态的 Fe^{2+} 和 Mn^{2+} 的含量。水样的表征结果列于表 2-2 中。

表 2-2 水样的表征结果

水样	pH	TOC/(mg C/L)	含量/(mmol/L)					
			NO_3^-	PO_4^{3-}	Cl^-	CO_3^{2-}	HCO_3^-	Fe^{2+}
DI	7.0	<0.001	0	1	0.007	$4.78×10^{-2}$	$2.24×10^{-5}$	0
SW	7.2	0.142	0.03	0.11	0.13	$7.59×10^{-2}$	$5.62×10^{-5}$	$8.57×10^{-4}$
WW	7.4	0.435	1.45	0.95	0.41	$1.20×10^{-1}$	$11.41×0^{-4}$	$5.07×10^{-4}$

注:Mn^{2+}浓度低于检测限;通过假设碳酸盐物质与大气中 CO_2 平衡来计算 CO_3^{2-} 和 HCO_3^- 的浓度;通过磷酸盐缓冲溶液将去离子水(deionized water,DI)的 pH 固定在 7.0。

2. 实验装置

1)UV 光解

光解实验在配有磁力搅拌的 60 mL 圆柱形石英反应器中进行,实验过程中反应器温度保持在 22℃,并安装 4W 的 LP UV_{254} 灯(G4T5 汞灯,PhilipsTUV4W),如图 2-11 所示。通过 UVX 辐射计(UVP)测得光强为 2.0mW/cm^2[对应于 $3.36×10^{-6}$ Einstein/(L·s)的光通量]。

反应体系的体积为 30 mL,DI、SW 或 WW 中 IPAs 的浓度为 0.8~3.0μmol/L。DI 的 pH 使用 1mmol/L 磷酸盐缓冲溶液(PBS)调节至 7.0,SW 和 WW 的 pH 未调节。将配好的溶液置于 UV 下开始反应,间隔预定时间取样,将样品放入盛有甲醇和 0.1 mol/L Na_2HPO_4 混合物(体积比为 1:2)的 HPLC 用棕色小瓶中,然后进行测定。

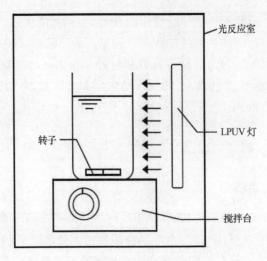

图 2-11 实验装置图

2) UV/H_2O_2 AOPs

UV/H_2O_2 实验操作与上述方法类似,在上述操作的基础上加入 30mg/L H_2O_2 到不同水体中,并设置一组仅有 H_2O_2 的对照实验。使用氯苯甲酸(pCBA)作为参考化合物,采用竞争动力学方法确定羟基自由基与 IPAs 的降解速率常数[42, 43]:将 H_2O_2 加入到溶于超纯水中的 pCBA(1 μmol/L)和 IPAs(1 μmol/L)的反应器中,并暴露于 UV 下进行实验,其中需使用高浓度(3000 mg/L)H_2O_2 来确保 H_2O_2 是过量的,从而在竞争动力学反应期间获得稳定的羟基自由基浓度。

3. 有机物分析

使用配备反相 AscentisRP-amide 色谱柱(2.1 mm×150 mm, 3 μm)的 Agilent1100 系列高效液相色谱-质谱(HPLC-MS)(Agilent, PaloAlto, CA)来测定反应溶液中的 IPAs,色谱柱配带保护柱(Supelco, Bellefonte, PA)。使用 Agilent1100 系列 HPLC(二极管阵列 UV 检测器和 Agilent Eclipse XDB-C18 柱(150 mm×4.6 mm, 5 μmol/L)测定 pCBA。IPAs 在 UV 下的吸光度由 Agilent 8453 紫外光-可见分光光度计测量。

2.2.3 结果和讨论

1. 低压紫外灯照射下 IPAs 的降解

尽管 MON、SAL、NAR 和 NIG 在 UV_{254nm} 下的吸光度低于紫外光-可见分光光度计的检出限,研究人员仍检测到了四种 IPAs 的直接光解。ln([IPA]/[IPA]$_0$)与 UV 光强度及辐照时间之间显示出良好的线性关系($R^2>0.93$),表明其反应遵循拟一级动力学。在 pH 为 7.0~7.4,接收光强为 3.36×10^{-6} Einstein/(L·s)时,溶于 DI、SW 和 WW 中的 IPAs 在 254 nm 处降解的一级速率常数分别为 1.90×10^{-3}~6.97×10^{-3} min^{-1}、8.25×10^{-3}~1.10×10^{-2} min^{-1} 和 9.30×10^{-3}~1.23×10^{-2} min^{-1}(表 2-3)。在 SW 和 WW 中,IPAs 的降解

比在 DI 中更快。与其他常用药物的基于光强度的速率常数相比[44, 45]，IPAs 在 $UV_{254\ nm}$ 照射下的降解速率要低 1～2 个数量级。

表 2-3 DI、SW 及 WW 中通过 UV 或 UV/H_2O_2 的光解速率常数

		基于能量密度的速率常数/(L/Einstein)			
		MON	SAL	NAR	NIG
DI	0 mg/L H_2O_2	9.4±3.2	34.6±14.0	31.0±6.2	29.5±7.8
	30 mg/L H_2O_2	(4.02±0.20)×10³	(5.21±0.65)×10³	(5.51±0.20)×10³	(5.65±0.84)×10³
SW	0 mg/L H_2O_2	4.09±1.23	5.46±0.94	5.11±0.45	4.89±0.81
	30 mg/L H_2O_2	(2.53±0.20)×10³	(2.98±0.05)×10³	(2.98±0.40)×10³	(2.68±0.40)×10³
WW	0 mg/L H_2O_2	4.61±0.56	6.10±0.42	5.56±1.19	4.64±0.23
	30 mg/L H_2O_2	(1.39±0.30)×10³	(1.44±0.25)×10³	(1.39±0.35)×10³	(1.54±0.05)×10³
		基于时间的速率常数/min⁻¹			
		MON	SAL	NAR	NIG
DI	0 mg/L H_2O_2	(1.90±0.64)×10⁻³	(6.97±2.82)×10⁻³	(6.25±1.25)×10⁻³	(5.95±1.58)×10⁻³
	30 mg/L H_2O_2	0.81±0.04	1.05±0.13	1.11±0.04	1.14±0.17
SW	0 mg/L H_2O_2	(8.25±2.47)×10⁻³	(1.10±0.19)×10⁻²	(1.03±0.09)×10⁻²	(9.85±1.63)×10⁻³
	30 mg/L H_2O_2	0.51±0.04	0.60±0.01	0.60±0.08	0.54±0.08
WW	0 mg/L H_2O_2	(9.30±1.13)×10⁻³	(1.23±0.09)×10⁻²	(1.12±0.24)×10⁻²	(9.35±4.73)×10⁻³
	30 mg/L H_2O_2	0.28±0.06	0.29±0.05	0.28±0.07	0.31±0.01

注：基于能量密度的速率常数 R^2 = 0.94～0.99；基于时间的速率常数 R^2 = 0.93～1.00。

在加入 PBS 的 DI 中，IPAs 通过 UV 照射直接降解。在直接光解中，化合物吸收光子且电子被激发到更高的能量状态，使得结构发生转变并导致母体化合物的降解。因此，在 UV_{254nm} 下通过直接光解进行的 IPAs 的整体转化取决于 IPAs 吸收 254 nm 光的能力（即摩尔吸光系数）和光吸收后结构转变的可能性（即量子产率）。吸收光的能力取决于分子上的电子分布，一般而言，σ 键吸收 200 nm 以上光线的能力较弱，而 π 键尤其是共轭 π 键通过降低基态和激发态之间的能垒，提高了化合物吸收 254 nm 紫外光的能力。本节研究所涉及的 IPAs 除了一端含有羧基、羰基外，主要由 σ 键（如 C—H、C—C、C—O 和 O—H）组成。与 MON 和 NIG 相比，SAL 和 NAR 还含有一个 C═C 键和一个 C═O 键。上述结构特征导致 IPAs 在 254 nm 处的吸光度非常低。然而，溶于 DI 中的 IPAs 仍然可以被直接光解，表明 IPAs 的量子产率非常高。实验获得的四种 IPAs 的直接光解速率常数相差很小（表 2-3），这可能是由于它们都具有非常相似的结构。SAL 和 NAR 比 MON 的反应速率更快，可能是由于它们具有额外的双键，有利于直接光解。

在相同的紫外光照射强度下，SW 和 WW 中 IPAs 的降解速率快于 DI 中的，这可能是由于 SW 和 WW 中 IPAs 的间接光解。实际上，在天然水体或废水中，如 NO_3^-、Cl^- 与 DOM 在 UV 照射下可能产生某些自由基和活性物质[46-48]，可以与 IPAs 快速反应。MON 在 SW 和 WW 中的反应速率常数比在 DI 中的增加了 4～5 倍，表明间接光解可能是 MON 在 UV_{254nm} 照射下的主要去除途径。相比之下，其他 IPAs 的降解速率通过间接光解增大的幅度较小（<2 倍），见表 2-3。

2. 使用 UV/H₂O₂ AOPs 降解 IPAs

在 UV [$3.36×10^{-6}$ Einstein/(L·s)] 和 H_2O_2（30 mg/L）这种常见的 AOPs 条件下，IPAs 在 DI、SW 和 WW 中降解的速率常数急剧增加至 $0.81\sim 1.14$ min^{-1}、$0.51\sim 0.60$ min^{-1} 和 $0.28\sim 0.31$ min^{-1}（表 2-3）。添加叔丁醇（羟基自由基清除剂）极大地抑制了 IPAs 的降解，如图 2-12 所示，证明在 UV/H_2O_2 条件下，IPAs 的降解主要是由于与羟基自由基的反应。四种 IPAs 的一级降解速率常数在每种水体中基本相当，而在不同水体中显著不同。与 UV 直接光解的结果不同，UV 和 H_2O_2 共同作用下 IPAs 降解速率在 SW 和 WW 中低于在 DI 中。在 UV/H_2O_2 体系中，SW 和 WW 中的共溶物可能有三个主要作用：①共溶物在 UV 激发下可能与 IPAs 反应；②共溶物可以吸收 H_2O_2 产生羟基自由基所需的紫外光；③共溶物可能与 IPAs 竞争与羟基自由基反应，降低溶液中的稳态自由基浓度。然而，IPAs 和激发的共溶物之间的反应速率比与羟基自由基的反应速率慢得多（表 2-3 中 SW 和 WW 中的光解速率常数）。因此，在以下动力学模型中，基质效应主要被认为是羟基自由基的清除剂和 UV 吸收的竞争剂。

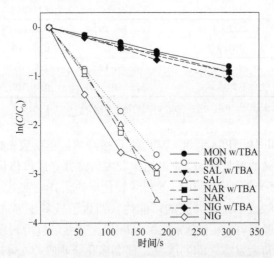

图 2-12　添加或不添加叔丁醇时 UV/H_2O_2 过程对 IPAs 的降解

在 UV/H_2O_2 体系中，IPAs 的整体降解是直接光解和间接光解（主要是 IPAs 与羟基自由基的反应）的结果[42]：

$$-\frac{d[IPA]}{dt} = k_{obs}[IPA] = (k'_d + k'_i)[IPA] \cong k'_i[IPA] \tag{2-3}$$

式中，k_{obs} 为整体降解速率；k'_d 为直接光解的拟一级速率常数；k'_i 为间接光解的拟一级速率常数。

因为 IPAs 的直接光解明显慢于 IPAs 与羟基自由基的反应，所以在 UV/H_2O_2 过程中通过 UV 直接光解的 IPAs 可以忽略不计。因此，在下面的动力学模型中，认为观察到的一级速率常数 k_{obs} 与间接光解的拟一级速率常数 k'_i 相同。

由于间接光解主要是 IPA 与羟基自由基的反应，因此 k'_i 可以进一步表示为羟基自由基（$k_{\cdot OH/IPAs}$）的二级速率常数和羟基自由基的稳态浓度的函数（$[\cdot OH]_{SS}$）：

$$k'_i = k_{\cdot OH/IPAs}[\cdot OH]_{SS} \tag{2-4}$$

1）$k_{\cdot OH/IPAs}$ 的测定

采用竞争动力学方法确定羟基自由基和 IPAs 之间的二级速率常数（$k_{\cdot OH/IPAs}$）。pCBA [$k_{\cdot OH/pCBA}=5\times10^9$ L/(mol·s)] 用作竞争剂[49]，因为它在典型的 UV/H$_2$O$_2$ 条件下基本不发生直接光解，并且已成功应用于类似案例[42]：

$$\ln\left(\frac{[IPA]_t}{[IPA]_0}\right) = \ln\left(\frac{[pCBA]_t}{[pCBA]_0}\right)\frac{k_{\cdot OH/IPAs}}{k_{\cdot OH/pCBA}} \tag{2-5}$$

IPAs 和 pCBA 的降解都遵循拟一级反应动力学，因此二级速率常数（$k_{\cdot OH/IPAs}$）可以利用式（2-6）计算：

$$k_{i,IPAs} = k_{i,pCBA}\frac{k_{\cdot OH/IPAs}}{k_{\cdot OH/pCBA}} \tag{2-6}$$

式中，$k_{i,IPAs}$ 和 $k_{i,pCBA}$ 分别为 IPAs 和 pCBA 降解的一级速率常数。通过 UV/H$_2$O$_2$ 过程中的间接光解反应，将 $k_{\cdot OH/pCBA}$ 的已知值代入式（2-6）中，得到四个 IPAs 与羟基自由基的二级反应速率常数（$k_{\cdot OH/IPAs}$ 值）为 $3.49\times10^9 \sim 4.00\times10^9$ L/(mol·s)（表 2-4）。考虑到有机物和羟基自由基的典型速率常数为 $10^6 \sim 10^{10}$ L/(mol·s)，因此可认为 IPAs 是与羟基自由基反应速率较快的化合物。

表 2-4 在去离子水中，通过 UV/H$_2$O$_2$ 降解 IPAs 和 pCBA 竞争动力学速率常数以及·OH 和 IPAs 反应的二级速率常数

IPAs	$k_{IPAs}/(10^{-3}\cdot s^{-1})$	R^2	$k_{pCBA}/(10^{-3}\cdot s^{-1})$	R^2	斜率 k_{IPAs} vs. k_{pCBA}	$k_{\cdot OH/IPAs}/[10^9$ L/(mol·s)]
MON	2.20±0.28	0.9919	3.19±0.07	0.9985	0.69±0.07	3.49±0.37
SAL	2.60±0.14	0.9812	3.25±0.07	0.9983	0.80±0.06	4.00±0.30
NAR	2.45±0.21	0.9949	3.40±0.00	0.9996	0.72±0.06	3.60±0.31
NIG	2.30±0.28	0.9906	2.95±0.21	0.9998	0.78±0.04	3.92±0.37

2）估算 $[\cdot OH]_{SS}$

通过简化的拟稳态方法估算羟基自由基的稳态浓度。假设羟基自由基的浓度在实验初始阶段（即 $t=0$）处是恒定的：

$$[\cdot OH]_{SS,0} = \frac{2\Phi_{H_2O_2}(P_{U-V})f_{H_2O_2}(1-e^{-A})}{\sum k_iS_i} \tag{2-7}$$

式中，$\Phi_{H_2O_2}$ 为 H$_2$O$_2$ 的量子产率；P_{U-V} 为波长 254 nm 的 UV 强度，Einstein/(L·s)；$f_{H_2O_2} = Abs_{H_2O_2}/(Abs_{H_2O_2}+Abs_{水-基质})$，即 H$_2O_2$ 吸收的光比例；A 为溶液组分的总吸光度。

$$\sum k_iS_i = k_1[H_2O_2] + k_{\cdot OH/IPAs}[IPA]_0 + k_3[DOM]_0 + k_4[HCO_3^-]_0 + \\ k_5[CO_3^{2-}]_0 + k_6[Fe(II)]_0 + k_7[Mn(II)]_0 \tag{2-8}$$

IPAs、H_2O_2 和共溶物[包括溶解性有机碳(DOC)、HCO_3^-、CO_3^{2-}、Fe(Ⅱ)和Mn(Ⅱ)]的清除作用以化合物 i 的浓度乘以其与羟基自由基的二级反应速率常数表示。在反应过程中假定所有组分的浓度恒定。应该注意的是，尽管体系中 Cl^- 对 IPAs 的猝灭速率是显著的。但是式（2-7）的分母中没有包含 Cl^- 的清除速率（$k×[Cl^-]_0$）。这是因为 Cl^- 除了与·OH 可以进行正向反应[$Cl^-+·OH \longrightarrow ClOH^-·$，$k=4.3×10^9$ L/(mol·s)]外，还存在反向反应[$ClOH^-· \longrightarrow Cl^-+·OH$，$k=3.0×10^{10}$ L/(mol·s)]，随后 $ClOH^-·$ 进一步质子化生成 $HCl·OH$，然后发生涉及 $Cl·$ 和 $Cl_2^-·$ 的反应[50]。分析计算表明，氯相关的自由基（即 $HCl·OH$，$Cl·OH^-$，$Cl·$ 和 $Cl_2^-·$）与中性条件下 Cl^- 的反应速率[$10^{-15} \sim 10^{-13}$ mol/(L·s)]比·OH 与 IPAs 反应的速率[10^{-9} mol/(L·s)]低几个数量级。

将测得的 $k_{·OH/IPAs}$ 和估计的 $[·OH]_{SS}$ 应用于式（2-8），得到每种水质中 IPAs 的一级速率常数 $k'_{i,IPAs}$，然后将 $k'_{i,IPAs}$ 应用到式（2-7），得到 MON、SAL 和 NAR 在三种不同水基质中模拟（线）降解速率以及实验数据（符号），如图 2-13 所示。从图中可以看出，所提出的一级动力学模型与所有 IPAs 的实验数据保持一致。值得注意的是，对于所有 IPAs，预测的剩余 IPAs 浓度总是略高于 WW 基质中的测量浓度，这种对 WW 基质中 IPAs 去除率的低估可能是由两个原因造成的。首先，假设过程中所有物质的浓度是恒定的且等于简化的拟稳态模型中的初始浓度，由于 H_2O_2 的逐渐消耗，羟基自由基的浓度会随着时间的推移而降低，但是这种变化很小，因为初始 H_2O_2 的浓度足够大。

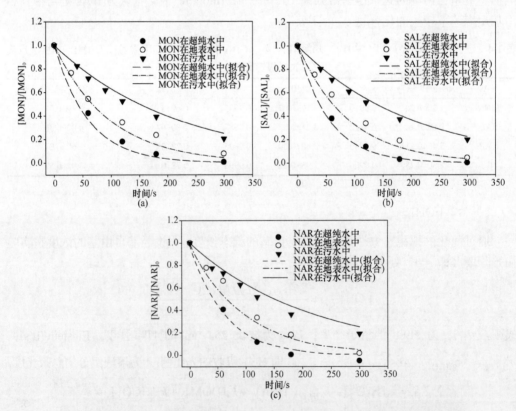

图 2-13　MON（a）、SAL（b）和 NAR（c）在超纯水、地表水和污水中的降解
UV：1.6 kW·h/m³ 的能量输入，H_2O_2 用量：30 mg/L，符号代表实验数据，线条代表模型拟合数据

该模型还忽略了羟基自由基对 IPAs 和 DOM 的降解，并假设 Σk_iS_i 为常数，事实上，Σk_iS_i 应该随着反应进程而减小，因为 IPAs 及其他共溶物因为羟基自由基的存在而迅速降解。其次，与羟基自由基反应的共溶物也可能产生其他自由基物种（即有机基团），也可以发生反应并降解 IPAs。由于 WW 中的共溶物浓度更高，上述因素在 WW 中比在 SW 中的影响更显著。

3. H_2O_2 剂量的影响：实验和模拟速率常数

为了进一步在更广的 H_2O_2 剂量范围内评估动力学模型，在 DI 基质中用浓度为 30～5000 mg/L 的 H_2O_2 进行实验。图 2-14 展示了从实验（符号）和模型预测（线）获得的 IPAs 的一级速率常数（k_{obs}）。总体而言，实验数据与所有四种 IPAs 的模型预测保持一致。在 H_2O_2 浓度约为 60 mg/L 时，IPAs 的降解速率常数达到峰值。在低 H_2O_2 浓度下，速率常数随着 H_2O_2 剂量的增加而增加，因为更多的 H_2O_2 可以产生更多的羟基自由基。然而，由于 H_2O_2 本身可与羟基自由基反应，因此高浓度的 H_2O_2 降低了稳态羟基自由基浓度，并随着 H_2O_2 剂量进一步增加而导致速率常数降低。

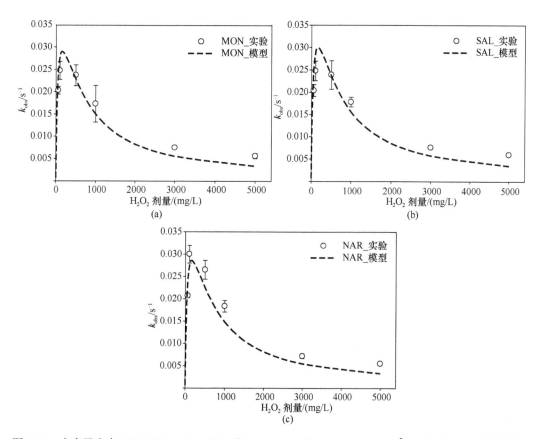

图 2-14　去离子水中 MON（a）、SAL（b）和 NAR（c）在 UV（1.6 kW·h/m³）和各种 H_2O_2 剂量条件下的降解速率常数

实验结果用带有误差线的符号表示，动力学模拟数据通过数据线显示

4. UV/H_2O_2 工艺降解 IPAs 的优化

如上所述，拟稳态模型与不同水基质中的实验数据（图 2-13）以及大范围的 H_2O_2 剂量下的数据（图 2-14）具有良好的一致性。因此，基于该模型可以建立能量消耗和 H_2O_2 与 IPAs 去除之间的相关性，以优化 H_2O_2 的加入剂量。由于本节研究中选择的所有 IPAs 具有相似的二级速率常数，因此以下计算使用 MON 作为代表性 IPAs。为了优化 AOPs 中 IPAs 的去除，使用 EE/O 进行经济分析以确定 H_2O_2 剂量对于给定情况是否具有成本效益。利用式（2-9）和式（2-10）分别计算紫外灯的电能（EE/O_{UV}）和 IPAs 降解到某一程度时的 H_2O_2 消耗量（H_2O_2/O）（如 90%的 IPAs 被降解）：

$$\text{EE/O}_{UV} = \frac{P \cdot t}{V \cdot \lg\left(\dfrac{C_i}{C_f}\right)} \quad (\text{kW} \cdot \text{h/L}) \tag{2-9}$$

$$H_2O_2/O = \frac{[H_2O_2]}{\lg\left(\dfrac{C_i}{C_f}\right)} \quad (\text{mg } H_2O_2/L) \tag{2-10}$$

式中，P 为能量输入，kW·h/s；t 为时间，s；C_i 为 IPAs 的初始浓度；C_f 为 t 反应时间后的 IPAs 浓度，mol/L；V 为反应器体积，L；[H_2O_2] 为溶液中加入 H_2O_2 的初始浓度，mg/L。应用因子 4.9 kW·h/lb H_2O_2[51]，将 H_2O_2/O 转化为 EE/$O_{H_2O_2}$，其能量单位与 EE/O_{UV} 相同。因此，总能量消耗可以通过式（2-11）计算：

$$\text{EE/O}_{Total} = \text{EE/O}_{UV} + \text{EE/O}_{H_2O_2} \tag{2-11}$$

改变两个操作参数，UV 和 H_2O_2 剂量，以实现最节能的条件。如图 2-15（a）和（b）所示，对于相同的 UV 剂量，在 SW 和 WW 中，因为产生了更高浓度的羟基自由基，EE/O_{Total} 分别随着 H_2O_2 剂量从 2 mg/L 到 20 mg/L 和从 2 mg/L 到 30 mg/L 的升高而显著下降。然而，添加更多的 H_2O_2 导致 EE/O_{Total} 逐渐增加，这是由于 H_2O_2 本身可以清除羟基自由基。因此，对于 SW 和 WW，最佳 H_2O_2 剂量分别为 20 mg/L 和 30 mg/L。

UV 剂量是水处理过程的重要设计因素，并且由紫外灯的数量和水力停留时间决定。在低 H_2O_2 剂量（2～50 mg/L）下，EE/O_{Total} 随着 UV 剂量的增加而逐渐降低；在高 H_2O_2 剂量下，具有更高 UV 剂量的 EE/O_{Total} 下降更快。这种不同的灵敏度可能表明，H_2O_2 剂量较高时优化 UV 剂量以提高能量效率更为重要。然而，尽管 UV 剂量的增加总是产生更高的能量效率，但是肯定存在与反应器体积和结构以及材料成本相关的限制。

为了进一步证明水基质对能量效应的影响，EE/O_{UV}、EE/$O_{H_2O_2}$ 和 EE/O_{Total} 在典型的 UV/H_2O_2 AOPs 条件下的计算[1.6 kW·h/m^3，即溶液以 3.36×10^{-6} Einstein/(L·s)照射 60s]如图 2-15（c）和（d）所示。增加 H_2O_2 剂量导致紫外灯能量（EE/O_{UV}）及 SW 和 WW 中 IPAs 去除所需的 EE/$O_{H_2O_2}$ 减小 [图 2-15（c）]。然而，WW 的 EE/O_{UV} 和 EE/$O_{H_2O_2}$ 均显著高于 SW 的，降解相同数量的 IPAs，WW 需要的 EE/O_{Total} 是 SW 的两倍多，进一步证明了 WW 基质的强烈负面影响。

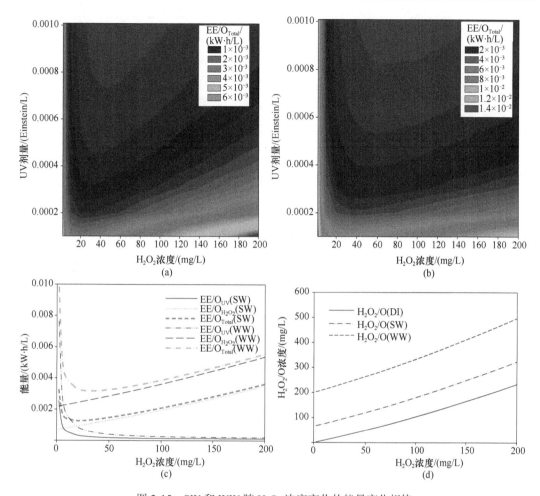

图 2-15 SW 和 WW 随 H_2O_2 浓度变化的能量变化规律

SW（a）和 WW（b）的 EE/O_{Total}（以 kW·h/L 计）随反应时间和 H_2O_2 剂量的变化；(c) SW 和 WW 在能量输入为 1.6 kW·h/m³ 下的 EE/O_{UV}、$EE/O_{H_2O_2}$ 和 EE/O_{Total}；(d) 能量输入为 1.6 kW·h/m³ 下 DI、SW 和 WW 的 H_2O_2/O

此外，值得注意的是，SW 和 WW 中 IPAs 去除所需的 H_2O_2 剂量总是高于溶液中相应的 H_2O_2 浓度，即曲线上每个点的 y 值大于其相应的 x 值 [图 2-15（d）]，表明无论 H_2O_2 剂量是多少，在 1.6 kW·h/m³ 能量输入下都不可能破坏 90% 的 IPAs。相反，在 DI 中，H_2O_2/O 仅略低于溶液中相应的 H_2O_2 浓度。因此，为了在水处理设施中实现令人满意的 IPAs 去除，将需要另外的方法，如更高的 UV 辐射输入或在 UV/H_2O_2 过程之前进行其他合适的预处理。

5. 转化产物分析和反应机理推演

通过 UV/H_2O_2（1.6 kW·h/m³，30 mg/L H_2O_2）对 MON 和 SAL 的转化中间体和产物进行初步分析，在 LC-MS 上观察到许多 IPAs 降解产物。如图 2-16 所示，在最初的 60 s 内，所有观察到的产物的峰面积随时间增加，在大约 100 s 后开始进一步降解。对于 MON 和 SAL，分子量为 $M–2$、$M+14$ 和 $M+32$（M 代表质子化母体化合物的分子量）的产物是主要的产物种类。MON 和 SAL 还分别有 $M+16$ 和 $M+30$ 的产物。

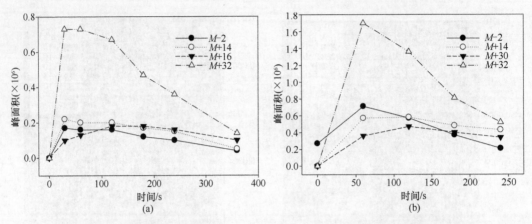

图 2-16　在去离子水中 MON（a）和 SAL（b）在 UV/H_2O_2 过程中的产物演变

UV_{254} 下的能量输入为 1.6 kW·h/m^3，H_2O_2 剂量为 30 mg/L

在该研究中 IPAs 是聚醚有机物，主要由 C—H 和 C—C 单键构成，没有任何芳香族部分。因此，氢原子夺取可能是具有羟基自由基的 IPAs 的主要降解途径，这一结论可由观察到的 M–2 产物所支持，其表明两个氢原子被来自两个相邻碳的羟基自由基夺取，形成 C=C 双键。

C—H 键中的氢原子被夺取后，不仅可以形成双键，还可以产生碳中心的自由基。在存在氧分子的水相中，碳中心基团（C·）容易与溶解氧反应形成过氧自由基（C—OO·）。在文献中已经通过单分子和双分子反应提出了多种过氧自由基的转化途径，无论是哪种途径，过氧自由基反应产生的主要非自由基产物是酮、醛、醇和羧酸化合物[52, 53]。M+14 产物表明了酮基的形成，实际上是二级碳上的两个氢原子被一个氧原子取代（分子量=M–2+16=M+14）。此外，M+32 产物的产生表明形成了新的醇基团，在 IPAs 上加入两个—OH 基团将导致分子量增加 32。

6. 环境意义

众所周知，IPAs 对微生物的毒理作用主要和 IPAs 与 Na^+ 或 K^+ 的络合作用有关，扰乱了单价离子通过细胞膜的通量[54]。因此，IPAs 降解产物的毒性也可考虑其与 Na^+ 或 K^+ 络合的亲和力。直接测量 IPAs 及其降解产物与 Na^+ 或 K^+ 的络合是困难的，然而，这些化合物在 LC-MS 电喷雾离子化（ESI）过程中的金属离子络合行为可能为 IPAs 及其降解产物金属配合物的相对稳定性提供一些见解[55]。IPAs 及其降解产物的电子喷雾电离（制备类似含 Na^+ 的甲醇/缓冲基质）产生两种主要的离子加合物——钠和铵加合物。这两种形式的复合物的相对丰度可能意味着离子络合亲和力的变化。与母体 MON 和 SAL 相比，它们的主要产物（M+32）具有略低的铵加合物与钠加合物比率，意味着对钠络合的亲和力更高，这可能导致毒性增强。注意，上述提出的合理化猜想仅仅是初步的，因为如 ESI 离子源条件的其他因素也可能影响电离过程，因此需要进一步研究来评估该假设。然而，在 1 min 的典型 AOPs 反应时间内 IPAs 将形成相当数量的 M+32 产物（图 2-16），因此，在进行水处理时，可能需要使用更长的反应时间来减少该产物。

2.3 UV/PDS 对 PFOA 的降解

2.3.1 UV/PDS 及 PFOA 简介

PFOA 通常指全氟辛酸，美国环境保护署（USEPA）提出 PFOA 的暴露会对人体健康造成危害。目前已在中国、美国、日本和欧洲的地表水中发现 PFOA[56-59]，并在美国氟化工厂附近发现了高浓度的 PFOA。例如，在田纳西州和俄亥俄州的河中检测到约 500 ng/L 的 PFOA[60, 61]，在包括佐治亚州在内的美国不同州的污水处理厂也检测到了不同浓度的 PFOA。PFOA 具有很高的热稳定性和化学稳定性，据报道可在环境中持久存在并可在生物体内累积[62, 63]。粒状活性炭、离子交换和膜分离已被用于从水中去除 PFOA[63-65]，但是，含有 PFOA 的残留物仍需要进一步处理。由于氟的强电负性 [$E_0(F/F^-)=3.6V$][66]和氟原子与碳原子之间的紧密结合（116 kcal/mol）[67]，PFOA 难以通过常规化学氧化来去除。·OH 可有效降解大多数持久性有机污染物[68, 69]，例如，Yang 等发现 Cu_2O-TiO_2 可应用于对硝基苯酚的降解[70]，然而·OH 在降解 PFOA 方面效率不高。事实上，有研究指出，PFOA 结构中的吸电子官能团—COOH 与·OH 不反应[21, 71]。

最近的研究表明，UV/PDS 过程中可以产生 $SO_4^-·$，$SO_4^-·$可以降解 PFOA[21]。事实上，$SO_4^-·$是一种非常嗜电的基团，在降解有机物方面可能比·OH 效率更高[21, 72, 73]。关于 $SO_4^-·$对 PFOA 降解的已发表的研究工作集中在 PFOA 的去除效率和产生 $SO_4^-·$的不同活化方法上[21, 74]。然而，很少有研究报道 PFOA 降解的动力学或在 UV/PDS 过程中生成的氧化产物的性质。$SO_4^-·$与 PFOA 反应的许多重要的速率常数以及氧化副产物仍未见报道。在本节研究中，通过拟合实验数据得到了反应速率常数。

UV/PDS 工艺是一种新兴的水处理方法，已经证明可以降解包括 2,4-二氯苯酚和丁基羟基茴香醚在内的一系列污染物[75, 76]，并且在实验观察的基础上，开发了 UV/PDS 降解阿替洛尔和双酚 A 的经验动力学模型[77, 78]。此外，在 Cl^-、Br^-和 HCO_3^-存在下的 $SO_4^-·$和·OH 分布已经利用计算机程序 Kintecus 进行了建模[79]。尽管这些研究集中在 UV/PDS 对污染物的降解，但是局限性很明显。首先，先前的研究仅研究了降解污染物，而没有尝试开发降解过程的动力学模型，有些研究确实使用经验模型来描述污染物的降解过程，但没有提供足够的 UV/PDS 过程的细节。其次，尽管在一些研究中已经开发了动力学模型，但这些模型是基于拟稳态近似和假设 pH 恒定的情况下得到的，事实上，由于在 PDS 激活时会产生质子，因此在 UV/PDS 过程中 pH 总是变化的[80, 81]。许多研究证明了 pH 的变化会影响自由基分布和 UV/PDS 过程的效率[82, 83]。酸性条件更有利于 $SO_4^-·$形成，因为在碱性条件下 $SO_4^-·$可以与 OH^-反应生成·OH[84]，而·OH 不能降解 PFOA。

高级氧化技术是一种有前景的可降解有机物技术，然而在处理过程中可能会产生不希望得到的副产物[85-87]。溴酸盐和氯酸盐是饮用水处理过程中的副产物（DBPs），目前美国饮用水中溴酸盐的最大污染水平（MCL）可以达到 10 μg/L。虽然美国环保署建议氯酸盐健康参考水平（HRL）为 210 μg/L，但目前尚未对饮用水中的氯酸盐进行监测。臭氧介导的 AOPs 中副产物的形成已得到广泛研究[85, 88]，但是到目前为止，关于 UV/PDS 工艺中副产物形成的研究仍然有限。大多数研究人员关注于 Cl^- 对 UV/PDS 过程效果的影响，他们的工作主要集中在含氯的自由基生成以及这些自由基在污染物降解中的作用[89, 90]，只有一项研究报道了含氯的自由基向 ClO_3^- 的转化[91]，探讨了在不同 pH 下 ClO_3^- 的形成，其中酸性条件下更有利于 ClO_3^- 形成。实际上，随着 PDS 的分解，在系统中产生了质子，质子可以促进 ClO_3^- 的形成。Fang 等研究了 UV/PDS 体系中 BrO_3^- 的形成，并发现在酸性条件下 BrO_3^- 的形成得到了增强[92]。为了阐明 ClO_3^- 形成的机理并提供对它在 UV/PDS 过程中如何形成的定量理解，本节提出了一个考虑了所有基本反应后得出的模型。

本节研究了 UV/PDS 过程中 PFOA 的降解和副产物形成的动力学，开发了描述过程效率的模型，并研究了各种水基质的影响，以确定地表水和废水中 PFOA 的降解效果。根据在文献中提供的实验结果和动力学参数，本节提出了一个动力学模型，对 PDS 的消耗、pH 变化和自由基浓度进行了建模，以提高对 UV/PDS 过程中 PFOA 降解的理解。另外，研究了 ClO_3^- 在 Cl^- 存在下的形成并进行了模拟。通过检测地表水（SW）和污水厂二级出水（WW）样品中 PFOA 的降解，验证了模型的适用性。最后，模型通过 PDS 剂量和 UV 强度的影响来优化能耗（EE/O）。

2.3.2 研究方法

1. 水样的采集和表征

地表水样品是从美国亚特兰大的拉尼尔湖采集的，处理过的废水样品从当地城市污水处理厂消毒之前的二级出水中获得，在使用前将水样通过 0.45 μm 膜进行过滤以去除颗粒。使用 Shimadzu TOC 分析仪测量 DOC，并使用 pH 计测量 pH，使用配有电导检测器的 Dionex DX-100 离子色谱法测量氯离子、氟离子、硝酸根、磷酸根，通过 Agilent 电感耦合等离子体质谱仪（ICP-MS）测量 Fe^{2+} 和 Mn^{2+}。水样的表征结果如表 2-5 所示。

表 2-5 水样的表征结果

水样	pH	DOC/(mmol/L)	含量/(mmol/L)					
			Cl^-	NO_3^-	PO_4^{2-}	H_2CO_3	Fe^{2+}	Mn^{2+}
SW	7.15	0.198	0.120	0.048	0.039	$1.074×10^{-2}$	$2.21×10^{-4}$	$1.08×10^{-4}$
WW	7.82	1.474	1.512	0.857	0.578	$1.074×10^{-2}$	$5.83×10^{-4}$	$1.71×10^{-4}$

注：DOC_{SW}=2.38 mg/L，DOC_{WW}=17.69 mg/L；通过假设碳酸盐物质与大气中 CO_2 保持平衡来计算 CO_3^{2-} 和 HCO_3^- 的浓度。加入 PDS 和 PFOA 后，SW 和 WW 的初始 pH 分别为 6.34 和 7.35。SW 和 WW 背景成分的吸光度分别为 0.011 cm^{-1} 和 0.085 cm^{-1}。

2. 分析方法

使用 Liang 等[93]描述的分光光度法测定 PDS 的浓度。在该方法中，PDS 在 $NaHCO_3$ 存在下与 KI 反应并形成碘黄色，用 UV-Vis 分光光度计（DU520，Beckman）在 352 nm 下进行定量分析。利用配有电导检测器的离子色谱（ICS2500，Dionex）测量实际水样中的氯离子、氯酸根及其他阴离子，使用中等容量的碳酸盐洗脱液柱（AS9-HC，4 mm×250 mm，Thermo Scientific）及其保护柱（AG9-HC，4 mm×50 mm，Thermo Scientific）对样品进行分离，流动相含有 10 mmol/L Na_2CO_3 和 1.2 mmol/L $NaHCO_3$，流速为 1 mL/min。利用 TOC 分析仪测量总有机碳（TOC）。利用 IC-MS 测量铁和锰的含量，使用 Dionex CG5A 保护柱进行分离，雾化器气体流速为 0.7 mL/min，正向功率为 1250 W。

使用配备 C18 柱（4.6 mm×250 mm，5 μm）的 Agilent 1200 系列 HPLC 测量 PFOA，用 20 mmol/L CH_3COONH_4 溶液和 HPLC 级甲醇（25∶75，$v∶v$）以 0.4 mL/min 的流速进行等度洗脱。使用 210 nm 的 UV 吸光度检测 PFOA。利用 Agilent 1100 系列高效液相色谱质谱（HPLC-MS）系统与 C18 柱（4.6 mm×150 mm，3.5 μm）耦联测量 PFOA 的中间体，流动相由含有 20 mmol/L CH_3COONH_4 的溶液（A）和 HPLC 级甲醇（25∶75，$v∶v$）（B）组成，流速为 0.4 mL/min，电喷雾负离子模式用于鉴定液相中的产物，保护气（N_2）的压力为 0.4 MPa，毛细管电位为 –3.0 kV，源温度为 120℃，去溶剂化温度设定为 350℃。

3. 实验步骤

反应器如图 2-17 所示。使用 UVX 辐射计（SR-1100，Spectral Evolution，MA）测量灯的输出光谱，其光强在 254 nm 处达到峰值。通过 Hatchard-Parker 光度测定法测量反应器中的平均光强为 $2.88×10^{-7}$ Einstein/(L·s)。

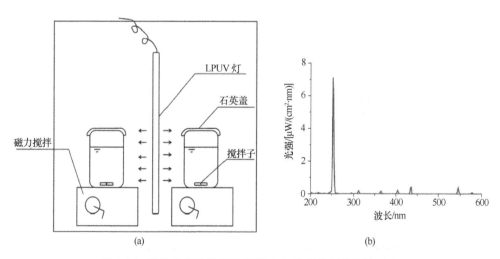

图 2-17 紫外光实验装置示意图（a）和紫外灯的光谱（b）

4. 建模方法

当已有文献中有相应的速率常数时，研究人员一般使用文献中报道的数值，通过拟合实验数据获得差值，使用遗传算法（GA）最小化目标函数（OF）并确定速率常数[94]。为实现这一目标，本节为 GA 提供了每个速率常数的合理范围的最小值和最大值。对于在文献中未找到相应速率常数值的反应，该范围是基于与文献中可获得的类似反应的类比得到。后向微分公式方法（如 Gear's method）[95]可用于解决涉及的普通微分方程。本模型具有 92 个速率常数，70 个来自文献，22 个利用模型拟合数据确定。当没有将碳酸氢盐添加到反应物中时，研究人员通过假设 CO_2（$H_2CO_3^*$），碳酸氢盐（HCO_3^-）和碳酸盐（CO_3^{2-}）浓度与大气中 CO_2 处于平衡状态来估计它们的浓度，分别为 $6.6×10^{-8}$ mol/L 和 $4.2×10^{-14}$ mol/L。需要指出的是，反应瓶需用盖子密封以防止任何额外的 CO_2 溶解。在这种情况下，初始碳酸盐浓度基本上可以忽略不计。它们对 PFOA 降解的影响通过猝灭系数 Q_R 估算[96]：

$$Q_R = \frac{k_R C_R}{k_m C_m + k_R C_R} = 1 - \frac{k_m C_m}{k_m C_m + k_R C_R} \quad (2\text{-}12)$$

式中，k_R 为利用 $SO_4^- \cdot$ 降解 PFOA 的二级速率常数，L/(mol·s)；k_m 为水中的清除剂（碳酸氢盐和氯化物）与 $SO_4^- \cdot$ 的二级反应速率常数，L/(mol·s)；C_R 为 PFOA 的浓度，mol/L；C_m 为水中清除剂的浓度，mol/L。当碳酸盐与大气中的 CO_2 浓度达到平衡时，计算的 Q_R 为 0.9939，这意味着反应速率的猝灭可以忽略不计。在模型中使用预测的 pH 和 pK_a 的值来计算质子化和未质子化物质的浓度。因为质子化反应几乎是瞬时的，研究人员假设所有碳酸盐组分在给定 pH 下达到平衡。在该模型中未考虑超氧自由基（$O_2^- \cdot$ 和 $HO_2 \cdot$），因为 $O_2^- \cdot$ 和 $HO_2 \cdot$ 不能降解 PFOA。并且，$HO_2 \cdot$ 的 pK_a 为 4.8[31]，表示 $O_2^- \cdot$ 在酸性条件下的浓度很低。由于反应是在酸性条件下进行，$SO_4^- \cdot$ 和 OH^- 之间的反应不包括在内。相反，在模型中增加了 $SO_4^- \cdot$ 和 H_2O 之间的反应。

2.3.3 结果和讨论

1. PFOA 的降解和副产物的形成

图 2-18 显示了在直接 UV 光解、PDS 暗氧化和 UV/PDS 组合氧化下 PFOA 的降解。在暗反应和光解实验中都没有观察到 PFOA 的降解，然而，在 UV/PDS 过程中观察到了 PFOA 的显著降解，8 h 后 85.6%的 PFOA 被破坏。因此，本节所有的后续工作都只关注 UV/PDS 过程中 PFOA 的降解机理。应该注意的是，由于在实验中所使用的光强较低，因此在这项工作中对 PFOA 的降解需要很长时间。在实践中，使用的光强可以高 2 个数量级，这将使反应时间缩短 2 个数量级[96]。为了确定·OH 在 PFOA 降解中的作用，研究人员比较了 UV/H_2O_2 和 UV/PDS 工艺下 PFOA 的降解。对于相同的 UV 光强，在 15 mmol/L 甚至更高的 H_2O_2 剂量下未观察到 PFOA 的去除

(图 2-19)。因此,研究人员假设 PFOA 降解仅涉及 $SO_4^-\cdot$,并且动力学模型仅考虑 $SO_4^-\cdot$ 对于 PFOA 的破坏。

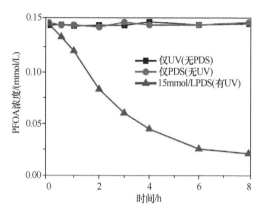

图 2-18 直接光解、PDS 暗氧化 UV/PDS 下 PFOA 的降解

实验条件:[PFOA]=150 μmol/L(62.11 mg/L),PDS 剂量为 15 mmol/L,UV 强度为 2.88×10⁻⁷ Einstein/(L·s),无 pH 调节

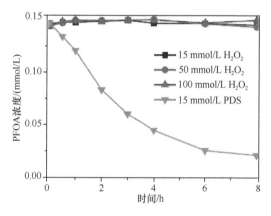

图 2-19 单独使用不同浓度 H_2O_2 和单独使用 15 mmol/L PDS 时 PFOA 降解的比较

实验条件:[PFOA]=150 μmol/L(62.11 mg/L),UV 强度为 2.88×10⁻⁷Einstein/(L·s),无 pH 调节

用于降解 PFOA 的拟一级速率常数 k_{obs} 列于表 2-6 中。当 PDS 浓度从 5 mmol/L 增加到 15 mmol/L 时,k_{obs} 增加约 66.67%(即从 0.18 h⁻¹ 到 0.30 h⁻¹)。然而,由于 $SO_4^-\cdot$ 不断被其他物质清除,随着 PDS 剂量的进一步增加 k_{obs} 趋于平稳(即 0.30 h⁻¹)。为了进一步阐明 PFOA 的降解效率,本节测量了 F⁻和 TOC 以计算 PFOA 的脱氟率和矿化度。随着 PDS 剂量从 15 mmol/L 增加到 20 mmol/L,脱氟率和矿化度也随之增加,但是当 PDS 浓度继续增大(30 mmol/L)时,则随之减小。一种可能的解释为,当 PDS 的浓度为 15~20 mmol/L 时,过量的 $SO_4^-\cdot$ 与 PFOA 的中间体反应,因此,脱氟率和矿化度增加,但 PFOA 的 k_{obs} 保持不变。然而,当 PDS 的浓度进一步增加至 30 mmol/L 时,由 PDS 引起的清除作用在降解过程中占优势,k_{obs} 没有增加。正如下面所讨论的,本节建立的模型考虑了清除反应。

表 2-6 超纯水中 PFOA 与 PDS 反应的拟一级速率常数以及脱氟率和矿化度

PDS 浓度/（mmol/L）	k_{obs}/h^{-1}	脱氟率/%	矿化度/%	最终 pH
5	0.18	19.94	15.00	2.81
10	0.28	32.58	17.24	2.44
15	0.30	41.29	28.97	2.35
20	0.30	45.65	41.37	2.25
30	0.30	41.45	33.18	2.04

注：初始 pH 为 4.09±0.02。

SO_4^-·对 PFOA 的氧化生成了 6 种主要产物，分子量（M_W）分别为 363、313、263、213、163 和 113。所有这些产物都是由分子量递减 50Da（1Da=1.66054×10^{-27}kg）得到的，并且这种产物与从母体化合物中丢失 CF_2 基团相吻合。本节研究使用全氟庚酸（PFHpA）、全氟己酸（PFHeA）、全氟戊酸（PFPeA）、全氟丁酸（PFBA）和五氟丙酸（PFPrA）的标准溶液证明了这一点。这些副产物是在本节研究中发现的 PFOA 的主要中间体，这与之前的报道一致[21, 74]。

表 2-7 中的数据显示了碳和氟的质量平衡。初始测量的 TOC 浓度为 1.07 mmol/L，8 h 后为 0.76 mmol/L，因此有 0.31 mmol/L 的 TOC 被矿化。在 PFOA 和 PFOA 副产物测量

表 2-7 PFOA 及其产物碳和氟的理论质量平衡

时间/h	总碳含量/（mmol/L）						
	[PFOA]$_C$	[PFHpA]$_C$	[PFHeA]$_C$	[PFPeA]$_C$	[PFBA]$_C$	[PFPrA]$_C$	[Total]$_C$
0	1.17②	0	0	0	0	0	1.17
0.5	1.07	6.76×10^{-2}	8.76×10^{-3}	0	0	0	1.15
1	9.66×10^{-1}	1.69×10^{-1}	2.73×10^{-2}	6.15×10^{-3}	0	0	1.17
2	6.67×10^{-1}	2.99×10^{-1}	6.04×10^{-2}	2.00×10^{-2}	1.08×10^{-3}	0	1.05
3	4.83×10^{-1}	3.58×10^{-1}	7.03×10^{-2}	3.29×10^{-2}	2.61×10^{-3}	0	9.47×10^{-1}
4	3.58×10^{-1}	3.70×10^{-1}	9.67×10^{-2}	4.33×10^{-2}	2.93×10^{-3}	4.69×10^{-5}	8.71×10^{-1}
6	2.04×10^{-1}	3.38×10^{-1}	1.14×10^{-1}	5.21×10^{-2}	4.40×10^{-3}	2.45×10^{-4}	7.13×10^{-1}
8①	1.69×10^{-1}	2.81×10^{-1}	9.94×10^{-2}	5.55×10^{-2}	5.04×10^{-3}	3.92×10^{-4}	6.10×10^{-1}
时间/h	总氟含量/（mmol/L）						
	[PFOA]$_C$	[PFHpA]$_C$	[PFHeA]$_C$	[PFPeA]$_C$	[PFBA]$_C$	[PFPrA]$_C$	[Total]$_C$
0	2.19	0	0	0	0	0	2.19
0.5	2.01	1.26×10^{-1}	1.62×10^{-2}	0	0	0	2.15
1	1.81	3.14×10^{-1}	5.01×10^{-2}	1.11×10^{-2}	0	0	2.19
2	1.25	5.56×10^{-1}	1.11×10^{-1}	3.59×10^{-2}	1.89×10^{-3}	0	1.96
3	9.06×10^{-1}	6.65×10^{-1}	1.29×10^{-1}	5.91×10^{-2}	4.58×10^{-3}	0	1.76
4	6.71×10^{-1}	6.87×10^{-1}	1.77×10^{-1}	7.79×10^{-2}	5.12×10^{-3}	7.81×10^{-5}	1.62
6	3.83×10^{-1}	6.27×10^{-1}	2.08×10^{-1}	9.37×10^{-2}	7.70×10^{-3}	4.08×10^{-4}	1.32
8③	3.16×10^{-1}	5.23×10^{-1}	1.82×10^{-1}	9.99×10^{-2}	8.82×10^{-3}	6.53×10^{-4}	1.13

① 8h 测得的矿化碳为 0.31mmol/L；使用通过 HPLC 测量的浓度计算 PFOA 及其产物的总碳。② 测量为 1.07mmol/L。
③ 在 8h 测得的溶液中 F$^-$ 浓度为 0.89 mmol/L。

（以下称为理论 TOC）的基础上，本节研究确定理论上初始和最终 TOC 值分别为 1.17mmol/L 和 0.61 mmol/L。初始测量的 TOC 比理论 TOC 低 0.10 mmol/L，并且用于测量 TOC 的热活化 PDS 过程可能不会完全矿化 PFOA。然而，8 h 后的 TOC 测量值比理论值高 0.15 mmol/L，这可能是实验误差导致的。值得注意的是，测量结果可能更准确，因为根据本节建立的动力学模型，PFOA 和 PDS 之间的二级速率常数远小于副产物的二级速率常数，因此在 8 h 之后的 TOC 测量值应该更准确。此外，8 h 后的 TOC 测量值可能高于理论值，因为理论 TOC 不包括所有存在的副产物。

在 TOC 测量的基础上确定的矿化度为 29%，根据 PFOA 测量确定的矿化度为 48%，基于初始理论 TOC 和 8h 后测量的 TOC 确定的矿化度为 35%。在上述讨论的基础上，本节研究确定矿化度大于 35% 但小于 48%。氟的质量平衡表明，初始和 8 h 后的氟含量分别为 2.19 mmol/L 和 2.02 mmol/L（包括 F^- 和 PFOA 及其产物中所含有的氟）。因此，可以发现 17% 的氟包含在本节研究没有测量的副产物中。溶液中的 F^- 浓度为 0.89 mmol/L，因此 PFOA 中 59% 的氟被转化为 F^-。如图 2-20 所示，PFHpA 的浓度在最初的 4 h 内逐渐增加，在 4 h 后略有下降，PFHeA 的浓度变化表现出类似的趋势；然而，PFPeA、PFBA 和 PFPrA 的浓度随时间不断增加。这些结果表明，短链 PFCAs 是逐步从较长链的 PFCAs 中产生。$SO_4^-·$ 是一种能够吸附羧酸根生成羧酸根自由基的亲电子基团[73]。然后，羧酸根部分脱羧，最终生成全氟化醇或导致—COF_2 基团的丢失生成全氟己基自由基[74, 97-99]。图 2-21 给出了详细的降解途径。

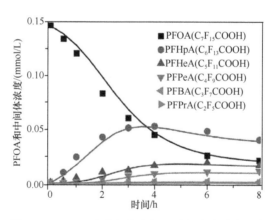

图 2-20 PFOA 和中间体在处理过程中的浓度分布

点表示实验结果，实线表示计算机建模的拟合结果。实验条件：[PFOA]=150 μmol/L（62.11 mg/L），PDS 剂量为 15 mmol/L，UV 强度为 $2.88×10^{-7}$ Einstein/（L·s），无 pH 调节

在 UV 照射下，PDS 分解可以释放 H^+[80]。反应期间的 pH 下降不仅在 UV/PDS 中观察到，在热活化的 PDS 中也可以观察到[80, 100, 101]。在先前的研究中，发现每分解 1 mol PDS 可产生 1.7 mol H^+。存在（图 2-22）或不存在（图 2-23）PFOA 时，在 UV/PDS 过程中观察到的 pH 下降几乎相同。PFOA 分解释放的 H^+ 可以忽略不计，因为与 PDS 相比，其浓度较低。相反，PDS 可以产生大量的 H^+，HSO_4^- 的 pK_a 低于最终的 pH，因此，它不能缓解溶液 pH，pH 会急剧下降。因此，PDS 分解是反应过程中 pH 降低的主要原因。

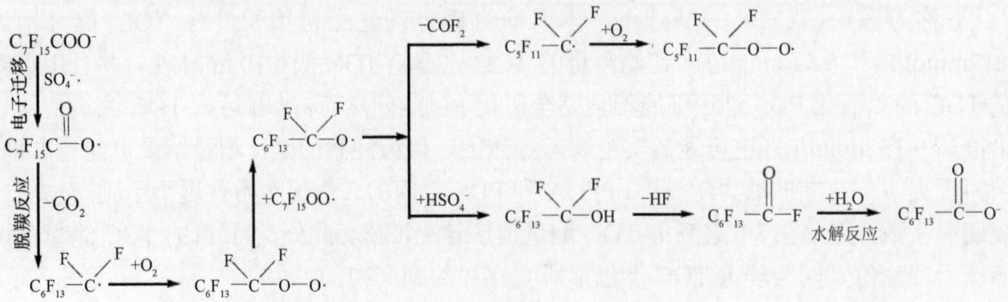

图 2-21　UV/PDS 处理过程中 PFOA 降解的途径

$$S_2O_8^{2-} + H_2O \longrightarrow 2HSO_4^- + 0.5O_2$$

$$HSO_4^- \longrightarrow H^+ + SO_4^{2-}$$

$$14SO_4^-\cdot + C_7F_{15}COOH + 14H_2O \longrightarrow 8CO_2 + 15F^- + 14SO_4^{2-} + 29H^+$$

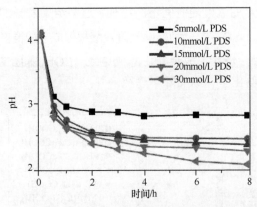

图 2-22　不同 PDS 浓度下 PFOA 降解过程中的 pH 变化

实验条件：[PFOA] =150 μmol/L（62.11 mg/L），UV 强度为 $2.88×10^{-7}$ Einstein/(L·s)，无 pH 调节

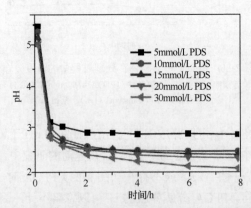

图 2-23　不添加 PFOA 的 PDS 分解过程中 pH 的变化

实验条件：UV 强度为 $2.88×10^{-7}$ Einstein/(L·s)，无 pH 调节

2. PFOA 的降解动力学模型及产物的转化

该模型能够模拟 PFOA 降解,并能随着 PDS 降解产物的转化预测 pH 变化。样本偏差(SD)[式(2-13)]用于表征实验数据和计算数据之间的相对误差。如果模型预测和数据之间的差异遵循高斯分布,那么模型预测±SD 将包含所有数据的 68%。假设 SD 等于标准偏差,虽然这将需要大量数据,但 SD 可以提供有效的信息。如果 SD 为 0.05,则模型可以非常好地描述数据,因为浓度数据值±5%将在样本预测的 68%以内。因此,SD 可用于指导本节研究中模型的开发。

$$\text{SD} = \sqrt{\frac{1}{n-1}\sum\left[\frac{C_{\exp} - C_{\text{cal}}}{C_{\exp}}\right]^2} \qquad (2\text{-}13)$$

式中,n 为具有相同剂量 PDS 的数据点的数量;$C_{\exp}$ 和 C_{cal} 分别为不同物种的实验和计算浓度。

在 UV/PDS 工艺中,$SO_4^-\cdot$ 和 $S_2O_8^-\cdot$ 是 PFOA 降解的两个重要的自由基。$SO_4^-\cdot$ 是体系中的反应性基团,$S_2O_8^-\cdot$ 由 PDS 和 $SO_4^-\cdot$ 之间的反应形成。据了解,目前暂时未有研究报道过 $S_2O_8^-\cdot$ 的清除作用。Yu 等[102]研究发现了 $SO_4^-\cdot$ 和 $S_2O_8^-\cdot$($SO_4^-\cdot + S_2O_8^{2-} \rightleftharpoons S_2O_8^-\cdot + SO_4^{2-}$)之间正向和反向反应的存在。他们研究了正向速率常数的值,但没有研究反向速率常数的值。由于系统中 SO_4^{2-} 的浓度很高,在本节研究的模型中考虑了正向和反向反应。研究人员还考虑了 $SO_4^-\cdot$ 与 H_2O 形成·OH 的反应。此外,本节研究还计算了由 $S_2O_8^-\cdot$($S_2O_8^-\cdot + H_2O \longrightarrow HO\cdot + H^+ + S_2O_8^{2-}$)所形成的·OH。该反应对 PDS 的衰减和 PFOA 降解的模拟结果具有显著影响。当这些反应包括在模型中时,SD 会降低,例如,SD_{PDS} 从 8.22 降低到 0.50,并且当[PDS]=15 mmol/L 时,SD_{PFOA} 从 2.14 降低到 0.16。由于这些反应会生成质子,所以当这些反应被包括在模型中时,SD_{pH} 会降低,例如,对于[PDS]=15 mmol/L,SD_{pH} 从 0.63 降低到 0.09。研究人员发现,$SO_4^-\cdot$ 与清除剂的反应必须包含在模型中,否则 $SO_4^-\cdot$ 会显著增加,与实验结果相比,随着时间的增加,$SO_4^-\cdot$ 的积累会导致模型预测的 PFOA 浓度低得多。实际上,当包括清除反应且[PDS]=15 mmol/L 时,SD_{PFOA} 从 0.74 降至 0.16。图 2-24 和图 2-25 分别显示了 PDS 和 PFOA 的模型拟合。UV/PDS 体系中主要物种的 SD 值全部列于表 2-8 中,SD_{PFOA} 均低于或等于 0.27。图 2-24 显示了 pH 的实验数据和计算结果,pH 的 SD 值也列于表 2-8 中,SD_{pH} 均小于或等于 0.12。

本节研究还评估了 $S_2O_8^-\cdot$ 与水的清除反应。这一反应对 PDS 的衰减具有显著影响。在不考虑这种反应的情况下,PDS 的衰减将被低估。$SO_4^-\cdot$ 与 $S_2O_8^-\cdot$ 和 $SO_5^-\cdot$ 的反应也影响 PFOA 降解的模型模拟。如果没有这些反应,就会对 $SO_4^-\cdot$ 的浓度有过高估计,并低估 PFOA 浓度。该讨论证实,这些反应需要包含在本节研究的模型中。

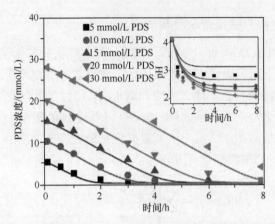

图 2-24 超纯水中 UV/PDS 处理过程中 PDS 衰减的浓度分布

点表示实验数据，实线表示模型拟合情况。实验条件：UV 强度为 2.88×10^{-7} Einstein/(L·s)，未调节 pH

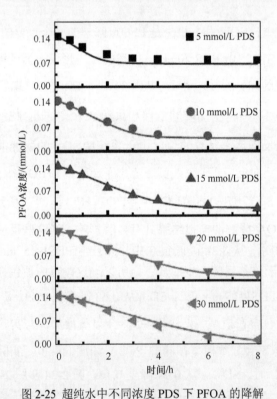

图 2-25 超纯水中不同浓度 PDS 下 PFOA 的降解

点表示实验数据，实线表示模型拟合数据。实验条件：[PFOA] =150 μmol/L（62.11 mg/L），UV 强度为 2.88×10^{-7} Einstein/(L·s)，未调节 pH

通过将本节研究的模型与实验数据拟合，确定了 $SO_4^-\cdot$ 与目标化合物的反应速率常数。所有这些产物的基本反应的速率常数以前都没有报道过。表 2-9 提供了 $SO_4^-\cdot$ 与副产物之间的拟合速率常数及其 SD 值。随着链长的缩短，速率常数增大，这与先前关于 PFCAs 通过电化学氧化衰变的研究一致。除了 PFPrA 外，所有产物的 SD 值都在合理范围内（即 0.15~0.46），较大的实验分析误差可能是由 PFPrA 浓度极低导致的，模型拟合和实验数据之间的较大差异可能是由于这些实验分析误差造成的。值得注意的是,在以前的工作中,研究人员已经使用遗传算法来确定自由基和中间体之间的反应速率常数[31, 103],并且发现目标函数[式(2-13)]与遗传算法相结合可以很好地拟合数据。

表 2-8 UV/PDS 体系中 PFOA 降解动力学模型中主要物种的 SD 值

动力学模型				HCO_3^- 存在情况下		Cl^- 存在情况下			
[PDS]/(mmol/L)	SD_{PDS}	SD_{PFOA}	SD_{pH}	[HCO_3^-]/(mmol/L)	SD_{PFOA}	[Cl^-]/(mmol/L)	SD_{PFOA}	SD_{Cl^-}	$SD_{ClO_3^-}$
5	0.65	0.20	0.12	5	0.19	0.5	0.11	0.02	0.15
10	0.50	0.12	0.11	10	0.13	1	0.12	0.14	0.23
15	0.50	0.16	0.09	15	0.04	2	0.11	0.52	0.30
20	0.47	0.27	0.10	25	0.06	3	0.13	0.54	0.31
30	0.33	0.16	0.09						

注:UV 强度为 $2.88×10^{-7}$ Einstein/(L·s);PFOA 初始浓度为 150 μmol/L;系统 pH 未调节。

表 2-9 $SO_4^-·$ 对中间体的降解速率常数和不同中间体的 SD 值

中间体	k/[L/(mol·s)]	SD 值
PFOA	$2.59×10^5$	0.16
PFHpA	$2.68×10^5$	0.15
PFHeA	$7.02×10^5$	0.46
PFPeA	$1.26×10^6$	0.45
PFBA	$1.05×10^7$	0.23
PFPrA	$9.31×10^7$	4.43

注:速率常数通过拟合数据确定。

将本节建立的模型与 Yang 等开发的模型进行比较[79],图 2-26 显示了从 Yang 等的模型和本节研究的模型中获得的 PDS 衰减、PFOA 降解和 pH 变化的模拟结果。Yang 等使用计算机程序 Kintecus 来预测 UV/PDS 体系中的自由基分布,他们的模型使用了拟稳态假设和文献报道的反应,且 pH 保持不变,该模型低估了 PDS 衰减,并且高估了 PFOA 降解。

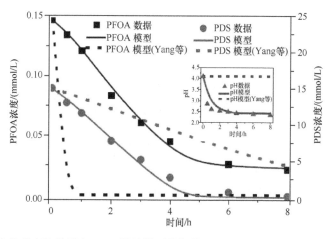

图 2-26 本节研究的模型和 Yang 等的模型获得的 PFOA、PDS 和 pH 计算浓度的比较
点表示数据,实线表示所提出的模型拟合,虚线是 Yang 等的模型拟合。实验条件:[PFOA]=150 μmol/L(62.11 mg/L),PDS 剂量为 15 mmol/L,UV 强度为 $2.88×10^{-7}$ Einstein/(L·s),无 pH 调节

3. 氯离子的影响

本节还研究了 Cl^- 对 UV/PDS 处理过程中 PFOA 降解和 ClO_3^- 形成的影响。

1）Cl^- 对超纯水中 PFOA 降解的影响

图 2-27（a）显示了各种 Cl^- 浓度下 PFOA 降解的实验数据，以及模型的拟合曲线；图 2-28（a）显示了不同初始 Cl^- 浓度下 Cl^- 的下降。这两个图的结果显示，在 Cl^- 存在下，没有 PFOA 降解。在 Cl^- 存在下，$SO_4^-\cdot$ 首先与 Cl^- 反应，因为 Cl^- 的速率常数为 4.7×10^8 L/(mol·s)[104]，比 PFOA 和 $SO_4^-\cdot$ 之间的模型拟合速率常数 2.59×10^5 L/(mol·s) 大 3 个数量级。因此，在 PFOA 降解之前，Cl^- 会首先产生 ClO_3^-。

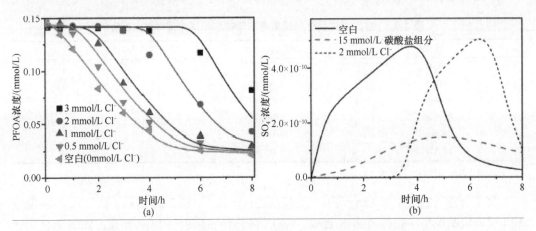

图 2-27 不同 Cl^- 浓度下 PFOA 的浓度分布（a）及模型预测碳酸盐组分浓度为 15 mmol/L 和 Cl^- 浓度为 2 mmol/L 时 $SO_4^-\cdot$ 的分布（b）

实验条件：[PFOA]=150 μmol/L（62.11 mg/L），PDS 剂量为 15 mmol/L，UV 强度为 2.88×10^{-7} Einstein/(L·s)，无 pH 调节；（a）点表示实验结果，实线表示计算机建模拟合

使用猝灭系数 Q_R 对不同浓度的 Cl^- 冲击（即 0.5、1 和 2 mmol/L）下的污染物降解进行评估。表 2-10 列出了 Cl^- 存在下 $SO_4^-\cdot$ 与各种污染物反应的猝灭速率常数（k_R），在 0.5 mmol/L Cl^- 存在下，对于处理 150 μmol/L 目标化合物，Q_R 高于 70%时 k_R 值要高于 3.66×10^9 L/(mol·s)，如表 2-10 中所列，目标化合物浓度越低，由 Cl^- 引起的清除效应越显著。例如，对于 50 μmol/L 的目标化合物浓度，Q_R 高于 70%时，所有 k_R 值都高于 1.10×10^{10} L/(mol·s)；对于 10 μmol/L 和 1 μmol/L 的目标化合物浓度，Q_R 高于 70%时，所有 k_R 值分别为 5.48×10^{10} L/(mol·s) 和 5.48×10^{11} L/(mol·s)，这些是非常大的速率常数，可能接近扩散限制。因此，Cl^- 和目标化合物与 $SO_4^-\cdot$ 反应的竞争性是显著的，并且 Cl^- 对 UV/PDS 体系具有很大影响。

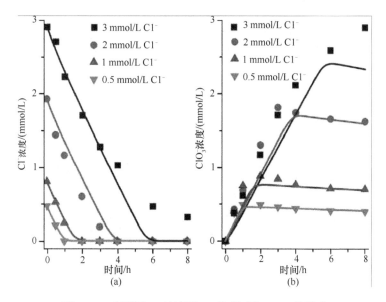

图 2-28 在不同 Cl^- 浓度下 Cl^- 的衰减和 ClO_3^- 的形成

点表示实验结果，实线表示计算机建模拟合。实验条件：[PFOA]=150 μmol/L（62.11 mg/L），PDS 剂量为 15 mmol/L，UV 强度为 $2.88×10^{-7}$ Einstein/(L·s)，无 pH 调节

表 2-10 基于 $SO_4^-·$ 的 AOPs 中 Cl^- 对污染物降解影响的 Q_R 分析

k_R	[R]=150 μmol/L			[R]=50 μmol/L		
	[Cl^-]=2 mmol/L	[Cl^-]=1 mmol/L	[Cl^-]=0.5 mmol/L	[Cl^-]=2 mmol/L	[Cl^-]=1 mmol/L	[Cl^-]=0.5 mmol/L
$1.0×10^4$	$1.60×10^{-6}$	$3.19×10^{-6}$	$6.38×10^{-6}$	$5.32×10^{-7}$	$1.06×10^{-6}$	$2.13×10^{-6}$
$1.0×10^5$	$1.60×10^{-5}$	$3.19×10^{-5}$	$6.38×10^{-5}$	$5.32×10^{-6}$	$1.06×10^{-5}$	$2.13×10^{-5}$
$1.0×10^6$	$1.60×10^{-4}$	$3.19×10^{-4}$	$6.38×10^{-4}$	$5.32×10^{-5}$	$1.06×10^{-4}$	$2.13×10^{-4}$
$1.0×10^7$	$1.59×10^{-3}$	$3.18×10^{-3}$	$6.34×10^{-3}$	$5.32×10^{-4}$	$1.06×10^{-3}$	$2.12×10^{-3}$
$1.0×10^8$	$1.57×10^{-2}$	$3.09×10^{-2}$	$3.90×10^{-2}$	$5.29×10^{-3}$	$1.05×10^{-2}$	$2.08×10^{-2}$
$1.0×10^9$	$1.38×10^{-1}$	$2.42×10^{-1}$	$3.90×10^{-1}$	$5.05×10^{-2}$	$9.62×10^{-2}$	$1.75×10^{-1}$
$1.0×10^{10}$	$6.15×10^{-1}$	$7.61×10^{-1}$	$8.65×10^{-1}$	$3.47×10^{-1}$	$5.15×10^{-1}$	$6.80×10^{-1}$
$1.0×10^{11}$	$9.41×10^{-1}$	$9.70×10^{-1}$	$9.85×10^{-2}$	$8.42×10^{-1}$	$9.14×10^{-1}$	$9.55×10^{-1}$
k_R	[R]=10 μmol/L			[R]=1 μmol/L		
	[Cl^-]=2 mmol/L	[Cl^-]=1 mmol/L	[Cl^-]=0.5 mmol/L	[Cl^-]=2 mmol/L	[Cl^-]=1 mmol/L	[Cl^-]=0.5 mmol/L
$1.0×10^4$	$1.06×10^{-7}$	$2.13×10^{-7}$	$2.13×10^{-7}$	$1.06×10^{-8}$	$2.13×10^{-8}$	$4.26×10^{-8}$
$1.0×10^5$	$1.06×10^{-6}$	$2.13×10^{-6}$	$2.13×10^{-6}$	$1.06×10^{-7}$	$2.13×10^{-7}$	$4.26×10^{-7}$
$1.0×10^6$	$1.06×10^{-5}$	$2.13×10^{-5}$	$2.13×10^{-5}$	$1.06×10^{-6}$	$2.13×10^{-6}$	$4.26×10^{-6}$
$1.0×10^7$	$1.06×10^{-4}$	$2.13×10^{-4}$	$2.13×10^{-4}$	$1.06×10^{-5}$	$2.13×10^{-5}$	$4.26×10^{-5}$
$1.0×10^8$	$1.06×10^{-3}$	$2.12×10^{-3}$	$2.12×10^{-3}$	$1.06×10^{-4}$	$2.13×10^{-4}$	$4.24×10^{-4}$
$1.0×10^9$	$1.05×10^{-2}$	$2.08×10^{-2}$	$2.08×10^{-2}$	$1.06×10^{-3}$	$2.12×10^{-3}$	$4.24×10^{-3}$
$1.0×10^{10}$	$9.62×10^{-2}$	$1.75×10^{-1}$	$1.75×10^{-1}$	$1.05×10^{-2}$	$2.08×10^{-2}$	$4.08×10^{-2}$
$1.0×10^{11}$	$5.15×10^{-1}$	$6.80×10^{-1}$	$6.80×10^{-1}$	$9.62×10^{-2}$	$1.75×10^{-1}$	$2.99×10^{-1}$

注：[R]是目标化合物的浓度；Cl^- 与 $SO_4^-·$ 的二级速率常数为 $4.7×10^8$ L/(mol·s)。

模型预测的 Cl^- 存在下的 $SO_4^-\cdot$ 浓度如图 2-27(b) 所示, 使用 2 mmol/L Cl^- 时, $SO_4^-\cdot$ 的浓度远低于不含 Cl^- 时的浓度。实际上, 根据本节研究的模型预测, 在 Cl^- 存在下, $SO_4^-\cdot$ 的浓度降低了 3 个数量级以上。此外, 还预测了在不同初始剂量的 Cl^- 下 $SO_4^-\cdot$ 的浓度, 并显示在图 2-29 中。随着 Cl^- 浓度的增加, 在 $SO_4^-\cdot$ 开始降解 PFOA 之前需要更长的时间。在 Cl^- 几乎完全转化为 ClO_3^- 后, $SO_4^-\cdot$ 的浓度逐渐增加。模拟的自由基浓度也证实 UV/PDS 过程对 Cl^- 高度敏感。因此, 有报道称 $SO_4^-\cdot$ 和 Cl^- 之间的反应速率很快并且主导了 $SO_4^-\cdot$ 的减少[104]。

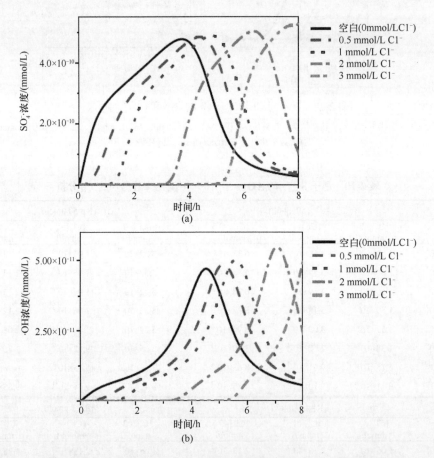

图 2-29 模型预测在不同的 Cl^- 浓度下 UV/PDS 体系中 $SO_4^-\cdot$ 的分布 (a) 和 $\cdot OH$ 的分布 (b)

实验条件: PDS 剂量为 15 mmol/L, UV 强度为 2.88×10^{-7} Einstein/L·s, 无 pH 调节

2) 氯酸盐的形成

图 2-28 显示了在不同 Cl^- 浓度下 Cl^- 的衰减和 ClO_3^- 的形成, 在实验中没有观察到其他中间体, 如次氯酸-次氯酸盐 ($HClO\text{-}ClO^-$) 或亚氯酸盐 (ClO_2^-)。在实验结果的基础上, 研究人员对不同 Cl^- 浓度下 ClO_3^- 的形成比进行了摩尔平衡分析, Cl^- 至 ClO_3^- 的化学

计量转化分别为 1.04、1.09、1.05 和 1.12，分别对应于 0.5、1、2 和 3 mmol/L 的 Cl^- 浓度。摩尔平衡结果表明，在实验中所有 Cl^- 都在体系中转化为 ClO_3^-，在转化过程中观察到 ClO_3^- 浓度略微降低。这种降低的可能原因是 ClO_3^- 在 UV 下的光解，需要进一步研究。

在实验数据和本节建立的 UV/PDS 工艺动力学模型的基础上，研究人员开发了 UV/PDS 体系中 Cl^- 衰减和 ClO_3^- 形成的模型。本节研究的模型包括碳酸氢盐组分及其副产物（即 $CO_3^-\cdot$）和 Cl^- 及其副产物（即 ClO^-、ClO_2^-、$Cl\cdot$ 和 $Cl_2^-\cdot$）的反应。Cl^- 的副产物很重要，但在已有的文献中并未提到这些反应。Fang 等报道了 $SO_4^-\cdot$ 与 Br^- 的相似反应，并得出拟一级动力学模型[92]。同样，$\cdot OH$ 与 HClO 和 $ClO_2\cdot$ 之间的反应也有相应文献的报道。应该注意的是，因为 $HClO\text{-}ClO^-$ 的 pK_a 为 7.6，所以这里预测的反应物是 HClO（而不是 ClO^-）。本节研究认为 $SO_4^-\cdot$ 与 HClO 和 $ClO_2\cdot$ 会发生类似的反应。通过使用遗传算法拟合实验数据，得到 $SO_4^-\cdot$ 与 HClO 和 $ClO_2\cdot$ 的反应速率常数。当这些反应包括在模型中时，$SD_{ClO_3^-}$ 从 0.68 降至 0.30。本节研究建立的模型可以准确地模拟不同 Cl^- 初始浓度下 Cl^- 衰减和 ClO_3^- 形成的浓度分布，SD_{Cl^-} 和 $SD_{ClO_3^-}$ 均低于 0.55。结合文献报道的反应和本节研究工作中提出的反应，可以得出以下结论：ClO_3^- 是由 $ClO_2\cdot$ 氧化产生的，而 $ClO_2\cdot$ 是由 HClO 的氧化产生的。在氧化过程中，$SO_4^-\cdot$ 是主要的活性物质，所有的 Cl^- 链反应都是由硫酸盐开始的。

4. 碳酸氢盐的影响

各种 HCO_3^- 浓度下 PFOA 的降解如图 2-30 所示。随着 HCO_3^- 用量的增加，PFOA 降解减少。这是由碳酸盐物种与 $SO_4^-\cdot$ 的竞争性反应引起的，并降低了体系中 $SO_4^-\cdot$ 的浓度[105,106]。

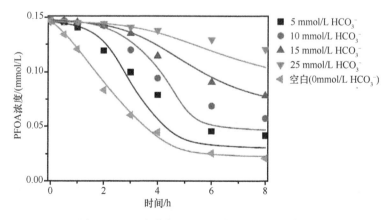

图 2-30 不同碳酸盐组分浓度下 PFOA 的降解

点表示实验数据，实线表示模型拟合数据。实验条件：[PFOA]=150 μmol/L (62.11 mg/L)，PDS 剂量为 15 mmol/L，UV 强度为 2.88×10^{-7} Einstein/(L·s)，无 pH 调节

在 UV/PDS 体系中，PFOA 可被 $CO_3^-\cdot$ 和 $SO_4^-\cdot$ 降解，然而 PFOA 和 $CO_3^-\cdot$ 之间的二级速率常数比 $SO_4^-\cdot$ 和 PFOA 的小得多，因此，本节研究的模型不包括 PFOA 和 $CO_3^-\cdot$ 之间的相互作用。由 $SO_4^-\cdot$ 形成的 $CO_3^-\cdot$ 将通过降低 $SO_4^-\cdot$ 浓度来减少 PFOA 的降解。

为了进一步阐明在 HCO_3^- 存在下 PFOA 的降解，本节研究在图 2-27（b）中模拟了 $SO_4^-\cdot$ 浓度的变化。与由 15 mmol/L HCO_3^- 引起 $SO_4^-\cdot$ 浓度的降低相比，由 2 mmol/L Cl^- 引起的 $SO_4^-\cdot$ 浓度降低更多。此外，对 Cl^- 和 HCO_3^- 进行 Q_R 分析以比较它们对 PFOA 降解的清除效应。如表 2-10 和表 2-11 所示，2 mmol/L Cl^- 的 Q_R 远低于 15 mmol/L 碳酸盐的 Q_R。这些结果证明，对于 $SO_4^-\cdot$，Cl^- 是比碳酸氢盐更好的清除剂。

表 2-11　碳酸盐组分对基于 $SO_4^-\cdot$ 的 AOPs 中污染物降解影响的 Q_R 分析

k_R	[R]=150 μmol/L			[R]=50 μmol/L		
	[HCO_3^-]=10 mmol/L	[HCO_3^-]=3 mmol/L	[HCO_3^-]=1 mmol/L	[HCO_3^-]=10 mmol/L	[HCO_3^-]=3 mmol/L	[HCO_3^-]=1 mmol/L
1.0×10^4	4.17×10^{-5}	1.39×10^{-4}	4.16×10^{-4}	1.39×10^{-5}	4.63×10^{-5}	1.39×10^{-4}
1.0×10^5	4.16×10^{-4}	1.39×10^{-3}	4.15×10^{-3}	1.39×10^{-4}	4.63×10^{-4}	1.39×10^{-3}
1.0×10^6	4.15×10^{-3}	1.37×10^{-2}	4.00×10^{-2}	1.39×10^{-3}	4.61×10^{-3}	1.37×10^{-2}
1.0×10^7	4.00×10^{-2}	1.22×10^{-1}	2.94×10^{-1}	1.37×10^{-2}	4.42×10^{-2}	1.22×10^{-1}
1.0×10^8	2.94×10^{-1}	5.81×10^{-1}	8.06×10^{-1}	1.22×10^{-1}	3.16×10^{-1}	5.81×10^{-1}
1.0×10^9	8.06×10^{-1}	9.33×10^{-1}	9.77×10^{-1}	5.81×10^{-1}	8.22×10^{-1}	9.33×10^{-1}
1.0×10^{10}	9.77×10^{-1}	9.93×10^{-1}	9.98×10^{-1}	9.33×10^{-1}	9.79×10^{-1}	9.93×10^{-1}
1.0×10^{11}	9.98×10^{-1}	9.99×10^{-1}	9.998×10^{-1}	9.93×10^{-1}	9.98×10^{-1}	9.99×10^{-1}
k_R	[R]=10 μmol/L			[R]=1 μmol/L		
	[HCO_3^-]=10 mmol/L	[HCO_3^-]=3 mmol/L	[HCO_3^-]=1 mmol/L	[HCO_3^-]=10 mmol/L	[HCO_3^-]=3 mmol/L	[HCO_3^-]=1 mmol/L
1.0×10^4	2.78×10^{-6}	9.26×10^{-6}	2.78×10^{-5}	2.78×10^{-7}	9.26×10^{-7}	2.78×10^{-6}
1.0×10^5	2.78×10^{-5}	9.26×10^{-5}	2.78×10^{-4}	2.78×10^{-6}	9.26×10^{-6}	2.78×10^{-5}
1.0×10^6	2.78×10^{-4}	9.25×10^{-4}	2.77×10^{-3}	2.78×10^{-5}	9.26×10^{-5}	2.78×10^{-4}
1.0×10^7	2.78×10^{-3}	9.17×10^{-3}	2.70×10^{-2}	2.78×10^{-4}	9.25×10^{-4}	2.77×10^{-3}
1.0×10^8	2.70×10^{-2}	8.47×10^{-2}	2.17×10^{-1}	2.78×10^{-3}	9.17×10^{-3}	2.70×10^{-2}
1.0×10^9	2.17×10^{-1}	4.81×10^{-1}	7.35×10^{-1}	2.70×10^{-2}	8.47×10^{-2}	2.17×10^{-1}
1.0×10^{10}	7.35×10^{-1}	9.03×10^{-1}	9.65×10^{-1}	2.17×10^{-1}	4.81×10^{-1}	7.35×10^{-1}
1.0×10^{11}	9.65×10^{-1}	9.89×10^{-1}	9.96×10^{-1}	7.35×10^{-1}	9.03×10^{-1}	9.65×10^{-1}

注：[R]是目标化合物的浓度；[HCO_3^-]是碳酸盐物种的浓度；HCO_3^- 与 $SO_4^-\cdot$ 的二级速率常数为 3.6×10^6 L/(mol·s)。

对于动力学模型，H_2O_2 是 $CO_3^-\cdot$ 的重要清除剂，然而，文献中没有 $CO_3^-\cdot$ 和 $S_2O_8^{2-}$ 之间的反应。该反应对模型有很大影响，例如，当包括该反应时，SD_{PFOA} 从 0.75 降低至 0.04。因此，模型中应该包括 $CO_3^-\cdot$ 和 $S_2O_8^{2-}$ 之间的反应（$S_2O_8^{2-} + CO_3^-\cdot \longrightarrow CO_3^{2-} + S_2O_8^-\cdot$）。

5. 模型在实际水域中的应用

本节研究采集了 SW 和 WW 样品用于评估 UV/PDS 工艺在实际水样中的有效性。SW 和 WW 成分的背景浓度列于表 2-5 中,包括 DOC、Cl^-、NO_3^-、PO_4^{3-} 和碱度。对于 SW 和 WW,水基质在 254 nm 处的吸收系数分别为 0.011 cm^{-1} 和 0.085 cm^{-1}。超纯水(UW)、SW 和 WW 样品中的 PFOA 降解、Cl^- 衰减和 ClO_3^- 形成如图 2-31 所示。在实际水样中也观察到 pH 降低,在 SW 和 WW 样品中,pH 分别急剧下降至 3.03 和 2.89(图 2-32)。对于 PFOA 的降解,在 UW 和 SW 之间没有观察到明显的差异,然而在 WW 样品的前 2 h,PFOA 的降解非常缓慢。SW 和 WW 中的 Cl^- 浓度分别为 0.12 和 1.51 mmol/L,如 2.3.3-3 节所述,Cl^- 的存在降低了 PFOA 的降解。通过观察 Cl^- 衰减,可以得出结论:WW 中 PFOA 降解的 2h 滞后期主要是由 Cl^- 氧化引起的。值得注意的是,相对较长的降解时间和停滞期也部分因为低紫外光强度。与 Cl^- 相比,研究人员发现 NO_3^-、PO_4^{3-} 和碱度对 PFOA 降解没有显著影响。在 SW 和 WW 样品中均观察到了 ClO_3^- 的形成。摩尔平衡分析表明,在 SW 和 WW 中,Cl^- 至 ClO_3^- 的化学计量转化分别为 0.98 和 0.95,这表明几乎所有的 Cl^- 都转化为 ClO_3^-。上述结果突出了 Cl^- 对 UV/PDS 处理过程的影响,首先,Cl^- 将显著降低 $SO_4^-\cdot$ 的浓度;其次,在 Cl^- 存在下将形成 ClO_3^- 的副产物。

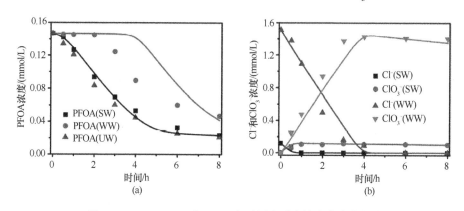

图 2-31 PFOA、Cl^- 和 ClO_3^- 在不同水质中的浓度变化曲线

(a) UW、SW 和 WW 样品中 PFOA 衰减的浓度曲线;(b) SW 和 WW 样品中 Cl^- 的衰减和 ClO_3^- 的形成。点表示实验结果,实线表示模型预测结果。实验条件:[PFOA]=150 μmol/L(62.11 mg/L),PDS 剂量为 15 mmol/L,UV 强度为 2.88×10^{-7} Einstein/(L·s),无 pH 调节

PFOA 降解、Cl^- 衰减和 ClO_3^- 形成的模型预测如图 2-31 所示,pH 预测如图 2-32 所示,SD 值列于表 2-12 中。本节研究建立的模型很好地预测了 UW 和 SW 样品中的 PFOA 降解,然而,WW 样品中模型预测的数据比实验数据高得多。WW 样品中 DOC 为 17.69 mg/L,远高于 UW(约 0.0 mg/L)和 SW(0.198 mg/L)。NOM 似乎可以激活 PDS 以产生 $SO_4^-\cdot$,这与由 NOM、酚和醌活化 PDS 的文献结果一致[107, 108]。研究人员没有进一步研究,因为在 NOM 存在的情况下形成自由基的复杂性并不能很好地体现在

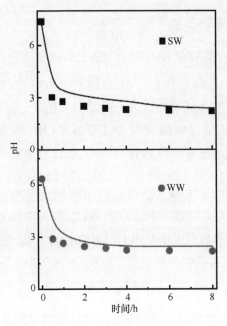

图 2-32 SW 和 WW 样品中预测的 pH 变化

点表示实验数据。实线表示模型预测结果。实验条件：[PFOA]=150 μmol/L（62.11 mg/L），PDS 剂量为 15 mmol/L，UV 强度为 $2.88×10^{-7}$ Einstein/(L·s)，无 pH 调节

表 2-12 实际水样中不同物种模型预测的 SD 值

水样	SD_{PFOA}	SD_{Cl^-}	$SD_{ClO_3^-}$	SD_{pH}
SW	0.10	0.82	0.40	0.15
WW	0.19	0.50	0.18	0.20

模型中。然而，该模型预测的 PFOA 降解率比较低，因此可用于初步预测。如果在不包括 PDS 激活时模型对 WW 是可行的，那么可以预期实际的降解效果会更好。因此，进行实验以确定实际性能是有意义的。如表 2-12 中所列，SW 和 WW 样品中 SD_{pH} 不高于 0.20。对于 Cl^- 的预测，除了 SW 中的 SD_{Cl^-}（0.82）之外，所有 SD 值都低于或等于 0.50。SW 中 SD_{Cl^-} 的较大差异可归因于其中 Cl^- 浓度较低所以存在分析误差。总体而言，该模型预测与实验数据吻合程度较好。本节研究建立的模型提供了一种预测 UV/PDS 体系中自由基（即 $SO_4^-·$、·OH）分布的方法，可以更好地理解污染物的降解。

6. 工程意义

本节研究使用 UV/PDS 工艺研究了 PFOA 的降解。·OH 不能降解 PFOA。本节研究开发了一个模拟 pH 降低及氯化物和碳酸氢盐清除的模型，这些因素在以前的模型中没有考虑过。本节研究加深了对 UV/PDS 工艺的全面了解，以及在改变 pH 条件下对氯化物和碳酸氢盐清除的定量分析。

研究成员发现氯化物是一种重要的清除剂，并且在将所有 Cl^- 转化为 ClO_3^- 之前，不能降解 PFOA。因此，当存在氯化物时，UV/PDS 工艺对降解只能被 $SO_4^-·$ 降解的化合物

是无效的。此时，研究人员可以推测 UV/PDS 工艺对可被其他自由基降解的化合物的降解效果，如·OH 和 Cl·，这些化合物是在氯化物存在过程中产生的[109, 110]。如图 2-29（b）所示，模型预测的·OH 浓度接近零，直到所有的氯化物转化为氯酸盐。因此，氯化物的存在会严重影响在 UV/PDS 过程中也会被·OH 降解的化合物的降解。但是，这应该通过实验去证明。

2.4 UV/H_2O_2 和 UV/PDS 对尿液中抗生素的处理

2.4.1 UV/H_2O_2 和 UV/PDS 对尿液中磺胺类抗生素的降解作用

1. 概述

在被认为是新出现的污染物的抗生素中，磺胺类抗生素经常在地表水、地下水、沉积物和污水处理厂的进水及污水中检测到[111, 112]。例如，夏季和冬季在中国太湖地区检测到磺胺噻唑和磺胺甲氧嘧啶，浓度为 6.37～85.8 ng/L[113]。西班牙河水中磺胺嘧啶和磺胺甲氧基哒嗪的浓度分别达到 2978.6 ng/L 和 148.8 ng/L[114]，中国的再生水和地下水中分别检测到 909 ng/L 和 29 ng/L 的磺胺甲氧嘧啶[115]。据报道，磺基噁唑在污水处理厂进水中可以达到 157.7 ng/L（中国）[116]，污水处理厂出水中磺胺噻唑和磺胺嘧啶的最大浓度分别为 600 ng/L（澳大利亚）和 960 ng/L（中国）[117]。其他磺胺类如磺胺二甲嘧啶和磺胺嘧啶也可在污水处理厂中检测到[116]。污水处理厂是最严重的抗生素污染源之一[118]。因此，需要有效的先进治理方法来防止抗生素进入自然环境。

AOPs 是消除有机污染物的最有效和最有前景的工艺之一[119-121]，已经证明，其对包括磺胺类抗生素在内的各种抗生素的选择性较低。据报道，UV/H_2O_2、UV/PMS 和 UV/PDS 产生的·OH 和 SO_4^-· 可以有效地破坏磺胺类抗生素，如磺胺甲噁唑、磺胺二甲嘧啶、磺胺嘧啶、磺胺氯哒嗪、磺胺甲嘧啶和磺胺喹噁啉。然而，与降解动力学研究相比，抗生素对不同活性物质的反应性的研究仍然有限，特别是对于 SO_4^-· 和 AOPs 中产生的二级活性物质（如碳酸根自由基 CO_3^-·）。

CO_3^-·因其在水生环境和废水中的存在而受到越来越多的关注[122, 123]。它通常由碳酸氢盐/碳酸盐和活性物质（如·OH 和 SO_4^-·）之间的反应产生，与·OH 和 SO_4^-· 相比，CO_3^-· 具有更高的选择性和更低的氧化能力 [E^0（CO_3^-·/CO_3^{2-}）=1.63 V，pH=8.4][124]。它是亲电子的，因此易与富电子化合物发生反应[125]。已有学者研究了 CO_3^-· 对一些农药和化合物的反应性[126, 127]。然而，关于 CO_3^-· 与包括抗生素在内的药物的反应性研究处于早期阶段，报道的信息有限[128]。

源分离的尿液是药物消除的一个有前景的目标体系，因为尿液含有的药物浓度比生活污水中的浓度高 10^2～10^3 倍，并具有高毒性潜力。已有相关学者研究了物理处理过程和 AOPs 方法对尿液中抗生素的去除[37, 129-132]。人的尿液可分为新鲜尿液（刚刚离开人体的尿）和水解尿液（尿已存放一段时间，原始成分因尿素水解而发生变化）[130]。在进入污水处理厂的所有废水中，对源分离尿液的处理是可以最大限度地降低药品的危害性的一种有前景的方法，因为尿液中的抗生素不仅占城市污水处理厂中很大的一部分[133]，还对水生生物具有高毒性[134, 135]。此外，作为一种新的资源回收策略[136]，回收来自尿液中的营养素也需要从尿液中除去药物。迄今为止，已有研究报道了纳米滤膜[137]、强碱阴离子交换聚合物树脂[138]、电渗析[139]和鸟粪石沉淀法[131]用于从尿液中去除药物，但是所有这些仅涉及对药物的物理分离，仍然需要进一步的处理。已有研究报道了臭氧对尿液中药物的破坏，但要想达到令人满意的去除效果所需要的臭氧剂量很高（150 mg/L 或更高）[140]。因此，需要更有效的方法来彻底去除尿液中的药物。

在水解尿液中，碳酸氢盐和氨与自由基反应并产生碳酸根和含氮活性基团（RNS）。由于碳酸氢盐和氨的浓度高，$CO_3^-·$ 和 RNS 成为水解尿液中的主要活性物质[138]。因此，UV/H_2O_2 和 UV/PDS 对水解尿液中药物的去除效率高度依赖于药物对 $CO_3^-·$ 和 RNS 的反应性。

本节研究了合成废水和水解尿液中 LPUV、UV/H_2O_2 和 UV/PDS 对磺胺类抗生素的降解作用。通过实验和数学方法，首次测定了磺胺类抗生素对·OH、$SO_4^-·$ 和 $CO_3^-·$ 的反应速率常数，使得磺胺类抗生素在其他基质中自由基降解的动力学模拟成为可能。另外进行了能源成本评估，以优化 UV/H_2O_2 和 UV/PDS 工艺的效率，实现了对 AOPs 治理不同水基质中磺胺类抗生素的综合评价。

2. 实验设计

LPUV、UV/H_2O_2 和 UV/PDS 实验在配有 4W 低压紫外灯的光反应器中进行，与 2.2 节中的实验装置相同。测量的 UV 强度为 $1.78×10^{-6}$ Einstein/(L·s)。溶液用 8 种磺胺类抗生素[磺胺嘧啶（sulfadiazine，SDZ）、磺胺噻唑（sulfathiazole，STZ）、磺胺甲基嘧啶（sulfamerazine，SM1）、磺胺异恶唑（sulfisoxazole，SIZ）、磺胺二甲基嘧啶（sulfamethazine，SM2）、磺胺甲氧哒嗪（sulfamethoxypyridazine，SMP）、磺胺间甲氧嘧啶（sulfamonomethoxine，SMM）和磺胺间二甲氧嘧啶（sulfadimethoxypyrimidine，SDM）]分别以 1.0 μmol/L 的最终浓度在 50 mL 合成废水、水解尿液或 5 mmol/L 磷酸盐缓冲溶液（PBS）中制备，pH 为 7。合成废水（pH 为 7）由 1.0 mmol/L 碳酸氢盐、0.7 mmol/L 硝酸盐、0.46 mmol/L 硫酸盐、0.016 mmol/L 磷酸盐、1.64 mmol/L 氯化物和 10 mg/L SRHA（相当于 4.8 mg/L TOC）组成[141]。据报道，从激发-发射光谱（EEM）判断，腐殖酸和富里酸是废水排出物中的主要有机物，它们在 UV/H_2O_2 和 UV/PDS 过程中对药物去除效率的影响相似[142]。此外，已经研究了含有·OH 的废水和地表水中 DOM 的二级速率常数，并证明其范围很窄 [$1.39×10^8$~$4.53×10^8$ L/(mol·s)（以碳计）][143, 144]。因此，作为自由基清除剂而言，假设腐殖酸和富里酸是相同的，在本节研究中将 SRHA 用作 DOM 的替代物。

基于之前的研究，新鲜尿液是 AOPs 过程的一个具有挑战性的基质，因为高浓度的尿素和柠檬酸盐充当了自由基的强有力清除剂[37]。此外，从工程角度来看，水解尿液比新鲜尿液更好，因为它更容易实施。因此，在该研究中选择水解尿液作为目标基质。水解尿液（pH为9）由0.1 mol/L氯化物、0.015 mol/L硫酸盐、0.0136 mol/L磷酸盐、0.25 mol/L碳酸氢盐和0.5 mol/L氨组成[37]。加入0.882 mmol/L H_2O_2 和过硫酸钾分别产生·OH和 $SO_4^-·$。

采用竞争动力学方法确定磺胺类抗生素与·OH、$SO_4^-·$ 和 $CO_3^-·$ 的二级速率常数，使用硝基苯、苯甲醚和对硝基苯胺（PNA）作为竞争性化合物[37]。通过在 UV/H_2O_2 工艺中加入过量的碳酸氢钠（0.5 mol/L）产生碳酸根自由基。实验在PBS溶液中进行，·OH 和 $SO_4^-·$ 的 pH 为 7，$CO_3^-·$ 的 pH 为 9。磺胺类抗生素、竞争剂和氧化剂的浓度分别为 5、15 和 2940 μmol/L。

3. 分析方法

将配备PDA检测器和BEH C18柱（2.1mm×100 mm，1.7 μmol/L）的AcQuity UPLC系统连接到XEVO QqQ MS/MS系统（Waters，Milford，MA，USA），以监测磺胺类抗生素和竞争性化合物浓度的变化。流动相为0.1%（$v:v$）甲酸和乙腈，梯度洗脱。硝基苯、苯甲醚和PNA的检测波长分别设定为254、220和380 nm。抗生素的MS/MS条件显示在表2-13中，并以磺胺甲噁唑（sulfamethoxazole，SMX）为内标。

表2-13 磺胺类抗生素的MS/MS分析

化合物	母离子	子离子	锥孔电压/eV	碰撞能量/eV
SDZ	251	107.7	25	28
		155.8	25	18
SMX	254	156	25	17
		188.1	25	15
STZ	256	107.8	20	14
		155.8	20	21
SM1	265	155.8	25	20
		171.8	25	16
SIZ	268	107.8	20	26
		155.8	20	23
SM2	279	124	30	20
		186	30	16
SMP	281	107.7	30	30
		155.7	30	20
SMM	281	107.8	30	25
		155.8	30	18
SDM	311	107.7	32	35
		155.8	32	25

4. 动力学模型

为了评估动力学研究和能量评估中的活性物质，通过Matlab 2014b中的SimBiology

模拟 5 min 后 UV/H$_2$O$_2$ 和 UV/PDS 体系中的自由基浓度（被认为接近自由基的拟稳态）。系统中涉及的反应和相应的速率常数是从先前的研究中获得的。该模型已成功应用于一些研究中，并证明其模拟值和实验值是吻合的[37, 79, 137, 141]。·OH、SO$_4^-$·和 CO$_3^-$·与 SRHA 的二级速率常数来自文献[83, 143, 145]。

5. 直接光解

在 UV/H$_2$O$_2$ 和 UV/PDS 过程中磺胺类抗生素的降解包括两部分，直接光解（由于 LPUV 照射）和间接光解（主要由于活性物质）。在研究 AOPs 之前，首先确定 PBS 溶液、合成废水和水解尿液中的直接光解速率常数（表 2-14 和图 2-33）。与其他磺胺类抗生素相比，SIZ 的直接光解速率最快，在 PBS 中降解速率常数为 2.32×10^{-2} s^{-1}，合成废水中为 1.39×10^{-2} s^{-1}，水解尿液中为 1.91×10^{-2} s^{-1}。值得注意的是，与含有六元杂环基的其他磺胺类抗生素相比，具有与磺胺键连接的五元杂环基的 STZ 和 SIZ 的量子产率相对较高。由于磺胺的摩尔吸光系数没有表现出与量子产率那么大的差异，因此 STZ 和 SIZ 的直接光解速率常数也更高。另一种具有五元杂环基团的磺胺类抗生素 SMX 与 STZ 和 SIZ 具有相似的量子产率值[37]。该结果与 Lian 等的研究结果一致，表明更高的电子密度是具有五元杂环基团的磺胺类抗生素获得更高直接光解速率的原因[146]。

表 2-14　磺胺类抗生素的摩尔吸光系数、量子产率和直接光解速率常数

化合物	ε_{254nm}/[L/(mol·cm)][①]	Φ/(mol/Einstein)[②]	k_d/s^{-1}		
			PBS 7[③]	合成废水	水解尿液
SDZ	1.15×10^4	$(7.99 \pm 0.41) \times 10^{-3}$	$(8.18 \pm 1.02) \times 10^{-4}$	$(5.28 \pm 0.26) \times 10^{-4}$	$(5.77 \pm 0.45) \times 10^{-4}$
STZ	1.28×10^4	$(5.59 \pm 1.54) \times 10^{-2}$	$(7.36 \pm 0.30) \times 10^{-3}$	$(6.28 \pm 0.50) \times 10^{-3}$	$(1.02 \pm 0.05) \times 10^{-2}$
SM1	1.56×10^4	$(6.42 \pm 1.91) \times 10^{-3}$	$(1.04 \pm 0.01) \times 10^{-3}$	$(6.65 \pm 0.13) \times 10^{-4}$	$(9.18 \pm 0.37) \times 10^{-4}$
SIZ	2.08×10^4	$(1.33 \pm 0.06) \times 10^{-1}$	$(2.32 \pm 0.05) \times 10^{-2}$	$(1.39 \pm 0.06) \times 10^{-2}$	$(1.91 \pm 0.23) \times 10^{-2}$
SM2	1.42×10^4	$(6.13 \pm 1.97) \times 10^{-3}$	$(9.18 \pm 0.82) \times 10^{-4}$	$(7.58 \pm 0.22) \times 10^{-4}$	$(1.37 \pm 0.04) \times 10^{-3}$
SMP	1.45×10^4	$(7.17 \pm 3.46) \times 10^{-3}$	$(1.20 \pm 0.01) \times 10^{-3}$	$(6.65 \pm 0.24) \times 10^{-4}$	$(8.05 \pm 0.97) \times 10^{-4}$
SMM	1.97×10^4	$(2.57 \pm 0.14) \times 10^{-2}$	$(4.54 \pm 0.15) \times 10^{-3}$	$(2.87 \pm 0.19) \times 10^{-3}$	$(4.14 \pm 0.21) \times 10^{-3}$
SDM	1.98×10^4	$(8.83 \pm 2.43) \times 10^{-3}$	$(1.80 \pm 0.10) \times 10^{-3}$	$(9.72 \pm 0.28) \times 10^{-4}$	$(1.69 \pm 0.15) \times 10^{-3}$

① 在 5 mmol/L PBS（pH=7）中测量。② 使用在 5 mmol/L PBS 中测量的 k_d 值计算量子产率，误差代表标准偏差（$n \geq 2$）。③ 在 5 mmol/L PBS（pH=7）中测量。

在合成废水中，将 SRHA 用作实际废水基质中 DOM 的替代物。本研究中使用的 SRHA 在 254 nm 处的摩尔吸光系数为 0.0352 mg^{-1}·cm^{-1}。由于 SRHA 与磺胺类抗生素相比具有较高的浓度，因此在合成废水中具有很强的屏蔽效果，并且可以抑制磺胺类抗生素直接光解的 54%~85%（表 2-14）。

直接光解速率常数可以从式（2-14）计算：

$$k_{d,cal} = \frac{\Phi_{254nm} \times I_{254nm} \times F_{s254nm} \times F_{c254nm}}{C} \quad (2-14)$$

式中，$k_{d,cal}$ 为计算出的拟一级光解速率常数，s^{-1}；Φ_{254nm} 为在 PBS 中测量的 254 nm 下的量子产率，mol/Einstein；C 为磺胺类抗生素的浓度，mol/L，假定其等于初始浓度；

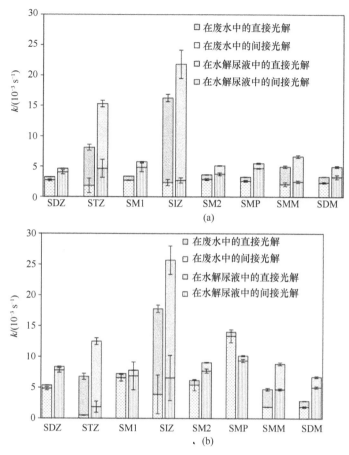

图 2-33 通过 UV/H$_2$O$_2$（a）和 UV/PDS（b）过程降解合成废水和水解尿液中的磺胺类抗生素
误差线表示标准偏差（$n \geqslant 2$）

I_{254nm} 为 UV 光强，Einstein/(L·s)；F_{s254nm} 为溶液吸收的光的分数；F_{c254nm} 为磺胺类抗生素吸收的光的分数。F_{s254nm} 和 F_{c254nm} 可分别表示为

$$F_{s254nm} = 1 - 10^{-(\alpha_{254nm} + \varepsilon_{254nm} \times c) \times l} \tag{2-15}$$

$$F_{c254nm} = \frac{\varepsilon_{254nm} \times c}{\alpha_{254nm} + \varepsilon_{254nm} \times c} \tag{2-16}$$

式中，α_{254nm} 为溶剂的吸光系数，cm^{-1}，使用去离子水作为空白测量；ε_{254nm} 为磺胺类抗生素在 254nm 的摩尔吸光系数，L/(mol·cm)；l 为有效光程长度，本节研究中为 3.545 cm。因此，可以根据式（2-14）~式（2-16）模拟合成废水中磺胺类抗生素的直接光解速率[图 2-34（a）]。虽然已知硝酸盐在 UV 照射下可产生羟基自由基，但在该体系中，硝酸盐产生的羟基自由基的拟稳态浓度通过先前研究中描述的方法计算为 1.55×10^{-15} mol/L[147]，这对于磺胺类抗生素的降解是可以忽略的。此外，模拟的速率常数与观察到的速率常数非常一致，表明光激发 DOM 产生的活性物质的贡献，如 DOM 的三重态（^{3}DOM*）、单线态氧和羟基自由基[147]，在这项研究中可以忽略不计。

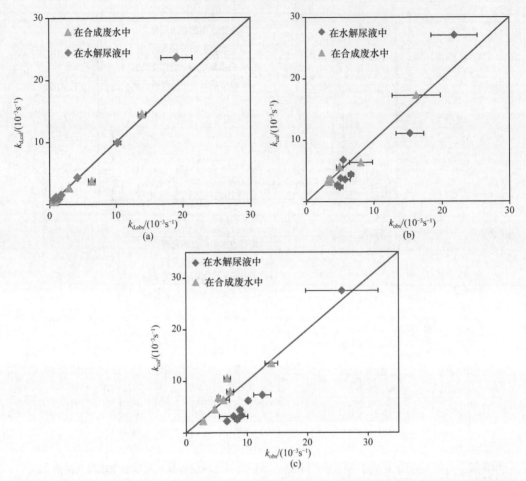

图 2-34 UV（a）、UV/H$_2$O$_2$（b）和 UV/PDS（c）在合成废水和水解尿液中磺胺类抗生素的降解速率常数的关系

k_{obs} 表示实验观察到的速率常数，k_{cal} 表示模拟的速率常数，误差线表示标准偏差（$n \geq 2$）

在水解尿液中，磺胺类抗生素通过 LPUV 照射比其在合成废水中降解的速率更快（图 2-33）。实际上，由于水解尿液中无机组分在 254 nm 处的低光吸收，因此假定背景效应对水解尿液的直接光解的影响小于合成废水[37]。不同形式的抗生素可具有不同的光吸收率和量子产率。基于报道的 pK_a 值，约 99%的磺胺类抗生素在水解尿液中呈阴离子形式（pH=9）。在 pH=7 下，当测量摩尔吸光系数和量子产率时，90%的 SDZ、SIZ、SMM 和 SDM 也是阴离子形式。因此，模拟结果与测量值相当。然而，在 pH=7 时，STZ、SM1、SM2 和 SMP 中分别只有 46%、63%、28%和 39%呈阴离子形式，而其余量以中性形式存在。因此，本节研究测量了 STZ、SM1、SM2 和 SMP 在 pH=9 下的摩尔吸光系数［分别为 2.08×10^4 L/(mol·cm)、2.11×10^4 L/(mol·cm)、1.68×10^4 L/(mol·cm)和 1.72×10^4 L/(mol·cm)］并应用于水解尿液中的模拟。

6. UV/H$_2$O$_2$ 和 UV/PDS AOPs

在 LPUV 照射下，向合成废水和水解尿液中加入 0.882 mmol/L H$_2$O$_2$ 或 PDS 来处理磺胺类抗生素。在相应的 AOPs 反应时间内,在 H_2O_2 或 PDS 的暗实验中未观察到抗生素的降解,表明氧化剂的降解作用可以忽略不计。

1) UV/H_2O_2

在合成废水中,与只有 LPUV 相比,UV/H_2O_2 在不同程度上提高了磺胺类抗生素的降解速率[图2-33 (a)]。SIZ 和 STZ 主要通过直接光解降解,对于其他磺胺类抗生素,间接光解在其降解中起重要作用[148]。间接光解速率常数为 $1.84×10^{-3}$ s^{-1} (STZ)到 $2.88×10^{-3}$ s^{-1} (SM2),没有表现出很大的差异。·OH 和 CO_3^-· (由·OH 和碳酸氢盐反应产生)都可能导致磺胺类抗生素的降解[125]。使用竞争动力学方法来确定·OH 和 CO_3^-· 与磺胺类抗生素的二级速率常数(表 2-15)。由于·OH 的选择性较低,磺胺类抗生素与·OH 反应的速率常数($k_{·OH/SAs}$)在一个较窄的范围内 [$6.21×10^9 \sim 9.26×10^9$ L/(mol·s)]。对于之前已确定其速率常数的磺胺类抗生素,本研究中测得的速率常数与报道值相当[149,150]。与·OH 相比,由于 CO_3^-· 的选择性较高,因此显示出不同抗生素与 CO_3^-· 的速率常数($k_{CO_3^-·/SAs}$)有较大的差异。然而,由于所研究的磺胺类抗生素的结构相似性,速率常数保持在 10^8 L/(mol·s)水平。与 CO_3^-· 的二级反应速率常数为 $10^6 \sim 10^7$ L/(mol·s)的其他药物[128]相比,磺胺类抗生素由于其富含电子的结构组成而对 CO_3^-· 具有相对较高的反应性。SMM 没有与 CO_3^-· 发生反应的原因尚不清楚,需要进一步的研究。尽管药品和 CO_3^-· 的二级速率常数至少比·OH 低一个数量级,但 CO_3^-· 的贡献可能很大,因为 CO_3^-· 的浓度可能高于·OH,CO_3^-· 的贡献将在下面进一步讨论。

表 2-15　在 pH=7 和 9 的磷酸盐缓冲溶液中羟基自由基、硫酸根自由基和碳酸根自由基与磺胺类抗生素的二级反应速率常数

化合物	$k_{·OH/SAs}$/ [10^9 L/(mol·s)]	$k_{SO_4^-·/SAs}$/ [10^{10} L/(mol·s)]	$k_{CO_3^-·/SAs}$/ [10^8 L/(mol·s)]
SDZ	8.78 ± 0.37[①]	4.16 ± 0.46	2.78 ± 0.05
	5.3[②]/5.7[③]/11[④]		2.8[④]
STZ	7.73 ± 0.31	4.71 ± 0.50	1.71 ± 0.69
	7.1[③]		
SM1	7.35 ± 0.05	4.90 ± 0.40	3.64 ± 0.22
SIZ	7.35 ± 1.73	16.1 ± 0.02	5.21 ± 0.66
	6.6[③]		
SM2	8.81 ± 0.27	3.58 ± 0.03	4.37 ± 0.58
	8.3[③]		
SMP	6.21 ± 0.21	8.12 ± 0.08	8.71 ± 1.11
SMM	9.26 ± 0.6	1.33 ± 0.05	—
SDM	8.14 ± 0.21	0.77 ± 0.25	1.25 ± 0.27

① 误差代表标准偏差 ($n≥2$);② 来自文献[149];③ 来自文献[150];④ 来自文献[128]。

据报道,SRHA 与·OH 和 CO_3^-· 的二级速率常数分别为 $3.9×10^8$ L/(mol·s)（以碳计）[143]和 $2.3×10^4$ L/(mol·s)（以碳计）[145]。SRHA 的高浓度和对自由基的高反应性使其成为合成废水中的主要清除剂。基于动力学模型,·OH 和 CO_3^-· 的拟稳态浓度分别为 $3.23×10^{-13}$ mol/L 和 $7.40×10^{-13}$ mol/L。模拟的降解速率常数与观察到的速率常数非常一致［图 2-34（b）］。基于所有自由基浓度和二级速率常数,计算了·OH 和 CO_3^-· 对磺胺类抗生素总降解的贡献,其中图 2-35（a）显示了 CO_3^-· 贡献。由于发现 SMM 不会与 CO_3^-· 发生反应,因此假定 100%的降解是通过·OH 实现的。对于其他七种磺胺类抗生素,在大多数情况下（SMP 除外）与·OH 的反应导致的降解超过 90%,而 CO_3^-· 的贡献低于 10%。虽然由于碳酸氢盐浓度低, CO_3^-· 在合成废水中的作用有限,但碳酸氢盐不应仅仅被视为·OH 清除剂。

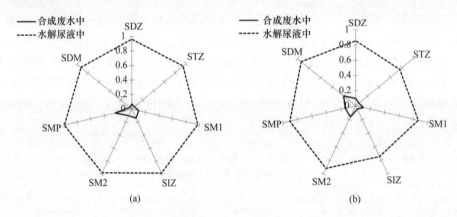

图 2-35 碳酸根自由基在合成废水和水解尿液中通过 UV/H_2O_2（a）和 UV/PDS（b）对磺胺类抗生素间接光解作用的贡献

在水解尿液中,与直接光解相似,间接光解速率常数也高于合成废水中的间接光解速率常数,范围为 $2.50×10^{-3}$ s^{-1}（SMM）~$4.69×10^{-3}$ s^{-1}（SMP）。由于水解尿液中高浓度的碳酸氢盐和氨,·OH 被彻底清除。根据模拟,·OH 的拟稳态浓度为 $7.98×10^{-15}$ mol/L,远低于合成废水（$3.23×10^{-13}$ mol/L）。相比之下, CO_3^-· 的浓度增加到 $6.49×10^{-12}$ mol/L,几乎比合成废水（$7.40×10^{-13}$ mol/L）高一个数量级。高浓度的 CO_3^-· 在水解尿液中破坏磺胺类抗生素方面发挥了重要作用。本节研究模拟了·OH 和 CO_3^-· 的贡献,并且在图 2-35（a）中标示了 CO_3^-· 的贡献。与合成废水中的情况相反,在水解尿液中 90%以上的模拟降解是由 CO_3^-· 引起的。此外,RNS 被证明能够降解 SMX。具体来说,NO·、HOONO 和 OONO$^-$ 可能对降解发挥了作用[37]。考虑到其他磺胺类抗生素和 SMX 的相似结构,RNS 可能也会降解本节研究中选择的磺胺类抗生素。然而,由于暂时无法确定 RNS 对抗生素的二级速率常数,因此,无法模拟 RNS 的贡献,这可能导致观察到的速率常数与计算的速率常数之间的差距［图 2-34（b）］。

2) UV/PDS

在合成废水的 UV/PDS 工艺中，SIZ 和 STZ 也主要通过直接光解去除，与 UV/H$_2$O$_2$ 工艺一样。就间接光解而言，不同磺胺类抗生素的速率常数变化很大 [图 2-33（b）]，范围从 4.82×10^{-4} s^{-1}（SIZ）～1.34×10^{-2} s^{-1}（SMP）。通常，UV/PDS 工艺比基于间接光解速率的 UV/H$_2$O$_2$ 工艺更适合破坏大多数磺胺类抗生素（STZ 和 SDM 除外）。SO$_4^-$·与磺胺类抗生素的二级速率常数（$k_{SO_4^-·/SAs}$）也通过应用竞争动力学方法确定。磺胺类抗生素对 SO$_4^-$·的反应性差异很大，但大多数保持在 10^{10} L/(mol·s)水平。与 CO$_3^-$·类似，SO$_4^-$·也是亲电子的。磺胺类抗生素的共同结构（即磺胺部分）由于其高电子密度而决定了对亲电子基团的高反应性。每种磺胺类抗生素的具体结构决定了二级速率常数的差异。总体而言，磺胺类抗生素与 SO$_4^-$·的反应速率比与·OH 的反应速率更快。

SRHA 与 SO$_4^-$·的二阶速率常数为 2.35×10^7 L/(mol·s)（以碳计）[83]，远低于·OH。因此，SRHA 在 UV/PDS 过程中比在 UV/H$_2$O$_2$ 过程具有更差的清除效果。根据模拟结果，SO$_4^-$·和 CO$_3^-$·的拟稳态浓度分别为 1.35×10^{-13} mol/L 和 2.14×10^{-12} mol/L。虽然 SO$_4^-$·可以与 OH$^-$和 Cl$^-$反应生成·OH[37]，但合成废水中·OH 的降解可忽略不计（即在 pH=7 和 1.64 mmol/L Cl$^-$时，·OH 浓度为 1.28×10^{-14} mol/L）。模拟的降解速率常数如图 2-34（c）所示。另外计算了 CO$_3^-$·在 UV/PDS 过程中的贡献，除 SMM 外，3%～20%的磺胺类抗生素降解是由 CO$_3^-$·造成的。

在水解尿液的 UV/PDS 工艺中，与 UV/H$_2$O$_2$ 工艺类似，磺胺类抗生素的间接光解速率常数 [图 2-33（b）]大于合成废水的（SMP 除外）。除 STZ 的间接光解速率为 1.83×10^{-3} s^{-1} 外，所有磺胺类抗生素在 UV/PDS 工艺中通过间接光解比在 UV/H$_2$O$_2$ 工艺中降解更快 [图 2-33（b）]。通过间接光解以速率常数 9.53×10^{-3} s^{-1} 除去 SMP，这是所有测试条件下所有抗生素的最高速率常数。就自由基的贡献而言，CO$_3^-$·也是水解尿液中 UV/PDS 降解作用的主要自由基。SO$_4^-$·和 CO$_3^-$·的拟稳态浓度分别为 6.21×10^{-15} mol/L 和 5.55×10^{-12} mol/L，·OH 的贡献（4.68×10^{-18} mol/L）可以忽略不计。由于碳酸氢盐与 SO$_4^-$·的反应速率低于·OH，因此 CO$_3^-$·浓度略低于 UV/H$_2$O$_2$ 工艺。此外，磺胺类抗生素与 SO$_4^-$·反应迅速，因此对于一些抗生素，如 SDZ、STZ、SM1 和 SIZ，降解的 15%～25%是由 SO$_4^-$·导致的 [图 2-35（b）]。与合成废水中的类似，UV/PDS 工艺也比水解尿液中的 UV/H$_2$O$_2$ 工艺（STZ 除外）更有效地除去磺胺类抗生素。RNS 的作用也可能导致观察到的和计算的速率常数之间的差距 [图 2-34（c）]。

7. AOPs 中磺胺类抗生素去除的优化

为了优化 AOPs 在废水和尿液基质中的磺胺类抗生素降解，使用 EE/O 概念进行了经济分析。EE/O 为实现一单位的降解所需要的电能。在 UV/H$_2$O$_2$ 和 UV/PDS 工艺中，

EE/O 包括低压紫外灯的电能（EE/O$_{UV}$）和氧化剂（氧化剂/O）的消耗，分别由式（2-17）和式（2-18）计算[68]：

$$EE/O_{UV} = \frac{P \times t}{V \times \lg\left(\dfrac{C_i}{C_t}\right)} \quad (2\text{-}17)$$

$$氧化剂/O = \frac{C_{Oxidant}}{\lg\left(\dfrac{C_i}{C_t}\right)} \quad (2\text{-}18)$$

式中，P 为低压紫外灯的能量输入，kW·h/s；t 为辐射时间，s；V 为反应器体积，L；C_i 和 C_t 分别为磺胺类抗生素的初始和最终浓度，mol/L；$C_{Oxidant}$ 为 H_2O_2 和 PDS 的浓度，mg/L。使用每克 H_2O_2 6.67×10^{-3} kW·h 和每克 PDS 9.42×10^{-3} kW·h 这一转换因子，将氧化物 O 转换为 EE/O$_{Oxidant}$ 这一能量单位[141]。因此，总能量消耗（EE/O$_{Total}$）可以由式（2-19）计算。

$$EE/O_{Total} = EE/O_{UV} + EE/O_{Oxidant} \quad (2\text{-}19)$$

在本节研究的条件下，LPUV、UV/H_2O_2 和 UV/PDS 过程的 EE/O$_{Total}$ 基于图 2-33 中的数据计算，并示于表 2-16 中。在合成废水中，直接光解作用是 UV/H_2O_2 和 UV/PDS 过程中 STZ、SIZ 和 SMM 降解的主要原因。因此，对于这些磺胺类抗生素，LPUV 照射是最具成本效益的处理，其次是 UV/H_2O_2，因为 PDS 比 H_2O_2 更昂贵。对于主要通过活性物质氧化降解的磺胺类抗生素，添加氧化剂有助于降低 EE/O。具体而言，UV/PDS 工艺比 UV/H_2O_2 工艺（SDM 除外）的成本更低，因为大多数磺胺类抗生素与 $SO_4^-\cdot$ 反应迅速。对于 SDM 而言，由于对·OH 的反应性较高且 H_2O_2 比 PDS 便宜，UV/H_2O_2 工艺更具成本效益。水解尿液的情况与合成废水相似，对于在直接光解下反应迅速的抗生素（STZ、SIZ 和 SMM），LPUV 辐照也是降解它们最具成本效益的方法。对于其他磺胺类抗生素，与单独的 LPUV 和 UV/H_2O_2 相比，UV/PDS 工艺是最具成本效益的，并且它在水解尿液中通常比在合成废水中更有效。

表 2-16 在合成废水和水解尿液中 UV、UV/H_2O_2 和 UV/PDS 处理磺胺类抗生素的 EE/O 值

（单位：10^{-4} kW·h/L）

	工艺	SDZ	STZ	SM1	SIZ	SM2	SMP	SMM	SDM
合成废水	UV	10.12	0.85	8.04	0.38	7.05	8.04	1.86	5.50
	UV/H_2O_2	4.04	1.61	3.88	0.81	3.60	4.02	2.64	3.94
	UV/PDS	3.05	2.41	2.25	0.92	2.65	1.16	3.46	5.78
水解尿液	UV	9.28	0.53	5.82	0.28	3.90	6.64	1.29	3.16
	UV/H_2O_2	2.83	0.86	2.27	0.60	2.56	2.39	1.97	2.64
	UV/PDS	1.95	1.30	2.09	0.63	1.80	1.61	1.85	2.43

注：计算的 EE/O 值适用于以下实验条件：UV 强度为 1.78×10^{-6} Einstein/(L·s)，[H_2O_2]=[PDS]=0.882 mmol/L，[SAs]=1.0 mmol/L，t=600s。

为了优化废水中的 AOPs 操作条件（未选择水解尿液，因为缺乏 RNS 的相关信息，模拟和实验数据之间仍存在差距），改变 LPUV 强度和氧化剂剂量以实现最具成本效益的条件（即较低的 EE/O_{Total}）。与本节研究的实验条件相比，磺胺类抗生素在实际废水基质中的浓度要低得多，因此，模拟中磺胺类抗生素的光吸附和清除效果可忽略。废水中的 DOM 是主要的清除剂。在 UV/H_2O_2 过程中，LPUV 强度范围为 $1 \times 10^{-7} \sim 1 \times 10^{-6}$ Einstein/(L·s)，H_2O_2 剂量为 $0 \sim 3$ mmol/L 下模拟自由基浓度，因为 UV/PDS 过程在降解磺胺类抗生素方面更有效，所以选择 $0 \sim 1$ mmol/L PDS 剂量。利用抗生素的已知二级速率常数，可以模拟拟一级速率常数。因此，可以利用式（2-17）~式（2-19）计算不同条件下的 EE/O_{Total}。

计算了合成废水中具有不同 LPUV 强度和氧化剂剂量的条件下去除磺胺类抗生素的 EE/O 值（对数浓度）并示于图 2-36 和图 2-37 中。较冷的颜色（如紫色和蓝色）表示较低的对数（EE/O）值，较暖的颜色（如红色和橙色）表示较高的值。使用 UV/H_2O_2 工艺，当没有添加 H_2O_2 时，除了在 LPUV 照射下可以迅速降解的抗生素（如 SIZ 仅需 4.19×10^{-4} kW·h/L 的能量），大多数抗生素的 EE/O_{Total} 都很高（如 SDZ 为 8.23×10^{-3} kW·h/L），表明仅用 UV 处理不符合成本效益原则，随着 H_2O_2 的加入，EE/O 逐渐降低并达到转折点，此时 H_2O_2 浓度约为 0.16 mmol/L H_2O_2（对于 SMM 约为 0.32 mmol/L）。随后随着加入的 H_2O_2 的增多，EE/O 随之增大，表明过量的氧化剂未被充分活化并且会与自由基反应抑制降解而导致效率降低。对于本节研究中使用的特定 H_2O_2 浓度，较高的 UV 强度导致较少的能量消耗。使用 UV/PDS 工艺，获得了类似的结论。0.05 mmol/L PDS 是该系统中的最佳剂量（图 2-37）。

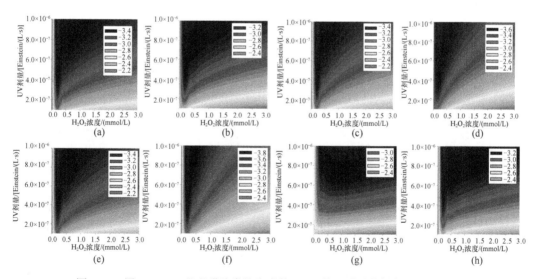

图 2-36　用 UV/H_2O_2 处理磺胺类抗生素的 EE/O 值（以对数标度，kW·h/L）
（a）SDZ；（b）STZ；（c）SM1；（d）SIZ；（e）SM2；（f）SMP；（g）SMM；（h）SDM

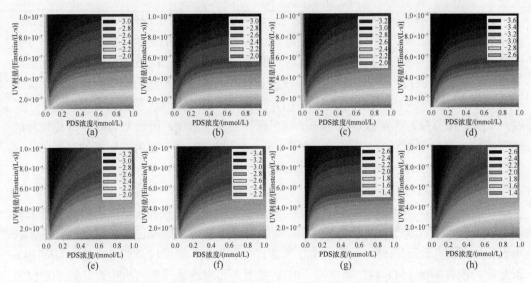

图 2-37 用 UV/PDS 处理磺胺类抗生素的 EE/O 值（以对数标度，kW·h/L）
(a) SDZ；(b) STZ；(c) SM1；(d) SIZ；(e) SM2；(f) SMP；(g) SMM；(h) SDM

选择污水处理厂中最常见的 UV 强度 40 mJ/cm^{-2} [相当于本节研究中的 $4.8×10^{-6}$ Einstein/（L·s）]，比较 UV/PDS 和 UV/H$_2$O$_2$ 过程的能耗。对于主要通过直接光解作用降解的磺胺类抗生素，如 STZ [图 2-38（b）] 和 SIZ [图 2-38（d）]，不需要添加氧化剂来降低能耗。磺胺类抗生素的直接光解速率越高，与 AOPs 方法相比，UV 照射的能量效率越高。至于间接光解起主要作用的磺胺类抗生素，如 SDZ、SM1、SM2 和 SMP，有一个最佳的氧化剂剂量，以达到最低能量成本（图 2-38）。UV/H$_2$O$_2$ 过程的总体最佳 EE/O 低于 UV/PDS 过程，而 PDS 的最佳剂量低于 H$_2$O$_2$。尽管 PDS 比 H$_2$O$_2$ 更昂贵，但由于这些磺胺类抗生素与 SO$_4^-$· 反应迅速，当氧化剂剂量低（低于最佳 H$_2$O$_2$ 剂量）时，UV/PDS 工艺的 EE/O 值甚至低于 UV/H$_2$O$_2$ 工艺的 EE/O 值，并且当氧化剂剂量增加时仅略高。然而，对于与 SO$_4^-$· 作用较慢的磺胺类抗生素，如 SMM 和 SDM [图 2-38（g）、(h）]，随着 PDS 剂量的增大，UV/PDS 过程的 EE/O 值急剧增大。通常，如果系统在最佳条件下操作，UV/H$_2$O$_2$ 过程比 UV/PDS 过程更节能。

8. 结论

在合成废水和水解尿液中，UV/H$_2$O$_2$ 和 UV/PDS 可有效消除磺胺类抗生素。磺胺类抗生素的直接光解速率取决于它们的侧链部分：具有五元杂环基的磺胺类抗生素在 254 nm 处具有更高的量子产率。磺胺类抗生素对·OH、SO$_4^-$· 和 CO$_3^-$· 具有反应性，二级速率常数分别为 10^9、10^{10} 和 10^8 L/（mol·s）（除了 SMM 不能以可测量的速率与碳酸根进行反应）。在合成废水中，·OH 和 SO$_4^-$· 分别是 UV/H$_2$O$_2$ 和 UV/PDS 过程中的主要自由基，水解尿液中 CO$_3^-$· 是这两个过程的主要自由基。基于动力学模拟假设 RNS 能够降解磺胺类抗生素，但仍需要进一步研究。此外，UV/PDS 工艺可以有效降解两种基质中的

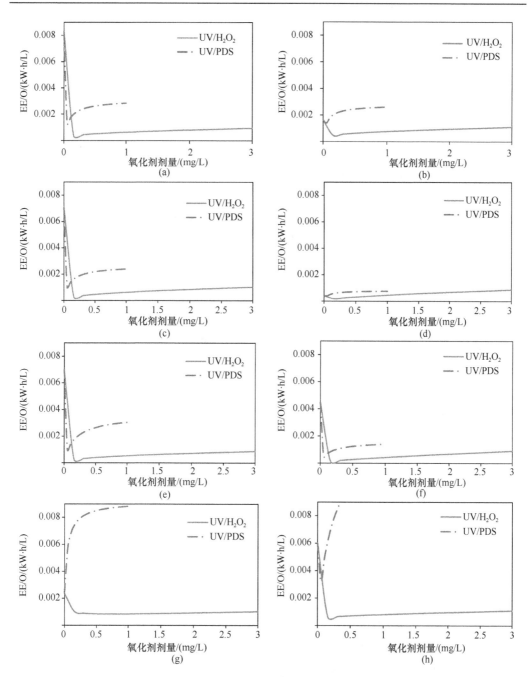

图 2-38　用 UV/H_2O_2 和 UV/PDS 在 40 mJ/cm^2 的能量输入降解磺胺类抗生素的 EE/O
(a) SDZ；(b) STZ；(c) SM1；(d) SIZ；(e) SM2；(f) SMP；(g) SMM；(h) SDM

大部分磺胺类抗生素。就能量效率而言，在本节研究所应用的条件下，UV/PDS 工艺与 UV/H_2O_2 工艺相比更具成本效益。通过改变处理设施的 UV 和氧化剂剂量，可以估计合成废水中每种磺胺类抗生素的最低 EE/O。在最佳氧化剂剂量下，为达到更低的能耗，UV/H_2O_2 工艺比 UV/PDS 工艺更有效。

2.4.2 UV/H_2O_2和UV/PDS处理尿液中抗生素的产物鉴定和毒性评估

1. 简介

尿液中由于有机成分和无机盐的浓度较高，与典型的城市废水和地表水相比更加复杂且具有独特的挑战性，因此本节先前的研究评估了UV/H_2O_2和UV/PDS工艺在消除磺胺类抗生素方面的功效。

虽然AOPs是强大的氧化过程，但通常它们不能在典型的操作时间内完全矿化污染物，并且形成许多可能在系统中持续存在的产物[151]。所形成的产物可能随着处理过程、氧化剂、所涉及的背景成分和反应机理的不同而发生变化[152-155]。产物鉴定可为反应途径提供重要线索[147, 156]。对于TMP和SMX，产物通过氯化[157-160]、次臭氧化[151, 161, 162]、光化学反应[163-165]、光催化处理[166-168]、电化学过程[169]和其他氧化系统[170, 171]鉴定并用于提出相应的反应途径。然而，SMX在UV/PDS及TMP在UV/H_2O_2和UV/PDS的产物则较少报道。关于$CO_3^-\cdot$和RNS的药物氧化产物的信息也很少。产物分析与TOC等测量相结合可以互补，以评估处理工艺的整体效率。

近年来，很多研究人员建议要对毒理学效应进行评估[172]并应用于研究药物在各种环境基质中的生物学影响[173-177]。转化产物可能保留母体化合物的性质或可能具有更高的生物活性。因此，产物的毒性实验越来越多地用作评价处理过程的部分性能[178, 179]。通常需要至少两次或多次生物测定来揭示总体毒性潜力[180, 181]。细胞毒性[182]、遗传毒性[183]和雌激素性[184]已被用于测试药物和转化产物的毒性作用。发光细菌，特别是费氏弧菌[185-187]经常用于评估急性毒性。甲壳类动物、藻类[161]、鱼类[188]和斑马鱼胚胎[189]也被广泛用作毒性指标。青海弧菌是一种淡水发光细菌，逐渐受到广泛应用[138, 185]。对于抗生素，化合物的抗菌性能通常使用大肠杆菌[5, 190]和枯草芽孢杆菌的细菌菌株进行监测[191, 192]，而很少有研究将功能性细菌用作指示剂。

本节研究更好地了解了UV/H_2O_2和UV/PDS过程，以消除合成的源分离尿液中的抗生素，重点是产物鉴定和毒性评估。选择TMP和SMX是因为它们是广泛使用的抗生素，并且在之前的研究中已经显示出对AOPs中不同活性物质的高反应性[37]。在本节研究中，作者鉴定了由特定自由基生成的产物，并且阐明了自由基的混合物对TMP和SMX的降解作用。通过测试它们的抗菌特性和生物发光抑制来评估母体化合物和转化产物的毒性作用。定量构效关系（QSAR）分析也用于估计生态毒性。主要目标是实现对AOPs去除尿液中药物的综合评估，这有助于制定更好的尿液处理策略。研究不同活性物种的反应机理和相应的毒性作用，可以提高对AOPs性能的优化。

2. 实验设计

在反应器中进行UV、UV/H_2O_2和UV/PDS实验，其装置与2.2节中的实验装置相同。使用草酸铁钾作为化学光度计，测量UV强度为1.78×10^{-6}Einstein/(L·s)。用100 μmol/L

TMP 或 SMX 在 100 mL 新鲜尿液、水解尿液或 pH 为 6 或 9 的 PBS 溶液中制备反应溶液。合成水解尿液的配方同 2.4.1 节，合成新鲜尿液的配方如下：0.25 mol/L 尿素、0.044 mol/L 氯化钠、0.04 mol/L 氯化钾、0.015 mol/L 硫酸钠、0.004 mol/L 氯化镁、0.02 mol/L 磷酸二氢钠、0.004 mol/L 氯化钙和 0.0027 mol/L 柠檬酸钠[37]。新鲜尿液（pH=6）和水解尿液（pH=9）的主要差异体现在 pH，并且新鲜尿液中的尿素和柠檬酸盐在水解尿液中被氨和碳酸氢盐取代。虽然柠檬酸盐可能不能像尿素那样被完全去除，但它在水解尿液中可忽略。高浓度的氨和碳酸氢盐对水解尿液具有清除作用，如动力学模型所示，可能存在的柠檬酸盐的浓度（约 1 mmol/L）几乎不会影响主要活性物质的浓度（参见动力学模型的描述）。NaOH 和 H_3PO_4 的浓缩溶液用于调节尿液的 pH。作为合成尿液的基质，pH 为 6 和 9 的 PBS（10 mmol/L）也被用于实验研究。选择高初始浓度的 TMP 和 SMX 以探索其转化产物。在 PBS 溶液中加入 H_2O_2 和过硫酸钾使其浓度为 3 mmol/L，以分别产生·OH 和 $SO_4^-·$ 主导的系统。为了得到 $CO_3^-·$ 和 RNS 主导的体系，在 UV/H_2O_2 工艺中，分别在 pH 为 9 的 PBS 溶液中加入 0.5 mol/L 碳酸氢钠和 1 mol/L 氨水。通过 Gepasi 3.0 进行不同实验条件下的自由基浓度模拟。模拟中考虑的反应速率常数来自前期发表的论文，考虑了 AOPs 条件下的所有相关反应。该模型已成功应用于多项研究，并证明能可靠地预测自由基浓度[37, 79]。总模拟时间设定为 300 s，因为大多数活性物质接近拟稳态。在需要时加入少量浓 NaOH 和高氯酸以调节 pH。

3. 分析方法

利用配备 PDA 检测器和 BEH C18 柱（2.1 mm×50 mm，1.7 μmol/L）的 Waters AcQuity UPLC 系统监测母体化合物的损失。将 UPLC 系统连接到配备电喷雾离子源的 ToF 质谱仪（Premier, Micromass, UK）以分析转化产物，基于碎片模式实现结构识别。从 ESI-TOF-MS 系统（micrOTOF-QⅡ，Bruker, Germany）获得的精确 m/z 值推导出元素组成。

4. 毒性研究

使用鉴定为气单胞菌的聚磷菌测试 TMP 和 SMX 及其转化产物的抗菌特性。OD_{600}（600 nm 处的吸光度）用作细菌生长的指示。对淡水发光细菌青海弧菌进行急性毒性实验。由于氨和碳酸氢盐对青海弧菌具有高毒性，因此没有测试 $CO_3^-·$ 和 RNS 对产物的急性毒性。通过生态结构-活性关系模型（ECOSAR）[151]进行的 QSAR 分析也用于评估鱼类、水蚤和绿藻的急性和慢性毒性。

5. 活性反应物质的贡献

在合成尿液中使用 UV/H_2O_2 和 UV/PDS 工艺时，·OH、$SO_4^-·$、$CO_3^-·$ 和 RNS 是降解 TMP 和 SMX 的主要活性物质[37]。为了研究每种活性物质生成的产物，实验设计了某些活性物质占主导地位的条件。PBS 溶液中 UV/H_2O_2 和 UV/PDS 产生的主要活性物质分别为·OH 和 $SO_4^-·$，pH 分别为 6 和 9。OH^- 可与 $SO_4^-·$ 反应并产生·OH，所以当 pH 较高时，·OH 浓度会增加，但是要想得到可观察到的 TMP 的降解，·OH 浓度仍然不足

（$1.21×10^{-15}$ mol/L），超过 99%的 TMP 被 $SO_4^-·$ 降解。在 UV/H_2O_2 体系中加入过量的碳酸氢钠，使得 $CO_3^-·$ 浓度比·OH 高 4 个数量级。根据 TMP 和 SMX 与·OH 和 $CO_3^-·$ 反应的二级速率常数可知，超过 90%的 TMP 和 SMX 在间接光解中被 $CO_3^-·$ 破坏。由于无法获得 RNS 与药物的二级速率常数，因此无法定量评估 RNS 贡献。

6. TMP 转化产物的鉴定

由先前研究结果可知，在 LPUV 照射下 TMP 的直接光解可忽略不计。在 AOPs 条件下，TMP 主要被·OH、$SO_4^-·$ 和 $CO_3^-·$ 破坏，因此，本节研究识别了由这些基团作用生成的产物。不同基团对 TMP 的降解如图 2-39（a）所示。在所有情况下，未观察到亚甲基或芳环的裂解（图 2-40），这表明氧化过程的矿化不充分。实际上，在相应的反应时间内所有测试条件下 TOC 的降低可忽略不计（数据未显示）。由于转化产物的标准品尚未商业化，因此无法对每种产物进行准确的定量分析。

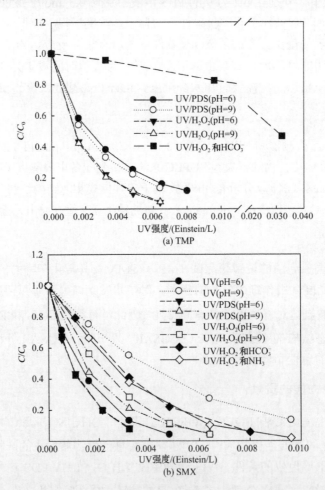

图 2-39 在 5 mmol/L pH 为 6 和 9 的 PBS 溶液中 UV、UV/H_2O_2 和 UV/PDS 工艺中 TMP（a）和 SMX（b）的降解

$NaHCO_3$ 浓度为 0.5 mol/L；NH_4OH 浓度为 1 mol/L；氧化剂浓度为 3 mmol/L

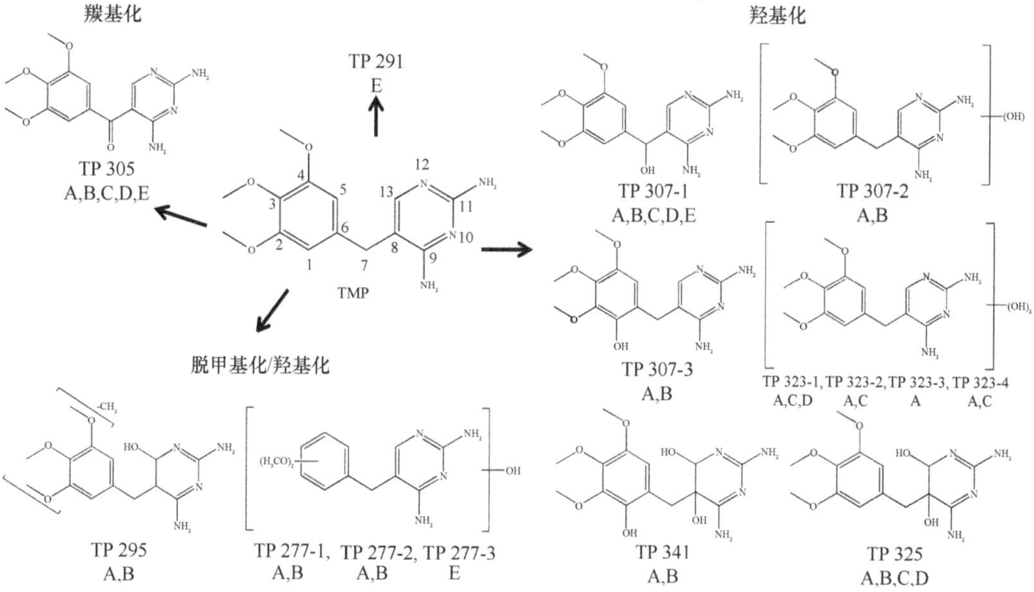

图 2-40 不同条件下 TMP 转化产物的结构

A：pH=6 下 UV/H$_2$O$_2$（·OH 主导）；B：pH=9 下 UV/H$_2$O$_2$（·OH 主导）；C：pH=6 下 UV/PDS（SO$_4^-$·主导）；D：pH=9 下 UV/PDS（SO$_4^-$·主导）；E：UV/H$_2$O$_2$ 与 0.5 mol/L NaHCO$_3$（CO$_3^-$·主导）。A～D 在 5 mmol/L 的 PBS 溶液中进行；E 在 0.5 mol/L NaHCO$_3$ 溶液中进行

1）羟基自由基作用下 TMP 的转化产物

在 PBS 溶液中，pH=6 时，通过羟基自由基降解（即在 UV/H$_2$O$_2$ 条件下）TMP 得到 13 种主要产物（图 2-40）。羟基化是最突出的机理，其次是去甲基化和羧基化。TP 307-3（m/z 307，C$_{14}$H$_{19}$N$_4$O$_4$）是基于峰面积得出的丰度最高的产物（图 2-40）。母体化合物的分子量增加 16 表明其转化途径为羟基化。由于存在碎片离子 m/z 277、m/z 259 和 m/z 123，确定了羟基的位置（图 2-40），这与 Sirtori 等记录的碎片模式一致[193]。TP 307-3 可能是通过向苯环部分直接加入·OH 而产生的[194]，还有两种 m/z 307 产物 TP 307-1 和 TP 307-2 丰度较低。TP 307-1 是 SO$_4^-$·的主要产物，这将在后面讨论。

TP 325（m/z 325，C$_{14}$H$_{21}$N$_4$O$_5$）是另一种主要产物，其峰面积类似于 TP 307-3（图 2-40）。碎片离子 m/z 221 和 m/z 143 表明将一个氧原子加到 C8 原子上形成羟基基团，并将一个氧原子加到 C13 原子上。先前对臭氧和硝化活性污泥工艺的研究提出在 C13 原子上加入羧基并在 C9=C10 双键上加氢[195, 196]。相比之下，基于 TP 325 的 MS/MS 谱，没有有力的证据证实加入氧气作为羧基。另外，在强氧化过程中难以实现双键的氢化。因此，与形成羧基相比，氧更可能作为羟基加成。同样的假设也适用于 TP 341（m/z 341，C$_{14}$H$_{21}$N$_4$O$_6$），在苯环上向 TP 325 添加羟基（由碎片离子 m/z 197 代替 m/z 181）。结构确认仍需要进一步研究。

其他产物的可能结构如图 2-40 所示。总体而言，·OH 的所有产物均未在溶液中积累，并且可能通过·OH 降解。

在 pH 为 9 时，TP 307-3（m/z 307，$C_{14}H_{19}N_4O_4$）也是 PBS 溶液中的主要产物，而 TP 325 的量小于 pH 为 6 时的量。此外，在 pH 为 9 下未观察到 m/z 323 产物。总体而言，pH 为 9 的 TMP 的大多数产物具有较低的相对丰度，并且通过添加单个羟基的羟基化产生。在 pH 为 6 和 pH 为 9 下产物形态的差异可能是由于 TMP 产物的反应活性不同。预期 TMP 的产物在较高 pH 下与羟基自由基反应更快可能是有两个原因：首先，正如之前的研究报道[37]，TMP 与羟基自由基的二级速率常数在 pH 为 9 时比在 pH 为 6 时高，因为大部分产物都是由于母体 TMP 的轻微改变结构得到的，所以预计产物也是如此；其次，羟基化的 TMP（如 TP 323）可能由两个—OH 部分组成，已知其在较高 pH 的 AOPs 条件下会降解更快。

2）硫酸根自由基作用下 TMP 的转化产物

在 pH 为 6 时，$SO_4^-\cdot$ 存在下（即在 UV/PDS 条件下）TMP 在 PBS 溶液中的降解得到 6 种主要产物（图 2-40）。TP 307-1（m/z 307，$C_{14}H_{19}N_4O_4$）是主要产物，其是由·OH（TP 307-3）产生的最突出产物的异构体。碎片离子 m/z 289 和 m/z 274 暗示羟基被加到桥式亚甲基上。在先前的研究中也发现了相同的 MS/MS 谱[151, 193, 196]。TP 305（m/z 305，$C_{14}H_{17}N_4O_4$）是 $SO_4^-\cdot$ 的另一主要产物（图 2-40）。它以前被认为是在光芬顿[166]和 TiO_2 光催化条件下的产物。TP 307-1 和 TP 305 都可能通过电子转移机理产生。TMP 上的芳香族部分（即二氨基嘧啶或苯）将一个电子转移给 $SO_4^-\cdot$ 形成具有正电荷的自由基中间体。然后将未成对的电子稳定在 C7 原子上，形成碳中心基团，在有溶解氧的情况下可以转变为超氧化物。通过双分子相互作用，超氧化物中间体转化为羟基部分（生成 TP 307-1）和羰基部分（TP 305）。TP 307-1 和 TP 305 也在·OH 主导体系中发现，但丰度低得多。TP 323-1、TP 323-2、TP 323-4 和 TP 325 也是通过与 $SO_4^-\cdot$ 的反应产生的，而在·OH 主导体系中发现的其他产物（即 TP 277-1、TP 277-2、TP 307-2、TP 307-3、TP 295 和 TP 341）则没有观察到。这些差异意味着 $SO_4^-\cdot$ 和·OH 有着不同反应途径。与·OH 产物不同，由 $SO_4^-\cdot$ 得到的产物在整个反应过程中没有降解，表明它们可能在 UV/PDS 过程中持久存在。

在 pH 为 9 的 UV/PDS 工艺中，几乎检测不到 m/z 323 产物，与 UV/H_2O_2 工艺中不同 pH 下产物不同的情况类似，在 pH 为 9 时，TP 305 大量超过 TP 307-1 并且成为主要产物。

3）碳酸盐自由基作用下 TMP 的转化产物

通过 $CO_3^-\cdot$（即在 UV/H_2O_2/$NaHCO_3$ 条件下）来降解 TMP，在 PBS 溶液中 pH 为 9 下得到 4 种主要产物（图 2-40）。不考虑 pH 为 6 的条件，因为 $CO_3^-\cdot$ 仅在水解尿液中起主导作用（pH=9）。TP 305（m/z 305，$C_{14}H_{17}N_4O_4$）在 $CO_3^-\cdot$ 主导的体系中也是一种主要且稳定的产物（图 2-40），类似于 $SO_4^-\cdot$，表明这两个基团有类似的电子转移机理。TP

307-1（m/z 307，$C_{14}H_{19}N_4O_4$）在$CO_3^-\cdot$主导的体系中被发现，但不如$SO_4^-\cdot$主导的体系（pH 9）那样显著。两种新产物（TP 277-3 和 TP 291）仅由$CO_3^-\cdot$生成。TP 277-3（m/z 277，$C_{13}H_{17}N_4O_3$）是由·OH生成的 TP 277-1 和 TP 277-2 的异构体。TP 277-3 在 UPLC 上的保留时间接近于 TMP，表明其结构与母体化合物相似，这也从 TMP 和 TP 277-3 的 MS/MS 碎裂模式之间显著相似性得到了支持。碎片离子 m/z 261 和 m/z 247 对应于 C2 或 C4 原子上甲氧基的损失。碎片离子 m/z 123 的缺乏表明羟基被加入到二氨基嘧啶环或亚甲基中。观察到 TMP 的异构体——TP 291（m/z 291，$C_{14}H_{19}N_4O_3$），并且保留时间大于所有产物和母体 TMP。TP 291 和 TMP 的不同碎裂模式表明结构之间存在很大差异，但目前的信息不足以确定 TP 291 的结构。

4）合成尿液中 TMP 的转化产物

在识别了单一自由基降解 TMP 的产物后，本研究同样在合成尿液中进行产物识别。为了识别尿液中的产物，在水解尿液中，将反应时间设定为与以$CO_3^-\cdot$为主要活性基团的实验相同，因为$CO_3^-\cdot$被认为是水解尿液中起主要作用的自由基。在新鲜尿液中，反应时间设定比缓冲溶液（pH=6）长，以达到 50%以上的 TMP 去除率，因为降解在很大程度上受到抑制。

经产物识别，在使用 UV/H_2O_2 工艺的新鲜尿液中，TP 277-2 和 TP 307-3 的存在证实了·OH 的氧化起了重要作用。采用 UV/PDS 工艺，TP 307-1 作为$SO_4^-\cdot$的主要产物仍然是丰度最大的产物，表明$SO_4^-\cdot$对 TMP 降解的贡献。在水解尿液中，通过 UV/H_2O_2 工艺，TP 307-1、TP 305 和 TP 277-3 的存在证明了$CO_3^-\cdot$的降解作用。对于 UV/PDS 工艺，TP 307-1 的较高丰度意味着除了$CO_3^-\cdot$之外，其他活性物质，如$SO_4^-\cdot$和 RNS 也可能起作用。实际上，当$CO_3^-\cdot$是系统中的主要活性物质时，TP 305 比 TP 307-1 更丰富。从本节研究中的产物存在推断出的主要活性物质与合成尿液中相应贡献活性物质的模拟结果一致[37]。

7. SMX 转化产物的鉴定

图 2-39（b）描述了 SMX 的降解，由于 SMX 的高直接光解速率，大部分 SMX 在 UV/H_2O_2 和 UV/PDS 过程中通过直接光解降解。所以 SMX 的间接光解产物没有 TMP 那样突出。在实验和模拟结果的基础上[37]，SMX 对活性物质的反应性高于 TMP，可以被·OH、$SO_4^-\cdot$、$CO_3^-\cdot$和 RNS 降解。分别对每种活性物质分析 SMX 的产物，在与 TMP 产物分析相同的条件下产生相应的自由基主导体系，在 PBS 溶液中产生直接光解产物。

1）直接光解转化产物

通过直接光解，SMX 可转化为其异构体 SP 254（m/z 254，$C_{10}H_{11}N_3O_3S$）作为主要产物（图 2-41）；它是光致异构化而产生的[165]。SP 99-1（m/z 99，$C_4H_7N_2O$）可能是 3-氨基-5-甲基异噁唑（图 2-41）[161, 165]，是磺胺键的裂解而产生的。在每种测试条件下都能观察到它。SP 99-1 的异构体（SP 99-2，m/z 99，$C_4H_7N_2O$）仅在 pH 为 9 时通过直接光解检测到（图 2-41），这可能是裂解 SP 254 的磺胺键产生的。

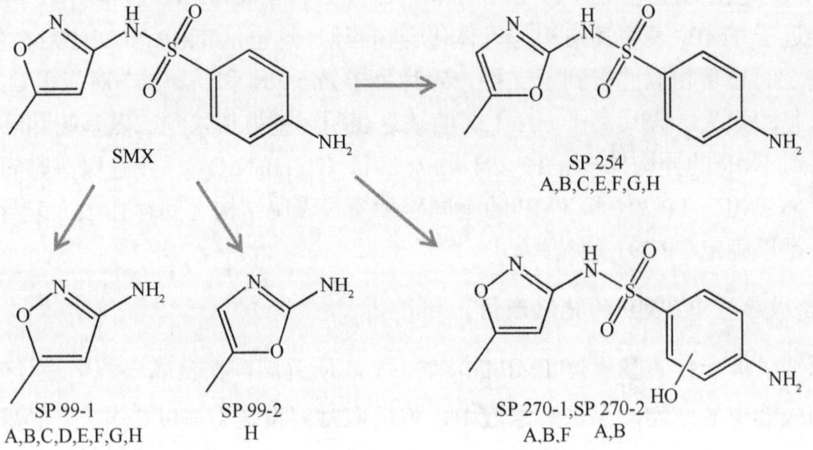

图 2-41　不同条件下 TMP 转化产物的结构

A：pH=6 下 UV/H_2O_2（·OH 主导）；B：pH=9 下 UV/H_2O_2（·OH 主导）；C：pH=6 下 UV/PDS（SO_4^-·主导）；D：pH=9 下 UV/PDS（SO_4^-·主导）；E：UV/H_2O_2 与 0.5 mol/L NaHCO$_3$（CO_3^-·主导）；F：UV/H_2O_2 与 1 mol/L NaH$_3$（RNS 主导）；G：pH=6 下 UV 照射；H：pH=9 下 UV 照射。A~D，G 和 H 在 5 mmol/L 的 PBS 溶液中进行

2）羟基自由基作用下 SMX 的转化产物

除直接光解产物外，还有两种产物 m/z 270（SP 270，SP 270-2，$C_{10}H_{11}N_3O_4S$，图 2-41）在·OH 主导体系中生成（即在 UV/H_2O_2 条件下）。分子量高 16 Da 表明在母体化合物上发生羟基化。与 SMX 的碎片离子 m/z 156 相比，碎片离子 m/z 172 表明在苯环中加入了一个·OH。在 TiO$_2$ 光催化体系中也观察到 SMX 产生 m/z 270 的产物。SP 262 仅在·OH 主导的体系中发现。SP 262 与 SP 99-1 具有一致的浓度曲线，表明两种产物之间的相关性。考虑到 SP 99-1 代表 SMX 的异噁唑环，在磺胺键断裂后 SMX 的另一部分可能与小片段重组并产生 SP 262。然而，该推测需要进一步的证据证实。所有产物在 pH 为 9 的条件下比在 pH 为 6 的条件下降解更快，特别是对于 pH 为 6 时在溶液中累积的 SP 99-1 和 SP 262。

3）硫酸根自由基作用下 SMX 的转化产物

在 PBS 溶液中，UV/PDS 工艺（SO_4^-·主体体系）中，除直接光解产物外，未发现其他产物。然而，在 pH 为 6 时，与直接光解相比，SP 254 的丰度显著降低；在 pH 为 9 下，未观察到异构体产物。本节研究的初步结果显示 PDS 不与 SP 254 反应，表明 SP 254 或某些形成 SP 254 所必需的中间体可能被 SO_4^-·降解。

4）碳酸根自由基和 RNS 作用下 SMX 的转化产物

在 CO_3^-·主导的体系（UV/H_2O_2/NaHCO$_3$）中，除了直接光解产物外，没有发现其他产物。如同 $SO_4^-\cdot$ 一样，SP 254 的产生也被抑制，表明 PDS 的存在不是 SP 254 产生减少的原因。考虑到 $SO_4^-\cdot$ 和 $CO_3^-\cdot$ 反应机理的相似性，SP 254 或形成 SP 254 所必需的一些中间体可能易于被电子转移机理破坏。

在动力学模拟的基础上，当将 1 mol/L 氨加入 UV/H_2O_2 溶液中时，可以忽略由·OH 引起的氧化。因此，除了直接光解产物之外，还观察到 SP 270-2，并推测其是通过与 RNS 反应的产物。由于过氧亚硝酸盐在 AOPs 条件下被鉴定为水解尿液中的主要 RNS，因此 SMX 羟基化产物的形成的部分原因可能是由于与过氧亚硝酸盐的反应。实际上，过氧亚硝酸盐对酚类化合物的氧化是通过单电子氧化而实现的，这种过程不涉及游离羟基自由基，可以产生羟基化酚类产物[197]。

5）合成尿液中 SMX 的转化产物

在使用 UV/H_2O_2 的新鲜尿液中，观察到 SP 270-2，表明·OH 有贡献。还发现了 SP 99 和 SP 254，这与缓冲溶液中 UV/H_2O_2 条件下的产物鉴定结果一致。对于 UV/PDS，SP 99-1 是唯一观察到的产物，其类似于 pH 为 6 的 PBS 溶液中的情况。就水解尿液而言，几乎没有检测到 SP 254，这是预料之中的，因为 $SO_4^-\cdot$ 和 $CO_3^-\cdot$ 是这些系统中的主要活性物质。

8. 毒性评估

测试 TMP 和 SMX 及其降解产物对目标菌株的生长抑制以研究降解过程中抑菌活性的变化，同时监测其对生物发光抑制的急性毒性。为了全面评估毒性，还进行了 QSAR 分析以预测单个转化产物的生态毒性。

1）抑菌性

气单胞菌已被接受为聚磷菌（PAO），并且已证明本节研究中使用的菌株可以令人满意地去除磷。它可作为生物废水处理系统中微生物的代表，以测试母体化合物和转化产物的抗微生物性质，从而可以表征转化产物对废水处理系统的潜在毒性。

测量母体化合物的抑菌性，抑制率由以下公式计算：

$$抑制率 = \left(1 - \frac{OD_{600}（样品）}{OD_{600}（对照）}\right) \times 100\% \tag{2-20}$$

式中，OD_{600}（样品）为在直接光解或 AOPs 反应的每个选定时间间隔取样在 600 nm 处的吸光度；OD_{600}（对照）为 DI 代替样品的吸光度。

由于转化产物的标准品不可商购，因此很难单独测试产物的毒性。然而，测试转化产物和剩余母体化合物的混合物的抑制作用是有益的，因为它们实际上在 AOPs 系统中共存并可能共同发挥毒性。通过 UPLC 测量母体化合物的浓度，并从参考曲线计算相应的抑制率。因此，观察到的样品抑制率（图 2-42 中的点）减去母体化合物的抑制率（图 2-42 中的线）就表示产物的抑制率。

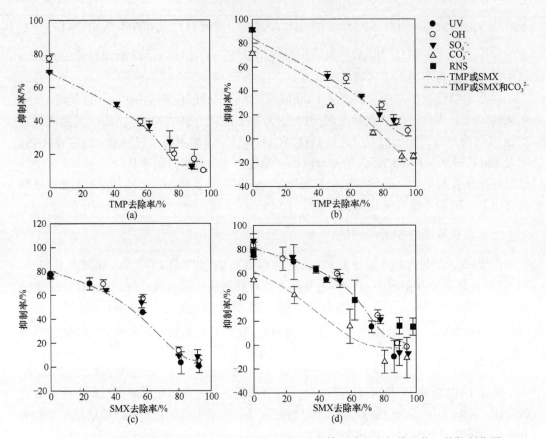

图 2-42 母体化合物标准溶液和处理后的样品对测试菌株（鉴定为气单胞菌）的抑制作用
(a) pH 为 6 的条件下 TMP 的抑制作用；(b) pH 为 9 的条件下 TMP 的抑制作用；(c) pH 为 6 的条件下 SMX 的抑制作用；(d) pH 为 9 的条件下 SMX 的抑制作用。AOPs 样品中 TMP 和 SMX 的初始浓度（即 0%去除）为 100 μmol/L。在抑制实验中将样品稀释 2 倍（即 50 μmol/L，0%去除）。线表示对剩余母体化合物的抑制作用，点表示观察到的样品的抑制作用。误差代表标准偏差（$n=3$）

需要注意的是，由于碳酸氢盐的存在可以促进细菌生长，因此 $CO_3^-\cdot$ 样品中剩余母体化合物的抑制作用将单独显示（图 2-42 中的虚线）。对于几乎所有数据点，观察到的抑制等于或略高于通过参考曲线计算的保留母体化合物的抑制。这表明，对于测试菌株，在整个反应过程中降解产物几乎没有抑菌性。

TMP 通过与二氢叶酸还原酶结合而干扰正常的细菌代谢途径，SMX 可以干扰细菌对氨基苯甲酸（PABA）的利用过程而抑制细菌的代谢，因为它们与二氢叶酸和 PABA 的结构相似[198]。处理后，母体化合物被羟基化、羧基化、去甲基化、异构化或分解。结构修饰的产物可能不能像母体化合物那样与受体结合，因此 PABA 和 DHF 在没有抑制的情况下被利用。AOPs 对母体 TMP 和 SMX 的结构转化可能会使竞争性拮抗作用失效，从而使产物失去抑菌能力。

2）急性毒性

Microtox 实验是测定环境研究中毒性物质急性毒性最常用的方法之一[199]。当目标微生物与有毒物质接触时,由于正常代谢的破坏,其生物发光减少。虽然海洋细菌费氏弧菌是最常用的发光菌,但它不适合淡水研究。因此,本节研究选择了淡水发光细菌青海弧菌。

图 2-43 显示了母体化合物和产物的急性毒性。y 轴 L/L_0 反映了样品的发光与初始发光的比较(即在 $t=0$ 处理之前)。虚线上方的数据点(虚线表示发光没有变化)表示处理后发光增强,这表明毒性下降;虚线下方的数据点表示较低的发光和较高的毒性。图 2-43 中的虚线表示只含有相应量母体药物的样品的 L/L_0。

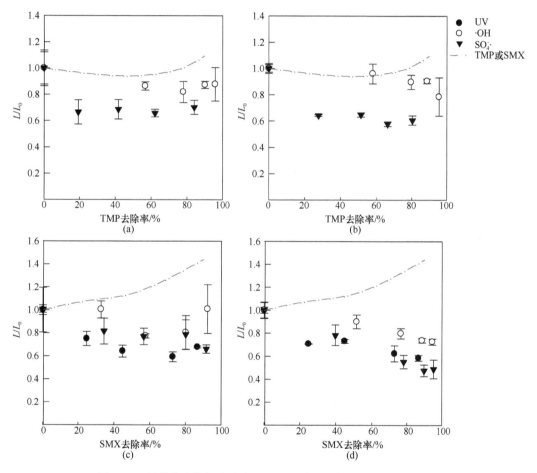

图 2-43　母体化合物标准溶液和处理后样品对青海弧菌发光的影响

(a) pH 为 6 的条件下 TMP 的抑制作用;(b) pH 为 9 的条件下 TMP 的抑制作用;(c) pH 为 6 的条件下 SMX 的抑制作用;(d) pH 为 9 的条件下 SMX 的抑制作用。在 AOPs 样品中 TMP 和 SMX 的初始浓度(即 0%去除)是 100 μmol/L。在抑制实验中将样品稀释 2 倍(即 50 μmol/L,0%除去)。线表示剩余母体化合物的抑制作用,点表示观察到的样品的抑制作用。误差代表标准偏差($n=3$)

与不含抗生素的样品相比,低于 100 μmol/L 浓度的 TMP 对青海弧菌几乎没有抑制作用。然而,在 pH 为 6 和 pH 为 9 时,样品的发光降低至初始发光的 80%左右,表明·OH 的产物具有轻微毒性。对于 SO_4^-·的产物,观察到明显的抑制,因为 40%的发光被抑制,表明产物较母体具有更高的毒性。

与无抗生素样品相比,SMX 在中性 pH 下抑制了大约 25%青海弧菌发光(100 μmol/L)。随着 SMX 的减少,对青海弧菌的抑制作用降低 [图 2-43(c) 和(d)中的虚线]。对于 pH=6 和 9 的样品,与初始发光相比,直接光解后样品的发光减少约 40%。随着 SMX 的降解,观察到的样品的毒性几乎保持不变,这表明由于剩余的 SMX(图 2-43 中的虚线)的毒性降低,单独产物的毒性增加。在 pH=6 的最后时间点,通过 UV/H$_2$O$_2$ 处理的样品的发光回到初始水平,而通过 UV/PDS 处理的样品保持其毒性。在 pH 为 9 时,通过 UV/H$_2$O$_2$ 和 UV/PDS 处理的样品的毒性随着 SMX 的降解而增强。SO$_4^-$·产生的毒性比·OH 产生的毒性高约 20%。

还原态的黄素单核苷酸(FMNH$_2$)是青海弧菌发光所必需的[200]。羟基化合物易与 FMNH$_2$ 通过氢键结合,阻断 FMNH$_2$ 与荧光素酶(青海弧菌用于发光的最重要的催化剂)结合。TMP 的大部分产物是羟基化合物,导致处理样品的急性毒性更高。此外,SO$_4^-$·产物在溶液中更丰富和易于积累,而·OH 的产物在·OH 主导体系中发生降解,这可能是 UV/PDS 处理样品的毒性相对较高的原因。对于 SMX,主要转化产物(如 SP 254 和 SP 270)保留—NH$_2$ 基团。另外,由于磺胺键裂解形成 SP 99 和其余部分(可能是苯胺-3-磺酸),—NH$_2$ 基团的数量增多。已知—NH$_2$ 基团可与 FMNH$_2$ 相互作用,因此胺化产物对青海弧菌的急性毒性更高。

尽管没有观察到对气单胞菌的生长抑制,但是对于 TMP 和 SMX,观察到降解产物与母体化合物相比急性毒性增强。因此,单一毒性测定方法不足以全面评估产物的毒性。

3)生态毒性

为了评估母体药物和转化产物对不同物种的影响,应用 QSAR 分析,利用 ECOSAR 来预测生态毒性。

在运行 ECOSAR 时,ECOSAR 基于 TMP 不同的结构特点将其归为不同的类别并对其进行毒性预测。在先前的研究中,报道了大型蚤 D(*D. magna*)[201]的 48 h 半有效浓度(EC$_{50}$)值和青鱼(*O. latipes*)[188] 的 96 h 半致死浓度(LC$_{50}$)值。苯胺类(无阻碍)具有最接近的相应毒性值,因此被选择用于预测。由于 TMP 及其产物的结构相似性,因此选择了同一类别。化合物对不同物种表现出不同的毒性水平,其中水蚤是对 TMP 和产物最敏感的物种。对于鱼类和绿藻,大多数转化产物的 LC$_{50}$ 值高于 TMP 的。然而,对于水蚤,大多数产物的 LC$_{50}$ 值是 TMP 的一半,表明毒性高于 TMP。就慢性毒性而言,与急性毒性的结果相比,物种之间的差异减小。对于水蚤和绿藻,所有产物都表现出比 TMP 更低的毒性,而对于鱼类,大多数产物毒性更大。

对于 SMX,苯胺类是一种与其毒性响应相近的物质[188, 201]。与 TMP 不同,三种物种的急性和慢性毒性对 SMX 和产物呈现相同的趋势。除 SP 99 外,所有其他产物的毒性均低于 SMX。水蚤是最敏感的物种。

9. 环境意义

源分离尿液是一种复杂的基质，其中不同类型的活性物质在 UV/H_2O_2 和 UV/PDS 条件下同时与药物相互作用。通过阐明转化产物和机理，本节研究证明了 TMP 和 SMX 在被不同活性物质攻击时产物的显著差异。特别是首次研究了碳酸根自由基和 RNS 作用下的药物转化产物，为水相中的自由基化学提供了更多的见解。AOPs 处理后在合成尿液中检测到的最终产物能够通过自由基浓度的模拟结果和由主导自由基产生的转化产物来描绘。

毒性评估表明，UV/H_2O_2 和 UV/PDS 工艺能够消除 TMP 和 SMX 对污水处理厂功能性细菌的抗菌性能，这表明 AOPs 处理降低了源分离尿液对污水处理厂性能的影响。然而，观察到转化产物比其母体化合物具有更高的急性毒性。值得注意的是，尽管之前的研究表明 UV/PDS 比 UV/H_2O_2 更有利于去除源分离尿液中的母体药物，但本节研究的毒性结果表明 UV/PDS 产生的转化产物具有更高的急性毒性。因此，建议在评估降解目标污染物的处理过程时，应考虑动力学和毒性效应的综合评估。

2.5 UV/FC 对药物类污染物的降解

2.5.1 药物类污染物现状及 UV/FC 工艺介绍

如今，饮用水和休闲场所用水的消毒方法主要采用氯化消毒法。在美国，大多数游泳池水采用自由氯（FC）消毒，通常是通过向游泳池中投加次氯酸钙或次氯酸钠的方式来引入自由氯。然而，游泳池水的氯化消毒具有几个显著的缺点：①易形成氯化消毒副产物（DBPs），如氯胺（NH_2Cl）和氯仿；②对耐氯微生物（如贾第虫）的消毒效果比较差[202-204]。为了避免这些缺点及其带来的相关健康风险，UV 已经越来越多地应用于游泳池中作为二次消毒，它能够有效地控制氯胺的生成和对耐氯微生物的去除[205-207]。UV 的应用还可以降低池水中产生的余氯，从而减少形成 DBPs。因此，现在美国运用 UV 和 FC 工艺组合消毒的游泳池数量越来越多。

同时施加 UV 和 FC，即 UV/FC 工艺，可用于饮用水和废水处理[208-210]。FC 在杀菌紫外光波长的照射下主要分解产生·OH 和 Cl·[211]，两者对有机分子都具有高反应活性。一些研究表明，微量污染物如除草剂、药物和 DBPs，在 UV/FC 工艺下通过与·OH 或/和 Cl·反应可以被除去[208, 210, 212, 213]。据报道，FC 在 254 nm 处的量子产率（Φ）接近 1.0 mol/Einstein，高于其他基于 UV 的 AOPs 工艺，如 UV/H_2O_2（$\Phi \approx 0.5$ mol/Einstein）和 UV/PDS（$\Phi \approx 0.7$ mol/Einstein）[213-215]。如果在更大波长（> 320 nm）下照射，如在阳光照射下，OCl^-光解会产生基态原子氧[O(^{3}P)]，其通过与水中溶解氧的反应进一步转化为臭氧（O_3）[216-218]。此外，阳光/FC 工艺也可用于饮用水去除病原微生物[217]。

在游泳池环境中，FC 的光激活过程会发生在安装有紫外光设备的室内氯化池和室外氯化池中。DBPs 的形成是氯化过程中所关注的最主要的健康问题。因此，一些学者已经研究了在 UV/FC 条件下的 DBPs 形成潜力，并且比较了单独氯化作用下 DBPs 的形成潜力。研究人员研究了与游泳池相关的代表性 DBPs 前体物质，如人体体液（汗液和尿液）、胺类化合物和微量污染物[219-223]。例如，Weng 等的研究表明，在 UV/FC 条件下，游泳池水中二氯甲胺、二氯乙腈和氯化氰的形成量比单独氯化反应形成的更多[219]。据报道，与单独的氯化相比，由简单的胺和多胺形成的三氯硝基甲烷通过 UV/FC 增加了 15 倍[222]。Ben 等研究了在 UV、FC 和 UV/FC 条件下抗菌三氯生生成 DBPs 的潜力，结果表明在 UV/FC 条件下氯仿的形成显著增强[223]。Wang 等对饮用水处理进行了 UV/FC 测试，结果表明在 UV/FC 处理期间三卤甲烷和卤乙酸形成量最少，而卤乙腈则快速生成[224]。

此外，光激活 FC 可以用于降解微量污染物，如游泳者带入池水中的各种药物和个人护理产品（PPCPs）[210, 225-228]。游泳池中 PPCPs（如镇痛药、抗生素、兴奋剂、紫外光过滤剂、驱虫剂等）的浓度报告范围为 ng/L 至 μg/L[229-235]。基于目前可获得的数据可知，N,N-二乙基-3-甲苯酰胺（DEET）和咖啡因是游泳池中经常检测到的浓度最高的 PPCPs，主要是由于这两种化学物质都被大量使用并且耐氯氧化和阳光光解[229, 230]。据报道，在游泳池中检测到 DEET 浓度超过 2 μg/L[230]，咖啡因浓度高达 1.54 μg/L[229]。

迄今为止，在游泳池相关条件下 FC 对 DEET 和咖啡因的潜在降解能力尚未详细研究，因此本节研究了这两种化学物质在 UV/FC 和模拟太阳光/FC（SS/FC）条件下在不同水基质（从去离子水到盐水）中的降解。本节阐明了光激活 FC 条件中涉及微污染物降解的自由基反应，用 DEET 和咖啡因测量自由基物种的反应速率常数，评估水基质效应，识别转化产物和潜在有害副产物。

2.5.2　UV/FC 工艺实验装置

通过将等份的 NaOCl 溶液掺入石英反应器（50 mL）中的目标水基质（30 mL）中产生 UV/FC 高级氧化体系，所述石英反应器由 4W 低压紫外灯（Philips Co., Netherlands）照射，主要发射光反应器中的 254 nm 紫外光。UV/FC 工艺实验装置如图 2-11。

使用草酸铁钾作为化学光度计，测得 UV 能量密度为 3.86×10^{-6} Einstein/(L·s)。为了产生模拟太阳光/FC（SS/FC）条件，采用实验室规模的准直光束设备（同图 2-11），其配备 300W 氙灯（PerkinElmer, PE300BF）。通过光谱辐射计（Spectral Evolution, SR-1100）表征灯的光谱发射（图 2-44）。将反应溶液（50 mL）放入玻璃烧杯（150 mL）中，将其置于搅拌板上，垂直于入射光。为了监测反应进程，定期从反应器中取出样品等分试样，用硫代硫酸钠猝灭，并利用合适的分析方法进行分析。

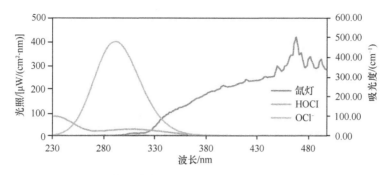

图 2-44　氙灯的发光光谱及 HOCl 和 OCl⁻的吸光度

2.5.3　UV/FC 过程中的分析方法

1. DEET 和咖啡因的 HPLC 检测方法

在实验前用碘量法标准化 FC 储备溶液备用[236]；用 DPD（N,N-二乙基-对苯二胺）方法测量反应期间 FC 的衰变[237]；使用 DIONEX 离子色谱系统测量氯化物、亚氯酸盐和氯酸盐；通过配备 C8 柱（4.6mm×150 mm，5 μm，Agilent，Eclipse XDB-C8）的 Agilent HPLC-DAD 系统常规测量 DEET 和咖啡因，流动相是 40% H_2O 和 60% 甲醇混合物；DEET 和咖啡因分别在 220 和 270 nm 波长处测量。

2. DEET 和咖啡因转化产物的 LC-MS 检测方法

DEET 和咖啡因在 UV/FC 和 SS/FC 条件下产生的中间体/中间产物在 LC-MS 中测定。使用配备 Supelco（Bellefonte，PA）Ascentis RP-Amide（10 cm×2.1 mm，3 μm）柱的 Agilent 1100 LC MSD 系统（Agilent Technology，Palo Alto，CA）在 40℃下进行分析。电离室设定为正电喷雾电离（ESI+）。流动相由 0.1%甲酸及 1∶1（$v∶v$）的乙腈和甲醇的混合物组成，并以 0.25 mL/min 的流速运行。质谱仪在破碎电压 70V、毛细管电压 +4500V、气体温度 350℃和喷雾器压力 40 psi（1 psi=6.895×10^3 Pa）下操作，m/z 扫描范围为 50~300[229]。

3. 卤化 DBPs 的 GC-ECD 检测方法

采用 GC-ECD 的检测方法，检测在 UV/FC 和 SS/FC 条件下反应 1h 后可能存在的卤化 DBPs。从反应器中取出 50 mL 样品（DEET 或咖啡因起始浓度为 100 μmol/L，pH=7 下 PBS，FC 浓度为 7 mg/L），然后加入脱氯剂（硫代硫酸钠和磷酸钠的混合物）以消耗残留的 FC。使用 3 mL 甲基叔丁基醚（MTBE）萃取 50 mL 脱氯样品。将提取物转移至 2 mL 小瓶中，利用 GC-ECD 进行分析。使用 HP5 MS 毛细管柱（30 m×250 mm×0.25 mm）分离 DBPs。使用该方法分析 21 种卤化 DBPs，校准数据（0.1~50 μg/L）的线性度（R^2）均高于 0.999，方法检测限（MDL）见表 2-17。样品中的 ECD 信号通过保留时间与 DBPs 标准匹配。

表 2-17 卤化 DBPs 的保留时间和方法检测限

名称	保留时间/min	MDL/(μg/L)	名称	保留时间/min	MDL/(μg/L)
氯仿	9.488	0.01	四氯乙烯	22.261	0.01
1,1,1-三氯乙烷	10.676	0.03	1,2-二溴乙烷	22.702	0.02
四氯化碳	11.680	0.03	溴代硝基甲烷	23.086	0.03
三氯乙腈	12.486	0.02	溴氯乙腈	23.465	0.01
三氯乙烯	14.090	0.01	1,1,1-三氯-2-丙酮	25.065	0.01
溴二氯甲烷	14.982	0.02	三溴甲烷	27.959	0.1
水合氯醛	15.156	0.01	二溴乙腈	28.633	0.01
二氯乙腈	15.843	0.01	二氯乙酰胺	30.399	0.03
1,1-二氯-2-丙酮	16.585	0.01	1,2-二溴-3-氯丙烷	31.460	0.01
三氯硝基甲烷	20.142	0.02	三氯乙酰胺	32.115	0.03
二溴一氯甲烷	21.905	0.01			

2.5.4 UV/FC 体系中的动力学建模

UV/FC 和 SS/FC 过程使用 Matlab 2014b 中的 SimBiology 应用程序建模，并考虑了从文献中获得的速率常数，约 100 个基本反应[215, 238, 239]。该模型考虑了大多数无机离子（包括氯离子、硫酸根、碳酸根和溴离子）对 UV/FC 和 SS/FC 过程的影响。在 2 min 反应时间结束时计算自由基种类的浓度。初步实验表明，主要自由基的浓度在 2 min 的反应时间内达到稳态浓度。

2.5.5 DEET 和咖啡因在 UV/FC 体系中的降解

1. FC 的光解

FC 的光解是在 pH 为 5～9 的 10 mmol/L 磷酸盐缓冲溶液（PBS）中，UV、SS 照射下进行。FC 浓度与时间的关系符合一级动力学（图 2-45），因此观察到的速率常数（k_{obs}）是从 FC 浓度曲线获得的。如图 2-46 所示，FC 在 UV 照射下以相似的速率（k_{obs} = 0.06～0.07 min^{-1}）在 pH 范围内发生分解，而 k_{obs} 在 SS 照射下随溶液 pH 的增加而显著增加。FC 的光解速率可用式（2-21）表示：

$$-\frac{d[Cl_T]}{dt} = k_{obs}[Cl_T] = k_{HOCl}[HOCl] + k_{OCl^-}[OCl^-] \qquad (2-21)$$

式中，$[Cl_T]$为 FC 的总浓度；k_{HOCl} 和 k_{OCl^-} 分别为 HOCl 和 OCl$^-$ 的光解速率常数。

$$k_{HOCl} = 2.303\overline{\varPhi}_{HOCl} \times \left(\sum_\lambda \varepsilon_\lambda^{HOCl} I_\lambda\right) \times l \qquad (2-22)$$

$$k_{OCl^-} = 2.303\overline{\varPhi}_{OCl^-} \times \left(\sum_\lambda \varepsilon_\lambda^{OCl^-} I_\lambda\right) \times l \qquad (2-23)$$

式中,k_{HOCl}和k_{OCl^-}为平均量子产率($\overline{\varPhi}$,mol/Einstein,波长290~400 nm 的加权平均量子产率);ε 为吸光度,L/(mol·cm);I 为光通量,Einstein/(L·s);l 为光程长度,cm。基于

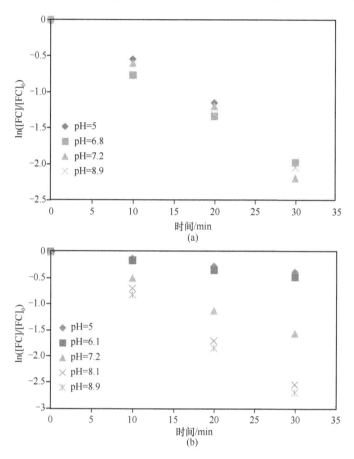

图 2-45 在 UV(a)和 SS(b)照射下 FC 的光解

反应在 10 mmol/L PBS 中,FC 初始浓度为 7 mg/L

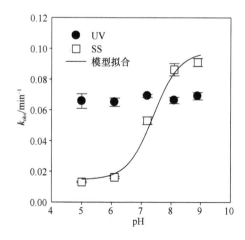

图 2-46 在 pH 为 5~9 的 UV 和 SS 照射下自由氯的光解速率常数

pK_a (7.5) 和 pH 计算 FC 的形态（[HOCl]和[OCl⁻]）。因此，通过使用 Matlab 曲线拟合工具将式（2-21）与图 2-46 中的实验数据拟合来获得 k_{HOCl} 和 k_{OCl^-}。最后，通过式（2-22）和式（2-23）计算量子产率值：在 UV 照射（254 nm）下，$\overline{\Phi}_{HOCl} = \overline{\Phi}_{OCl^-} = 1.08 \pm 0.03$，因为 $k_{HOCl} \approx k_{OCl^-}$、$\varepsilon_{254nm}^{HOCl} \approx \varepsilon_{254nm}^{OCl^-}$；在 SS 照射下，$\overline{\Phi}_{HOCl} = 0.432 \pm 0.03$、$\overline{\Phi}_{OCl^-} = 0.945 \pm 0.06$。

对于 UV 照射，本节研究中测量的量子产率在先前报道的范围内（在 254 nm 处 Φ=0.9~1.5）[211, 240]。对于 SS 照射，虽然 FC 的量子产率不适用于本节研究中使用的太阳光模拟器，但可以将这些值与 Cooper 等测定的值进行比较[241]，Cooper 等测量了 240~435.8 nm 多个波长处 HOCl/OCl⁻ 的量子产率。虽然本节研究中确定的量子产率是波长为 290~400 nm 的加权平均值，但 $\overline{\Phi}$ 很大程度上取决于和 FC 本身的吸光重叠最多的波长的量子产率（约 345 nm）。实际上，在本节研究中，平均量子产率（在 pH=7 时为 0.566，基于 FC 的形态计算）与 Cooper 等测定的值（在 334.1 nm 处 0.61 和在 365.0 nm 处为 0.55）相当。利用确定的量子产率，使用 Matlab 中的 SimBiology 建立的动态模型能够预测 FC、UV 和 SS 辐射下的自由基生成的光解。

2. UV/FC 条件下 DEET 和咖啡因的降解

研究了 DI 水基质中在 UV、FC 和 UV/FC 条件下 DEET 和咖啡因的降解。结果显示，DEET 和咖啡因均可通过 UV/FC 快速降解，而它们仅对 UV 和单独的 FC 具有抗性（图 2-47）。基于先前研究中测量的 DEET 和咖啡因的量子产率和摩尔吸光度[229]，本节中在 UV 条件下光解的一级速率常数分别为 0.0028 min⁻¹ 和 0.0076 min⁻¹，与 UV/FC 条件下的反应相比可忽略不计。已知 DEET 和咖啡因对 FC 具有抗性[229]，这是在氯化室内游泳池中检测到它们高浓度的部分原因[229]。因此，UV/FC 对 DEET 和咖啡因的降解主要是与光解 FC 产生的活性物质的反应。

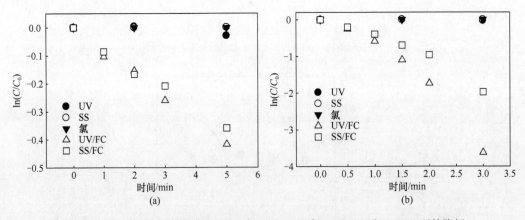

图 2-47 DEET（a）和咖啡因（b）在 UV、SS、氯、UV/FC 和 SS/FC 下的降解

UV/FC 对 DEET 的降解遵循拟一级动力学[图 2-47（a）]。然而，咖啡因的降解偏离一级动力学并随着反应的进行而加速[图 2-47（b）]。此外，咖啡因的降解明显快于 DEET。实际上，与去除少于 25%的亲本 DEET 相比，反应 3min 后超过 85%的母体咖

啡因被 UV/FC 降解。动力学的这些差异表明，导致 DEET 降解的主要反应机理与咖啡因的可能不同。此外，值得注意的是，UV/FC 条件下有机物的非一级降解在先前的文献中尚未报道。因此，本节主要研究了在 UV/FC 条件下负责降解 DEET 和咖啡因的活性物质，目的是阐明反应机理。

3. UV/FC 条件下产生的活性物质

为了使反应过程中 pH 变化对实验的影响最小化，所有反应在 pH=7 的 10 mmol/L PBS 中进行。如图 2-48 所示，在此条件中的降解与在 DI 中进行的趋势相同。测量初始和最终的 pH 和 FC 浓度，其在短反应时间（<5min）内显示可忽略的变化。通常认为，在 254 nm 的 UV 照射下 FC 的光解主要产生·OH/O$^-$·和 Cl·。因为 O$^-$·快速与 H$_2$O 反应生成·OH [1.8×10^6 L/(mol·s)][229]并且与有机物的反应性低（与·OH 相比）[229, 242]，在 UV/FC 体系中，O$^-$·可能不如·OH 和 Cl·重要。此外，考虑到 FC 是通过加入 NaOCl 水溶液产生，而 NaOCl 水溶液中含有由 HOCl/OCl$^-$ 热分解产生的少量 Cl$^-$，这些 Cl$^-$ 可以与 Cl·或·OH 反应生成二级自由基（Cl$_2^-$·和 ClOH$^-$·）。此外，FC 可以与自由基反应生成 ClO·，并进行自清除反应。因此，考虑了五种主要的活性物质（·OH、Cl·、Cl$_2^-$·、ClOH$^-$·和 ClO·），并且在不含 DEET 或咖啡因的 10 mmol/L PBS 中在 UV/FC 条件下通过动态模型模拟它们的浓度（表 2-18）。

$$HOCl/OCl^- \xrightarrow{h\nu} \cdot OH/O^- \cdot + Cl \cdot$$

$$Cl \cdot + Cl^- \longrightarrow Cl_2^- \cdot$$

$$\cdot OH + Cl^- \rightleftharpoons ClOH^- \cdot$$

$$HOCl/OCl^- + \cdot OH/Cl \cdot \longrightarrow ClO \cdot$$

$$ClO \cdot + ClO \cdot \longrightarrow Cl_2O_2$$

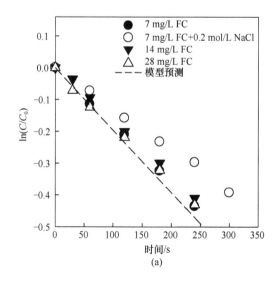
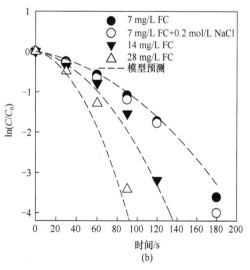

图 2-48 在不同浓度的 FC 和 NaCl 的 UV 照射下 DEET（a）和咖啡因（b）的降解

表 2-18 在 UV/FC 条件下，pH= 7 时不同 FC 和 NaCl 浓度下的模拟自由基浓度

FC/(mg/L 氯)	Cl⁻/(mol/L)	模拟自由基浓度/ (mol/L)				
		·OH	Cl·	Cl_2^-·	ClO·	ClOH⁻·
7	$1.7×10^{-4}$	$4.7×10^{-13}$	$9.8×10^{-14}$	$1.1×10^{-12}$	$4.0×10^{-9}$	$6.7×10^{-17}$
7	0.2	$4.8×10^{-13}$	$9.0×10^{-14}$	$1.1×10^{-9}$	$4.0×10^{-9}$	$6.7×10^{-14}$
14	$3.4×10^{-4}$	$4.2×10^{-13}$	$1.4×10^{-13}$	$3.1×10^{-12}$	$5.7×10^{-9}$	$1.2×10^{-16}$
28	$6.8×10^{-4}$	$3.7×10^{-13}$	$1.8×10^{-13}$	$8.0×10^{-12}$	$8.1×10^{-9}$	$2.1×10^{-16}$

注：PBS 浓度为 10 mmol/L，UV 光强为 $3.86×10^{-6}$ Einstein/(L·s)，模拟时间为 300 s。

因为已知 DEET 和咖啡因与·OH[二级反应速率 k 分别为 $(4.6～7.5)×10^9$ L/(mol·s)和 $(5.9～6.9)×10^9$ L/(mol·s)][242-244]迅速反应，因此需创造能够比较氯化自由基贡献的条件。表 2-18 表明 Cl⁻的增加将通过消耗·OH 和 Cl·来增强 Cl_2^-·和 ClOH·的产生。在 7 mg/L FC 的条件下，添加 0.2 mol/L NaCl 使 Cl_2^-·和 ClOH·的浓度增加约 3 个数量级，并且使 Cl·的浓度略微降低，且·OH 的浓度没有受到影响。实验表明，在 7 mg/L FC 时，DEET 和咖啡因的降解没有提高，尽管添加了 0.2 mol/L NaCl 使 Cl_2^-·和 ClOH·显著增加（图 2-48），这表明 Cl_2^-·和 ClOH·的贡献可以忽略不计。然而，存在这样的可能性：Cl_2^-·和 ClOH·增加的贡献可能恰好补偿 Cl·的减少，因此导致降解速率几乎没有变化。为此，进行进一步的定量评估以辨别 Cl·的贡献，结果在"二级速率常数的确定"部分讨论。

在 UV/FC 条件下，·OH 和 Cl·的来源和主要消耗均是 FC 本身，这意味着·OH 和 Cl·的产生和消耗速率都随 FC 浓度的变化而成比例变化。因此，模拟的·OH 和 Cl·的浓度在 FC 浓度为 7mg/L、14mg/L 和 28 mg/L 的窄范围内变化（表 2-18，没有加入 NaCl）。相反，Cl_2^-·、ClO·和 ClOH·由与 FC 反应的自由基（包括 FC 中含有的 Cl⁻）产生而不是由 FC 清除。因此，Cl_2^-·、ClO·和 ClOH·的浓度随着 FC 浓度的增加而成比例增加（表 2-18）。DEET 的降解不受 FC 浓度增加的影响，表明重要的自由基是·OH 和 Cl·，而不是 Cl_2^-·、ClO·和 ClOH·。至于咖啡因 [图 2-48（b）]，FC 浓度的增加显著增强了降解效果。如果 Cl_2^-·和 ClOH·是咖啡因降解的不重要的自由基，则 ClO·很可能是在 UV/FC 条件下降解咖啡因的主要自由基。如 Wu 等所述，ClO·负责在 UV/FC 条件下降解某些有机污染物[225]。

总体而言，迄今为止的研究结果验证了该假设：DEET 的降解主要是由于·OH 和 Cl·，而咖啡因在 UV/FC 条件下被·OH、ClO·和 Cl·降解。

4. 二级速率常数的确定

使用竞争动力学方法测定具有·OH 的 DEET 和咖啡因的二级速率常数（$k_{DEET/·OH}$ 和 $k_{CAF/·OH}$）。硝基苯（NB）用于确定·OH 的浓度，将 DEET 或咖啡因（10 μmol/L）加入含有 10 μmol/L NB 和 0.3 mmol/L H_2O_2 的溶液（10 mmol/L PBS，pH=7）中，然后将其置于 LPUV 照射下（UV 光强与本节中的其余实验相同）。根据式（2-24），基于 NB 的降解计算·OH 的量，因为 NB 仅与 UV/H_2O_2 体系中的·OH 反应。根据式（2-25）确定 $k_{DEET/·OH}$ 和 $k_{CAF/·OH}$，分别计算得 $6.7×10^9$ L/(mol·s)和 $6.4×10^9$ L/(mol·s)。

$$\int [\cdot OH]_t \, dt = \frac{\ln([NB]_t / [NB]_0)}{k_{\cdot OH/NB}} \quad (2\text{-}24)$$

$$\ln([PPCP]_t / [PPCP]_0) = k_{PPCP/\cdot OH} \cdot \int [\cdot OH]_t \, dt \quad (2\text{-}25)$$

确定出 DEET 和·OH 之间的二级速率常数为 6.7×10^9 L/(mol·s)，与文献报道的使用 NB 作为探针化合物在 UV/H$_2$O$_2$ 条件下的值一致。为了测量 DEET 和 Cl·之间的二级速率常数（$k_{DEET/Cl\cdot}$），如 Fang 等所建议的[24]，在 UV/FC 体系中，用 NB 和苯甲酸（BA）量化·OH 和 Cl·的浓度，因为它们对 UV 辐射和 FC 氧化是惰性的。NB 仅与·OH 反应，而 BA 与·OH 和 Cl·反应。因此，在含有 NB、BA 和 DEET 的溶液中，基于 NB 和 BA 的降解计算·OH 和 Cl·的浓度。结合 $k_{DEET/\cdot OH}$ 的测量值，$k_{DEET/Cl\cdot}$ 被确定为 3.8×10^9 L/(mol·s)[式（2-26）和式（2-27）]。应用获得的 $k_{DEET/\cdot OH}$ 和 $k_{DEET/Cl\cdot}$，生物系统模拟工具箱（SimBiology）中的动态模型成功地预测了在不同 FC 初始浓度时 UV/FC 条件下 DEET 的降解。

$$\int [Cl\cdot]_t \, dt = \frac{\ln([BA]_t / [BA]_0) - k_{\cdot OH/BA} \times \int [\cdot OH]_t \, dt}{k_{Cl\cdot/BA}} \quad (2\text{-}26)$$

$$\ln([DEET]_t / [DEET]_0) = k_{DEET/\cdot OH} \times \int [\cdot OH]_t \, dt + k_{DEET/Cl\cdot} \times \int [Cl\cdot]_t \, dt \quad (2\text{-}27)$$

对于咖啡因，其与 OH 的二级速率常数（$k_{CAF/\cdot OH}$）确定为 6.4×10^9 L/(mol·s)，与文献值一致，同样使用竞争动力学方法。为了进一步阐明 Cl·对咖啡因整体降解的贡献，将含有 NB、BA 和咖啡因的溶液暴露于 14 mg/L FC 的紫外光中，监测三种化合物的降解（图 2-49）。基于 NB 和 BA 的降解，Cl·的稳态浓度计算为 6.3×10^{-14} mol/L。假设咖啡因与 Cl·（$k_{CAF/Cl\cdot}$）之间的反应接近扩散极限速率，即约 5×10^{10} L/(mol·s)，可以由 Cl·贡献一小部分但不可忽略咖啡因的降解量。因此，不能排除 Cl·的贡献。另外，文献中缺乏用于定量检测 ClO·的实验方法。因此，本节研究首先尝试使用 SimBiology 通过将实验数据与动态模型拟合来同时估算 $k_{CAF/Cl\cdot}$ 和 $k_{CAF/ClO\cdot}$。发现计算出的 Cl·和 ClO·的浓度即使随着咖啡因的降解也几乎保持不变，因为 Cl·的主要去除剂是 FC，ClO·的主要去除剂是 ClO·本身。但是，恒定的自由基浓度导致 $\ln(C/C_0)$ 与反应时间之间存在线性关系，因此未能获得咖啡因的弯曲降解动力学曲线。

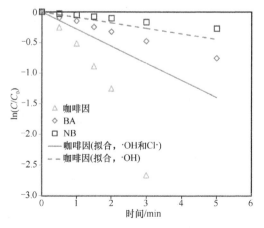

图 2-49 UV/FC 条件下咖啡因、BA 和 NB 的降解

由于涉及 Cl· 的反应已被充分记录,因此涉及 ClO· 的反应的有限动力学信息可能是造成模拟结果与实验数据之间存在差异的原因。实际上,两个 ClO· 结合形成一个 Cl_2O_2 是具有已知反应速率常数[k = 2.5×10^9 L/(mol·s)][239]的唯一反应,而 Cl_2O_2 分解生成 ClO· 的速率常数是未知的[245]。因此,该模型可能无法准确估计 ClO· 的浓度。如果从 Cl_2O_2 到 ClO· 的反向反应足够快,则 ClO· 的主要清除作用将不再来自 ClO· 本身。因此,本节研究将 ClO· 和 Cl_2O_2 作为单一物质处理,命名为 ClOrrs(ClO·相关活性物质)。ClOrrs 的标称浓度定义为动态模型中 ClO· 的浓度,而不考虑 ClO· 的汇。在 UV/FC 条件下将 7 mg/L FC 的实验结果用于估算 $k_{CAF/Cl·}$ 和 $k_{CAF/ClOrrs}$,因为它具有最大的数据集。SimBiology 估算 $k_{CAF/Cl·}$ 和 $k_{CAF/ClOrrs}$ 分别为 1.46×10^{10} L/(mol·s) 和 1361 L/(mol·s),成功地捕获了咖啡因的弯曲降解动力学曲线。应用 $k_{CAF/·OH}$、$k_{CAF/Cl·}$ 和 $k_{CAF/ClOrrs}$ 的值,在 14 mg/L 和 28 mg/L FC 的 UV/FC 条件下咖啡因的降解也很好地与模型预测一致。此外,基于模拟的自由基浓度及其反应速率常数(即 $k_{CAF/·OH}$、$k_{CAF/Cl·}$ 和 $k_{CAF/ClOrrs}$),图 2-50 描绘了每种自由基物质对咖啡因降解的贡献。结果表明,在 UV/FC 条件下,咖啡因主要被 ClOrrs 降解。

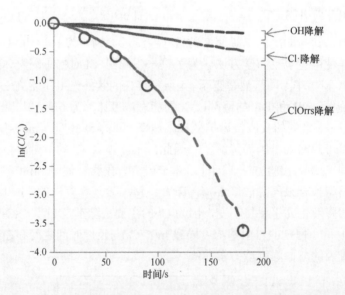

图 2-50 在 pH 7 的 UV/FC 条件下 ·OH、·Cl 和 ClOrrs 对咖啡因降解的贡献

虽然目前的模型没有考虑在 UV/FC 条件下 ClOrrs 的汇,但在含有咖啡因的溶液中,ClOrrs 的主要汇是咖啡因,这表明较低的咖啡因初始浓度必将导致更快的降解速率。通过在 4μmol/L、10μmol/L 和 20 μmol/L 咖啡因中进行的实验证实了该假设(图 2-51)。但是,对于 Cl·,在其他系统中应用 $k_{CAF/Cl·}$ 时应该小心,因为只有少量的咖啡因降解是由于 Cl·(图 2-50),估计的 $k_{CAF/Cl·}$ 值可能会有相对较大的误差。实际上,通过将 $k_{CAF/Cl·}$ 从 3×10^9 L/(mol·s) 变化到 3×10^{10} L/(mol·s),在 UV/FC 下整体咖啡因的降解没有显著影响(图 2-52)。

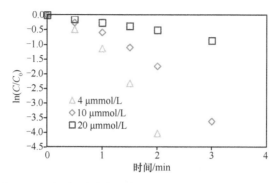

图 2-51　不同初始浓度的咖啡因在 UV/FC 条件下的降解

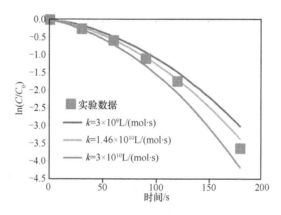

图 2-52　在 $k_{CAF/Cl\cdot}$ 分别为 3×10^9、1.46×10^{10}、3×10^{10} L/(mol·s)条件下模拟咖啡因的降解

5. 咖啡因的反应位点

咖啡因由 1,3-二甲基尿嘧啶（DMU）和 1-甲基咪唑（MIM）组成。两个部分通常存在于生物分子和工业材料中。因此，需要进一步确定咖啡因的哪个部分有助于与 ClOrrs 进行独特反应。UV 照射下，在 7 mg/L FC 的 DI 基质中研究了 DMU 和 MIM 的降解（图 2-53）。对照实验仅在 UV 和单独的 FC 下进行，其显示在反应时间（约 3min）内 DMU 和 MIM 的降解可忽略不计。如图 2-53 所示，DMU 的降解清楚地显示出一级动力学行为（$R^2 > 0.999$），而 MIM 的降解随着反应进程加速，类似于咖啡因的降解。这些结果表明，咖啡因的咪唑部分与 ClOrrs 发生反应，并在 UV/FC 和 SS/FC 条件下促成了独特的动力学。

6. UV/FC 条件下 pH 对 DEET 和咖啡因降解的影响

实验在 10 mmol/L PBS（pH 为 5～9）中进行。pH 的增加导致 DEET 的降解速率显著降低[图 2-54（a）]。如上所述，DEET 的降解主要归因于·OH 和 Cl·，它们是由 FC 的光解产生的。UV/FC 条件下，在 pH 为 5～9 内，·OH 和 Cl·的生成速率相同。然而，在更高的 pH 下，更多的 FC 以 OCl⁻的形式存在，其与·OH 和 Cl·以比 HOCl 更高的速率发生反应。因此，高 pH 导致更强的降解效果。较高 pH 下的较低·OH 和 Cl·也导致

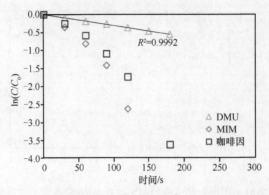

图 2-53　UV/FC 条件下在 DI 基质中 DMU、MIM 和咖啡因的降解
反应在 DI 基质中使用 10 μmol/L 初始浓度的目标化合物和 7mg/L 初始浓度的 FC

咖啡因在 90 s 时的去除减少[图 2-54（b）]。$\ln(C/C_0)$ 与时间的关系曲线示于图 2-55（a）中。然而，根据动态模型，在不同 pH 条件下估计的 ClOrrs 几乎相同。咖啡因的降解主要是由 ClOrrs 造成，目前的模型无法解释在较高 pH 下去除的显著减少。一种可能性是涉及 ClO· 的反应受到溶液 pH 的影响，导致 ClOrrs 浓度和物质形成的变化。需要进一步研究 pH 对 DEET 降解影响的反应机理。

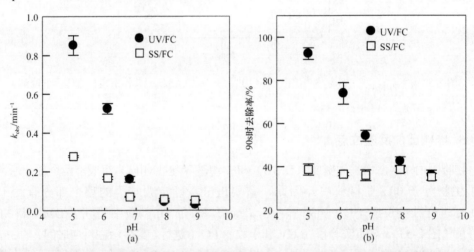

图 2-54　在 pH 为 5～9 的 UV/FC 和 SS/FC 条件下 DEET 的降解速率（a）和咖啡因的降解（b）
反应在 10 mmol/L PBS 中使用 10 μmol/L 初始浓度的目标化合物和 7 mg/L 初始浓度的 FC。误差线表示重复的标准偏差

7. 盐水基质

在海水游泳池中，如卤化物的组分在 UV/FC 和 SS/FC 条件下可显著影响 DEET 和咖啡因的整体降解。本节所使用的盐水为合成盐水（模拟海水），其配方列于表 2-19。对照实验表明，5 min 内盐水基质中的 DEET 或咖啡因降解可忽略不计（数据未显示）。比较了 PBS 和盐水中 UV/FC 对 DEET 的一级降解速率。如图 2-56（a）所示，在盐水基质中观察到显著的降解速率抑制，这是在预料之中的，因为盐水中的阴离子，如 HCO_3^-、Br^- 和 Cl^-，对自由基物种具有强烈的降解作用。特别地，图 2-56（a）显示了高浓度的 Cl^- 在 UV/FC 条件下抑制 DEET 的降解。

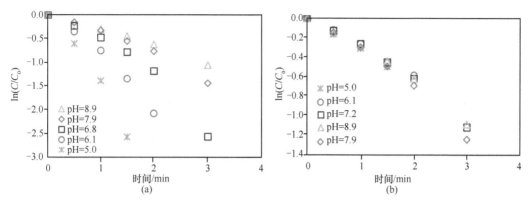

图 2-55 pH 为 5.0~8.9 时,在 UV/FC(a)和 SS/FC(b)条件下咖啡因的降解

表 2-19 合成盐水的成分

成分	质量浓度/(g/L)	摩尔浓度/(mmol/L)	成分	质量浓度/(g/L)	摩尔浓度/(mmol/L)
NaCl	24.53	420	KCl	0.695	9.3
MgCl$_2$·7H$_2$O	5.2	23.5	NaHCO$_3$	0.201	2.4
Na$_2$SO$_4$	4.09	28.8	H$_3$BO$_3$	0.027	0.44
CaCl$_2$	1.16	10.4	NaBr	0.087	0.85

注:pH 为 7.6。

对于咖啡因,盐水基质中的去除效果大大增强[图 2-56(b)]。在盐水中 60 s 内几乎完全去除了咖啡因,而在 PBS 中仅去除了约 40%。为了阐明哪些盐水成分有助于提高咖啡因的降解,通过单独添加 NaBr、Na$_2$SO$_4$、NaCl 和 NaHCO$_3$,或者与合成盐水中的浓度相当的 DI 水基质组合进行筛选实验。单独添加盐水成分时观察到的影响可忽略不计,而(NaCl + NaBr)、(NaBr + NaHCO$_3$)和(NaCl + NaBr + NaHCO$_3$)的结合显著增强了 UV/FC 条件下咖啡因的降解(图 2-57)。显然,Br$^-$通过与其他阴离子的相互作用发挥了重要作用。特别是图 2-57 显示,在 UV/FC 条件下,Br$^-$和 Cl$^-$在降解咖啡因方面具有很大的协同作用。为了进一步证实这种相互作用,在含有 0.85 mmol/L NaBr 和不同量 NaCl 的溶液中监测 UV/FC 对咖啡因的降解。NaCl 浓度的增加导致咖啡因去除的显著增加(图 2-58)。

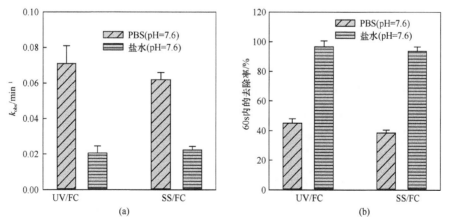

图 2-56 在磷酸盐缓冲溶液和合成盐水以及 UV/FC 和 SS/FC 条件下 DEET 的降解速率
(a) 和咖啡因的去除 (b)

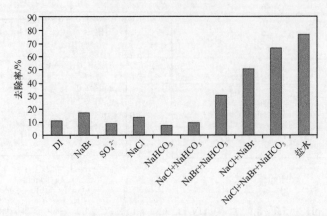

图 2-57　UV/FC 条件下含有不同盐水组分的去离子水基质在 30 s 内去除咖啡因的比例

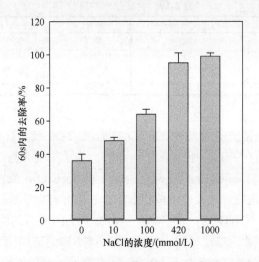

图 2-58　UV/FC 条件下含有 0.85 mmol/L NaBr 和不同量 NaCl 的 PBS（pH=7.2）中
60 s 内去除咖啡因的比例

众所周知，FC 在富含溴的水体中会迅速转化为 HOBr/OBr。在合成盐水基质中，Br^- 的浓度（0.85 mmol/L）显著高于 FC 的（7 mg/L Cl_2 或 0.1 mmol/L）。因此，DEET 和咖啡因实际上在 UV/HOBr 条件下发生降解。与 UV/FC 工艺类似，HOBr/OBr 的光解产生 $·OH$ 和 $Br·$。[246, 247]。因此，由 $Br·$ 与盐水阴离子反应产生的高活性中间基团，如 $ClBr^-·$、$BrOH^-·$、$BrO·$、$Br_2^-·$ 和 $CO_3^-·$ 可能增强咖啡因的降解。特别是，$ClBr^-·$ 可能在盐水基质中发挥重要作用，因为随着 Br^- 和 Cl^- 的共存，咖啡因的降解大大增强（图 2-58）。然而，需要进一步研究以确定这些活性中间基团的贡献，因为盐水基质中的自由基反应比 DI 基质中的自由基反应复杂得多。

8. SS/FC 条件下 DEET 和咖啡因的降解

与 UV/FC 条件类似，在 DI、PBS 和盐水基质中的 SS/FC 条件下研究了 DEET 和咖啡因的降解以进行比较。

在 DI 中（图 2-47），DEET 的降解动力学遵循 SS/FC 条件下的拟一级模式，而随着反应的进行，咖啡因的降解加速，这与 UV/FC 条件下的结果一致。这些降解动力学的共同特征表明，在 SS/FC 和 UV/FC 条件下主要的活性物质可能是相同的。

在缓冲系统[pH 为 5～9，图 2-54（a）]中，pH 的增加导致 DEET 的降解速率显著降低，尽管在 SS/FC 条件下的变化不如在 UV/FC 条件下变化显著。SS/FC 条件下酸性和碱性 pH 之间较小的降解速率差异可归因于两个原因。首先，在较高的 pH 条件下，FC 在 SS 下的光解速率更快（图 2-46），导致在较高 pH 下·OH 和 Cl·的生产率更高。其次，OCl⁻的光解在波长大于 300 nm 处产生基态氧原子[O(^{3}P)][216]，其通过与溶解氧反应进一步产生 O_3[218]。虽然 DEET 和 O_3 之间的反应速率很低[0.12 L/(mol·s)][248]，但 O(^{3}P) 是一种高活性物质，可能会降解 DEET。

值得一提的是，咖啡因在 pH 为 5～9 下表现出基本相同的降解速率[图 2-54（a）]。基于对 DEET 的相同解释，咖啡因的去除率基本相同可能是由于在较高 pH 下自由基产生和与 O(^{3}P) 的反应加快。此外，咖啡因可以以相对快的速率[650 L/(mol·s)]与 O_3 反应[249]，这也可能有助于在较高 pH 下咖啡因的降解。通常，通过比较不同 pH 条件下的 UV/FC 和 SS/FC，表明溶液 pH 对 UV/FC 过程的影响比 SS/FC 过程的更大。

在盐水基质（图 2-56）中，SS/FC 条件下 DEET 和咖啡因的降解速率与 UV/FC 条件下的降解速率相似，这意味着两种体系中的降解机理是相似的。然而，如上所述，由于对光活化 HOBr 的了解有限，需要进一步研究以阐明在 SS/FC 条件下盐水基质中咖啡因降解增强的机理。

9. 产物分析

1）氯的光解产物

基于在 UV/FC 和 SS/FC 条件下的所有基本反应，预估氯的主要最终产物是 Cl⁻、ClO_2^- 和 ClO_3^-。因此，在完成 FC 的光解后，需要检测这三种物质。在 pH=7 的 UV/FC 和 SS/FC 条件下，初始 FC 分别以 86% 和 14% 的摩尔比转化为 Cl⁻ 和 ClO_3^-，未检测到 ClO_2^-。虽然尚未得出结论如何通过 FC 的光解产生 ClO_3^-，但是由两种 ClO· 的组合产生的 Cl_2O_2 可以快速水解产生 ClO_2^- 和 ClO_3^-[245]。因为 ClO_2^- 在光照下不稳定（图 2-59），所以除了 Cl⁻ 之外，ClO_3^- 是光解 FC 的唯一产物。

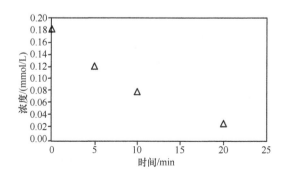

图 2-59 UV 条件下 ClO_2^- 的降解

2）DEET 和咖啡因的降解产物

对 DEET 和咖啡因降解产物的研究主要集中在两个方面：降解中间体和卤化 DBPs。在扫描模式下设置的 LC-MS 为 50~300 m/z，用于检测降解中间体。在 UV/FC 和 SS/FC 条件下处理后，在样品中观察到 DEET 和咖啡因的多种降解中间体（表 2-20）。对于每种化合物，在 UV/FC 或 SS/FC 条件下检测到相同类型的中间体。基于·OH 和 Cl·的反应机理，预期 DEET 通过—OH 加成或夺氢而羟基化，得到 $M+14$、$M+16$、$M+30$、$M+46$ 和 $M+48$ 中间体（添加一个或多个氧原子）。$M+14$ 是主要的中间体（基于峰面积），这表明在 UV/FC 下 DEET 的降解主要是通过夺氢，产生以碳为中心的自由基，其通过与溶解氧的反应进一步转化为酮基。Zhang 和 Lemley 在 Fenton 条件下提出了 DEET 的转化途径，其中 DEET 主要被·OH 降解，得到 $M+16$ 和 $M+32$ 作为主要产物[242]。对于咖啡因，还观察到羟基化中间体（如 $M+32$）；然而，主要的降解中间体具有比母体咖啡因更小的 m/z。在本节研究中观察到的咖啡因产物中，$M+32$ 和 $M-53$ 是文献中报道的研究咖啡因在水中高级氧化的中间体[246]。此外，应注意在 UV/FC 或 SS/FC 下，在 LC-MS 未观察到 DEET 或咖啡因的氯化降解中间体。

表 2-20 在 UV/FC 和 SS/FC 条件下 DEET 和咖啡因的降解产物

DEET				咖啡因			
m/z	分子量	保留时间/min	峰面积①/($\times 10^5$)	m/z	分子量	保留时间/min	峰面积②/($\times 10^5$)
192	191（M）	29.4	841	195	194（M）	10.8	132
182	$M-10$	24.0	2.7	89	$M-106$	2.2	9.4
206	$M+14$	19.4	31.2	127	$M-68$	2.1	2.1
206	$M+14$	29.2	0.4	139	$M-56$	2.4	2.4
208	$M+16$	18.2	4.1	142	$M-53$	2.6	4.6
208	$M+16$	19.2	0.4	201	$M+6$	2.2	7.6
208	$M+16$	20.6	0.7	210	$M+15$	2.0	0.5
222	$M+30$	15.8	1.6	227	$M+32$	4.7	1.6
222	$M+30$	20.3	2.9	251	$M+56$	2.3	0.3
238	$M+46$	19.3	5.7				
240	$M+48$	12.4	1.4				
240	$M+48$	15.9	1.4				

注：在 UV/FC 条件下检测到的所有降解产物也都在 SS/FC 条件下检测到，但此处未显示 SS/FC 条件下的产物峰面积。
① DEET 及其产物的峰面积值来自样品，在 UV/FC 条件下去除了 20% 的母体 DEET。
② 咖啡因及其产物的峰面积值来自样品，其中母体咖啡因在 UV/FC 条件下的去除率为 47%。

为解决 UV/FC 或 SS/FC 降解 DEET 和咖啡因可能产生有害 DBPs 的问题，研究人员进行了筛选实验，分析了 21 种 DBPs，包括三卤甲烷、卤代乙腈、卤代乙酰胺、卤代硝基烷烃和其他卤代 DBPs。除溴仿（MDL =0.1 μg/L）外，DBPs 的 MDL 均低于 0.03 μg/L。含有 100 μmol/L DEET 或咖啡因的样品用 UV/FC 或 SS/FC 在 PBS 或盐水基质中处理 10 min。结果显示，在所有样品中都没有 DBPs 处于可检测的浓度范围。

2.5.6 小 结

游泳池中 PPCPs 的暴露日益受到人们的关注。本节研究表明,在 UV/FC 和 SS/FC 条件下,氯化游泳池中的持久性 DEET 和咖啡因可以有效去除,同时形成的有害副产物最少。本节研究的结果可以帮助解释之前几项与游泳池水相关的健康风险的研究。例如,最近一项关于澳大利亚氯化游泳池中 PPCPs 发生的研究表明,室外游泳池和配备紫外光消毒的室内游泳池中咖啡因的浓度要低得多[230]。Liviac 等测试了不同环境下的休闲游泳池的遗传毒性,其中室外游泳池和具有 UV/FC 过程的游泳池的遗传毒性水平最低[250]。作者将这些益处归因于紫外光和太阳光下 DBPs 的光解作用。本节研究提供了额外的解释,即氯化游泳池中的持久性化学物质可能会被 UV/FC 和 SS/FC 条件下产生的自由基降解。

虽然本节研究的范围主要集中在游泳池设置上,但光激活 FC 工艺在饮用水和废水处理方面也有广泛的应用。该研究在光激活 FC 条件下提出了一组新的关键活性物质 ClOrrs。在进一步研究光活化 FC 过程时应考虑这一新发现。此外,咪唑基团对 ClOrrs 反应性强的观察结果表明,在光活化 FC 过程中,咪唑类化合物如嘌呤、DNA 等可能被快速降解,值得进一步研究。

2.6 UV/氯胺对药物类污染物的降解

2.6.1 UV/氯胺工艺介绍

紫外光照射和氯胺广泛用于饮用水和循环水处理中的消毒过程[251-254],与自由氯消毒过程相比,能产生较少的 DBPs[255]。氯胺光解可以产生·OH 和·Cl 等自由基[206]。因此,优化耦合现有的紫外光照射和氯胺消毒过程使其成为 AOPs 即 UV/NH$_2$Cl,不仅可以达到消毒的目的,还可以有效地去除水中的有机微污染物(OMPs)。

氯胺的光解可以产生·NH$_2$ 和·Cl[206,207]生成的·Cl 可以迅速地与 H$_2$O/OH$^-$ 反应转化为·OH。作为 AOPs 中最常见的自由基,·OH 是一种非选择性氧化剂,可与水中的不同化合物快速发生反应[243]。·Cl 是一种相对选择性较强的自由基,可与大多数 OMPs 发生有效反应[256]。但是有关·NH$_2$ 与 OMPs 的反应信息很少。此外,光解产生的初级自由基可以进一步与水质基质反应产生次级自由基(如 CO$_3^-$·和·Cl$_2^-$)[257,258]。因为这些高活性自由基的存在,研究人员推测 UV/NH$_2$Cl 可以高效地去除水中的 OMPs。

目前,关于 UV/NH$_2$Cl 工艺去除 OMPs 的研究是有限的,只有一些针对反渗透(RO)滤液和合成缓冲液中有机小分子的降解[252-254]。Liu 等研究了 UV/NH$_2$Cl 和 H$_2$O$_2$ 或 PDS 共存条件下 1,4-二噁烷的降解,并研究了 RO 滤液自由基的相互作用[253,254]。最近的一项研究考察了 UV 强度和氧化剂剂量对在 UV/NH$_2$Cl、UV/FC 和 UV/H$_2$O$_2$ 条件下,清洁水基质中,pH 为 5.5~8.3 的 1,4-二噁烷、苯甲酸盐和卡马西平降解的影响[252]。

但是目前还没有关于水质基质及 OMPs 本身结构对 UV/NH$_2$Cl 降解效率影响的研

究,这就限制了其在水处理技术中的应用。因此,本节旨在阐明 UV/NH$_2$Cl 条件下 OMPs 的去除机理,并建立了一个可以预测不同水质基质中 OMPs 降解规律的综合模型。本节选择目标 OMPs(表 2-21),包括磺胺甲噁唑(SMX)、卡马西平(CBZ)、三氯生(TCS)、炔雌醇(EE2)和雌二醇(E2),因为它们在水生环境中最常检测到并具有独特的结构特征[259]。研究了水质基质对 OMPs 降解的影响,包括 Cl^-、HCO_3^-、NOM,以及 pH 和 NH$_2$Cl 剂量,此外还比较了 UV/NH$_2$Cl 和 UV/H$_2$O$_2$ 体系在实际水样中对 OMPs 的降解性能并拟合了各自由基的贡献。

表 2-21 本节所研究化合物的化学结构和性质

化合物	结构	分子量	$\varepsilon_{254nm}/[10^3 L/(mol\cdot cm)]$	pK_a
三氯生(TCS)		289.54	5.4	7.80~8.14[11]
卡马西平(CBZ)		236.27	10.4	13.9[12]
磺胺甲噁唑(SMX)		253.28	12.1	pK_{a1} = 1.7, pK_{a2} = 5.6[13]
雌二醇(E2)		272.38	3.4	10.4[14]
乙炔雌二醇(EE2)		296.4	5.7	10.7[14]

2.6.2 实验设计装置

NaOCl 和 NH$_4$Cl 溶液以 1∶2 的摩尔比混合得到氯胺（NH$_2$Cl）溶液，以确保 NH$_2$Cl 作为主要的氯胺形态[252]。反应装置图同图 2-11。本节中 UV 光强为 1.73×10^{-6} Einstein/(L·s)，有效光程为 2.74 cm，量子产率测定方法同 2.4.1 节。

在石英反应器中加入 50 mL 含 10 μmol/L OMPs（每一种）和 0.126 mmol/L NH$_2$Cl 的反应溶液，并通过 5 mmol/L PBS 调节至一定 pH。然后将反应器置于 UV 下开始反应。间隔一定时间收集样品并放入加有硫代硫酸钠的 HPLC 小瓶中，对目标化合物进行分析。为了研究水质基质的影响，在上述体系中额外加入氯化物、溴化物、碳酸氢盐、天然有机物质（NOM，其性质如表 2-22 所示），以及不同 pH 条件下以相同方式进行实验。此外，比较了 UV/H$_2$O$_2$ 和 UV/NH$_2$Cl 在自来水、雨水和污水处理厂二级出水中 OMPs 的降解效率。其中，自来水取自天津大学（天津）；雨水于 2017 年 10 月 7 日至 8 日在天津收集；废水取自市政污水处理厂（天津）二级沉淀池的出水。所有水样都用 0.45 μm 的膜过滤后储存于 4℃ 下，水质指标如表 2-23 所示。

表 2-22 制备的 NOM 溶液的特征

溶液	TOC/(mg/L)	A_{254}/[L/(mg·cm)]	pH
NOM 溶液	35.4	0.054	7.0

表 2-23 实际水样的水质指标

指标	自来水	雨水	废水
A_{254}/(cm^{-1})	0.02	0.007	0.157
pH	7.9	7.3	7.5
NH$_2$Cl/(mmol/L)	0.07	—	—
TOC/(mg C·L)	4.59	4.42	11.52
IC/(mmol/L)	1.08	0.30	4.31
TN/(mg N/L)	1.24	0.47	—
F$^-$/(mmol/L)	0.027	—	0.177
Cl$^-$/(mmol/L)	0.77	0.25	10.3
NO$_2^-$/(mmol/L)	0.0074	0.0016	—
SO$_4^{2-}$/(mmol/L)	0.28	0.019	0.008
Br$^-$/(mmol/L)	0.0024	0.001	5.00
NO$_3^-$/(mmol/L)	—	0.015	0.90
PO$_4^{3-}$/(mmol/L)	—	0.0026	0.028
Fe/(mmol/L)	0.000621	—	—

2.6.3 分析方法

采用 DPD 方法测定自由氯的浓度[237]；采用 DPD 方法及 Schreiber 和 Mitch（2005）[260]

采用的光谱测定方法测量 NH_2Cl 浓度[237],其中 NH_2Cl 和 $NHCl_2$ 在 λ= 245 nm 和 295 nm 处吸收[NH_2Cl:ε_{245nm}= 445 L/(mol·cm),ε_{295nm}= 14 L/(mol·cm); $NHCl_2$:ε_{245nm}= 208 L/(mol·cm),ε_{295nm}= 267 L/(mol·cm)]用于定量分析。

使用配备 C18 柱（4.6mm×150 mm, 5 μm, SHIMADZU）的 SHIMADZU HPLC-DAD 系统分析 OMPs 和目标化合物。SMX、CBZ、TCS、E2、EE2、NB、BA 和 PNA 的检测波长分别设定为 254、280、280、280、280、275、230 和 360 nm。SMX 和 PNA 测定时使用含有 0.1%磷酸和甲醇溶液梯度洗脱；CBZ、TCS、E2、EE2、NB 和 BA 则使用一定比例溶液水和甲醇溶液等度洗脱。

2.6.4 动力学建模

动力学建模方法同 2.4.1 节。

2.6.5 UV/NH_2Cl 对 OMPs 的降解

1. UV 照射下 NH_2Cl 的光解

pH 为 6.2～8.2 时测量了 NH_2Cl 在 UV 照射下的光解,测得 NH_2Cl 在 254 nm 处的摩尔吸光系数为 386 L/(mol·cm),接近于先前研究报道的数值[206, 252]。与基于 UV 的其他 AOPs 中使用的氧化剂相比,在 254 nm 处 NH_2Cl 的 UV 吸收比 H_2O_2 和 HOCl 高得多[$\varepsilon_{H_2O_2}$ =18.7 L/(mol·cm)和 ε_{HOCl}=62 L/(mol·cm)][252]。

pH 为 6.2～8.2 时 NH_2Cl 在 UV 体系下的降解遵循一级动力学（图 2-60）,而且 NH_2Cl 的自分解在反应时间内可忽略不计（图 2-61）。随着 pH 从 6.2 增加到 8.2,NH_2Cl 在 UV 下的总体降解速率略微降低（图 2-62）,添加 TBA 后稍微抑制了 NH_2Cl 的光解,即在 NH_2Cl 光解过程中存在·OH 和·Cl,并与 NH_2Cl 反应。除·OH 和·Cl 外,·NH_2 和其他自由基也在 NH_2Cl 光解过程中产生[206]。·NH_2 的反应活性较低[254],这里不考虑·NH_2 对 NH_2Cl 降解所产生的贡献。因此,UV 照射下 NH_2Cl 的降解主要是由于直接光解,部分是由于与·OH 和·Cl 的反应。

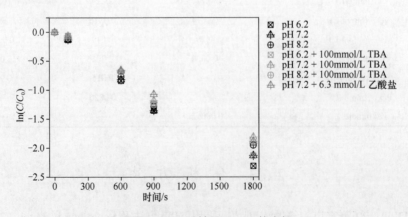

图 2-60　UV 照射下 NH_2Cl 的光解

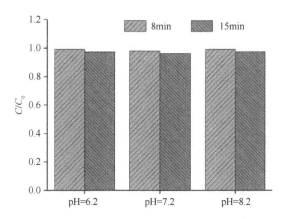

图 2-61　不同 pH 下无 UV 照射时 NH_2Cl 的自分解

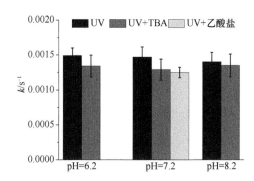

图 2-62　不同 pH 下分别添加 TBA 和乙酸盐在 UV 照射时 NH_2Cl 的降解

为了确定在 254 nm 下 NH_2Cl 直接光解的固有量子产率,研究人员根据加入 TBA 条件下的数据测得 pH 为 7.2 条件下 NH_2Cl 的 Φ_{254nm}=0.29 mol/Einstein,在文献报道的数值范围(0.20~0.62 mol/Einstein)内[207, 240, 241, 252, 261]。研究表明,使用醇类(如甲醇)作为自由基猝灭剂,可促进光解过程中 NH_2Cl 的分解。因此,有研究者使用乙酸盐作为自由基猝灭剂测定了 NH_2Cl 的 Φ_{254nm}(0.20 mol/Einstein),小于之前文献报道的数值[207, 240, 241, 261]。另外比较了 NH_2Cl 在添加乙酸盐(6.3 mmol/L)和 TBA(100 mmol/L)条件下的光解速率,如图 2-62 所示,在 pH=7.2 时,两种条件下 NH_2Cl 的光降解速率差异可以忽略不计。因此,选择 NH_2Cl 的 Φ_{254nm}=0.29 mol/Einstein 用于下面的讨论和计算。

2. OMPs 在 NH_2Cl、UV 和 UV/NH_2Cl 条件下的降解

图 2-63 为 pH=7.2 的 PBS 中不同处理条件下 OMPs 随时间的降解规律。在反应时间内,五种 OMPs 在 0.126 mmol/L 单独 NH_2Cl 存在的暗反应体系中的降解速率非常小,表明在 UV/NH_2Cl 条件下,单独的 NH_2Cl 对 UV/NH_2Cl 降解的贡献可忽略不计。相反,在 UV/NH_2Cl 条件下 OMPs 会发生快速降解。$\ln(C/C_0)$与反应时间(图 2-63)之间的线性关系表明 OMPs 的降解遵循拟一级动力学,在不同条件下的一级反应速率常数如表 2-24 所示。

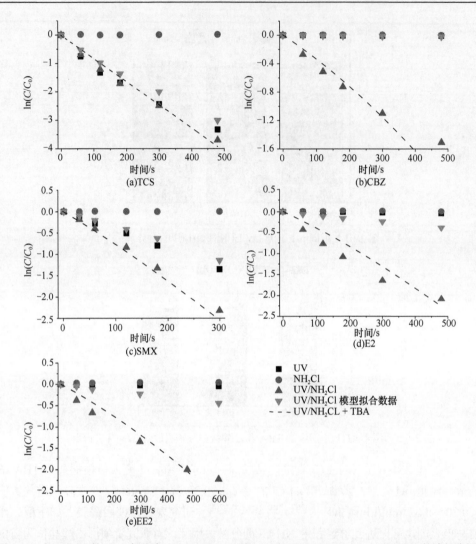

图 2-63 在 pH=7.2 的 PBS 中通过 UV、NH_2Cl、UV/NH_2Cl 和 UV/NH_2Cl + 0.1 mol/L TBA 的途径降解 OMPs

初始 NH_2Cl 浓度为 0.126 mmol/L

表 2-24 在 pH=7.2 的 PBS 中 UV、NH_2Cl、UV/NH_2Cl 和 UV/NH_2Cl + 0.1 mol/L TBA 条件下 OMPs 的降解速率常数

OMPs	k_{UV} /($\times 10^{-3}$ s^{-1})	k_{NH_2Cl} /($\times 10^{-3}$ s^{-1})	k_{UV/NH_2Cl} /($\times 10^{-3}$ s^{-1})	$k_{UV/NH_2Cl+TBA}$ /($\times 10^{-3}$ s^{-1})
TCS	7.88±0.78	<1	8.18±0.57	6.62±0.44
CBZ	<10^{-3}	<10^{-3}	3.64±0.18	<10^{-3}
SMX	4.51±0.06	<10^{-3}	7.80±0.17	3.80±0.10
E2	<10^{-3}	<10^{-3}	5.40±0.28	0.77±0.04
EE2	<10^{-3}	<10^{-3}	4.36±0.36	0.77±0.08

如图 2-63 所示，在单独的 UV 和 UV/NH_2Cl 条件下，TCS 的降解速率几乎相同，表明 TCS 主要是通过 UV 直接光解来降解的。加入 TBA 后的降解速率低于单独 UV 的

降解速率，表明 TCS 具有自身光敏能力。CBZ 在单独 NH_2Cl 和单独 UV 下都几乎没有降解，而 8 min 内在 UV/NH_2Cl 条件下降解了约 78%。加入 TBA 后几乎完全抑制了 CBZ 的降解，表明·OH 和·Cl 是降解 CBZ 的主要活性物质。至于 SMX，尽管在单独 UV 下有一定的降解，但 NH_2Cl 的加入显著地增强了 SMX 的降解。TBA 的存在将 SMX 的降解速率降低至与单独 UV 下的降解速率相似的水平。综合结果表明，在 UV/NH_2Cl 条件下，直接光解及·OH 和·Cl 都有对 SMX 的降解有贡献。对于 E2 和 EE2 来说，与其他 OMPs 不同，添加 TBA 仅部分抑制了 E2 和 EE2 的降解，它们在单独 NH_2Cl 和单独 UV 条件下的降解都可忽略不计。为了证实 TBA 的产物对 E2 和 EE2 的降解没有贡献，通过使用乙酸盐代替 TBA 作为自由基猝灭剂进行了另外的实验。如图 2-64 所示，在存在过量乙酸盐的情况下也能观察到 E2 和 EE2 的降解，表明存在除了·OH 和·Cl 外的活性物质可以与 E2 和 EE2 发生反应。尽管如此，·OH 和·Cl 在 E2 和 EE2 的整体去除中起主要作用。

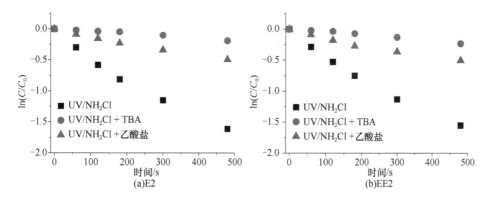

图 2-64　比较在 pH=7.2 的 PBS 中 UV/NH_2Cl、UV/NH_2Cl + 100 mmol/L TBA 和 UV/NH_2Cl + 6.3 mmol/L 乙酸盐不同途径对 E2 和 EE2 降解的影响

3. OMPs 与主要自由基之间的二级速率常数测定

NH_2Cl 直接光解产生的主要自由基为·Cl 和·OH。为了定量研究它们对 OMPs 降解的贡献，应用竞争动力学的方法（同 2.4.1 节），测定了主要自由基与 OMPs 之间的二级速率常数。如表 2-25 所示，·OH 和 4 个 OMPs 之间的二级速率常数范围为 $6.3 \times 10^9 \sim 9.8 \times 10^9$ L/(mol·s)，与之前报道的数据相当[255]。·Cl 与 CBZ、SMX、E2 和 EE2 反应的二级速率常数分别为 3.7×10^{10}、3.4×10^{10}、8.0×10^9 和 2.1×10^9 L/(mol·s)。基于二级速率常数和动力学模型，本节估算了在缓冲液体系中直接 UV 光解、NH_2Cl 和主要自由基对 OMPs 总体降解的贡献比例，如图 2-65 所示。

$$\begin{aligned} k_{obs} &= k_d + k_i \\ &= k_{UV} + k_{NH_2Cl} + k_{OMP/·OH} \times [·OH]_{SS} + k_{OMP/Cl·} \times [Cl·]_{SS} \\ &\quad + k_{OMP/Cl_2^-·} \times [Cl_2^-·]_{SS} + k_{OMP/CO_3^-·} \times [CO_3^-·]_{SS} + k_{RNS} \end{aligned} \quad (2-28)$$

表 2-25　OMPs 与自由基之间反应的速率常数

污染物	·OH/[L/(mol·s)]	·Cl/[L/(mol·s)]	Cl_2^-·/[L/(mol·s)]	Cl_2^-·/[L/(mol·s)]
CBZ	$(6.4\pm0.1)\times10^9$	$(3.7\pm0.3)\times10^{10}$	$(3.4\pm0.4)\times10^6$	1.3×10^7
	$(2.1\sim9.5)\times10^9$	$(1.8\sim3.7)\times10^9$	$(2.3\sim4.2)\times10^6$	$(2.1\sim2.5)\times10^6$
SMX	$(6.3\pm0.6)\times10^9$	$(3.4\pm0.4)\times10^{10}$	$(2.3\pm0.2)\times10^8$	1.5×10^7
	$(4.9\sim6.3)\times10^9$	$(4.4\sim5.4)\times10^9$	$(1.2\sim4.4)\times10^8$	$(4.0\sim4.8)\times10^8$
E2	$(8.5\pm0.6)\times10^9$	$(8.0\pm0.2)\times10^9$	1.2×10^8	9.0×10^6
	$(9.8\sim14.1)\times10^9$	$(1.3\sim1.6)\times10^{10}$	2.2×10^7	$(2.0\sim2.4)\times10^7$
EE2	$(9.8\pm0.4)\times10^9$	$(2.1\pm0.2)\times10^9$	1.1×10^8	1.0×10^7
	10.3×10^9	NA	1.6×10^8	NA

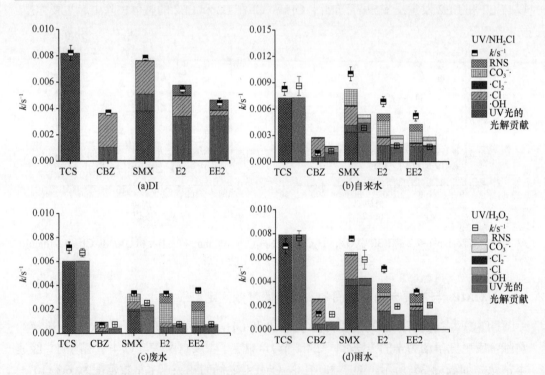

图 2-65　在 UV/NH₂Cl 和 UV/H₂O₂ 条件下 DI（pH = 7.2）、废水（pH = 7.5）、雨水（pH = 7.3）和自来水（pH = 7.9）中 OMPs 的降解速率

4. 含氮自由基的贡献

NH_2Cl 光解产生的·NH_2 可以进一步与溶解氧反应生成多种其他含氮的活性物质（RNS）[262]，包括·NO、·NO_2、$ONOO^-$/ONOOH，反应方程式如下：

$$·NH_2 + O_2 \longrightarrow NH_2O_2· \quad k=1.2\times10^8 \text{ s}^{-1}$$

$$NH_2O_2· \longrightarrow ·NO + H_2O \quad k\approx7.0\times10^5 \text{ L/(mol·s)}$$

$$·NO + HO_2· \longrightarrow ONOOH \quad k=3.2\times10^9 \text{ L/(mol·s)}$$

$$2 \cdot NO + O_2 \longrightarrow 2 \cdot NO_2 \qquad k=2.3\times10^6 \text{ L/(mol·s)}$$

RNS 具有很强的选择性，优先选择具有富电子部分的有机分子[263, 264]。例如，·NH$_2$ 可与各种取代基的酚盐反应，并具有较高的速率常数，如与对苯二酚[(1.8~6.5)×10^8 L/(mol·s)]和抗坏血酸离子[7.3×10^8 L/(mol·s)][265]。·NO$_2$ 可以氧化一些富电子部分，如酚基、苯胺、吩噻嗪和硫醇[263]。此外，过氧亚硝酸盐与有机物的二级速率常数从 10^3 L/(mol·s)到 10^6 L/(mol·s)不等，而酚基结构是过氧亚硝酸盐的反应位点[265-267]。因此，在 UV/NH$_2$Cl 条件下，含有酚类结构的 E2、EE2 可能与 RNS 发生反应。为了验证这一假设，这里做了 UV/NH$_2$Cl 体系下苯甲醚（甲基取代的酚基）和苯酚的降解实验。

在加入 100 mmol/L TBA 的 UV/NH$_2$Cl 条件下，·OH 和·Cl 被 TBA 完全消耗。由于 TBA 不与 NH$_2$ 反应（图 2-66），因此观察到的任何降解应该是由与氨基反应产生的 RNS 引起。如图 2-67 所示，TBA 的加入只是部分抑制了苯酚的降解，而苯甲醚的降解则完全被抑制。综合这些结果，研究人员认为 RNS 可以与 E2 和 EE2 发生反应，且酚基结构是 RNS 的反应位点。

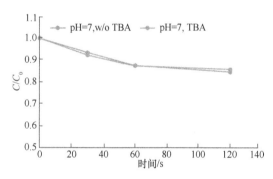

图 2-66 在 pH=7.2 的 PBS 中 E2 在 Fe(Ⅱ)/ NH$_2$Cl 条件下的降解

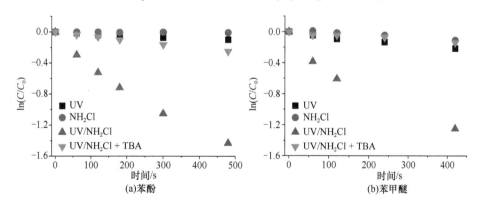

图 2-67 比较在 pH=7.2 的 PBS 中 UV、NH$_2$Cl、UV/NH$_2$Cl 和 UV/NH$_2$Cl + 0.1 mol/L TBA 条件下苯甲醚和苯酚的降解

5. 水质基质对 OMPs 在 UV/NH$_2$Cl 体系中降解的影响

在高级氧化条件下，水质组分可显著改变自由基的分布和浓度[213, 252, 268, 269]。因此，本节测定了 NH$_2$Cl 剂量、pH、氯化物、NOM、碳酸氢盐对 OMPs 降解影响。

1）NH_2Cl 剂量的影响

如图 2-68 所示，随着 NH_2Cl 浓度从 0.0158 mmol/L 增加到 0.252 mmol/L，TCS 的降解速率降低了约 16%，而 CBZ、SMX、E2 和 EE2 的降解速率增加了约 270%、56%、290%和 280%。有两种可能的机理可以解释 NH_2Cl 剂量依赖性效应：一个是 NH_2Cl 的高摩尔吸收系数[ε_{254nm}= 386 L/(mol·cm)]影响 OMPs 的直接光解。由于直接光解控制 TCS 的整体降解，增加 NH_2Cl 剂量抑制了 TCS 的直接光解，因此降低了 TCS 的降解速率。另一个是 NH_2Cl 剂量影响活性物质的产生。在 UV/NH_2Cl 条件下，OMPs 本身是自由基主要清除剂。因此，对于 CBZ、SMX、E2 和 EE2，增加的 NH_2Cl 剂量促进了活性物质的产生，但消耗自由基的物质的量基本不变，因此加速了整体降解速率。对于 SMX，直接光解和自由基都有助于在 UV/NH_2Cl 条件下的降解。对于 CBZ、E2 和 EE2，活性物质起主导作用，几乎占总去除率的 100%。由于 NH_2Cl 剂量抑制了 SMX 的直接光解，随着 NH_2Cl 剂量的增加，SMX 降解速率的增长幅度要小于 CBZ、E2 和 EE2 的降解速率的增长。

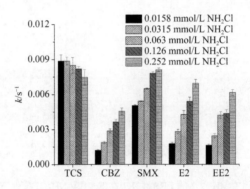

图 2-68 在 pH=7.2 的 UV/NH_2Cl 条件下不同剂量 NH_2Cl 中 OMPs 降解的一级速率常数

然而，在实际水体中，OMPs 通常以 nmol 水平存在，因此 NH_2Cl 本身对自由基的清除作用在 UV/NH_2Cl 体系中变得很重要。因为·Cl 快速与 H_2O 发生反应，产生·OH，NH_2Cl 和·OH 之间的反应控制着自由基浓度。然而，在先前的文献中报道了三种不同的二级速率常数即 $k_{NH_2Cl/·OH}$ = 5.1×10^8 L/(mol·s)、1.02×10^9 L/(mol·s)和 2.8×10^9 L/(mol·s)[252, 270, 271]。为确定哪个速率常数更可靠，本节测定了 UV 照射条件下，不同浓度 NH_2Cl 时，10 μmol/L NB 的降解情况。由于 NB 在 UV/NH_2Cl 条件下仅与·OH 发生反应，因此可以从 NB 降解速率常数曲线（图 2-69）比较 NB 和 NH_2Cl 对·OH 的相对清除作用。研究表明，$k_{NH_2Cl/·OH}$ 估计在（3.33~6.66）×10^8 L/(mol·s)范围内，因此，研究人员选择 5.1×10^8 L/(mol·s)作为二级速率常数值。

2）pH 的影响

图 2-70 为不同 pH 条件下 OMPs 降解的一级速率常数。随着 pH 从 6.2 增加到 8.2，TCS 的降解速率增加。TCS 的 pK_a=7.8，在 pH=8.2 的条件下，TCS 主要以离子形式存在，而在 pH=6.1 和 7.2 时，中性结构形式占主导地位[272]。已知 TCS 的离子形式在 UV

辐射下具有更快的光解速率[263]，因此，较高的 pH 导致 TCS 的更快降解。在 pH=6.2 时，SMX 的降解速率（pK_a=5.6）[273]远高于在 pH=7.2 和 8.2 时的降解速率，这可以通过中性形式的光降解比其离子形式的光降解更快来解释[238, 274]。E2、EE2 和 CBZ 的降解速率主要依赖于自由基的贡献，而 NH_2Cl 的降解速率在 pH=6.2～8.2 时的变化可以忽略，因此 E2、EE2 和 CBZ 的降解速率基本不变。此外，CBZ、E2 和 EE2 的 pK_a 值分别为 13.9[275]、10.4 和 10.7[276]，远远低于测试的 pH 范围，主要以质子形式存在。

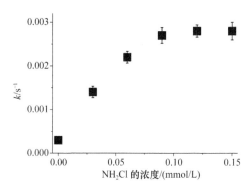

图 2-69　在 pH=7.2 的 UV/NH_2Cl 条件下不同剂量 NH_2Cl 中 NB 降解的一级速率常数

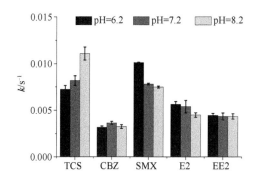

图 2-70　不同 pH 时在 UV/NH_2Cl 条件下 OMPs 降解的一级速率常数

3）氯离子的影响

Cl^- 普遍存在于饮用水和废水中。此外，NH_2Cl 的加入不可避免地引入一定量的 Cl^-，因为 NH_2Cl 的制备总是涉及含有氯化物的试剂（如 NH_4Cl、次氯酸盐溶液等）。

本节涉及的实验是在 pH=7.2 下用 0.15～20 mmol/L Cl^- 进行，该范围涵盖饮用水和废水中常见的 Cl^- 浓度范围。随着 Cl^- 浓度的增加，TCS 和 SMX 降解速率的变化可以忽略。而 CBZ、E2 和 EE2 的降解受到不同程度的影响：随着 Cl^- 浓度的增加，CBZ 的降解速率略有下降；与之相反，当 Cl^- 浓度从 0.15 mmol/L 增加到 20 mmol/L 时，E2 和 EE2 的降解速率分别增加了约 28%和 30%（图 2-71）。为了进一步证实 Cl^- 对 CBZ、E2 和 EE2 的影响，将 Cl^- 的浓度升高到 0.2 mol/L，如图 2-71 中插图所示，CBZ 的降解速率降低了约 20%，而 E2 和 EE2 的降解速率显著增加。

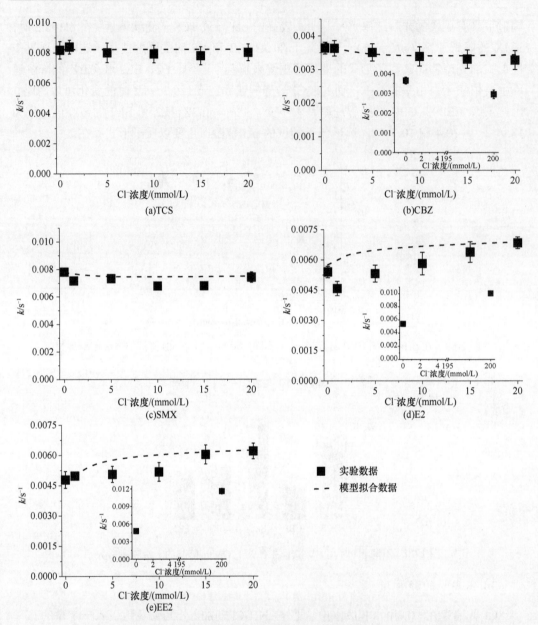

图 2-71 在 pH=7.2 的 UV/NH$_2$Cl 条件下不同浓度氯化物中 OMPs 降解的一级速率常数

Cl$^-$可以与主要自由基迅速反应,但它只会轻微影响·Cl 和·OH 的浓度。对于·OH 而言,因为反向反应足够快,所以 Cl$^-$产生的影响可以忽略不计;对于·Cl 而言,其主要的清除剂是 OH$^-$和 H$_2$O,因此 Cl$^-$的存在不会显著降低·Cl 浓度。如表 2-26 所示,Cl$^-$的添加没有降低·OH 的浓度,略微降低了·Cl 的浓度,但显著增加了·Cl$_2^-$的浓度。由于直接光解在 UV/NH$_2$Cl 条件下主导 TCS 的降解,因此 Cl$^-$的增加对 TCS 降解速率的影响最小。至于 SMX,直接光解及与·OH 和·Cl 的反应都发挥了重要作用。SMX 与·Cl 和·Cl$_2^-$反应的速率常数分别为 3.4×10^{10} L/(mol·s)和 1.5×10^7 L/(mol·s)。因此,·Cl$_2^-$的增加可能补偿了·Cl 的轻微降低，从而导致其整体降解速率没有发生变化。对于 CBZ、E2 和 EE2 而言，自由基的氧化是它们在 UV/NH$_2$Cl 体系中降解的主要机理，因此 Cl$^-$的存在可能影响 OMPs 的降解。因为缺乏合适的化学物质测定 ·Cl$_2^-$ 与 OMPs 的二级反应速率常数，在这项研究中，涉及 ·Cl$_2^-$ 的速率常数是通过动力学模型估算的。CBZ、SMX、E2、EE2 与 ·Cl$_2^-$ 的二级速率常数分别为 $1.3×10^7$、$1.5×10^7$、$9.0×10^6$ 和 $1.0×10^7$ L/(mol·s)。将这些数值代入模型，模型预测的准确性得到显著提高（图 2-71）。

$$·Cl + Cl^- \longrightarrow ·Cl_2^- \quad k=8.50×10^9 \text{ L/(mol·s)}$$

$$·Cl_2^- \longrightarrow ·Cl + Cl^- \quad k=6.00×10^4 \text{ s}^{-1}$$

$$Cl·OH^- \longrightarrow Cl^- + ·OH \quad k=6.10×10^9 \text{ s}^{-1}$$

$$Cl^- + ·OH \longrightarrow ClOH^- \quad k=4.30×10^9 \text{ L/(mol·s)}$$

表 2-26 通过动力学模型确定的自由基浓度

Cl$^-$浓度/（mol/L）	自由基浓度/（mol/L）			
	·OH	·Cl	·Cl$_2^-$	·NH$_2$
$1.50×10^{-4}$	$1.63×10^{-12}$	$3.77×10^{-13}$	$7.85×10^{-12}$	$4.47×10^{-12}$
$1.15×10^{-3}$	$1.85×10^{-12}$	$2.66×10^{-13}$	$4.24×10^{-11}$	$4.47×10^{-12}$
$5.15×10^{-3}$	$2.10×10^{-12}$	$1.36×10^{-13}$	$9.74×10^{-11}$	$4.47×10^{-12}$
$1.02×10^{-2}$	$2.18×10^{-12}$	$9.50×10^{-14}$	$1.35×10^{-10}$	$4.47×10^{-12}$
$1.52×10^{-2}$	$2.21×10^{-12}$	$7.81×10^{-14}$	$1.66×10^{-10}$	$4.47×10^{-12}$
$2.02×10^{-2}$	$2.23×10^{-12}$	$6.86×10^{-14}$	$1.94×10^{-10}$	$4.47×10^{-12}$

4）NOM 的影响

如图 2-72 所示，随着 NOM 浓度的增加，OMPs 的降解速率都显著降低：在浓度为 10 mg/L 的 NOM 存在下，TCS、CBZ、SMX、E2 和 EE2 的总降解速率分别降低了约 71%、83%、82%、86%和 82%。

在光解反应体系中，NOM 通常表现出三种主要作用：光敏剂、光屏蔽化合物和活性物质清除剂。如图 2-72 所示，在 254 nm UV 照射下的 NOM 没有增强 OMPs 的光解，表明 NOM 的光敏化作用并不重要。NOM 的存在显著降低了 OMPs 在 UV/NH$_2$Cl 条件下的降解速率，这是因为 NOM 在 254 nm 处有很强的吸光性[ε_{254nm}= 0.054 L/（mg·cm）]，因此抑制了 TCS 和 SMX 的直接光解。它还通过降低 NH$_2$Cl 光解速率来减少活性物质的产生。此外，NOM 还可以与 OMPs 竞争消耗自由基（如下反应式）[213]。将 NOM 的遮光效应和自由基清除效应考虑到模型模拟中，模拟结果与实验数据大体一致。

$$NOM + ·Cl \longrightarrow X \quad k=1.30×10^4 \text{ L/(mg·s)}$$

$$NOM + ·OH \longrightarrow X \quad k=2.50×10^4 \text{ L/(mg·s)}$$

$$NOM + ClO· \longrightarrow X \quad k=4.50×10^4 \text{ L/(mg·s)}$$

$$NOM + HOCl \longrightarrow X \quad k=1.80×10^4 \text{ L/(mg·s)}$$

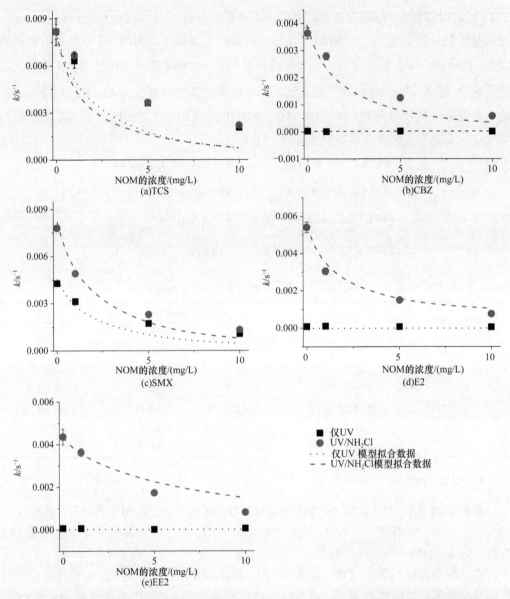

图 2-72 在 UV 和 UV/NH$_2$Cl 条件下不同浓度 NOM 中 OMPs 降解的一级速率常数

5) 碳酸氢根的影响

为了阐明碱度对 OMPs 降解的影响,本节评估了不同碳酸氢根浓度(0~4 mmol/L)下 OMPs 的降解速率(图 2-73)。由于碳酸氢根不改变直接光解条件,TCS 降解效率保持不变。随着碳酸氢根浓度的增加,CBZ 降解速率受到部分抑制。对于 SMX、E2 和 EE2,随着碳酸氢根浓度的增加,降解速率略有改变。

碳酸氢根与·OH 和·Cl 快速反应形成 CO_3^-·(如下方程所示),因此其存在可能影响自由基对 OMPs 降解的贡献。为了定量评估 CO_3^-·的影响并提供可靠的预测,本节重新确定了 UV/NH$_2$Cl 过程中涉及的关键速率常数，包括 $CO_3^-\cdot$ 与 OMPs 之间的二级反应速率常数，$CO_3^-\cdot$ 与 NH$_2$Cl 及 ·Cl 与 HCO$_3^-$ 的二级反应速率常数。

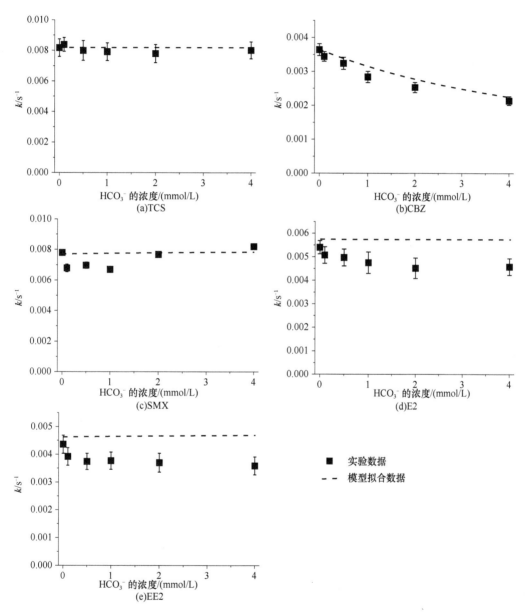

图 2-73　在 pH=7.2 的 UV/NH$_2$Cl 条件下不同浓度碳酸氢盐中 OMPs 降解的一级速率常数

实验最初选用 PNA 作为参考化合物，采用竞争动力学的方法来测定 $CO_3^-\cdot$ 与 OMPs 的二级速率常数。代入模型进行拟合，发现模型拟合的数据要显著高于 E2 和 EE2 的实验结果（图 2-74）。推测 PNA 与 $CO_3^-\cdot$ 反应生成的含氮的中间产物可以促进 E2 和 EE2 的降解，这导致 $CO_3^-\cdot$ 与这些 OMPs 之间的二级反应速率常数值偏高。通过用 *N*-甲基苯胺作为参考化合物代替 PNA 得到了同样的结果,进一步证实了这一假设,因此,含苯胺的化合物不适合用作参考化合物。

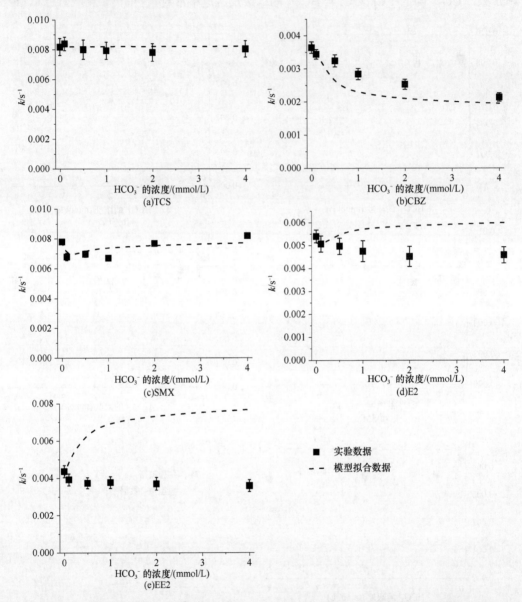

图 2-74 在 pH=7.2 的 UV/NH$_2$Cl 条件下不同浓度碳酸氢盐中 OMPs 降解的一级速率常数

本节提出了一种可以通过测定 OMPs 在 UV/NH$_2$Cl/HCO$_3^-$ 条件下的降解来确定 CO$_3^-$· 与 OMPs 二级反应速率常数的方法。由于该方法不需要额外的化学探针,因此可能提供更可靠的估算。应用类似的方法,CO$_3^-$· 与 NH$_2$Cl 之间的速率常数确定为 9.3×10^6 L/(mol·s)。应用这些值,模型预测的准确性得到显著提高(图 2-74)。

$$NH_2Cl + CO_3^- \cdot \longrightarrow HCO_3^- + \cdot NHCl \quad k=9.30\times10^6 \text{ L/(mol·s)}$$

$$\cdot OH + HCO_3^- \longrightarrow CO_3^- \cdot + H_2O \qquad k=8.50\times10^6 \text{ L/(mol·s)}$$

$$\cdot Cl + HCO_3^- \longrightarrow CO_3^- \cdot + Cl^- + H^+ \qquad k=1.10\times10^8 \text{ L/(mol·s)}$$

6. UV/NH_2Cl 的综合模型

在以往的研究中,几种 PPCPs 的降解在干净水基质(如 RO 滤液和去离子水)中成功建模[252-254],而这些模型在复杂基质中提供了不太准确的预测(图 2-75)。结合 NH_2Cl 光解作用的新信息,RNS 的贡献和从该研究获得的水基质效应,开发了用于预测 UV/NH_2Cl 条件下 OMPs 降解的综合动态模型。如图 2-75 所示,预测结果和实验数据吻合良好,差异小于±20%。然而,该模型有一些局限性,由于模型中的所有速率常数均为 25℃下的,因此该模型仅能在室温下进行评估。此外,因为该模型模拟的是完全混合反应器中的反应,所以需要进行修改以用于工程目的,如在活塞流反应器中的应用。

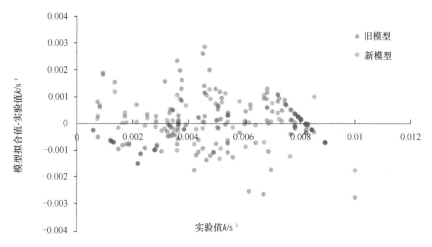

图 2-75　在 UV/NH_2Cl 条件下预测不同水基质中 OMPs 的降解速率常数

7. UV/NH_2Cl 和 UV/H_2O_2 在环境水样中 OMPs 的降解速率比较

研究人员测定了 UV/NH_2Cl 在自来水、雨水和废水基质对 OMPs 的降解速率,并与 UV/H_2O_2(最广泛研究的 AOPs 之一)进行了比较。如图 2-65 所示,在 UV/NH_2Cl 条件下 OMPs 的降解速率大多高于 UV/H_2O_2 条件下的降解速率。此外,UV/NH_2Cl 体系对基质效应的敏感性低于 UV/H_2O_2 体系。在自来水中,残余的 NH_2Cl 导致 OMPs 的降解速率得到增大。对于废水,所有 OMPs 的降解都被抑制,因为废水在 254 nm 处的吸光度很大(A_{254} = 0.157 cm^{-1}),这不仅影响了 TCS 和 SMX 的直接光解,还抑制了 NH_2Cl 的光解。在雨水基质中,OMPs 降解速率有轻微抑制,这是因为雨水水质干净,对自由基的清除作用有限。值得注意的是,CBZ 在 UV/NH_2Cl 和 UV/H_2O_2 条件下以非常相似的速率降解,这与 Chuang 等[252]的研究结论一致。

图 2-65 显示了自由基对 OMPs 降解的贡献的模拟结果。在 UV/H_2O_2 条件下,起主要作用的自由基为·OH;在 UV/NH_2Cl 条件下,初级自由基与水质组分生成的二级自由基(如 $CO_3^- \cdot$)对 OMPs 的降解起着重要作用。与·OH 相比,$CO_3^- \cdot$ 的选择性更高,也

导致 UV/NH$_2$Cl 过程的基质效应不明显。该对比研究强调了 CO$_3^-$· 在 UV/NH$_2$Cl 高级氧化过程中对某些 OMPs 降解的重要性。

2.6.6 小　　结

如今 NH$_2$Cl 广泛应用于饮用水和回用水处理,但是由于其氧化能力弱[253, 254],大多数 OMPs 不能被有效去除。UV 和 NH$_2$Cl 的耦合可以产生高级氧化工艺,可以高效地去除水中的 OMPs。本节弥补了 UV/NH$_2$Cl 应用中的一些信息空白,并强调了基质效应对 OMPs 降解的重要性。与 UV/H$_2$O$_2$ 工艺不同,OMPs 在 UV/NH$_2$Cl 工艺中通过多种自由基共同作用得到去除,包括·OH、·Cl、RNS 和 CO$_3^-$·。每种自由基的相对贡献取决于水质本身,因此,OMPs 在 UV/NH$_2$Cl 高级氧化条件下会有多种降解途径。另外相比于 UV/H$_2$O$_2$,OMPs 在 UV/NH$_2$Cl 体系下的去除率受基质效应的影响要小得多,这也是 UV/NH$_2$Cl 高级氧化工艺的优点之一。

2.7　UV/PAA 对药物类污染物的降解

2.7.1　UV/PAA 工艺介绍

过氧乙酸(PAA)是一种广谱性杀菌剂[277, 278]。通过 H$_2$O$_2$ 与乙酸[CH$_3$C(=O)OH] 的酸催化反应合成的商用 PAA 溶液通常是 PAA、H$_2$O$_2$、CH$_3$C(=O)OH 和水的混合物[279]。PAA 的氧化电位高于 H$_2$O$_2$(1.96 eV 与 1.78 eV),其抗菌效果要远远优于 H$_2$O$_2$[280]。之前已经有文献报道过 PAA 对细菌的灭活作用[277, 278, 281, 282]。值得注意的是,当溶液的 pH< 8.2(p$K_{a,PAA}$=8.2,25℃)时,在杀菌过程中起主要作用的是质子态的 PAA(PAA^0),而不是离子态的 PAA$^-$。

PAA 具有杀菌能力强、有毒副产物形成量少、易于改造等优点,因此广泛应用于食品、医药、纺织等各个行业,同时在美国、加拿大、欧洲等国家和地区用于废水消毒[27, 277, 283-286]。由于美国环境保护署认为 PAA 可以作为下水道溢流和废水消毒的替代方案,因此 PAA 在废水处理中的应用受到越来越多的关注。此外,PAA 在控制肠道微生物方面比 NaOCl 更有效[287]。因此,在未来的废水消毒处理中,PAA 有望取代 NaOCl。

随着更多污水处理厂使用 PAA 作为消毒剂,PAA 降解微污染物的潜力值得进一步研究。先前的研究发现,PAA 可以去除水中的 4-氯苯酚,但是其他人发现 PAA 对于降解污水中的某些药物(如布洛芬、萘普生、双氯芬酸、吉非贝齐和氯贝酸)无效[288, 289]。一些人已经研究了 UV 和 PAA 的组合工艺(即 UV/PAA)用于废水消毒,并发现与单独的 PAA、UV、H$_2$O$_2$ 及 UV/H$_2$O$_2$ 相比,具有更好的肠道微生物灭活作用[287]。研究表明,在 UV 照射之前引入 PAA 比先 UV 后 PAA 的顺序具有更好的消毒作用[27]。UV/PAA 对消毒的协同作用可归因于 PAA 光解形成·OH 和"活性"氧[27]。因此,将 UV 和 PAA 组合工艺用于废水消毒可以显著地降低消毒剂的剂量、缩短反应时间进而降低成本[287, 290]。

在 UV 照射下，PAA 的 O—O 键发生均裂，产生乙酰氧基自由基[CH$_3$C(=O)O·]和·OH。随后，CH$_3$C(=O)O·迅速离解成·CH$_3$ 和 CO$_2$，·CH$_3$ 可与氧结合产生弱过氧自由基（CH$_3$O$_2$·），同时，·OH 可能攻击 PAA 分子[27]。CH$_3$C(=O)O·也可与 PAA 反应生成乙酰基过氧自由基[CH$_3$C(=O)O$_2$·][28]。在 UV/PAA 体系中形成的各种基团可以表现出不同的反应性。此外，由于 PAA 溶液中总是存在一定量的 H$_2$O$_2$，因此 UV/H$_2$O$_2$ AOPs 与 UV/PAA 过程共存。

本节将对 UV/PAA 体系中形成的·OH 和其他自由基进行深入的研究。根据药物在水中的检出率和结构的不同，本节选择研究了七种目标化合物：苯扎贝特（BZF）、卡马西平（CBZ）、氯贝酸（CA）、双氯芬酸（DCF）、布洛芬（IBP）、酮洛芬（KEP）和萘普生（NAP），化学结构如图 2-76 所示。该研究阐明了反应机理并评估了 UV/PAA 自由基在降解药物中的作用。通过测量 PAA 的光吸收、量子产率和 PAA 本身对·OH 的清除作用，研究了 PAA 在 UV 照射下的光解作用。通过实验和动力学拟合系统地评估了在 UV/PAA 体系下对药物降解起主要作用的活性物质。另外，评估了 UV/PAA 体系下目标污染物的降解产物，并与 UV/H$_2$O$_2$ 的降解产物进行了比较。本节的研究首次揭示了 UV/PAA 对药物的降解动力学和机理，并系统地研究了 PAA 的光解行为。

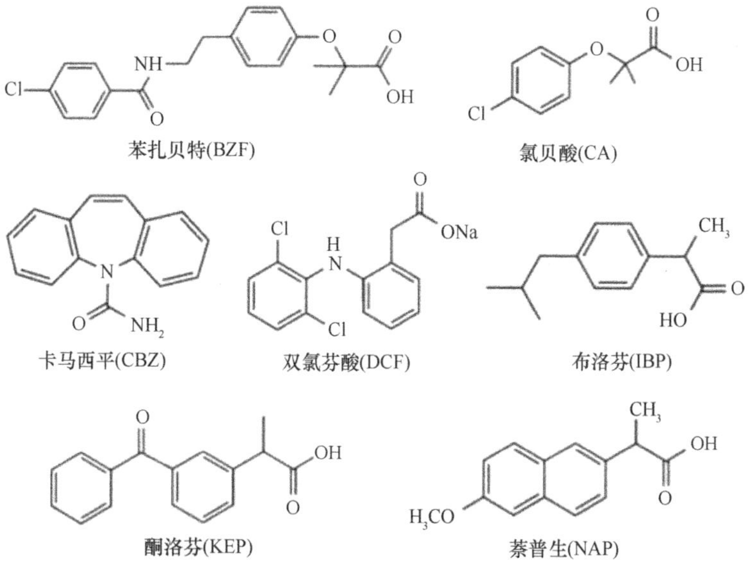

图 2-76 七种目标化合物的化学结构式

2.7.2 UV/PAA 实验设计

1. PAA 的测定

PAA 在低浓度下特别不稳定，因此 PAA 原液（39% PAA 和 6% H$_2$O$_2$）在 5℃下储存并采用滴定方法定期校准[291]。

每周通过稀释 PAA 储备溶液制备 10 g/L 的 PAA 工作溶液，并在 5℃下储存。通过 DPD 比色法定量实验中的残留 PAA。补充实验证实，样品中低浓度（<2.5 mg/L）的 H$_2$O$_2$

对 DPD 比色法测定 PAA 的影响可忽略不计。

2. 紫外光反应器

装置同图 2-11，本节中，有效光程 v 为 3.545 cm，紫外光光强 I_0 为 2.12×10^{-6} Einstein/(L·s)。

3. PAA 的光解

通过去离子水稀释 PAA 制备 pH 约 3.17 的 PAA^0 溶液（1g/L），PAA^0 占总 PAA 的 99% 以上。通过用硼酸盐缓冲液稀释 PAA 储备溶液以达到 pH=9.93 来制备 PAA^- 溶液（1g/L），其中 PAA^- 占 PAA 总量的 98% 以上。用安捷伦紫外光-可见分光光度计测量含有 H_2O_2 的 PAA^0 或 PAA^- 总吸光度，并通过从总吸光度中减去 H_2O_2 吸光度得到 PAA^0 或 PAA^- 的吸光度。根据比尔-朗伯定律，通过将吸光度除以摩尔浓度，得到 H_2O_2、PAA^0 和 PAA^- 在 200~400 nm 处的摩尔吸光系数。PAA^0 和 PAA^- 的直接光解在 pH=5.09 和 9.65 下进行，加入或不加入·OH 清除剂 TBA（10 mmol/L）。

4. 降解实验

在石英反应器中加入含有药物的溶液和磷酸盐或硼酸盐缓冲液（10 mmol/L）。然后，将石英反应器放入带有磁力搅拌器的光学反应箱中，立即将一定体积的 PAA 溶液加入反应器中开始反应。定期从反应器中取出样品等分试样（1mL）并立即放入含有过量硫代硫酸钠（$[Na_2S_2O_3]/[PAA]_0 > 5$）的 HPLC 小瓶中以猝灭氧化剂。此外，还进行了在单独 UV、单独 PAA 或 UV/H_2O_2 下的对照实验。通过在 UV 照射之前加入 10 mmol/L TBA 到反应溶液中进行猝灭实验。所有实验至少进行两次，实验结果取平均值。

5. 分析方法

通过配备二极管阵列紫外光检测器（DAD）和 Agilent Zorbax SB-C18 的 Agilent 1100 系列 HPLC 系统监测目标药物，pCBA、NB、AS、NP 和 2-NPAA 的损失柱（2.1mm×150 mm，5 μm）。BZF、CBZ、CA、DCF、IBP、KEP、NAP、pCBA、NB、AS、NP 和 2-NPAA 分别在 235、285、227、278、219、256、231、234、268、220、254 和 226 nm 下检测。等度洗脱：①甲醇和 0.1%（$v:v$）甲酸一起用于 BZF、CBZ、CA、DCF、IBP、KEP、NAP、pCBA 和 2-NPAA；②NP 的乙腈和去离子水；③NB 和 AS 的甲醇和去离子水。除 NAP 进样体积为 5μL 外，其余的进样体积为 20 μL。

配备 Agilent Zorbax RX-C18 色谱柱（2.1mm×150mm，5μm）、DAD 和单四极杆质谱仪（MS）的 Agilent 1100 系列 HPLC 用于 CBZ、IBP 和 NAP 的转化产物鉴定。将甲醇和 0.1%（$v:v$）甲酸以 0.2 mL/min 的流速用梯度洗脱程序进行 HPLC 分离。进样体积为 60 μL。正模式电喷雾电离（ESI+）用于 CBZ 和 NAP 检测，质谱扫描范围 m/z 为 70~500，阳性（ESI+）和阴性（ESI−）模式都适用于 IBP。质量碎裂电压设定为 35~220 eV。干燥气体流量为 10 L/min。对于 IBP 和 NAP，雾化器压力为 45psi；对于 CBZ，雾化器压力为 40 psi。IBP 和 NAP 的干燥气体温度为 350℃，CBZ 的干燥气体温度为 300℃，毛细管电压为 4000 V。

2.7.3 污染物在 UV/PAA 下的降解

1. UV 照射下 PAA 的光解作用

为了充分了解 UV/PAA 对药物的降解机理，首先需要了解 PAA 在 UV 照射下的光解作用。测定 PAA^0，PAA^- 和 H_2O_2 在 200~400 nm 处的摩尔吸光系数 ε [图 2-77（a）]。在 254 nm 处测量的 $\varepsilon_{H_2O_2}$ 为 18.54 L/(mol·cm)，与文献报道的数值一致 [18.7 L/(mol·cm)]。ε_{PAA^0} 和 ε_{PAA^-} 在 254 nm 处分别为 10.01 L/(mol·cm) 和 58.89 L/(mol·cm)。PAA^- 显示出更高的 UV 吸收，约为 PAA^0 的 6 倍和 H_2O_2 的 3 倍。

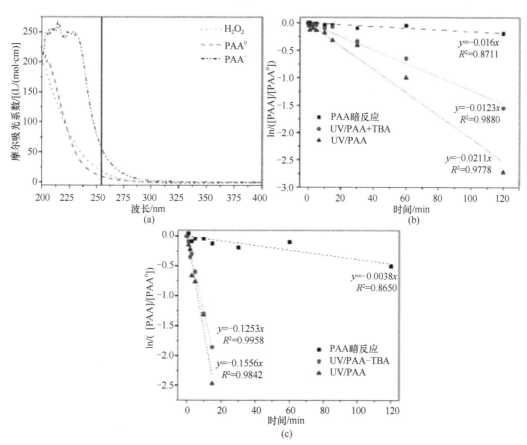

图 2-77 （25±1）℃时 PAA^0、PAA^- 和 H_2O_2 在 200~400 nm 处的摩尔吸光系数和在 UV 或 UV+TBA 下 PAA（1mg/L，即 13.1 μmol/L）的光解作用
(a)、(b) pH=5.09；(c) pH=9.65

在 UV 照射下 PAA^0（pH=5.09）和 PAA^-（pH=9.65）的光解遵循一级动力学 [图 2-77(b)、(c)]。PAA^- 具有比 PAA^0 更快的光解速率，因为其在 254 nm 处具有更高的 UV 吸收。添加 TBA 会部分抑制 PAA^0 和 PAA^- 的光解（在 PAA^0 的情况下更明显），证实了在 PAA 光解中产生了·OH 并且·OH 可以进一步与 PAA 反应。注意，对于可能由 PAA 光

解形成的其他自由基特异性的清除剂尚未建立，并且关于 PAA 对自由基的反应性的信息在文献中很少。然而，本节假设 UV 光解中 PAA 的衰变主要是由于直接光解，部分是由于与·OH 的间接光解，因此，采用 UV + TBA 得到的 PAA 光解速率常数作为直接光解速率常数，计算出 PAA^0 和 PAA^- 的量子产率（Φ_{254nm}），分别为 1.20 mol/Einstein 和 2.09 mol/Einstein。它们远高于报道的 H_2O_2 的 Φ_{254nm}（0.5 mol/Einstein）[292]，表明与 H_2O_2 相比，PAA 的光解可能产生更多的·OH 和/或其他活性自由基，启动自由基的连锁反应。

假设 PAA 的间接光解主要归因于·OH，PAA^0 和 PAA^- 对·OH 的清除作用通过使用对氯苯甲酸作为竞争动力学的化学探针测得，得到 $k_{·OH/PAA^0}$ =(9.33±0.3)×10^8 L/(mol·s)和 $k_{·OH/PAA^-}$ =(9.97±2.3)×10^9 L/(mol·s)。据研究人员所知，这是首次报道 PAA^0 和 PAA^- 的·OH 反应速率常数。这些速率常数比 H_2O_2 高 1~2 个数量级[$k_{·OH/H_2O_2}$ = 2.7×10^7 L/(mol·s)]，表明在高 PAA 浓度或碱性（PAA^-优势）条件下 PAA 对·OH 具有很强的清除作用。

2. PAA 和 UV/PAA 对药物的去除效果

反应进行 1h 后，在 pH=7.10，1 mg/L（13.1 μmol/L）PAA 的条件下，7 种药物仅发生了少量降解[图 2-78（a）]。将 PAA 剂量增加至 1 g/L（包括 0.11 g/L H_2O_2）并且反应时间延长至 24 h 后，仅 NAP 和 DCF 显示出明显的降解（分别为 62.50%和 29.70%），但大多数药物的去除率仍然是小于 11%[图 2-78（b）]。因此，单独的 PAA 不能有效地去除水中的目标污染物。

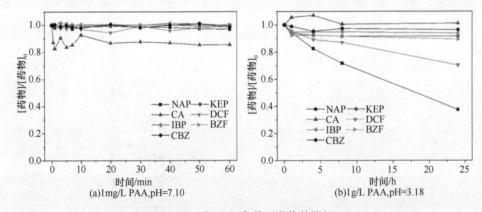

图 2-78 在 PAA 条件下药物的降解

相反，在 pH=7.10 条件下，UV/PAA（$[PAA]_0$ = 1mg/L）反应 2h 后药物的降解率超过 93.5%[图 2-79（a）]。UV/PAA 对药物的降解遵循拟一级动力学[图 2-79（b）]。单独 UV 能够快速降解 KEP（2 min 后浓度小于 0.05 μmol/L），与文献报道一致[293]，因此这里没有研究 KEP 在 UV/PAA 下的降解速率。

表 2-27 总结了在 UV/PAA、UV/H_2O_2 和单独 UV 条件下六种药物的降解速率常数（k_{obs}，以 min^{-1} 为单位）。UV/H_2O_2 实验使用 0.11 mg/L（即 3.3 μmol/L）初始 H_2O_2 浓度，这与 PAA 存在的 H_2O_2 的浓度一致，用以表示在 UV/PAA 过程中存在的 UV/H_2O_2 反应。BZF、CA 和 DCF 的 k_{UV} 值接近 $k_{UV/PAA}$ 值，表明直接光解在 UV/PAA 下的降解中起主要

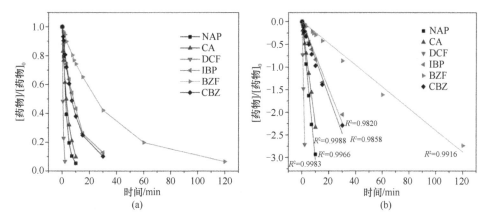

图 2-79 (a) 在 pH=7.10 的 UV/PAA（1mg/L）过程中降解药物；(b)（[药物]/[药物]$_0$）与时间的关系

表 2-27 药物在 UV/PAA、UV/H$_2$O$_2$ 和单独 UV 下的拟一级速率常数

成分	$k_{UV/PAA}$ /min^{-1}	k_{UV/H_2O_2} /min^{-1}	k_{UV} /min^{-1}	$k_{UV/PAA} / k_{UV/H_2O_2}$
BZF	$(2.40\pm0.06)\times10^{-2}$	$(2.14\pm0.01)\times10^{-2}$	$(2.01\pm0.04)\times10^{-2}$	1.1
DCF	1.38 ± 0.03	1.31 ± 0.03	1.09 ± 0.01	1.1
CA	$(2.30\pm0.03)\times10^{-1}$	$(1.77\pm0.05)\times10^{-1}$	$(1.95\pm0.04)\times10^{-1}$	1.3
IBP	$(8.83\pm0.15)\times10^{-2}$	$(6.41\pm0.17)\times10^{-2}$	$(2.61\pm0.07)\times10^{-2}$	1.4
NAP	$(3.07\pm0.07)\times10^{-1}$	$(8.07\pm0.42)\times10^{-2}$	$(5.10\pm0.31)\times10^{-2}$	3.8
CBZ	$(8.25\pm0.31)\times10^{-2}$	$(2.11\pm0.05)\times10^{-2}$	$(4.9c\pm0.25)\times10^{-3}$	3.9

注：实验条件：药物类初始浓度均为 1 μmol/L，[PAA]$_0$=1 mg/L，[H$_2$O$_2$]$_0$=0.11 mg/L，在 UV/H$_2$O$_2$ 实验中，[磷酸盐缓冲溶液]=10 mmol/L，pH=7.10，T=（25±1）℃。

作用。对于 IBP、NAP 和 CBZ，与单独的 UV 相比，UV/PAA 能够促进其降解速率升高 3~16 倍。UV/H$_2$O$_2$ 对药物在 UV/PAA 体系中降解的影响可以通过计算 $k_{UV/PAA} / k_{UV/H_2O_2}$ 比来评估（表 2-27）。对于 IBP、NAP 和 CBZ，$k_{UV/PAA} / k_{UV/H_2O_2}$ 比值大于 1.3，表明 UV/PAA 在 UV/PAA 体系中的降解比 UV/H$_2$O$_2$ 发挥更大的作用。此外，UV/PAA 对 NAP 和 CBZ 的降解比 UV/H$_2$O$_2$ 快得多，这表明由 PAA 光解形成的一些活性物质可以促进化合物降解。

3. UV/PAA 过程对 CBZ、IBP 和 NAP 的降解

CBZ、IBP 和 NAP 在 UV/PAA 下的降解机理值得进一步研究。因此，本节研究了 TBA 和 pH（5.09、7.10 和 9.65）对 UV、UV/PAA 和 UV/H$_2$O$_2$ 下 CBZ、IBP 和 NAP 降解的影响，如图 2-80 所示。

1）TBA 的影响

对于 CBZ[图 2-80（a）~（c）]，单独的 UV 和 UV + TBA 之间的比较表明直接光解在反应时间内（2h）很小，可以忽略不计。UV/PAA 和 UV/PAA + TBA 之间的比较表明，当添加 TBA 时，UV/PAA 下 CBZ 的降解几乎完全被抑制，这表明 UV/PAA 过程产

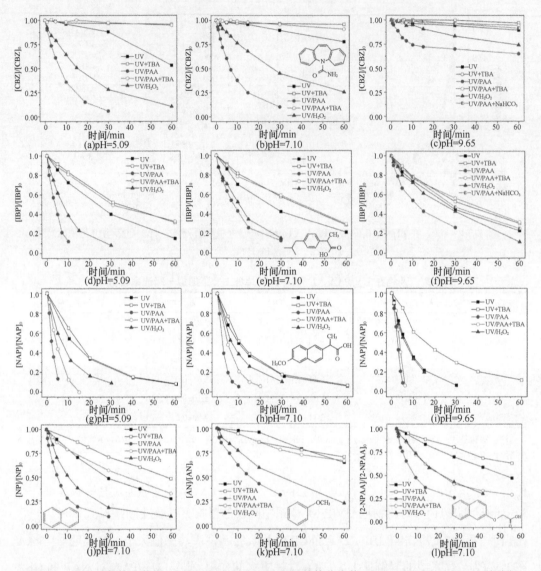

图 2-80 在不同条件下药物（CBZ、IBP 和 NAP）和亚结构化合物（NP、AN 和 2-NPAA）的降解
实验条件：[目标化合物]$_0$=1μmol/L, [PAA]$_0$ = 1 mg/L, [H$_2$O$_2$]$_0$ = (0.11±0.01) mg/L, [TBA]$_0$= 10 mmol/L, [NaHCO$_3$]$_0$ = 25.9 mmol/L, [缓冲液] = 10 mmol/L, T=25℃

生的·OH 是降解 CBZ 的主要自由基。对于 IBP[图 2-80（d）～（f）]，直接光解和·OH 都对 IBP 在 UV 照射下的降解有贡献，且直接光解起主要作用。加入 TBA 后，观察到的 IBP 的降解在 UV/PAA 条件下与在 UV+TBA 条件下相似。这一结果意味着 TBA 完全抑制了 IBP 在 UV/PAA 和 UV 条件下的间接光解，表明·OH 氧化和直接光解可能是 UV/PAA 过程中 IBP 降解的主要机理。对于 NAP[图 2-80（g）～（i）]，在酸性和中性 pH 下，NAP 的降解主要由直接光解贡献，在碱性 pH 下，NAP 的降解主要由直接光解和·OH 共同贡献。值得注意的是，UV/PAA 和 UV/PAA + TBA 之间的比较显示出 NAP 的不同降解机理。添加 TBA 仅略微抑制 UV/PAA 下 NAP 的降解，特别是在碱性 pH 下，这表明·OH 不是主要的自由基，UV/PAA 产生的其他自由基可以降解 NAP。

如图 2-80 所示，PAA 溶液中存在的 H_2O_2 对药物的降解也有一定的贡献。值得注意的是，UV/PAA 对药物降解的贡献要大于 UV/H_2O_2，与表 2-27 中的结果一致。

2）pH 的影响

CBZ、IBP 和 NAP 在 UV/PAA、UV/PAA + TBA、UV/H_2O_2、UV 和 UV + TBA 下的降解在 5.09~9.65 的 pH 范围内显示出类似的趋势（图 2-80）。对于所有三种药物，当 pH=5.09 时在 UV/PAA 下的降解速率略快于或与 pH=7.10 时的降解速率相当。相反，CBZ 和 IBP 当 pH=9.65 时在 UV/PAA 下的降解速率比 pH=7.10 时的降解速率慢。在碱性 pH 时，UV/PAA 的降解速率慢是因为 PAA^- 比 PAA^0 消耗·OH 的能力强且具有较高的光解速率。在碱性条件下，PAA 浓度随时间下降并且在 UV 直接光解 15 min 后耗尽。在此过程中，形成的自由基与药物反应，同时所产生的·OH 被 PAA 清除直至 PAA 耗尽。之后，由于没有自由基，残留的 CBZ 和 IBP 仅被 UV 降解。这种现象在 CBZ 降解中得到了充分证明，由于其非常缓慢的直接光解，反应在 15 min 后达到平衡[图 2-80（c）]。此外，作为·OH 的去除剂，碱性 pH 溶液中来自空气中 CO_2 的溶解性的碳酸盐/碳酸氢盐 [$k_{·OH/CO_3^{2-}}$ = 3.9×10^8 L/(mol·s)]；[$k_{·OH/HCO_3^-}$ = 8.5×10^6 L/(mol·s)]。当 pH=9.56 时加入 $NaHCO_3$(25.9 mmol/L)以研究碳酸盐/碳酸氢盐对 UV/PAA 对 CBZ 和 IBP 降解的影响[图 2-80（c）、（f）]。正如预期，加入 $NaHCO_3$ 后，在 UV/PAA 条件下反应 1h，CBZ 的去除率从 35%降低至 8.5%。类似地，UV/PAA 降低 IBP 的速率常数从 0.060 min^{-1} 降至 0.023 min^{-1}，接近直接光解速率常数。上述结果表明，溶液中溶解的 CO_2 会干扰 UV/PAA 对 CBZ 和 IBP 的降解。

相反，当 pH=9.65 时 UV/PAA 下 NAP 的降解速率略快于 pH=7.10[图 2-80（i）]。由于 UV/PAA 过程中产生的除·OH 的其他自由基在 NAP 降解中起着更重要的作用，因此在较高 pH 下对 NAP 的降解速率影响较小。

4. UV/PAA 对药物降解过程中产生的自由基的作用

1）UV、·OH 和其他自由基的贡献

UV/PAA 过程通过直接光解、·OH 氧化和其他自由基氧化共同降解药物。如下公式所示，在 UV + TBA、UV/PAA 和 UV/PAA + TBA 下获得的速率常数（单位：min^{-1}）可估算每种活性物质的作用。

$$k_{\text{UV/PAA}} = k_{\text{直接光解}} + k_{\text{·OH氧化}} + k_{\text{其他自由基氧化}} \tag{2-29}$$

$$k_{\text{直接光解}} = k_{\text{UV+TBA}} \tag{2-30}$$

$$k_{\text{·OH氧化}} = k_{\text{UV/PAA}} - k_{\text{UV/PAA+TBA}} \tag{2-31}$$

$$k_{\text{其他自由基氧化}} = k_{\text{UV/PAA+TBA}} - k_{\text{UV+TBA}} \tag{2-32}$$

如图 2-81 所示，在 UV/PAA 体系中，直接光解对 IBP、NAP 和 CBZ 的贡献很小；·OH 氧化在 CBZ 和 IBP 的降解起主要作用（67.1%~99.1%贡献率），并且对 NAP 降解起一定作用（16.2%~49.9%）。在 UV/PAA 过程中产生的除·OH 外的其他自由基对 NAP 降解起重要作用：在酸性和中性条件下贡献 34.1%~40.4%；在碱性条件下贡献 73.5%。除·OH

外的大多数其他基团是以碳为中心的自由基，这些自由基具有很高的选择性，可以有效降解 NAP，但是几乎不降解 CBZ 和 IBP。

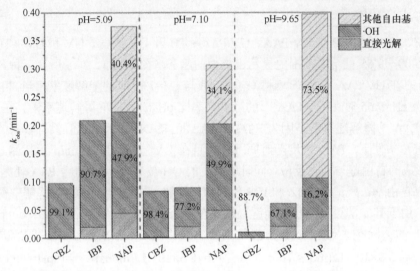

图 2-81　直接光解、·OH 和其他自由基不同 pH 时在 UV/PAA 下对 CBZ、IBP 和 NAP 降解的贡献率

2）NAP 的活性基团

为了探测 NAP 与除·OH 外的其他自由基的反应性，选择与 NAP 有相同亚结构的物质，包括萘（NP）、苯甲醚（AS）和 2-萘氧基乙酸（2-NPAA），采用相同的实验方法检测它们在 pH=7.10 时在 UV/PAA 下的降解。如图 2-80（j）～（l）所示，TBA 的加入几乎完全抑制了 NP 和 AS 的间接光解，表明以碳为中心的自由基不与没有取代基的萘环和甲氧基苯的结构发生反应。有趣的是，加入 TBA 仅部分抑制了 UV/PAA 对 2-NPAA 的降解，这与 NAP 的结果相似。2-NPAA 和 NAP 都是萘基化合物，表明萘环上存在的取代基可能使其更容易被碳中心基团攻击。注意，NAP 的丙酸基团不太可能是其与以碳为中心的自由基的反应位点，因为该基团也存在于 IBP 中，而 IBP 不与以碳为中心的自由基反应。

同时本节还估算了直接光解产生的·OH 和其他自由基在 pH=7.10 的 UV/PAA 下对 NP、AS 和 2-NPAA 降解的贡献。对于 NP 和 AS，它们在 UV/PAA 下的降解主要归因于·OH（>82% 的贡献），并且其他自由基的影响最小（仅 3%～6%）。相比之下，其他自由基在 UV/PAA 下对 2-NPAA 的降解贡献了 31.5%，这与 NAP 34.1% 的贡献相似。Zhou 等观察到类似的降解，他们应用活性炭纤维（ACF）/PAA 催化体系来去除含有萘基的有机染料[294]，通过自由基去除实验，发现 TBA 仅略微抑制 RR X-3B 的去除，证明·OH 不是 ACF/PAA 体系中唯一的活性物质。

3）·OH 反应的动力学模型

为了进一步评估自由基在 UV/PAA 下对 CBZ、IBP 和 NAP 降解过程中的作用，本节建立了动力学模型，假设药物在 UV/PAA 下的降解取决于直接光解和·OH。研究人员将一种广泛应用于 UV/H_2O_2 中·OH 稳态浓度（$[·OH]_{ss}$）的方法进行修改后用于估算 UV/PAA 中·OH 的稳态浓度（$[·OH]_{ss}$）。动力学模型中使用的 PAA^0 和 PAA^- 的 Φ_{254nm} 以及它们与·OH 的二级反应速率常数在本节进行测定，由于缺乏以碳为中心的自由基相关的反应速率常数，因此其涉及的相关反应不能包括在动力学模型中。

对 UV/PAA 和 UV/H_2O_2 分别进行建模，结果如图 2-82 所示。该模型拟合的数据与 UV/H_2O_2 条件下 CBZ、IBP 和 NAP 降解的实验数据吻合得很好。对于 UV/PAA，该模型在酸性和中性 pH 下比较好地预测了 CBZ 和 IBP 的降解，但是模型拟合的数据要低于了它们在碱性 pH 下的降解速率。这可能是由模型中的 HCO_3^-/CO_3^{2-} 浓度与实际反应溶液中的浓度不同导致的。该模型假设溶液中的 CO_2 是饱和的，而实验是在添加或不添加 25.9 mmol/L $NaHCO_3$ 的情况下进行。以 IBP 降解为例，与加入 $NaHCO_3$ 溶液后获得的实验数据相比，没有添加 $NaHCO_3$ 的数据与模型拟合的数据更加吻合。正如预期的那样，由于忽略了除·OH 外其他自由基的贡献，该模型拟合的数据都要低于在所有 pH 下 UV/PAA 条件下 NAP 降解的实验数据，这一结论进一步证实了以碳为中心的自由基在 UV/PAA 条件下会参与到 NAP 的降解中。

4）UV/PAA 下自由基的产生和其活性

迄今，关于 UV/PAA 下自由基产生的研究还非常少。通过催化剂（如 MnO_2 和活性炭纤维）活化 PAA 方法，观察到 PAA 均裂可以形成·OH 和其他以碳为中心的自由基[28, 294]。由于 PAA 的夺氢活化阻力低，一旦形成主要自由基[$CH_3C(=O)O·$和·OH]，就很容易产生 $CH_3C(=O)O_2·$[295]。此外，$CH_3C(=O)O_2·$ 是最强大的氧化过氧自由基之一，可以在接近扩散控制速率的脉冲辐解过程中与 TMPD、ABTS、抗坏血酸和 $O_2·$ 迅速反应（$k = [10^8 \sim 10^9$ L/(mol·s)]）[296]。

$CH_3C(=O)O·$的脱羧是最典型的 β-裂解反应[297]，由于其反应形成稳定的 CO_2 气体而不可逆，其速率常数为 $10^9 \sim 10^{10}$ s^{-1}（65℃）[298]或 1.6×10^9 s^{-1}（60℃）[299]。但是，通常在氧气饱和环境中·CH_3 的存在量是非常有限的，因为它可以与 O_2 快速反应[4.1×10^9 L/(mol·s)]形成 $CH_3O_2·$。与 $CH_3C(=O)O_2·$相比，$CH_3O_2·$ 为弱过氧自由基，与各种化合物的反应速率常数在 $10^5 \sim 10^7$ L/(mol·s)[300, 301]。因此，UV/PAA + TBA 中的相关基团可能包括 $CH_3C(=O)O·$、$CH_3C(=O)O_2·$、·CH_3 和 $CH_3O_2·$。因此在 N_2 氛围中，研究 NAP 在 UV/PAA + TBA 下的降解，以评估·CH_3 和 $CH_3O_2·$的重要性。不充 N_2 和充 N_2 后溶液中的溶解氧分别为 4.96 mg/L 和 0.35 mg/L，在 pH =7.10 时反应 7 min，充 N_2 仅略微降低了 NAP 的去除率（82.69%降至 77.38%），表明在 UV/PAA + TBA 体系中·CH_3 和 $CH_3O_2·$不是关键物质。因此，在 UV/PAA 体系中，作为主要自由基的 $CH_3C(=O)O·$和作为高反应性基团的 $CH_3C(=O)O_2·$更可能选择性地降解 NAP。这一推测还需要更多的研究来确认这些自由基的存在并测定其反应活性。

5）产物评估

本节评估了 UV/PAA 体系中药物的转化产物，并与 UV/H_2O_2 的产物进行了对比。降解产物的 MS 结果包括其降解途径及产物结构，如表 2-28～表 2-30 及图 2-83～图 2-88

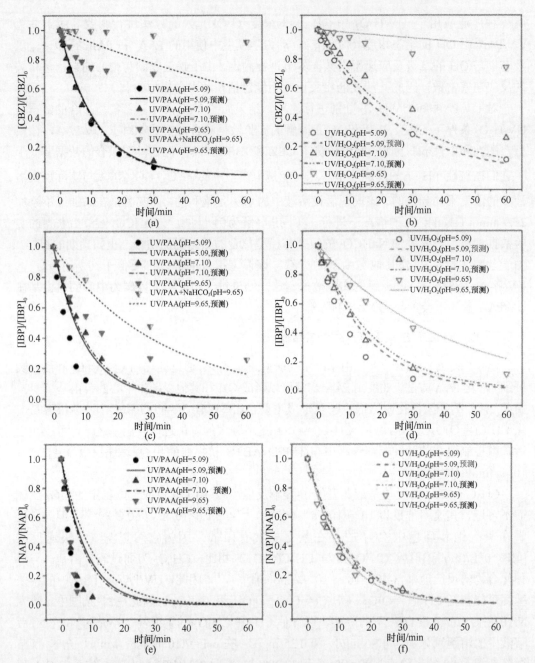

图 2-82 只考虑·OH 和直接光解贡献时在不同 pH 下 UV/PAA[（a）、（c）、（e）]和 UV/H$_2$O$_2$
[（b）、（d）、（f）]下 CBZ、IBP 和 NAP 的预测和实验降解

实验条件：[药物]$_0$ =1 μmol/L，[PAA]$_0$ =1 mg/L，[H$_2$O$_2$]$_0$=（0.11±0.01）mg/L，[NaHCO$_3$]$_0$ = 25.9 mmol/L，缓冲液 = 10 mmol/L，T=25℃

所示。总体而言，通过 UV/PAA 或 UV/H$_2$O$_2$ 降解 CBZ、IBP 和 NAP 产生了许多的产物。尽管两种体系中有很多相似的产物，在 UV/PAA 下发现了很多与 UV/H$_2$O$_2$ 下结构不同的产物（表 2-28～表 2-30）。两种体系下都发现了羟基化和/或氧合产物（对于 CBZ：m/z=226、

表 2-28 CBZ 及其转化产物的 LC-MS 分析

$[M+H]^+$	220eV 处离子碰撞（m/z）	保留时间/min	检测条件
237（CBZ）	194（—NHCO）	50.3	—
271a	—	15.1	UV/PAA
138	—	14.8	UV/PAA
271b	210、180	21.5	UV/PAA
269a	226、180	27.7	UV/PAA
269b	226、210、170	30.9	UV/PAA
271c	253、210	33.9	UV/PAA
<u>269c</u>	208	37.2	UV/PAA
<u>271d</u>	253、210、180	37.5	UV/PAA、UV/H_2O_2
<u>287</u>	253、210、180	38.2	UV/PAA、UV/H_2O_2
<u>267</u>	196	38.5	UV/PAA
<u>253a</u>	210、180	39.9	UV/PAA、UV/H_2O_2
<u>269d</u>	—	40.2	UV/PAA
251	—	41.9	UV/H_2O_2
283	265、222	41.1	UV/PAA、UV/H_2O_2
<u>242</u>	214、196	42.2	UV/PAA
<u>253b</u>	210	44.1	UV/PAA、UV/H_2O_2
<u>253c</u>	210	45.9	UV/PAA、UV/H_2O_2
<u>226</u>	208、180	57.5	UV/PAA、UV/H_2O_2

注：带下划线物质的峰面积较大，应该是主要产物。字母表示同一分子量的产物可能具有不同的结构。

表 2-29 IBP 及其转化产物的 LC-MS 分析

$[M+H]^+$	110eV 处离子碰撞（m/z）	保留时间/min	检测条件
207（IBP）	161	50.8	—
193a	—	27.2	UV/PAA、UV/H_2O_2
<u>205a</u>	163	28.0	UV/PAA、UV/H_2O_2
<u>203</u>	177、157	29.0	UV/PAA、UV/H_2O_2
<u>205b</u>	163	30.4	UV/PAA、UV/H_2O_2
<u>205c</u>	—	31.6	UV/PAA、UV/H_2O_2
205d	—	33.5	UV/PAA、UV/H_2O_2
<u>223</u>	177	41.6	UV/PAA、UV/H_2O_2
193b	—	41.9	UV/PAA、UV/H_2O_2
<u>161</u>	119	47.5	UV/PAA、UV/H_2O_2
<u>177a</u>	—	48.2	UV/PAA、UV/H_2O_2
<u>177b</u>	—	49.3	UV/PAA、UV/H_2O_2

注：带下划线物质的峰面积较大，应该是主要产物。字母表示同一分子量的产物可能具有不同的结构。

表 2-30　NAP 及其转化产物的 LC-MS 分析

$[M+H]^+$	220eV 处离子碰撞（m/z）	保留时间/min	检测条件
231a（NAP）	185	44.7	—
143	—	2.6	UV/PAA、UV/H_2O_2
129	—	2.5	UV/PAA
189		2.4	UV/PAA、UV/H_2O_2
203a		2.5	UV/PAA、UV/H_2O_2
211	193	3.4	UV/PAA、UV/H_2O_2
209	191	4.2	UV/PAA、UV/H_2O_2
179		4.7	UV/PAA、UV/H_2O_2
249a		4.6	UV/PAA、UV/H_2O_2
221a		4.8	UV/PAA
265		5.5	UV/PAA、UV/H_2O_2
205a		5.6	UV/PAA、UV/H_2O_2
197	179	5.5	UV/PAA
237		5.9	UV/PAA
203b		6.2	UV/PAA、UV/H_2O_2
249b		7.8	UV/PAA、UV/H_2O_2
<u>165</u>		8.5	UV/PAA、UV/H_2O_2
<u>233a</u>		12.0	UV/PAA、UV/H_2O_2
205b		12.6	UV/PAA、UV/H_2O_2
<u>177</u>		14.8	UV/PAA、UV/H_2O_2
285		16.6	UV/PAA、UV/H_2O_2
231b		16.5	UV/PAA、UV/H_2O_2
221b		17.0	UV/PAA、UV/H_2O_2
<u>261a</u>		17.7	UV/PAA、UV/H_2O_2
247a		17.9	UV/PAA
247b	201	22.2	UV/PAA、UV/H_2O_2
221c		22.7	UV/PAA、UV/H_2O_2
247c	201	23.5	UV/PAA
<u>233b</u>	215	25.7	UV/PAA、UV/H_2O_2
261b	215	27.9	UV/PAA、UV/H_2O_2
247d		31.3	UV/PAA、UV/H_2O_2
<u>185</u>		34.0	UV/PAA、UV/H_2O_2
<u>201a</u>	185	37.0	UV/PAA、UV/H_2O_2
201b		44.6	UV/PAA、UV/H_2O_2

注：带下划线物质的峰面积较大，应该是主要产物。字母表示同一分子量的产物可能具有不同的结构。

242、253a～c、269a～d、271a～c、283 和 287（图 2-83 和图 2-84）；对于 IBP：m/z=193a、b 和 223（图 2-85 和图 2-86）；对于 NAP：m/z=189，203a、b，233a、b 和 247a～d，这些结果表明·OH 参与其降解。除此之外，IBP 也生成了脱羧产物（即 m/z=161 和 177a、b，图 2-86），而 NAP 可能生成了脱甲基、甲氧基或水的产物（即 m/z=129、143、201、

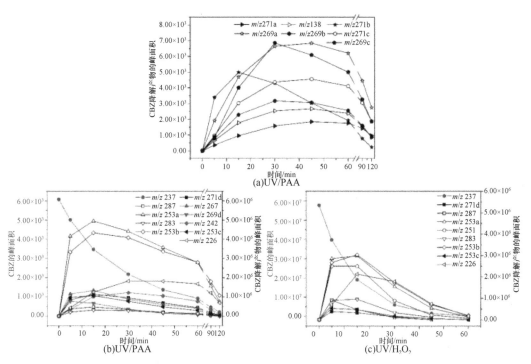

图 2-83 CBZ 在 UV/PAA 和 UV/H_2O_2 下的降解产物

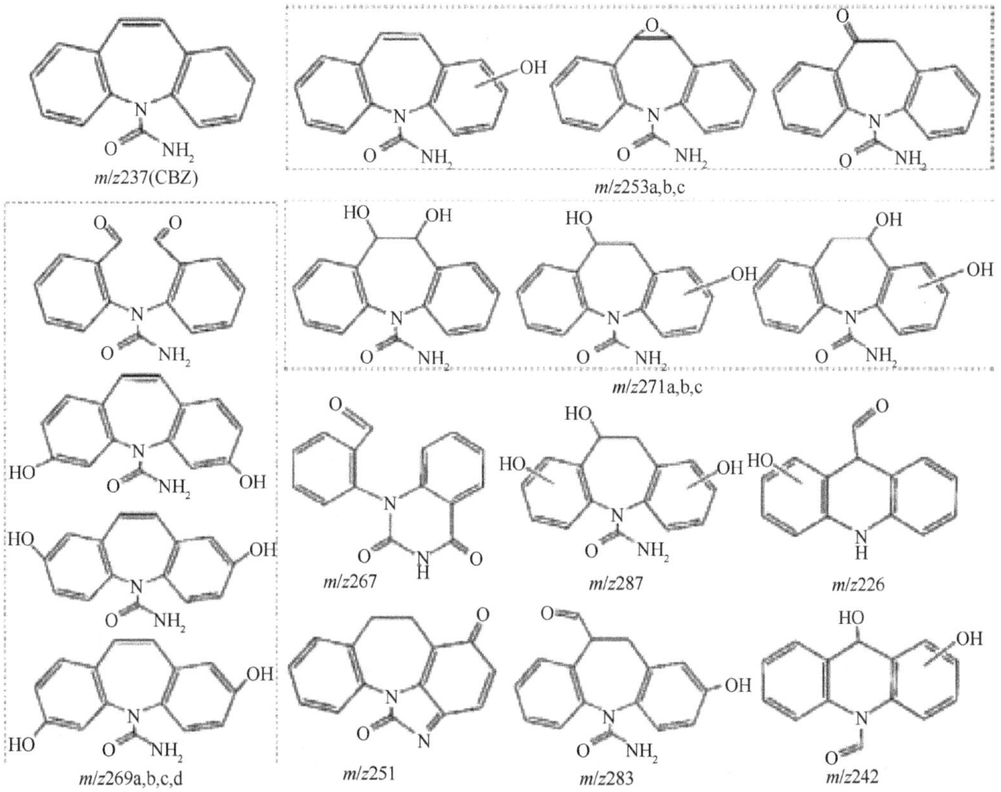

图 2-84 CBZ 及推测的降解产物的结构

203 和 231b，图 2-87）。CBZ 和 IBP 在 UV/PAA 和 UV/H_2O_2 下生成的类似产物与上面的实验结果一致：·OH 对 CBZ 和 IBP 的降解起主要作用。而 NAP 在两种体系下的降解产物差异性最大，但是未发现与 $CH_3CO_2·$ 或 $CH_3CO_3·$ 相关的降解产物。这可能实验条件和这些产物的低丰度或瞬时性质有关。

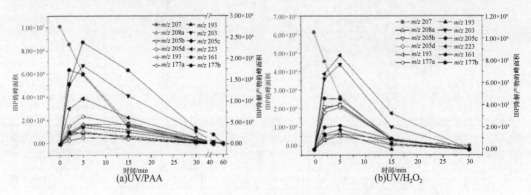

图 2-85　IBP 在 UV/PAA 和 UV/H_2O_2 下的降解产物

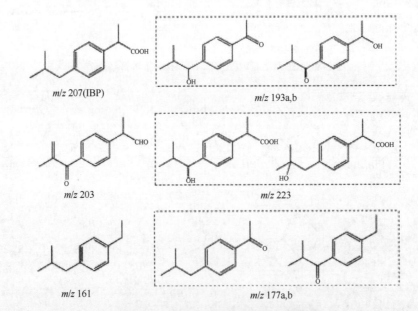

图 2-86　IBP 及推测的降解产物的结构

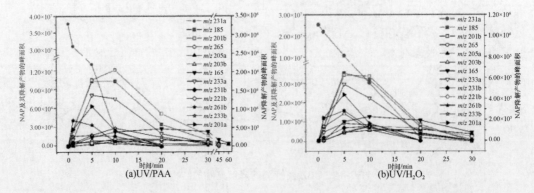

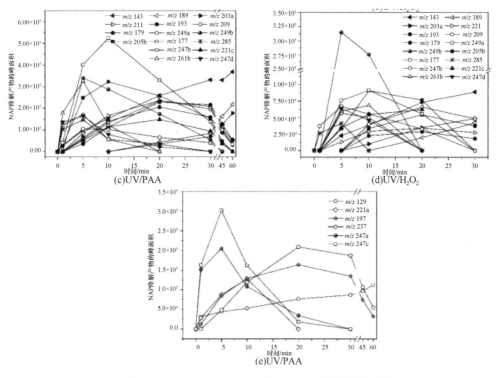

图 2-87 NAP 在 UV/PAA 和 UV/H$_2$O$_2$ 下的降解产物

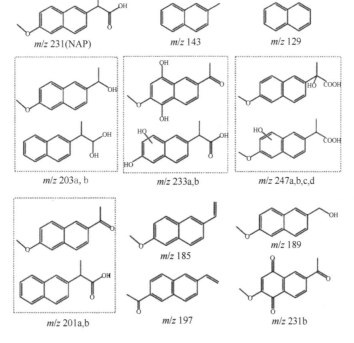

图 2-88 NPD 及推测的降解产物的结构

2.7.4 小　结

PAA 随着使用量越来越大，逐渐成为一种可以替代氯化消毒的消毒剂。本节首先证明 UV/PAA 可以成为有效去除药物的高级氧化过程。研究了 PAA 在 UV 照射下的光解反应，以提高对 UV/PAA 反应动力学的理解。值得注意的是，这项研究确定了新的关键活性物质，即碳中心基团 $CH_3C(=O)O\cdot$ 和 $CH_3C(=O)O_2\cdot$ 的重要性，这一活性物质和 $\cdot OH$ 共同参与 UV/PAA 体系中含萘基化合物（NAP 和 2-NAPP）的降解。这一发现为进一步研究 UV/PAA 和其他光活化 PAA 过程提供了重要依据。与 H_2O_2 相比，PAA 在 UV 照射条件下具有更高的量子产率，且生成的碳中心自由基可以选择性地降解某些化合物。然而，PAA 对 $\cdot OH$ 的清除作用比 H_2O_2 强。因此，需要进行更多研究以评估 UV/PAA 在实际水体中对更多污染物的去除效果，进一步评估碳中心自由基的反应活性和结构选择性，并评估转化产物的毒性。这项工作和未来工作的成果将有助于 UV/PAA 作为水中微污染物新降解工艺的开发并促进其优化。

2.8　UV/H_2O_2、UV/PDS、UV/PAA 的杀菌消毒机理与应用

2.8.1　UV/H_2O_2 和 UV/PDS 的杀菌消毒机理与应用

1. 概述

传染性生物污染造成的水污染日益严重，在全球范围内造成严重的健康危害。美国城市废水中检测的病原体包括腺病毒、肠道病毒和诺如病毒[302]。同时还出现了几次生物污染物的爆发，其中大肠埃希氏菌、李斯特菌、沙门氏菌和环孢子虫是报道最多的。美国环境保护署在第三版饮用水污染物候选清单（CCL）中列出了 12 种微生物污染物，包括细菌和病毒病原体，这是一份已知或预计会在公共供水系统中发生的不受管制的化学和生物污染物清单。一些微生物污染物可以在常规水处理过程中存活下来（如混凝/絮凝、活性污泥和过滤过程），并且很可能在自然水体中存在，并有可能通过水路传播[303-305]。

与化学消毒过程相比，基于 UV 的消毒技术形成 DBPs 的较少，因此在世界范围内越来越多地应用于水和废水处理过程中[306-311]，并且 UV 照射可以化学修饰微生物的 DNA 或 RNA，使它们失活[312]。然而研究表明，许多微生物对 UV 消毒具有抗性，包括腺病毒、噬菌体 MS2、枯草芽孢杆菌孢子及一些抗生素耐药细菌及基因[312-316]。

基于 UV 的 AOPs，如 UV/H_2O_2、UV/PDS 和 UV/TiO_2，已被证明在降解饮用水和废水中的有机微污染物（如杀虫剂、药物和氯化溶剂）方面非常有效[37, 68, 75, 84, 119, 317-319]。AOPs 比单独 UV 作用可以更有效地降解有机污染物，因为在 AOPs 工艺下会产生高反应性的自由基和氧化物质。由于具有更强大的氧化能力，AOPs 可能比传统的水消毒过程更有效地灭活病原体[314, 315, 320-323]。特别是在 AOPs 或自然条件下产生的羟基

自由基和碳酸根自由基等活性基团,能够使大肠杆菌和噬菌体 MS2 失活[314, 320, 321, 324]。几项研究已经评估了 UV/H_2O_2 对消毒的作用。例如,Mamane 等[314]研究了 UV (>295 nm) 和 UV/H_2O_2 AOPs 对大肠杆菌、枯草芽孢杆菌孢子和噬菌体 MS2,T4 和 T7 的灭活作用,发现与单独的 UV 相比,UV/H_2O_2 AOPs 可额外导致 1 个对数浓度 T7 失活和 2.5 个对数浓度的噬菌体 MS2 失活,相比之下,其他微生物的灭活效率不受 AOPs 的显著影响。Bounty 等[325]检测了腺病毒(UV 抗性最强的致病菌之一)在 UV/H_2O_2 AOPs 下的失活,并发现由于羟基自由基的形成,加入 H_2O_2 可显著增强腺病毒在 UV 下的失活。上述不同微生物的不同结果可能是特定微生物和自由基之间存在特定消毒条件和机理的结果,这意味着基于每种目标病原体的过程优化是必要的。事实上,以前的研究表明,病毒比细菌和孢子更容易受到自由基攻击[314, 324]。基于以前的研究,将 UV 消毒过程升级到基于 UV 的高级消毒过程(ADP)是否是有利的尚不清楚。此外,对于应用 PDS 和 UV(另一种高效的 AOPs)用于消毒目的的研究还很少。

为了评估基于 UV 的 ADP 的消毒潜力,本节研究采用三种模式微生物,包括大肠杆菌、噬菌体 MS2 和枯草芽孢杆菌孢子分别作为病原菌,病毒和原生动物的代表,以研究 UV/H_2O_2 和 UV/PDS 过程产生的不同种类自由基的消毒能力。为了定量评估模式微生物在基于 UV 的 ADP 下的失活动力学,研究人员还开发了一个动力学模型。除此之外,还进行了能量成本评估,以优化消毒效率并评估基于 UV 的 ADP 的整体性能。

2. 实验设计

基于 UV 的 ADP 实验在台式准直光束 UV 装置(图 2-89)中进行,该装置配备主要在 254 nm 发射光的 4W 低压紫外灯(Philips Co.,Netherlands)。灯的发射光谱由光谱辐射计(Spectral Evolution,SR-1100)表征(图 2-90)。将反应溶液(10 mL)放入玻璃培养皿(内径为 5.4 cm)中,将其置于搅拌器上,垂直于入射光,光程长度为 0.44 cm。使用草酸铁钾法测得反应溶液中的光强为 2.2×10^{-7} Einstein/(L·s)。对于该实验装置,1.0 mJ/cm^2 等于 5.5×10^{-6} Einstein/L。

除特殊说明,实验是在含有 0.3 mmol/L H_2O_2 或 PDS 和微生物代表物的磷酸盐缓冲溶液(3.0 mmol/L PBS,pH=7.0)中进行的。选择大肠杆菌(ATCC 15597)、噬菌体 MS2 (ATCC 15597-B1)和枯草芽孢杆菌孢子(ATCC 6633)作为致病细菌、病毒和原生动物的代表微生物。每种微生物代表物的冻干粉购自 ATCC 并进行了相应地再生。按照标准方法培养制备微生物。每次消毒实验的大肠杆菌和枯草芽孢杆菌孢子的初始密度约为 4×10^6 CFU/mL,噬菌体 MS2 约为 3×10^6 PFU/mL。使用动态光散射(Zetasizer Nano ZS,Malvern)的初步测试显示,模式微生物(高达约 10^8 CFU/mL 或 PFU/mL)处于不形成团块的分散状态。

在测试真实水体中微生物失活的实验中,分别在自来水厂和市政污水处理厂收集来自河源的地表水(SW)和来自二级流出物的废水(WW)样品。在使用之前用玻璃纤维过滤器过滤水样。确定了 SW 和 WW 的群落形成单位(colony-forming units,CFU)和噬菌斑形成单位(PFU),其显示不干扰模式微生物的计数。

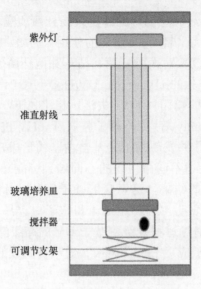

图 2-89　准直光束 UV 反应器

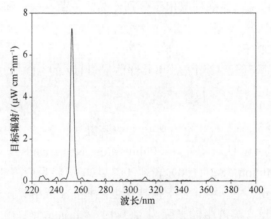

图 2-90　低压紫外灯的光谱

3. 模型的建立

在 Matlab 2014b 中使用 SimBiology 模拟了自由基物种的动力学模型。该模型考虑了超过 100 个基本反应,它们的速率常数是从文献中获得的[37, 79]。该模型考虑了大多数无机离子对 ADP 的影响,包括氯化物、硫酸盐、含氮化合物、碳酸盐物种,以及存在于水中的 DOC。病原体对自由基的清除作用被认为远低于水质成分的清除作用,因此在模拟中忽略不计。通过该模型预测的主要自由基浓度(在 UV/H_2O_2、UV/PDS 和 UV/H_2O_2/$NaHCO_3$ 条件下)使用自由基探针(如对硝基苯胺、苯甲醚和硝基苯)进行验证。本节研究中自由基物种的浓度都来自 2 min 反应时间结束时的模型模拟数据,初步实验表明,主要自由基的浓度在 2 min 反应时间内达到了拟稳态。

4. 通过 UV、UV/H_2O_2 和 UV/PDS 灭活模式微生物

在 UV、UV/H_2O_2 和 UV/PDS 条件下处理大肠杆菌、噬菌体 MS2 和枯草芽孢杆菌孢

子,在没有 UV 照射的相同条件下进行对照实验,结果表明微生物在 30 min 内未被 H_2O_2 或 PDS 灭活(数据未显示)。实验表明,通过在 10.6 mJ/cm² (即 5.2×10⁻⁵ Einstein/L)下的 UV 曝光可实现大肠杆菌的 4 个对数浓度灭活[图 2-91(a)]。单独 UV 对大肠杆菌的整体灭活呈现出约 4 mJ/cm² 的滞后期,之后随着暴露时间延长细菌活性呈线性失活,这与文献结果一致[326]。0.3 mmol/L H_2O_2 或 PDS 的应用可以显著增强大肠杆菌的灭活(配对 t 检验,$p<0.005$),在 UV 强度为 10 mJ/cm² 时可额外失活 1 个对数浓度的细菌,但是滞后期仅有略微的缩短。对于 UV/H_2O_2 和 UV/PDS,实现 4 个对数浓度的灭活所需的 UV 光强分别为 8.6 和 8.8 mJ/cm²。

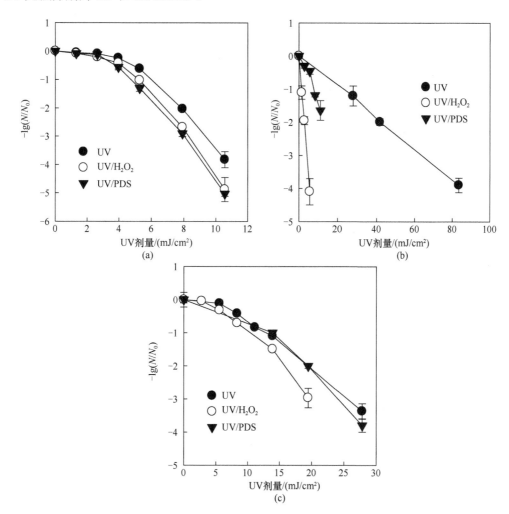

图 2-91 在 UV、UV/H_2O_2 和 UV/PDS 条件下对大肠杆菌(a)、噬菌体 MS2(b)和枯草芽孢杆菌孢子(c)的灭活

[H_2O_2] = 0.3 mmol/L,[PDS] = 0.3 mmol/L,[PBS] = 3 mmol/L,pH=7.0,[UV] =2.2×10⁻⁷ Einstein/(L·s);误差棒代表平均值的标准偏差($n=3$)

对于噬菌体 MS2,仅通过 UV 照射的情况下,UV 光强要达到 85 mJ/cm² (即 4.1×10⁻⁴ Einstein/L)才可达到 4 个对数浓度的灭活[图 2-91(b)]。噬菌体 MS2 活力的丧失在 UV

照射时间内表现出拟一级动力学。加入 0.3 mmol/L H_2O_2 可使灭活率大大提高近 15 倍，使达到 4 个对数浓度的灭活时的 UV 光强仅需 6 mJ/cm²。在 UV/PDS 条件下，灭活也得到增强，但不如 UV/H_2O_2 条件下有效。

枯草芽孢杆菌孢子仅通过 UV 灭活，在 UV 光强约 30 mJ/cm²（即 $1.5×10^{-4}$ Einstein/L）时才可达到 4 个对数浓度的灭活[图 2-91（c）]。总体失活动力学呈现出初始的滞后期，随后 $-\lg(N/N_0)$ 与 UV 暴露时间呈线性关系。在 UV/H_2O_2 条件下，枯草芽孢杆菌孢子的灭活增强（$p<0.005$），而添加 PDS 与否结果并没有太大差异。

在先前的研究中广泛研究了 UV 照射对模式微生物的灭活，并在文献综述中得到了很好的总结[326]。其灭活速率（即从线性范围内的数据获得的每 mJ/cm² 灭活的细菌的对数浓度）在文献中被报道并总结（大肠杆菌：0.506，噬菌体 MS2：0.055，枯草芽孢杆菌孢子：0.059）[326]，这些结果接近本节研究中测量的灭活率（大肠杆菌：0.550，噬菌体 MS2：0.047，枯草芽孢杆菌孢子：0.128）。UV 照射可以有效地灭活细菌，这主要是由于 DNA 中邻近的胸腺嘧啶分子形成了二聚体。另外，病毒（如噬菌体 MS2）对 UV 辐射的敏感程度远低于细菌[326]。应用相同数量的 H_2O_2 导致的大肠杆菌、噬菌体 MS2 和枯草芽孢杆菌孢子的灭活不同，这表明它们对 UV/H_2O_2 条件下产生的活性物种具有不同的敏感性。类似地，大肠杆菌和噬菌体 MS2 可被在 UV/PDS 条件下产生的自由基灭活，而枯草芽孢杆菌孢子的失活没有增强。因此，进一步研究的目的是确定哪些活性物种是微生物失活的原因。

5. 反应物质的贡献

在 UV/H_2O_2 和 UV/PDS 体系中，可以产生多种活性物质。H_2O_2 和 PDS 光解产生的主要自由基是羟基自由基和硫酸根自由基，这些主要自由基与水质组分反应，产生二级自由基，如碳酸根自由基和超氧自由基。基于模拟结果（表 2-31），羟基自由基、硫酸根自由基、碳酸根自由基和超氧自由基在 UV/H_2O_2 和 UV/PDS 条件下以非常高的浓度（$>10^{-13}$ mol/L）存在，这说明它们对于灭活微生物病原体可能是重要的。为了阐明每种自由基的作用，使用氧化剂（即 H_2O_2 和 PDS）和自由基清除剂（即 TBA 和 $NaHCO_3$）的不同组合来创造只有一种自由基浓度显著更高的条件（图 2-92）。使用动力学模型也可以验证这些条件，以计算预测的拟稳态状态下的自由基浓度（表 2-31）。使用 t 检验进行显著性分析。

1) 羟基自由基

通常认为在 PBS 中 UV/H_2O_2 体系产生的主要自由基物质是羟基自由基。

$$H_2O_2/HO_2^- \xrightarrow{h\nu} 2 \cdot OH$$

$$\cdot OH + HCO_3^-/CO_3^{2-} \longrightarrow CO_3^- \cdot + H_2O$$

$$\cdot OH + H_2O_2 \longrightarrow HO_2 \cdot /O_2^- \cdot + H_2O$$

然而，由于溶解的 CO_2 会产生碳酸根和碳酸氢根，而碳酸根和碳酸氢根与羟基自由基会发生反应生成碳酸根自由基。另外，H_2O_2 还可以与羟基自由基反应产生超氧自由基。

表 2-31 溶液中存在不同组分下各种反应物种的模拟摩尔浓度

反应体系	·OH /(mol/L)	SO_4^-· /(mol/L)	CO_3^-· /(mol/L)	HO_2·/O_2^-· /(mol/L)
UV/H$_2$O$_2$	1.78×10^{-13}	1.64×10^{-19}	4.28×10^{-13}	2.83×10^{-8}
UV/PDS	3.47×10^{-13}	2.09×10^{-13}	3.53×10^{-14}	6.84×10^{-14}
UV/H$_2$O$_2$/TBA	2.09×10^{-17}	3.12×10^{-24}	5.67×10^{-17}	2.17×10^{-11}
UV/PDS/TBA	2.25×10^{-18}	2.17×10^{-14}	2.26×10^{-15}	3.06×10^{-24}
UV/10×PDS/TBA	2.21×10^{-17}	2.13×10^{-13}	2.22×10^{-15}	3.20×10^{-22}
UV/H$_2$O$_2$/NaHCO$_3$	1.19×10^{-15}	1.21×10^{-25}	8.64×10^{-12}	8.95×10^{-8}
UV/10×H$_2$O$_2$/PDS/TBA	2.09×10^{-16}	1.52×10^{-14}	2.59×10^{-15}	2.05×10^{-8}
UV/H$_2$O$_2$(在 SW 中)	1.36×10^{-14}	9.14×10^{-23}	3.86×10^{-13}	
UV/PDS(在 SW 中)	7.30×10^{-15}	6.60×10^{-14}	1.30×10^{-13}	
UV/H$_2$O$_2$(在 WW 中)	2.31×10^{-15}	3.60×10^{-23}	1.20×10^{-14}	
UV/PDS(在 WW 中)	1.50×10^{-16}	4.17×10^{-15}	2.15×10^{-3}	

注：前 7 个反应体系的溶液是 pH=7.0 的 3.0 mmol/L 磷酸盐缓冲液；在大多数情况下，氧化剂浓度为 0.3 mmol/L，或者在说明 10×时为 3.0 mmol/L；TBA 浓度为 0.1 mol/L；NaHCO$_3$ 浓度为 100 mmol/L；背景无机碳总浓度为 4.78×10^{-5} mol/L；UV 光强为 2.2×10^{-7} Einstein/(L·s)；总模拟时间为 120 s。

虽然已知碳酸根和超氧自由基对常见的有机物不具有很强的反应性，但也有人认为碳酸根自由基可以使噬菌体 MS2 失活[324]，超氧自由基有助于大肠杆菌的失活[327]。因此，UV/H$_2$O$_2$ 对模式微生物的灭活作用的增强（图 2-91）可能不是（仅）归因于羟基自由基。应用 TBA 作为羟基自由基清除剂是研究羟基自由基的贡献的一种常用方法，但是 TBA 也可以防止碳酸根和超氧自由基的形成。另外，要想创造仅羟基自由基占优势的条件是非常困难的，因为：①在开放式反应器中难以实现碳酸根和碳酸氢根的消除；②超氧自由基清除剂，如 4-羟基-2,2,6,6-四甲基哌啶-N-氧基（TEMPOL），也可能与羟基自由基反应。因此，为了阐明羟基自由基的作用，首先应确定碳酸根和超氧自由基的作用。

2）超氧自由基

PDS 光解产生硫酸根自由基，其与 H$_2$O$_2$ 反应产生超氧自由基，TBA 可用于猝灭由 H$_2$O$_2$ 光解产生的羟基自由基。使用 H$_2$O$_2$ 是为了产生超氧自由基并抑制硫酸根的浓度。H$_2$O$_2$（3 mmol/L）和 PDS（0.3 mmol/L）浓度的选择是为了产生高浓度的超氧自由基，同时产生最少的羟基和硫酸根自由基。

$$S_2O_8^{2-} \xrightarrow{h\nu} 2SO_4^- \cdot$$

$$SO_4^- \cdot + H_2O_2 \longrightarrow HO_2 \cdot / O_2^- \cdot + SO_4^{2-}$$

$$TBA + \cdot OH \longrightarrow 产物$$

如表 2-31 所示，在超氧自由基主导的条件下，预测的超氧自由基浓度接近 UV/H$_2$O$_2$ 体系中的浓度（约 2×10^{-8} mol/L），而羟基自由基和硫酸根自由基的浓度分别比 UV/H$_2$O$_2$ 和 UV/PDS 体系低 2~3 个数量级，因此，可预计在此条件下羟基自由基和硫酸根自由基可忽略不计。为了比较，在 PBS 中加入 TBA 进行对照实验（仅 UV 照射），初步实验证实 TBA（0.1 mol/L）对微生物灭活没有可检测的影响。结果显示，对于所有微生物替代物，超氧化物自由基占优势的条件下灭活效率不比对照组的更好[图2-92（a）]，表明超氧自由基几乎没有杀菌消毒的效力。

3）碳酸盐自由基

通过向 UV/H_2O_2 体系中添加 0.1 mol/L $NaHCO_3$ 产生碳酸根自由基主导的体系，溶液 pH 保持在 8.5。碳酸（氢）根离子的量足以将羟基自由基浓度抑制到约 10^{-15} mol/L，比 UV/H_2O_2 体系低 2 个数量级以上。在这样的浓度下，羟基自由基对微生物的灭活作用基本可以忽略。也就是说，羟基自由基的贡献仅占 UV/H_2O_2 体系的不足 1%。因此，碳酸根自由基是 UV/H_2O_2/$NaHCO_3$ 体系中唯一的重要活性物质。为了使碳酸根自由基的贡献受到限制，对照组（即 UV 照射）在 PBS 中进行，并添加 $NaHCO_3$，初步实验证实，$NaHCO_3$（0.1 mol/L）对微生物几乎没有影响。如图 2-92（b）所示，碳酸根自由基加强了大肠杆菌和噬菌体 MS2 的失活（$p<0.005$），而枯草芽孢杆菌孢子对碳酸根自由基有抗性。通过在 UV/H_2O_2/$NaHCO_3$ 体系中加入 0.01 mmol/L 对硝基苯胺（碳酸根自由基清除剂）进一步证实了碳酸根自由基的消毒作用，其中噬菌体 MS2 的失活被极大地抑制。UV/H_2O_2/$NaHCO_3$ 体系中的碳酸根自由基浓度为 8.64×10^{-12} mol/L，比 UV/H_2O_2 体系中高约 1 个数量级。

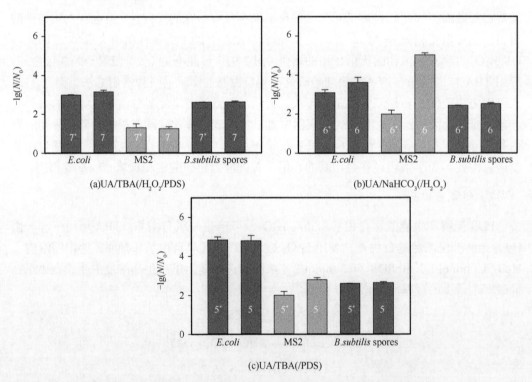

图 2-92　UV 照射及 UV 和不同主要活性物种下模式微生物灭活的比较

（a）超氧化物自由基占优势的条件，7*：PBS 中含有 0.1 mol/L TBA，7：PBS 中含有 3 mmol/L H_2O_2、0.3 mmol/L PDS 和 0.1 mol/L TBA；（b）碳酸根自由基占优势的条件，6*：PBS 中含有 0.1 mol/L $NaHCO_3$，6：PBS 中含有 0.3 mmol/L H_2O_2 和 0.1 mol/L $NaHCO_3$；（c）硫酸根自由基占优势的条件，5*：PBS 中含有 0.1 mol/L TBA，5：PBS 中含有 3 mmol/L PDS 和 0.1 mol/L TBA；条件 5~条件 7 的 UV 光强均为 2.2×10^{-7} Einstein/(L·s)；对于不同的条件，UV 光强 [8.9×10^{-7}~4.4×10^{-6} Einstein/(L·s)]略有不同；误差棒代表平均值的标准偏差（$n=3$）

因此，在低碳酸盐 UV/H_2O_2 体系中，碳酸根自由基造成的失活应该不那么显著。然而，该结果表明，在 UV/H_2O_2 条件下大肠杆菌和噬菌体 MS2 的灭活部分归因于碳酸根自由基。

4）硫酸根自由基

在 UV/PDS 条件下，由于 PBS 中痕量的氯化物的存在，会产生硫酸根自由基和羟基自由基（表 2-31）。由模型模拟的含氯自由基（即 Cl· 和 Cl_2^-·）的浓度比硫酸根自由基和羟基自由基低 1~2 个数量级，因此可以忽略不计（数据未显示）。硫酸根自由基和 H_2O/OH^- 之间的反应也可以产生羟基。

$$SO_4^-· + Cl^- \longrightarrow Cl· + SO_4^{2-}$$

$$Cl· + H_2O/OH^- \longrightarrow ClOH^-· \to ·OH + Cl^-$$

$$SO_4^-· + H_2O/OH^- \longrightarrow ·OH + SO_4^{2-}$$

由于 TBA 与羟基自由基的反应 [k=7.6×10^8 L/(mol·s)] 比与硫酸根自由基 [k=9.1×10^5 L/(mol·s)] 快得多，可以加入 0.1 mol/L TBA 猝灭羟基自由基，创造一个硫酸根自由基是唯一重要的活性物质的反应条件，应用较高的初始 PDS 浓度（即 3 mmol/L）来补偿 TBA 所消耗的硫酸根自由基（表 2-31 中的反应体系 4 和 5）。对照组（即 UV 照射）在含有 TBA 但不含 PDS 的 PBS 中进行。如图 2-92（c）所示，硫酸根自由基仅增强了噬菌体 MS2 的失活（p<0.005），而对大肠杆菌和枯草芽孢杆菌孢子的灭活没有显著的贡献。该结果表明，PBS 中 UV/PDS 对大肠杆菌的灭活增强归因于反应中产生的羟基自由基。

总体而言，实验的结果表明，使微生物失活的主要活性物种是羟基自由基、硫酸根自由基和碳酸根自由基。实际上，自由基和生物分子（包括糖类、氨基酸和脂类）之间的二级速率常数表明，羟基自由基和硫酸根自由基是反应性最强的物种[k=10^7~10^{10} L/(mol·s)]，而碳酸根自由基与生物分子反应的速率常数为 10^4~10^8 L/(mol·s)。另外，超氧自由基仅与氨基酸反应，且速率常数小于 10 L/(mol·s)。

6. CT 值

观察到的病原体活力丧失[$-\lg(N/N_0)_{obs}$]可以表示为 UV 照射和自由基攻击造成的失活之和，如式（2-33）所示，其中，自由基攻击所造成的失活与自由基浓度和曝光时间的乘积有关[CT，mol/(L·min)]。

$$-\lg\left(\frac{N}{N_0}\right)_{obs} = -\lg\left(\frac{N}{N_0}\right)_{UVC} - \lg\left(\frac{N}{N_0}\right)_{·OH} - \lg\left(\frac{N}{N_0}\right)_{SO_4^-·} - \lg\left(\frac{N}{N_0}\right)_{CO_3^-·} \quad (2-33)$$

$$= f_1(I,t) + f_2([·OH],t) + f_3([SO_4^-·],t) + f_4([CO_3^-·],t)$$

为了定量表达每种反应性物种对模式微生物灭活的贡献，通过从整体灭活中减去单独 UV 作用造成的灭活来获得每种反应性物种的 CT 值。如上所述，仅由羟基自由基作用的体系是非常难以构建的，因为体系中很可能会含有硫酸根和碳酸根自由基，因此，研究人员首先获得了硫酸根和碳酸根自由基的 CT 值，然后在减去碳酸盐自由基贡献的基础上获得羟基自由基的 CT 值。式（2-33）是不考虑对病原体的消毒物质的潜在交互影响的简化假设，然而，由于对自由基物种消毒效果的了解非常有限，式（2-33）可以作为量化不同自由基物种贡献的一种初步尝试，然后在真实水体中验证由 PBS 基质中得到的 CT 值以评估该简化模型的稳健性。

从碳酸根自由基（UV/H_2O_2/$NaHCO_3$ 体系）的失活结果得到碳酸根自由基的 CT 值，其中碳酸根自由基浓度为 8.64×10^{-12} mol/L，碳酸根自由基可以灭活大肠杆菌和噬菌体 MS2，对于大肠杆菌，CT 曲线的斜率为 4.35×10^{10} L/(mol·min)，滞后期为 5.32×10^{-12} L/(mol·min)；对于噬菌体 MS2，CT 曲线的斜率为 2.62×10^{10} L/(mol·min)[图 2-93(c)]。

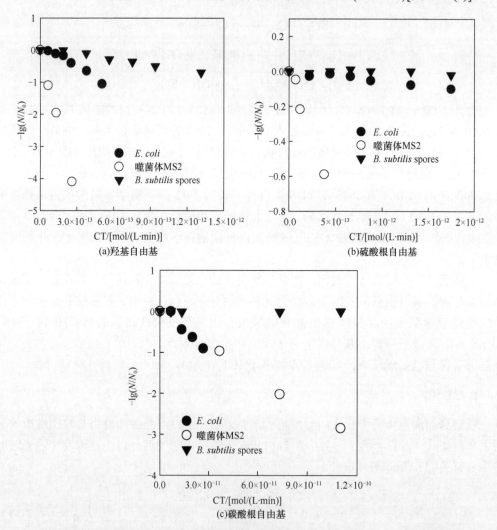

图 2-93 大肠杆菌、噬菌体 MS2 和枯草芽孢杆菌孢子的灭活与羟基自由基（a）、硫酸根自由基（b）和碳酸根自由基（c）CT 值的比较

在获得碳酸根自由基的 CT 值后，可以通过从观察到的模式微生物的灭活中减去碳酸根自由基的贡献来计算羟基自由基的 CT 值。羟基自由基的 CT 曲线的斜率和滞后期显示在表 2-32 中。

表 2-32 UVC 照射和自由基物种存在下该研究中杀菌 CT 值

	大肠杆菌		噬菌体 MS2		枯草芽孢杆菌孢子	
	CT_{lag}	Slope	CT_{lag}	Slope	CT_{lag}	Slope
UVC（254 nm）	$1.56×10^{-5}$	$9.20×10^4$	0	$9.10×10^3$	$2.96×10^{-5}$	$4.14×10^4$
羟基自由基	$9.89×10^{-14}$	$2.50×10^{12}$ $7.55×10^{12}$① $4.25×10^{9}$②	0	$9.30×10^{12}$ $4.17×10^{12}$① $1.93×10^{11}$③	$1.62×10^{-13}$	$6.23×10^{11}$
硫酸根自由基	—	$<1×10^{11}$	0	$1.61×10^{12}$	—	$<1×10^{11}$
碳酸根自由基	$5.32×10^{-12}$	$4.35×10^{10}$	0	$2.62×10^{10}$ $3.39×10^{9}$③		$<1×10^9$

注：对于所有自由基物种，CT_{lag} 单位为 mol/L·min，对于 UVC，CT_{lag} 单位为 Einstein/L，对于所有自由基物种，Slope（斜率）单位为 mol/(L·min)，对于 UVC，斜率单位为 L/Einstein。

①文献[314]；②文献 [320]；③文献 [324]。

硫酸根自由基的 CT 曲线来源于硫酸根自由基（UV/10×PDS/TBA 体系）的失活结果，其中硫酸根自由基浓度为 $2.13×10^{-13}$ mol/L。如上所述，硫酸根自由基只能灭活噬菌体 MS2，在噬菌体 MS2 活力的丧失和硫酸根自由基的 CT 之间呈线性关系[图 2-93（b）]。CT 曲线的斜率为 $1.61×10^{12}$ L/(mol·min)（表 2-32），表明噬菌体 MS2 在 $1.61×10^{12}$ L/mol 硫酸根自由基条件下 1 min 的暴露可以达到 1 个对数的灭活效果。

来自文献[314]、[320]和[324]的斜率值也包括在表 2-32 中用于比较。不同的研究结果存在显著差异，可能是由于使用不同的微生物菌株或自由基浓度的测量方法。值得注意的是，一些斜率值高于通常提到的扩散控制的极限值[即 10^9～10^{10} L/(mol·s)]。然而，对于两种尺寸明显不同的反应物（如微生物和自由基）之间的反应，速率限制应高于 10^{10} L/(mol·s)。例如，估计噬菌体 MS2 和羟基自由基的扩散控制极限为 $6.6×10^{11}$ L/(mol·s)[即 $4×10^{13}$ L/(mol·min)]。

CT 曲线的斜率是每种自由基消毒能力的指标。与碳酸根自由基相比，大肠杆菌可以更有效地被羟基自由基灭活。至于噬菌体 MS2，羟基自由基比硫酸根自由基更有效，然后才是碳酸根自由基。枯草芽孢杆菌孢子只能被羟基自由基灭活。预计自由基的不同消毒效力部分与其氧化能力和自由基所带的电荷有关。实际上，羟基和硫酸根自由基 $[E^0(·OH/H_2O)=1.9～2.7V；E^0(SO_4^-·/SO_4^{2-})=2.5～3.1V]$ 比碳酸根自由基 $[E^0(CO_3^-·/CO_3^{2-})=1.63V，pH=8.4]$ 具有更高的氧化能力，表明羟基自由基和硫酸根自由基对生物分子的反应性更强。但是，虽然硫酸根自由基具有比羟基自由基更高的氧化能力，但它对微生物的灭活效率较低，这可能是由于它们都是带负电荷的，因此具有静电排斥作用。与此相反，不带电荷的羟基可能更容易攻击微生物表面。除了氧化性和自由基的电荷外，羟基自由基与有机分子反应的低选择性可以使得其与硫酸根和碳酸根自由基相比具有更好的消毒性能。

关于模式微生物之间的差异，噬菌体 MS2 比大肠杆菌和枯草芽孢杆菌孢子更容易受到自由基的攻击，同时，仅仅对于大肠杆菌和枯草芽孢杆菌孢子观察到了 CT 曲线中的滞后期。这些观察可以通过其修复机理和外部结构的差异来解释。噬菌体 MS2 的衣壳主要由蛋白质组成，其与自由基物种的反应速率高于其他生物分子，如多糖和脂质，它们是大肠杆菌外膜的主要组成。对于枯草芽孢杆菌孢子，它外层含有的一些酶可以产生可能使活性物质失活的色素[328]。整体实验结果表明，应用氧化剂来增强病毒的 UV 消毒是有益的。

7. 实际水体中的消毒效果

在相似的 UV 光强 [$2.2×10^{-7}$ Einstein/(L·s)]和氧化剂剂量（0.3 mmol/L）下，在实际水体中进一步检测了微生物的灭活效果。测试的水样，包括 SW 和 WW 的二级出水。在 SW 和 WW 样品中计算的加标微生物的 CFU 和 PFU 与在 PBS 中的结果相当，表明微生物受到 SW 或 WW 组分的影响基本可以忽略。

实验表明，在 SW 中，UV/H_2O_2 和 UV/PDS 过程对大肠杆菌的灭活几乎与仅 UV 照射的相同[图 2-94（a）]，而添加 H_2O_2 或 PDS 则显著增强了噬菌体 MS2 的失活[图 2-94（b）]。但是，在 WW 中，添加或不添加氧化剂，大肠杆菌或噬菌体 MS2 在 UV 下具有相似的失活速率[图 2-94（c）、（d）]。为了预测自由基物种的浓度，研究人员输入实际水成分数据进行了动力学模拟，具体而言，硝酸盐的光分解被认为是羟基自由基的来源，DOM

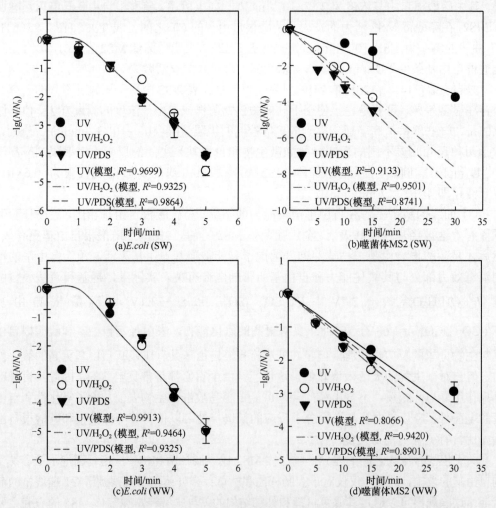

图 2-94 SW 或 WW 中大肠杆菌和噬菌体 MS2 的灭活

UV 光强为 $2.2×10^{-7}$ Einstein/L，$[H_2O_2]_0 = 0.3$ mmol/L，$[PDS]_0 = 0.3$ mmol/L，误差棒代表平均值的标准偏差（$n = 3$）

被认为是羟基自由基、硫酸根自由基和碳酸根自由基的清除剂;与氯化物、碳酸(氢)盐和硫酸盐的自由基反应都包括在动力学模拟中。将计算的自由基浓度应用于式(2-33),以获得实际水体中微生物预测的失活情况。如图 2-94 所示,预测结果与实验结果一致,表明式(2-33)包括了本节研究中调查的微生物的大部分消毒作用。

8. 基于 UV 的 ADP 的优化

1)氧化剂剂量对 UV 效率的影响

实际水体的实验表明,基于 UV 的 ADP 在 SW 中仅显著增强了噬菌体 MS2 的灭活,并在 WW 中发挥了较大的清除作用。氧化剂浓度(0.3 mmol/L)未明显增强大肠杆菌和枯草芽孢杆菌孢子的灭活(图 2-95)。然而,可以假设较高的氧化剂剂量将克服水质影响并实现可测量的灭活的增强。为了验证这一假设,研究人员改变 SW 和 WW 中 H_2O_2 或 PDS 的剂量进行模拟。UV 效率定义为通过 UV 剂量归一化的微生物的对数失活。UV 效率的预测是基于自由基浓度的动力学模型和式(2-33)进行的。

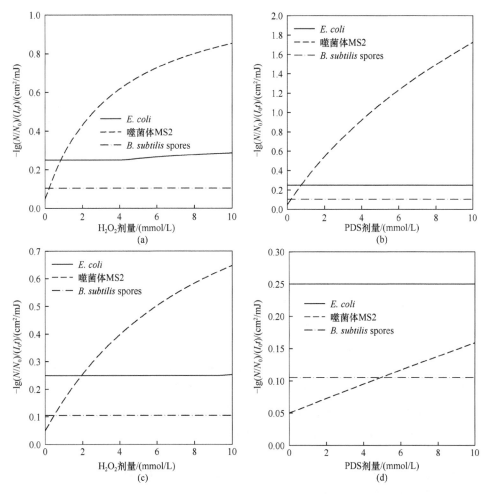

图 2-95 在不同 H_2O_2 或 PDS 剂量下 SW 和 WW 中 UVC 的效率
通过 UV 剂量归一化的灭活对数

如图 2-95 所示，H_2O_2 剂量或 PDS 剂量的增加对噬菌体 MS2 的 UV 效率有很大影响，但对大肠杆菌和枯草芽孢杆菌孢子影响不大，表明氧化剂剂量的增加对大肠杆菌和枯草芽孢杆菌孢子灭活效果的提高没太大影响。H_2O_2 剂量增加至约 0.25 mmol/L 和 0.5 mmol/L，可以使得噬菌体 MS2 的 UV 效率分别超过 SW 和 WW 中枯草芽孢杆菌的 UV 效率[图 2-95（a）和（c）]。H_2O_2 剂量高达约 1 mmol/L（对于 SW）和 2 mmol/L（对于 WW）可以使得噬菌体 MS2 的 UV 效率与大肠杆菌的 UV 效率相似，这比仅通过 UV 照射的噬菌体 MS2 的 UV 效率高 4 倍。由于 H_2O_2 自身的清除作用，进一步增加 H_2O_2 的剂量使得噬菌体 MS2 的 UV 效率增加逐渐变慢。在不同的 PDS 剂量下也观察到噬菌体 MS2 的 UV 效率曲线的类似趋势[图 2-95（b）和（d）]。然而，SW 与 WW 中 PDS 的效果相差很大。尽管当 PDS 剂量增加时，SW 中噬菌体 MS2 的 UV 效率显著增强[图 2-95（b）]，但在 WW 中 PDS 的增加所产生的灭活的增强非常有限[图 2-95（d）]。事实上，添加高达 10 mmol/L 的 PDS 只能使废水中噬菌体 MS2 的 UV 效率提高 3 倍，而这种效率仍低于大肠杆菌。比较图 2-95 中的所有模拟结果，研究表明 UV/PDS 过程的消毒效果比 UV/H_2O_2 过程更容易受到实际水体基质效应的影响。

总体来说，UV 效率的变化表明，添加一定量的 H_2O_2 或 PDS 对促进 ADP 中噬菌体 MS2 的失活是有益的。然而，为了系统地优化 UV/氧化剂 ADP，还应考虑氧化剂的成本。

2）能源优化

基于上面的讨论，应用额外的氧化剂，尤其是 H_2O_2 可以实现噬菌体 MS2 失活的显著增强，但对于大肠杆菌和枯草芽孢杆菌孢子则没有太大作用。因此，仅对噬菌体 MS2 进行能量优化。为了优化 ADP，使用 EE/O 进行了经济分析。EE/O 被定义为实现一个对数失活所需要的电能，其给出了在给定条件下成本消耗的定量评估方法。在 EE/O 评估中，将考虑紫外灯的电能和氧化剂的消耗。使用式（2-34）可以计算整体的 EE/O：

$$\text{EE/O} = \frac{(P/V) + \alpha \cdot [\text{氧化剂}]}{-\lg\left(\dfrac{N}{N_0}\right)_t} \quad (2\text{-}34)$$

式中，P/V 为紫外灯的能量输入，kW·h/L；[氧化剂]为 H_2O_2 或 PDS 的浓度，mmol/L；α 为将氧化剂剂量转化为能量单位的单位转换器，2.27×10^{-4} kW·h/mmol H_2O_2，1.64 mmol/L×10^{-3} kW·h/mmol PDS；$-\lg(N/N_0)_t$ 为对应于[氧化剂]和 P/V 值条件下噬菌体 MS2 的失活。因此，EE/O 以 kW·h/L 为单位。

为了达到最具成本效益的条件，通常考虑两种替代策略：安装更多的紫外灯和添加更多的氧化剂。因此，改变 P/V 和[氧化剂]以预测每种给定的 UV 和氧化剂剂量下的 EE/O。在 SimBiology 中应用变量的扫描函数，获得 UVC 为 $2.4 \times 10^{-5} \sim 4.8 \times 10^{-4}$ Einstein/L 和氧化剂剂量为 0～1 mmol/L 范围下的自由基浓度，然后，通过式（2-33）计算噬菌体 MS2 的总体失活。

计算 SW 和 WW 中不同 UVC 剂量和氧化剂剂量的 lg（EE/O），结果如图 2-96 所示，其中较冷的颜色代表较低的 EE/O，而较暖的颜色代表较高的 EE/O。在不添加氧化剂的情况下（即 x 轴为 0 处），仅 UV 照射的 EE/O 约为 5.7×10^{-5} kW·h/L。随着 H_2O_2 的添加[图 2-96(a)和(b)],EE/O 在 SW 和 WW 中均降低,除了当 UVC 为 $1.0×10^{-4}$ Einstein/L 时,WW 中的 EE/O 先降低然后在转折点 0.05 mmol/L H_2O_2 附近开始增加。在 UV/PDS ADP 体系,SW 中 PDS 对 EE/O 的降低作用在 UVC 低于 $5×10^{-5}$ Einstein/L 时开始反转[图 2-96(c)],然而 WW 中 EE/O 总是随着 PDS 剂量的增加而增加[图 2-96(d)]。该研究已经证实,添加一定量的氧化剂对提高灭活噬菌体 MS2 所需的能量效率是有益的。图 2-96 中的实线表示达到一定程度的灭活时,UV 和氧化剂剂量的组合。为了满足 4 个对数浓度的灭活,必须在低于 $4.2×10^{-4}$ Einstein/L 的 UV 照射下添加某些氧化剂。在 UV/H_2O_2 ADP 体系中,SW 中最节能的条件是约 $5×10^{-5}$ Einstein/L 的 UV 和 0.1 mmol/L 的 H_2O_2,此时 EE/O 为 $1.4×10^{-5}$ kW·h/L;WW 中约 $1.5×10^{-4}$ Einstein/L 的 UV 和 0.08 mmol/L H_2O_2,此时 EE/O 为 $2.2×10^{-5}$ kW·h/L。对于 UV/PDS ADP 体系,SW 中最节能的条件是约 $1.0×10^{-4}$ Einstein/L UV 和 0.05 mmol/L PDS,此时 EE/O 为 $3.5×10^{-5}$ kW·h/L,然而在 UV 低于 $5×10^{-4}$ Einstein/L 的范围内,并没有实现最节能的条件,因为 PDS 的增

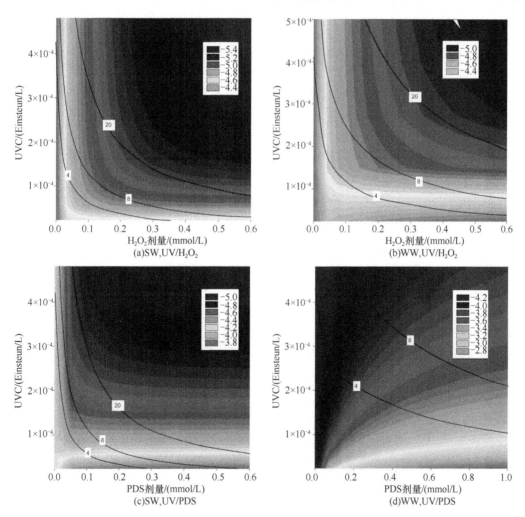

图 2-96　用 UV/H_2O_2 ADP 或 UV/PDS ADP 灭活 SW 和 WW 中噬菌体 MS2 的[lg(EE/O)]
单位为 kW·h/L,实线表示失活的对数

加总是会产生更高的 EE/O。因此，基于整体 EE/O 的评估，在 SW 和 WW 中，UV/H$_2$O$_2$ ADP 都比 UV/PDS ADP 要更节能。在 UV 消毒过程中减小 UV 剂量至 90 mJ/cm^2（约 5×10^{-4} Einstein/L），这足以实现对噬菌体 MS2 4 个对数浓度的失活，然而，EE/O 值（5.8×10^{-5} kW·h/L）远高于 UV/H$_2$O$_2$ ADP 的最佳点（即 SW 的 1.4×10^{-5} kW·h/L，WW 的 2.2×10^{-5} kW·h/L）。因此，通过组合 UV 和 H$_2$O$_2$，将节省近三分之二的能量消耗。

9. UV-ADP 的环境意义

这项研究已经证明了基于 UV 的新型 ADP 的消毒效力，并且提供了关于自由基对微生物影响的新信息。该研究是首批定量研究硫酸根自由基和碳酸根自由基作为可以灭活微生物活性物质的研究之一。还发现超氧自由基对灭活微生物的作用可以忽略不计。本节的研究成果可用于优化设计基于 UV 的 ADP 的水处理技术。具体而言，本节研究表明，UV/H$_2$O$_2$ 比 UV 消毒更具成本效益，可用于病毒清除，而将 UV 消毒升级为基于 UV 的 ADP 过程则不利于细菌和孢子的灭活。对于实现较低 EE/O 的水处理设施，可以使用本节研究中提供的动力学模型，基于特定水质条件下调节紫外灯和氧化剂的剂量。

这项研究的结果也与某些自然光照射体系有关，其中自由基是由阳光照射的光敏剂产生的。细菌、病毒和孢子对自由基物种的抗性差异也表明，自由基的存在可能会影响水系统中的微生物群落。在具有较高自由基浓度的水系统中，对自由基攻击更具抵抗力的微生物浓度可能更易累积。

2.8.2 UV/PAA 的杀菌消毒机理与应用

1. 概述

近年来，PAA 替代废水处理过程中所使用的含氯氧化剂作为消毒剂被提出来[329-334]。使用 PAA 进行废水处理的主要驱动因素包括：①PAA 不产生致癌和致突变的 DBPs[333, 335]，因此对处理过的水的安全性和可用性有很大的益处；②PAA 可有效渗透和灭活生物膜[336]；③PAA 的使用已被证明具有成本效益，可以很容易地整合在现有的废水处理设施中。然而，PAA 消毒的主要缺点是高 PAA 剂量可能会增加水中有机物的含量，从而提高微生物的再生能力[333]。

UV 消毒在灭活水性病原体方面的有效性已经被证实。通过 UV 灭活病原体，通常在 260 nm 左右，是基于对细胞或病毒的核酸（DNA/RNA）造成损害而实现的，但是，具有 UV 抗性的微生物，如病毒（特别是腺病毒）和细菌孢子，由于需要施用高剂量的 UV，往往使 UV 消毒成为一种非常消耗能源的技术[326]。

将 UV 与 PAA 结合起来不仅是结合两种消毒的过程，而且可以产生自由基，主要是·OH 和酰氧基自由基[337]，其中·OH 被认为是一种强有力的消毒剂[141, 314, 320]。有一些研究已经观察到 UV/PAA 对病原体的灭活作用比 UV 或 PAA 单独作用时要强[334, 338-340]。Koivunen 和 Heinonen-Tanski 观察到 UV/PAA 可以增强对大肠杆菌、粪肠球菌、肠炎沙门氏菌和大肠杆菌噬菌体 MS2 的消毒效率，得出结论：使用 UV/PAA 对除了大肠杆菌噬菌体 MS2 以外的三种细菌都有协同效益[334]。Caretti 和 Lubello[338]使用二级出水进行了中试实验，通过在 UV 装置的上游和下游添加 PAA 来研究其对消毒效率的提高。当 PAA 应用于上游而不是下游时，他们观察到更高的消毒效率，这可以通过 PAA 的光解作用产生自由基来解释。要了解 UV/PAA 对消毒作用的增强，重要的是要对 UV/PAA 消毒的机理进行深入了解，以帮助开发和设计这一先进技术在有效领域的应用。

在这项工作中，选择大肠杆菌研究 UV/PAA 对失活的增强机理。分别研究了单独 UV 和单独 PAA 对大肠杆菌的灭活，并与 UV/PAA 进行比较。为了更好地理解 PAA 光解过程中产生的自由基的作用，设计了自由基猝灭实验，并应用了消毒动力学模型。此外，通过控制 UV、PAA 和 TBA（自由基清除剂）的预暴露顺序以更好地理解自由基的作用。具体而言，主要研究了 UV、PAA 和羟基自由基在大肠杆菌灭活中的协同作用。

2. 实验装置

基于 UV 的消毒实验使用台式准直光束 UV 装置进行，装置如图 2-89 所示。将反应溶液（10 mL）倒入无菌玻璃培养皿（内径为 5.4 cm）中，将其置于垂直于入射光的搅拌板上。使用草酸铁酸钾化学光度法测定反应溶液中的 UV 注量率为 2.2×10^{-7} Einstein/(L·s)。对于在清水中进行的实验，除非另有说明，将 PAA（或 H_2O_2）和大肠杆菌加入磷酸盐缓冲液（3.0 mmol/L 的 PBS, pH=7.0）中进行实验。使用城市污水处理设施的二级出水（未消毒）进行与水质效应有关的实验。在实验前测量废水流出物的三个参数：pH=6.09, 254 nm 处的吸光度为 0.136, 化学需氧量为 27.6 ppm。使用 NaOH 将 pH 调节至 7.0。本节所述的所有数据来自两批实验，其中大肠杆菌的初始密度约为 1×10^8 CFU/mL [图 2-97 和图 2-98（b）]或 5×10^6 CFU/mL [图 2-98（a）]。所有实验至少重复一次，并且在图中标明了标准偏差及平均值。

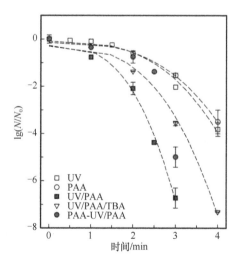

图 2-97 在 UV、PAA、UV/PAA、UV/PAA/TBA 和加入 PAA 2 min 后暴露在 UV（PAA-UV/PAA）对大肠杆菌的灭活

UV 注量率为 2.2×10^{-7} Einstein/(L·s), [PAA]$_0$ = 9 mg/L（即 0.12 mmol/L）, [TBA]$_0$ = 10 mmol/L, [大肠杆菌]$_0 \approx 1\times10^8$ CFU/mL。符号表示实验观察结果，虚线表示使用 Hom 模型的拟合结果，PAA-UV/PAA 不适用于该模型

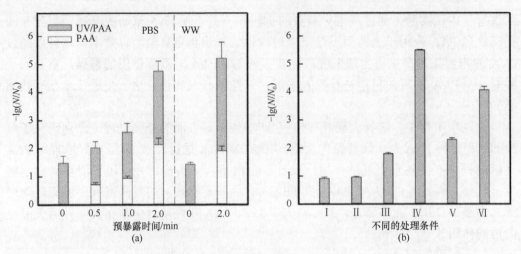

图 2-98 在不同条件下大肠杆菌的灭活

(a) 在施用 UV/PAA 1min 前,将大肠杆菌在 PBS 或 WW 中暴露于 PAA 不同时间(0~2.0 min),$[PAA]_0 = 5$ mg/L,[大肠杆菌]$_0 \approx 5 \times 10^6$ CFU/mL;(b) 不同处理条件后的大肠杆菌灭活: Ⅰ UV/H_2O_2(1min) + PAA(2 min),Ⅱ PAA(2 min) + PAA 去除+ UV/H_2O_2(1 min),Ⅲ PAA(2 min) + PAA 去除+ UV/PAA(1 min),Ⅳ PAA(2 min) +UV/PAA(1 min),Ⅴ TBA(5 min) + PAA(2 min) + UV/PAA/TBA(1 min),Ⅵ PAA(2 min) +UV/PAA/TBA(1 min);$[PAA]_0 = 9$ mg/L,$[H_2O_2]_0 = 4$ mg/L,$[TBA]_0 = 10$ mmol/L,[大肠杆菌]$_0 \approx 1 \times 10^8$ CFU/mL

3. 通过 UV、PAA 和 UV/PAA 灭活大肠杆菌

比较了不同消毒条件(UV、PAA 和 UV/PAA)下对大肠杆菌的灭活。图 2-97 显示单独使用 UV 或单独使用 PAA 可在 4 min 内实现大肠杆菌 4 个对数浓度的灭活,而当 UV 与 PAA 结合时,在 2.5 min 内可实现相同数量的失活。UV/PAA 条件下,在 3 min 时可实现 7 个对数浓度的灭活,比单独 UV 或单独 PAA 条件下的效果(小于 2 个对数浓度的灭活)高很多。为了更好地了解不同消毒过程的机理,分别研究了 UV 和 PAA 的消毒。

UV 照射可有效灭活细菌,主要是由于 DNA 中邻近的胸腺嘧啶分子的二聚体化[341]。尽管 PAA 尚未在文献中进行广泛研究,但由于其高氧化能力,PAA 很可能也具有消毒能力,因为其能够氧化蛋白质、酶和其他关键生物分子中的敏感巯基和硫键。虽然尚未报道过在 PBS 中单独使用 PAA 对大肠杆菌的灭活,报道称,在废水中实现 3 个对数浓度的灭活需要 30~120 mg/(L·min)的 PAA,具体取决于水质状况[330]。

为了研究 PAA 在 UV 下暴露时产生的自由基[主要是·OH 和 $CH_3C(=O)O·$]在增强大肠杆菌灭活效率时的作用,使用过量的 TBA 在 UV/PAA 下猝灭·OH。如图 2-97 所示,在 3 min 时,存在 TBA 的 UV/PAA 体系中大肠杆菌的失活要低 3.2 个对数浓度,这证实了·OH 对 UV/PAA 灭活大肠杆菌的重要作用。此外,UV、PAA、UV/PAA 和 UV/PAA/TBA 的消毒动力学由稳态模型(Hom model)[342]拟合为式(2-35)(图 2-97 中的虚线):

$$\lg\left(\frac{N_0}{N}\right) = -k \times C \times t^3 \quad (2-35)$$

式中,k 为消毒速率常数;C 为消毒剂浓度;t 为经过的时间。当对数灭活浓度与 t^3 作图时,在所有实验条件都观察到了线性关系($R^2>0.989$)。如图 2-99 所示,在 UV/PAA/TBA

条件下使用稳态模型的拟合斜率等于 UV 单独和 PAA 单独条件下的斜率总和,表明·OH 的作用是关键,而 $CH_3C(=O)O·$ 在增加大肠杆菌的失活效率中起到的作用可忽略不计。$CH_3C(=O)O·$ 可与有机物反应,离解成 $CH_3·$ 和 CO_2,或与 PAA 反应形成 $CH_3C(=O)OO·$[337]。

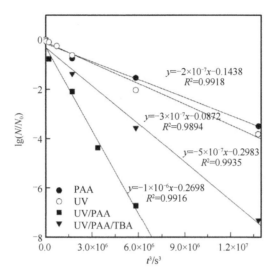

图 2-99　在 PAA、UV、UV/PAA 和 UV/PAA/TBA 条件下大肠杆菌的灭活
实线为 Hom 模型拟合数据

为了进一步评估·OH 的贡献,将 UV/PAA 与更广泛研究的 UV/H_2O_2 比较,后者产生·OH 作为主要的消毒剂。实验分别使用初始摩尔浓度(0.12 mmol/L)相同的 PAA 和 H_2O_2,在这种情况下,预计在 UV/H_2O_2 条件下的·OH 稳态浓度高于 UV/PAA 条件下的,这可以通过使用硝基苯作为·OH 探针的实验证实,并且观察到在 UV/H_2O_2 条件下,硝基苯的降解速率比 UV/PAA 下更快。根据消毒动力学数据得到的稳态模型的斜率可以判断,与 UV 单独作用相比,UV/H_2O_2 仅稍微地增强了大肠杆菌的灭活(图 2-100)。事实证明,单独使用低剂量 H_2O_2 对大肠杆菌的灭活作用可以忽略不计[343]。UV/PAA,即使其产生的·OH 浓度比 UV/H_2O_2 条件下的低,与单独使用 UV 或单独使用 PAA 相比,大大增强了大肠杆菌的灭活效果(图 2-99)。因此,在 UV/PAA 条件下产生的·OH 不是其对大肠杆菌灭活作用增强的唯一原因。

在体系中依次添加 PAA 和 UV 来更好地了解 UV/PAA 对大肠杆菌灭活的增强。在图 2-97 中 PAA-UV/PAA 的实验条件下,在引入 UV 前,将大肠杆菌预暴露于 PAA 中 2 min,添加 UV 后 1 min 内(即在 2 min 和 3 min 内)发生大肠杆菌 4.2 个对数浓度的失活,其比直接施加 UV/PAA 1 min(即在 0 min 和 1 min 内)的灭活效果高 3.5 个对数浓度。因此,PAA-UV/PAA 可能是一种很有前景的新型消毒策略,研究人员将进一步研究其作用机理。

4. 通过 PAA-UV/PAA 灭活大肠杆菌

为了更好地理解 PAA 暴露如何影响大肠杆菌通过 UV/PAA 失活,设计实验将大肠杆菌以不同的时间预暴露于 PAA(0～2 min),然后施加 UV 1 min[图 2-98(a)]。虽然

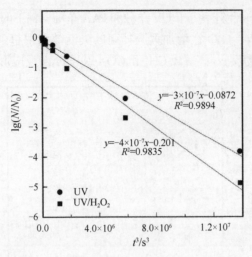

图 2-100　在 UV 和 UV/H_2O_2 条件下大肠杆菌的灭活
实线为 Hom 模型拟合数据

大肠杆菌在黑暗中预先暴露于 PAA 会导致一些细胞在 UV 应用前失活，但在 0 min、0.5 min、1 min 和 2 min 的暴露下，由 UV/PAA 引起的大肠杆菌失活的对数浓度（即施加 UV 后）为 1.48、1.32、1.64 和 2.62。显然，与没有暴露于 PAA 的情况相比，2 min 的最长预暴露时间导致的大肠杆菌在 UV/PAA 下的失活率最高。采用相同的方法评估 H_2O_2-UV/H_2O_2 对大肠杆菌的灭活（即将大肠杆菌预先暴露于 H_2O_2，然后施加 UV）。相反，通过预暴露大肠杆菌于 H_2O_2 中并没有观察到 UV/H_2O_2（即在施加 UV 后）对大肠杆菌的灭活有增强作用（图 2-101）。

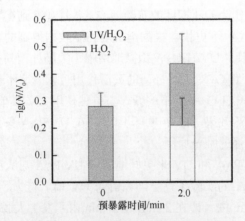

图 2-101　在不同条件下大肠杆菌的灭活
将大肠杆菌在 H_2O_2 下暴露 0 min 和 2 min，然后在 PBS 中施加 UV/H_2O_2 1 min

两种不同的机理可以解释预暴露于 PAA 对 UV/PAA 灭活大肠杆菌作用的增强：①在暴露于 PAA 一段时间后，大肠杆菌变得更易受 UV/PAA 过程的影响；②预暴露允许 PAA 扩散进入和/或吸附在大肠杆菌上，与在溶液中产生的自由基相比，在大肠杆菌中产生的·OH 可以产生更好的细胞失活效果。

机理①可以通过三个条件来进行测试：Ⅰ通过 UV/H_2O_2 预处理的细胞，然后是 PAA；Ⅱ通过 PAA 预处理的细胞，去除 PAA 后施加 UV/H_2O_2；Ⅲ通过 PAA 预处理的细胞，去除 PAA 后施加 UV/PAA[图 2-98（b）]。在条件Ⅱ和Ⅲ中，暴露之后使用硫代硫酸钠除去 PAA，然后 H_2O_2 或 PAA 与 UV 一起（重新）引入。对于条件Ⅰ和Ⅱ，大肠杆菌对数灭活的结果类似，表明预先暴露于两种氧化剂之一（·OH 和 PAA）不会使细胞更容易受到其他氧化剂的影响。此外，发现条件Ⅲ下对大肠杆菌的灭活远低于条件Ⅳ（通过 PAA 预处理细胞，随后是施加 UV/PAA，在预暴露后没有去除 PAA 并且在条件Ⅲ中重新引入 UV）。如果预先暴露于 PAA 使大肠杆菌更容易受到 UV/PAA 的影响，则条件Ⅲ应表现出与条件Ⅳ相似的灭活效率。

通过在将大肠杆菌加入反应器之前和之后直接监测本体溶液中 PAA 浓度来测试机理②。在实验中应用与图 2-98（a）中相同的初始 PAA 浓度（5 mg/L）和大肠杆菌密度（约 $5×10^6$ CFU/mL），0.5 min 和 4 min 后在该实验中观察到 5% 和 11% 的 PAA 损失。然而，很难确定 PAA 损失是否是由于扩散/吸附到大肠杆菌上或与细胞直接反应。为了进一步检验机理②，通过在不同阶段加入 TBA 以猝灭大肠杆菌和溶液中产生的·OH[图 2-98（b），条件Ⅴ和Ⅵ]来设计实验。可以合理地假设，由于烷基部分，扩散/吸附在细菌膜上的 TBA 表现与 PAA 相似。另外，H_2O_2 由于其无机性质而对细菌膜具有较低的亲和力。在条件Ⅴ下，将大肠杆菌悬浮液与 TBA 预混合 5min，使得 TBA 扩散到大肠杆菌中，并且当在 UV/PAA 过程中引入 PAA 和 UV 时，可以在大肠杆菌细胞内猝灭·OH。在条件Ⅵ下，将大肠杆菌与 PAA 预混合后同时引入 UV 和 TBA，使得 TBA 仅存在于大肠杆菌悬浮液中，而 PAA 已经吸附到和/或进入大肠杆菌细胞中。条件Ⅴ和Ⅵ之间失活的显著差异[图 2-98（b）]表明·OH 的强消毒能力可能是由于产生·OH 的位置。实际上，与 H_2O_2 不同，PAA 具有烷基部分，其为 PAA 提供疏水特性，因此 PAA 更容易吸附在细菌膜上并进入细胞。

5. 应用和环境意义

如上所述，两个临界步骤可能显著增强 UV/PAA 条件下细菌的灭活：PAA 吸附/扩散进入细胞和 PAA 的 UV 活化。该研究表明，UV/PAA 是一个有效的消毒过程，并且大肠杆菌预先暴露于 PAA 然后进行 UV 照射（即 PAA-UV/PAA 过程）将实现最显著的灭活。尽管由于 PAA 的吸附行为可能依赖于特定细菌的细胞外聚合物（EPS）这一性质而导致灭活动力学不同，但可以预期类似的灭活的增强是可能的。在本节研究的实验条件下，施加 UV 之前，2 min PAA 的预暴露时间就足以导致灭活作用的显著增强。此外，在市政污水中可以获得相同的消毒增强效果，其中通过 PAA 预暴露实现了 UV/PAA 对大肠杆菌的 3.3 个对数浓度的灭活，而没有预暴露的只有 1.4 个对数浓度[图 2-98（a）]。结果表明，通过 2 min PAA 预暴露可实现 0.75~2 个对数浓度的灭活，施加 UV 后的 1 min 时，会有额外的 2.6~4.2 对数浓度的失活，连续施加 PAA 和 UV 实现对微生物的高效灭活，并且所需的能量输入也较少。考虑到相同的化学成本（即 PAA 浓度），使用 PAA-UV/PAA 工艺灭活的能量成本（来自 UV 照射，$2.6×10^{-6}$ Einstein/L）至少低于 UV/PAA 过程成本的一半（$5.7×10^{-6}$ Einstein/L）。因此，建议通过依次施加 PAA 和 UV 来优化 UV/PAA 工艺是合理的，从而可以节省来自 UV 照射的能量成本。

2.9 光催化陶瓷膜对药物类污染物的降解

2.9.1 光催化陶瓷膜工艺介绍

随着科技的不断进步,光催化陶瓷膜也逐渐在水处理过程中广泛应用。其中,最主要的是将新型芬顿反应同膜技术相结合。具体来说,非均相芬顿反应的氧化过程主要是在固体催化剂的表面进行的,催化剂通过一定的方法负载于特定固体物质表面,然后与H_2O_2反应生成具有强氧化性的·OH,对体系中的污染物质进行氧化降解。非均相芬顿催化剂可循环使用,扩大了 pH 范围,不存在普通芬顿法中的铁泥污染问题,节约了成本,提高了催化效果。

因此,大量学者研究出创新型的光催化剂应用于非均相的光芬顿反应过程中。这些催化剂含有的 Fe 元素可以活化 H_2O_2 产生·OH,从而增强了广谱有机污染物的降解和废水处理效率[344, 345]。但是,一些非均相 Fenton 催化剂(如 β-FeOOH[346]、水铁矿/活性炭[347]、Fe/藻酸盐[348]、铁黏土[349])比它们的均相物质在分解 H_2O_2 时具有更低的活性。此外,一些催化剂由于金属浸出而具有较低的耐久性或稳定性。光芬顿反应系统中 α-Fe_2O_3 的活性通常比 γ-Fe_2O_3、γ-FeOOH、α-FeOOH 和 Fe_3O_4 的低,主要是因为高的电子-空穴复合速率。此外,扩大光芬顿反应的 pH 范围仍然是一个挑战。

近年来,非均相催化剂 Fe(Ⅲ)氧化物(赤铁矿 α-Fe_2O_3 和针铁矿 α-FeOOH)吸引了研究者的极大兴趣[350, 351]。针铁矿是天然存在的矿物,且储量很大。在较大的 pH 范围内针铁矿几乎不溶于水性介质,所以它能够起到非均相催化剂的作用,并且不会有大量损耗[352]。He 等报道了使用针铁矿光催化降解氨氮,并认为当 UV 辐射到针铁矿表面时,破坏 FeO—OH 键,产生表面 Fe(Ⅳ)和·OH[353],然后具有强氧化性和不稳定性的表面铁[Fe(Ⅳ)]与水反应形成另一个·OH,因此吸附在针铁矿表面上的染料被·OH 氧化。Kavitha[354]报道了利用合成的 α-FeOOH 作为光芬顿反应催化剂,在 UV 照射情况下去除水中的苯酚和三氯酚,并取得很好效果。研究发现,通过 α-FeOOH 催化剂来处理不同种类的污染物,均有效拓宽了催化剂的适用范围。

α-FeOOH 具有稳定的化学特性、较大比表面积[355, 356]和独特的颗粒结构[357],所以在去除有机污染物方面表现出优异光催化性能。有机物的光降解效率通常由催化剂的性质(形状、尺寸、洁净度)、溶液的 pH、H_2O_2 的剂量和光强决定[358-361]。Zhang 等研究证明添加有机酸(草酸、乙酸、柠檬酸、苹果酸和酒石酸)到水中可以扩大 α-FeOOH/H_2O_2 的反应 pH 范围,提高 BPA 的降解[362]。此外,由铁和有机酸形成的络合物草酸铁,可以催化 H_2O_2 促使·OH 的产生,同时阻止铁物质的沉淀。

陶瓷膜是具有化学稳定性能好、耐高温、通量高和环境友好等优点,广泛应用于废水处理、资源回收等工业领域,成为一种新兴的高科技产业。Wang 等[363]合成了 γ-Al_2O_3/α-Al_2O_3 纳滤膜,不仅具备优越的过滤性能,更兼具优良的光催化活性。通过将纳滤膜与 γ-Al_2O_3/α-Al_2O_3 结合,还能够有效增大光催化剂的三维体积。Kujawa 等[364]将 PFAS 负载到二氧化钛陶瓷膜的表面,提高了陶瓷膜表面自由能,增强了光催化反应效率。

由于针铁矿 α-FeOOH 能充分利用太阳光中的可见光进行光催化反应,且原材料价廉易得,在光化学处理难降解有机废水领域具有广阔的应用前景。制备针铁矿的方法主要是合成法,负载针铁矿的方法分为浸泡法、线绕法、悬涂法和超声喷涂法。其中,线绕法是制备该膜的主要方法,通过进一步煅烧可以得到物相纯度高、晶化程度好、形貌结构可控的纳米材料。传统水热法能克服某些高温制备不可避免的硬团聚等,其具有粉末细(纳米级)、纯度高、分散性好、均匀、利于环境净化等特点。

膜分离技术虽然具有快速、稳定、高效的水处理性能,但其仅具有单一的分离功能,无法将污染物彻底分解至无害化,并且随着运行时间的延长,膜污染的问题愈加突出,并导致通量迅速衰减,运行能耗急剧增加。光催化技术虽可以利用光能将污染物彻底矿化分解,但是面临粉体催化剂的回收等问题。基于上述原因,膜分离与光催化技术的耦合工艺开发,利用光催化过程对污染物的矿化分解可以实现对污染物的彻底去除,在一定程度上缓解膜污染,并避免了光催化剂回收困难的问题。这种设计发挥了两种技术的优势,同时弥补了各自的缺陷。目前出现的光催化与膜分离的耦合工艺主要分为两种类型:悬浮型光催化膜工艺和负载型光催化膜工艺。

1. 悬浮型光催化膜工艺

悬浮型光催化膜工艺是指光催化剂悬浮于反应器中,并与膜分离过程耦合,包括两种类型反应器,分别为 TiO_2 反应器+膜分离反应器和 TiO_2/膜分离反应器。但是,这两种反应器都存在一定缺点。TiO_2 反应器+膜分离反应器的缺点是:①两个独立的工艺单元;②占地面积大;③不能连续运行;④紫外光穿透深度浅。TiO_2/膜分离混合反应器的缺点是:①连续运行时膜孔易堵塞;②紫外光穿透深度浅。

2. 负载型光催化膜工艺

负载型光催化分离膜反应器,该结构的特点在于光催化材料并不是分散于光催化反应器内,而是负载于分离膜的表面或掺杂进分离膜体内。这种设计实现了污染物的截留与分解在一个反应单元内一步完成,并且消除了催化剂对分离膜膜孔堵塞的不利因素。综上所述,将光催化分离膜应用于水污染控制领域的研究已取得了一定的重要进展:①实现了在单一处理单元中完成对污染物的矿化分解与截留;②光催化作用对有机污染物的降解有效地缓解了膜污染;③耦合工艺在水处理过程中展示出了协同作用。虽然光催化分离膜耦合工艺在水处理中表现出了优良的工艺特性,但是仍然面临一些亟待解决的科学与技术问题。

将悬浮型光催化反应器和膜技术组合,形成光催化膜反应器可以展现良好的耦合协同效应[365-367]:一方面,分离膜不仅能在线截留回收催化剂及部分有机污染物,而且能有效控制污染物在反应器中的停留时间;另一方面,光催化氧化作用可降低膜面污染物浓度,改变部分污染物的分子吸附特性和膜面荷电及亲疏性,在一定程度上缓解了对分离膜的污染。杨涛等[368]针对光催化膜反应器中膜污染特性,利用图 2-102 所示反应器装置,采用通量阶式递增法测定了不同催化剂浓度及光照强度下光催化陶瓷平板膜反应器中临界膜通量的大小,对比了临界和超临界通量运行中膜分离性能。研究结果表明:当催化剂浓度为 0.3 g/L 时，光照强度越高，临界通量越高。在临界通量为 75L/(m^2·h)下运行相比超临界通量而言，其稳定运行周期更长，渗透出的滤液体积更多。临界通量运行过程中膜污染首先经历缓慢增长过程，随后变为加速膜污染过程。临界及超临界通量运行对 UV_{254} 及 UV_{436} 污染物总去除率均可以达到 92% 及 98% 以上，对 DOC 总去除率分别为 72% 及 76.2%。临界通量运行时的总阻力、可逆污染阻力及不可逆污染阻力都低于超临界通量下对应的阻力，临界通量运行可有效提高光催化膜反应器中膜分离性能。

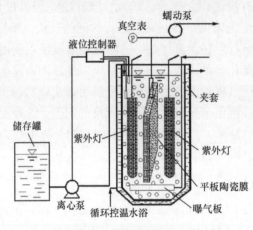

图 2-102　实验装置图

除此之外，杨涛等[369]研究光催化作用对多通道陶瓷超滤膜去除水中腐殖酸膜污染行为的影响，采用光催化陶瓷膜组合工艺（图 2-103），考察了不同光催化剂浓度下膜通量、污染物去除率、膜污染模式、膜污染阻力变化趋势以及在线反冲洗对膜通量变化的影响。结果表明：光催化可有效减缓陶瓷膜通量衰减程度，并提高污染物去除率。催化剂浓度为 0.4 g/L 时膜通量衰减最小，最终相对膜通量达 58.6%，催化剂浓度为 0.6 g/L 时污染去除率最高，其中 DOC 为 76.5%，UV_{254} 为 87.3%，UV_{436} 为 96.8%。光催化膜工艺在过滤初期经过短暂膜堵塞及过渡阶段后，膜污染以污染物在膜表面沉积为主。光催化可明显减小膜污染总阻力及可逆污染阻力。光催化作用下在线反冲洗对膜通量的恢复作用较小，但每次反冲前的膜通量衰减程度也小，使得在周期性在线反冲洗工艺中，光催化作用下的膜通量整体运行区间明显高于无光催化时的情况。

管玉江等[370]采用聚合溶胶法制备氮掺杂 TiO_2 溶胶及 SiO_2 溶胶，以 Al_2O_3 陶瓷膜为支撑体，用浸渍-提拉方法将溶胶涂敷在支撑体表面，合成平均孔径为 3～5 nm 的 N-TiO_2-SiO_2 /Al_2O_3 复合膜，采用扫描电子显微镜（SEM）及 X 射线能谱（EDX）对其表征分析；用复合膜处理小檗碱废水，考察复合膜的分离及光催化性能。结果表明，复合膜对小檗碱截留率达 90%，无机盐截留率低于 5%。该复合膜能实现有机物和盐的分离、浓缩。

因此，将膜分离技术和光催化氧化法耦合逐渐成为国内外的研究热点[371]。例如，Moslehyani 等将光催化反应装置与超滤膜分离装置结合对含油废水进行处理，成功去除废水中的油脂[372]。Szymański 等采用 TiO_2 光催化-陶瓷超滤膜耦合体系对腐殖酸进行降解，研究发现，在酸性和钙镁阳离子存在的条件下，经过 400 h 反应后膜污染能够被

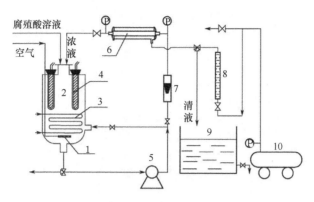

图 2-103 实验装置图
1. 曝气头；2. 光催化反应器；3. 循环冷却管；4. 紫外灯；5. 离心泵；6. 多通道陶瓷膜；
7. 转子流量计；8. 反冲缓冲罐；9. 渗透液储存容器；10. 空压机

有效抑制[373]。Molinari 等分别在紫外光和可见光条件下采用 TiO_2 和 Pd/TiO_2 光催化-聚丙烯微滤膜分离体系降解乙酰苯来产氢，膜的引入使得产氢率从 2.96 mg/(g·h) 提高到了 4.44 mg/(g·h)[374]。

光催化-膜分离处理技术不仅保持了光催化技术处理高浓度难降解有机废水的优点[375-377]；同时兼备膜分离技术的分离特性，成功回收反应体系中纳米级催化剂，使整个反应体系持续有效地稳定运行：通过光催化反应高效降解污染物，废水的污染指数降低，膜的抗污染性和使用寿命增强，具有广阔的应用前景。

2.9.2 实验设计装置

1. 抗生素的测定

选择磺胺嘧啶（SDZ）和磺胺甲噁唑（SMX）作为目标污染物，通过配备有 Inertsil ODS-3 柱（3μm，4.6mm×150mm）和光电二极管阵列检测器（WATERS 2998）的高效液相色谱（HPLC，WATERS e2695）测量 SDZ 和 SMX。检测条件如下表所示表 2-33 所示。

表 2-33 UVC 抗生素检测运行条件

抗生素名称	SDZ/SMX
检测波长	270nm
流速	1.0 mL/min
柱温	25
进样量	20μL
流动相	水：乙腈=75：25

2. 光催化反应器

为验证光芬顿陶瓷膜的表面、吸附光催化降解和光芬顿降解对抗生素去除率的贡献，开展一系列批次实验。批次实验装置如图 2-104 所示。

图 2-104　批次实验装置图

批次实验装置是一个黑色的 PVC 材质暗箱,暗箱尺寸为 300mm×450mm×380mm,暗箱顶部有四个 UV 灯管,可单独开关,UV 灯管和反应液体之间的距离为 25mm。当四个灯管全开时,反应液体表面的 UV 辐射强度为 401 μW/cm²。该反应装置背部有一散热器,用来保持通风和热量交换。底部是一个手动增高器,可调节高度,放置反应容器。

同时利用连续流反应装置,采用死端过滤方式,利用光芬顿陶瓷膜进行连续流实验,实现对 SDZ 的降解和去除,验装置如图 2-105 所示。

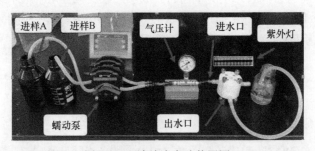

图 2-105　连续流实验装置图

实验中所用到的光芬顿陶瓷膜组件材质为聚四氟乙烯(TTPF)材料,因其具有优良的化学稳定性、耐腐蚀性、密封性、高润滑不黏性、电绝缘性和良好的抗老化耐力,故而选择 PTFE 材料制备光芬顿陶瓷膜过滤模块。在该模块中,有效过滤膜面积为 17.34 cm²,过滤体积为 1.867 cm³(有效高度 0.2cm),模块顶部有一个石英玻璃罩,允许紫外光透过,照射在光芬顿陶瓷膜表面。实验所用的光源为 UV254 光源,紫外灯的型号为嘉鹏 ZF-5 便携式手提紫外灯,光芬顿陶瓷膜表面上的 UV 灯强度为 401 μW/cm²。

2.9.3　光电平衡模型

为了确定适当的进水流量,假设进水污染物所需的电子负荷(J_e)应等于或小于光芬顿陶瓷膜表面上电子转移量(J_p)。这个电子量是由使用 UV 灯的强度、有效的光催化反应面积、光电子分离产生的空穴和其他因素(比如催化剂种类和双氧水等)决定。因此,光芬顿陶瓷膜表面催化剂的电子转移量(J_p)的速率(e^-/s)可由式(2-36)计算:

$$J_\text{p} = \eta \times \text{UV光强} \times \text{表面积/带隙} \tag{2-36}$$

式中，η 是有效量子产率（假设为 10%~15%），紫外光强度为 401μW/cm²，陶瓷膜表面积为 17.34 cm²（有效光催化反应面积：12.56cm²），针铁矿催化剂的带隙为 2.5 eV（1 eV = 1.6×10⁻¹⁹ J）。因此，在目前的实验条件下，电子转移的最大速率（J_p）为 $1.26 \pm 0.63 \times 10^{15}$ e⁻/s。

进水中污染物质所需要的电子负荷（J_e）是流速（Q）和污染物质（SDZ）的函数：

$$J_\text{e} = nC_\text{SDZ} \tag{2-37}$$

式中，C_SDZ 是 SDZ 的浓度（mg/L 或者 mol/L），n 是每个 SDZ 分子中的电子数（e/mol）。

2.9.4 污染物降解研究

1. 初始陶瓷膜对 SDZ 和 SMX 降解效能

在对 SDZ 和 SMX 的降解实验中，SDZ 的初始浓度 12 mg/L，SMX 的初始浓度 20 mg/L，UV 波长为 254nm，UV 强度为 401 μW/cm²，双氧水浓度为 10 mmol/L 的条件下，SDZ 和 SMX 的降解规律如图 2-106 和图 2-107 所示。

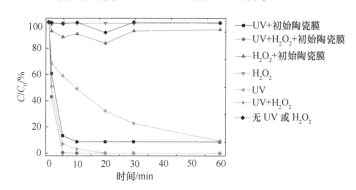

图 2-106 不同光芬顿条件下，SDZ 不同时刻的浓度与初始浓度的比值

反应条件：SDZ 初始浓度 12 mg/L，UV 波长为 254 nm，UV 强度为 401 μW/cm²，双氧水浓度为 10 mmol/L

图 2-106 比较了在不同降解条件下 SDZ 的去除规律。在 UV+初始陶瓷膜的条件下，10 min SDZ 去除率达到 81%，这表明初始陶瓷膜表面上的二氧化钛涂层起到一定的光催化作用；在 UV+ H_2O_2 的条件下，10 min SDZ 的去除率达到 93%，这表明 UV 和双氧水能够发生光催化反应，产生羟基自由基氧化 SDZ[200]；在 UV+ H_2O_2+初始陶瓷膜的条件下，1 min SDZ 的去除率达到 56%，远高于其他条件下 SDZ 的去除率，并在 10 min SDZ 的去除率最大，去除率达到 96%。在仅 UV 的条件下，10 min SDZ 的去除率仅达到 50%，这表明单纯的 UV 或者 UV+初始陶瓷膜/双氧水，都没有三者协同降解效果好，这和之前的研究结果一致[201]。单独初始陶瓷膜本身并没有降解效果，可能存在一定的吸附作用，从图中也可以看出，SDZ 并没有降解。

图 2-107 比较了在不同光芬顿降解条件下 SMX 的去除规律。在 UV+ H_2O_2+初始陶瓷膜的条件下，在 1 min SMX 的去除率达到 44%，在 5 min 内的去除率达到 90%，远高于其他条件下 SMX 的去除量，并在 10 min SMX 的去除率最大，去除率达到 92%，这

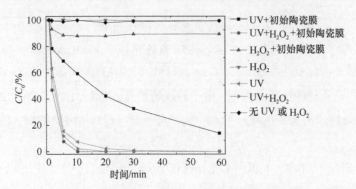

图 2-107　不同光芬顿条件下，SMX 不同时刻的浓度与初始浓度的比值

反应条件：SMX 初始浓度 20 mg/L，UV 波长为 254 nm，UV 强度为 401 μW/cm^2，双氧水浓度为 10 mmol/L

表明初始陶瓷膜表面上的二氧化钛和双氧水在 UV 条件下发生光催化作用。在 UV+初始陶瓷膜的条件下，10 min SMX 去除率仅有 41%；在只有初始陶瓷膜的条件下，SMX 的去除率很少，几乎没有，这表明单纯的初始陶瓷膜对 SMX 没有吸附作用，只有在 UV、双氧水和初始陶瓷膜条件下，三者协同光芬顿降解 SMX 效果最明显。

2. 光芬顿陶瓷膜对 SDZ 和 SMX 降解效能

利用高活性光芬顿陶瓷膜对 SDZ 和 SMX 的降解实验中，SDZ 的初始浓度 12 mg/L，SMX 的初始浓度 20 mg/L，UV 波长为 254 nm，UV 强度为 401 μW/cm^2，双氧水浓度为 10 mmol/L，陶瓷膜上催化剂的负载量为 2 μg/g，SDZ 和 SMX 的降解规律如图 2-108 和图 2-109 所示。

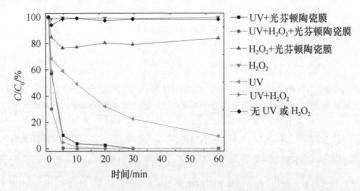

图 2-108　不同光芬顿条件下，SDZ 不同时刻的浓度与初始浓度的比值

反应条件：SDZ 初始浓度 12 mg/L，UV 波长为 254 nm，UV 强度为 401 μW/cm^2，双氧水浓度为 10 mmol/L，光芬顿陶瓷膜上催化剂的负载量为 2 μg/g

图 2-108 比较了在不同光芬顿降解条件下 SDZ 的降解情况。在 UV+ H$_2$O$_2$+光芬顿陶瓷膜的条件下，在 1 min SDZ 的去除率达到 70%，远高于其他条件下 SDZ 的去除量，并且比同条件下初始陶瓷膜的去除率高达 25%，在 5 min SDZ 的去除率最大，达到 98%，这表明光芬顿陶瓷膜表面上的针铁矿催化剂起到很好的光催化降解效果。在 UV+光芬顿陶瓷膜的条件下，10 min SDZ 去除率达到 91%，高于 UV+初始陶瓷膜条件下 SDZ 的降解，表明光芬顿陶瓷膜确实具有很好的光催化效能。仅仅单独光芬顿陶瓷膜本身并没有

降解效果，只有在 UV 光的条件下才能发生光催化反应，这也和之前研究报道的有关 BSA 和 HA 降解数据一致[201]。

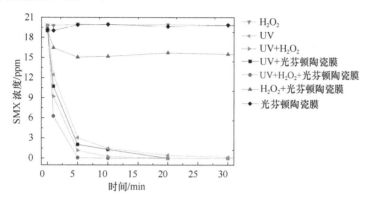

图 2-109 不同光芬顿条件下，SMX 不同时刻的浓度与初始浓度的比值
反应条件：SMX 初始浓度 20 mg/L，UV 波长为 254nm，UV 强度为 401 μW/cm²，双氧水浓度为 10 mmol/L

图 2-109 展示了在不同组合条件下，光芬顿陶瓷膜对 SMX 的降解曲线。在 UV+H₂O₂+光芬顿陶瓷膜的条件下，在 1 min 内 SMX 的去除率达到 70%，在 5 min 时 SMX 的去除率最大，去除率达到 99%，这表明光芬顿陶瓷膜表面上的针铁矿催化剂起到很好的光催化降解效果。在仅 UV+光芬顿陶瓷膜的条件下，在 1 min 内 SMX 的去除率达到 49%，10 min 内 SMX 去除率达到 90%，也高于仅 UV+初始陶瓷膜条件下 SMX 的降解，表明光芬顿陶瓷膜确实具有很好的光催化效能。仅仅光芬顿陶瓷膜本身并没有降解效果，不能吸附溶液中的 SMX。

3. 不同催化剂负载量的光芬顿陶瓷膜对 SDZ 和 SMX 的降解效能

为优化高活性光芬顿陶瓷膜催化剂的负载量，在 SDZ 初始浓度为 12 mg/L，SMX 初始浓度为 20 mg/L，UV 波长为 254 nm，UV 强度为 401 μW/cm²，双氧水浓度为 10 mmol/L 的条件下，研究不同催化剂负载量的光芬顿陶瓷膜对 SDZ 和 SMX 降解规律。因现有负载方法的限制，很难精确控制负载催化剂的厚度和密度。因此，通过控制负载催化剂的质量，来获得 0.5、2 和 6 μg 催化剂/g 陶瓷膜，并定义它们为低负载量光芬顿陶瓷膜、中负载量光芬顿陶瓷膜和高负载量光芬顿陶瓷膜，如图 2-110 所示。

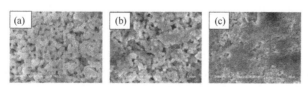

图 2-110 不同催化剂负载量的光芬顿陶瓷膜 SEM 图
（a）低负载量的光芬顿陶瓷膜表面 SEM 图；（b）中负载量的光芬顿陶瓷膜表面 SEM 图；
（c）高负载量的光芬顿陶瓷膜表面 SEM 图

图 2-110 展示了不同催化剂负载量的光芬顿陶瓷膜的 SEM 图，从 SEM 图中可以看出，低负载量的光芬顿陶瓷膜表面上的催化剂量明显少于中负载量的光芬顿陶瓷

膜，高负载量的光芬顿陶瓷膜表面上的催化剂数量最多，大约是中负载量的光芬顿陶瓷膜的三倍。

图 2-111 和图 2-112 中展示了不同催化剂负载量的光芬顿陶瓷膜对 SDZ 和 SMX 的降解情况。从图中可以看出，在同一时间点，SDZ 和 SMX 的降解量随着催化剂负载量的增多而增加。很明显，中负载量光芬顿陶瓷膜提供的针铁矿催化剂比低负载量光芬顿陶瓷膜降解的 SDZ 和 SMX 多，然而，高负载量陶瓷膜降解的 SDZ 和 SMX 仅比中负载量陶瓷膜多一点，这是因为紫外光主要照射在表层的催化剂上，在表面发生光芬顿催化反应，而内部表层的催化剂并没有接收到紫外光。负载的密度不仅仅影响光催化的效能，也影响连续流反应中的通量。因此，选择合适的催化剂负载量很关键，不管是对膜的过滤性能，还是对污染物的降解。从 SDZ 降解效果和 SMX 的降解效果图可以看出，中负载量的光芬顿陶瓷膜在 5 min 可以很好地实现 SDZ 和 SMX 的降解，因此，选择 2 μg 催化剂/g 陶瓷膜的负载量。

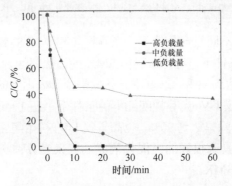

图 2-111　不同催化剂负载量的光芬顿陶瓷膜对 SDZ 的降解曲线图
反应条件：SDZ 初始浓度为 12 mg/L，UV 波长为 254nm，UV 强度为 401 μW/cm²，双氧水浓度为 10 mmol/L

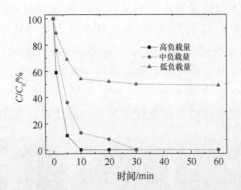

图 2-112　不同催化剂负载量的光芬顿陶瓷膜对 SMX 的降解曲线图
反应条件：SMX 初始浓度为 20 mg/L，UV 波长为 254nm，UV 强度为 401 μW/cm²，双氧水浓度为 10 mmol/L

4. 不同 UV 强度对 SDZ 和 SMX 的降解机理

为研究 UV 强度对抗生素降解的影响，选择四种不同的 VU 强度，对 SDZ 和 SMX 进行光芬顿降解实验。实验中，UV 强度分别为 100 μW/cm²、200 μW/cm²、300 μW/cm² 和 400 μW/cm²，SDZ 的初始浓度为 12 mg/L，SMX 的初始浓度为 20 mg/L，UV 波长为

254 nm，双氧水浓度为 10 mmol/L，陶瓷膜上催化剂的负载量为 2 μg/g。SDZ 和 SMX 的降解曲线如图 2-113 和图 2-114 所示。

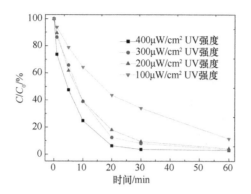

图 2-113 不同 UV 强度下光芬顿陶瓷膜光芬顿降解 SDZ 的曲线图

反应条件：SDZ 初始浓度为 12 mg/L，UV 波长为 254 nm，双氧水浓度为 10 mmol/L，陶瓷膜上催化剂的负载量为 2 μg/g

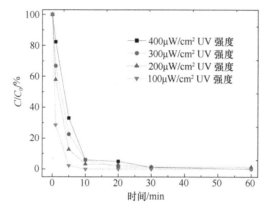

图 2-114 不同 UV 强度下光芬顿陶瓷膜光芬顿降解 SMX 的曲线图

反应条件：SMX 初始浓度为 20 mg/L，UV 波长为 254 nm，双氧水浓度为 10 mmol/L，陶瓷膜上催化剂的负载量为 2 μg/g

从图 2-113 中可以看出，随着 UV 强度的增加，SDZ 的降解率随之增大。当 UV 从 200 增加到 300μW/cm² 的时候，SDZ 的降解率基本保持不变，没有太明显的增加，这可能是由于光芬顿陶瓷膜催化剂数量的限制或者高强度的 UV 辐射并没有被光催化剂有效吸收，故而光催化降解效能没有大幅度提高。为了验证这一推测，利用式（2-38），计算出不同 UV 强度条件下 SDZ 降解的表观量子产率（AQY）：

$$\text{AQY} = \frac{\text{\# of SDZ degraded per time}}{\text{\# of UV photons per time}} \tag{2-38}$$

SDZ 降解速率可以从图 2-113 中 C/C_0 随时间变化的斜率求导出来。可以明显看出，随着时间的增长，SDZ 的降解量在逐渐变大。选择反应 5min 时的斜率值来计算 AQY，主要是这个时刻 SDZ 的降解过程比较平稳，且随时间呈线性关系。首先，根据爱因斯坦方程，计算不同 UV 强度条件下紫外光光子通量[#photon/(cm²·s)]，然后，再将其转化成可利用光子能（#photon/s），陶瓷膜有效膜面积为 12.56 cm²。图 2-115 展示了随着 UV

辐射强度 100~400 μW/cm², AQY 逐渐下降，这表明可利用光子能的增加并不能有效的提高 SDZ 的降解，主要是由于陶瓷膜表面负载催化剂数量的限制。这个结果也表明，在目前实验条件中，UV 强度为 200 μW/cm² 或者更低时，SDZ 的降解效率会更高，AQY 也会更大。

图 2-114 展示了在不同 UV 强度条件下，光芬顿陶瓷膜的光芬顿反应对 SMX 的降解情况。同 SDZ 降解曲线对比，发现当 UV 从 100 增加到 300 μW/cm² 的时候，SMX 的降解率基本保持不变，这表明可能双氧水或者光芬顿催化剂的不足，导致光芬顿催化降解效能没有大幅度提高。利用式（2-38），计算不同 UV 强度条件下 SMX 降解的表观量子产率（AQY），如图 2-116 所示。

SMX 计算 AQY 值的方法和 SDZ 一样。图 2-116 展示了在 UV 强度分别为 100 μW/cm²、200 μW/cm²、300 μW/cm² 和 400 μW/cm² 时，AQY 分别为 27%、15%、10% 和 4%，与 SDZ 相比，SMX 在 UV 强度为 200 μW/cm² 时 AQY 值明显降低，主要是因为 SMX 的浓度高于 SDZ，完全降解所需要的羟基自由基多，而此时限制光芬顿反应的因素为双氧水和催化剂数量，故随着 UV 强度的增大，AQY 值越来越低。

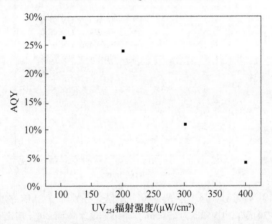

图 2-115　不同 UV 辐射强度下 SDZ 降解的表观量子产率（AQY）
反应条件：SDZ 初始浓度为 12 mg/L，UV 波长为 254nm，双氧水浓度为 10 mmol/L，陶瓷膜上催化剂的负载量为 2 μg/g

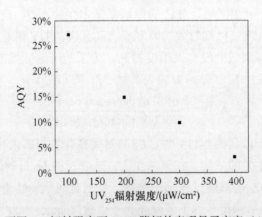

图 2-116　不同 UV 辐射强度下 SMX 降解的表观量子产率（AQY）
反应条件：SMX 初始浓度为 20 mg/L，UV 波长为 254 nm，双氧水浓度为 10 mmol/L，陶瓷膜上催化剂的负载量为 2 μg/g

5. 不同双氧水浓度对 SDZ 和 SMX 的降解效能

双氧水是光芬顿催化反应的关键因素。图 2-117 和图 2-118 中展示了在 SDZ 和 SMX 在双氧水浓度分别为 0 mmol/L、5 mmol/L、10 mmol/L 和 20 mmol/L 条件下的降解情况。反应条件如下：SDZ 初始浓度为 12 mg/L，SMX 初始浓度 20 mg/L，UV 波长为 254nm，UV 强度 400μW/cm²，陶瓷膜上催化剂的负载量为 2 μg/g。

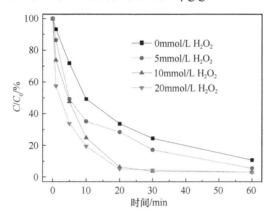

图 2-117 不同双氧水浓度下光芬顿陶瓷膜光芬顿降解 SDZ 的曲线图
反应条件：SDZ 初始浓度为 12 mg/L，UV 波长为 254 nm，陶瓷膜上催化剂的负载量为 2 μg/g

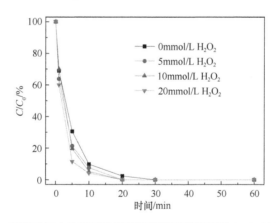

图 2-118 不同双氧水浓度下光芬顿陶瓷膜光芬顿降解 SMX 的曲线图
反应条件：SMX 初始浓度为 20 mg/L，UV 波长为 254nm，陶瓷膜上催化剂的负载量为 2 μg/g

双氧水是光芬顿反应的基本条件。图 2-117 和图 2-118 中展示了不同双氧水浓度条件下，SDZ 和 SMX 随反应时间的变化曲线。在 5 min，SDZ 和 SMX 的降解率分别为 27%、50%、51%、68%和 70%、79%、80%、89%，这时候对应双氧水的浓度分别为 0、5、10 和 20 mmol/L。随着双氧水浓度的增加，SDZ 和 SMX 的降解速率也不断提升。但当双氧水浓度从 10 mmol/L 增加到 20 mmol/L 时，SDZ 的去除效果并未明显增加，很可能是因为过量的双氧水会导致反应 $H_2O_2 + \cdot OH \longrightarrow H_2O + HO_2 \cdot$ 的发生，因此使得·OH 的数量减少进而降低去除效果。因此，适当浓度（10 mmol/L）的双氧水的选择很重要，过量或许会引起降解抑制效果。

6. 光电平衡模型分析

根据通用的半氧化反应（2-39）～（2-42）：

$$\frac{(n-c)}{d}CO_2 + \frac{c}{d}NH_4^+ + \frac{c}{d}HCO_3^- + H^+ + e^- = \frac{1}{d}C_nH_aO_bN_c + \frac{2n-b+c}{d}H_2O \tag{2-39}$$

$$\frac{1}{8}SO_4^{2-} + \frac{9}{16}H^+ + e^- = \frac{1}{16}H_2S + \frac{1}{16}HS^- + \frac{1}{2}H_2O \tag{2-40}$$

$$\frac{1}{6}SO_3^{2-} + \frac{5}{4}H^+ + e^- = \frac{1}{12}H_2S + \frac{1}{12}HS^- + \frac{1}{2}H_2O \tag{2-41}$$

$$\frac{1}{2}SO_4^{2-} + H^+ + e^- = \frac{1}{2}SO_3^{2-} + \frac{1}{2}H_2O \tag{2-42}$$

其中，$d = 4n + a - 2b - 3c$，SDZ 可能的降解反应可以推导如下：

$$C_{10}H_{10}O_2N_4S + 22H_2O = 6CO_2 + 4NH_4^+ + 4HCO_3^- + H_2S + 32H^+ + 32e^- \tag{2-43}$$

$$C_{10}H_{10}O_2N_4S + 26H_2O = 6CO_2 + 4NH_4^+ + 4HCO_3^- + SO_4^{2-} + 42H^+ + 40e^- \tag{2-44}$$

$$C_{10}H_{10}O_2N_4S + 25H_2O = 6CO_2 + 4NH_4^+ + 4HCO_3^- + SO_3^{2-} + 40H^+ + 38e^- \tag{2-45}$$

因此，1mol SDZ 可以提供 32 电子（无硫氧化）或 40/38 电子（硫氧化成硫酸盐）。为了平衡 SDZ 氧化所需的电子数，进水中污染物质所需要的电子负荷（J_e）应该低于光芬顿陶瓷膜表面上电子转移量（J_P）。因此，推出如下方程（2-46）：

$$Q = \frac{J_e}{nC_{SDZ}} \leqslant \frac{J_P}{nC_{SDZ}} \tag{2-46}$$

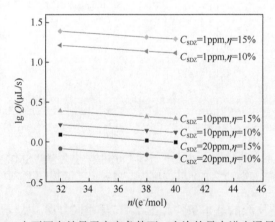

图 2-119 在不同有效量子产率条件下，允许的最大进水通量 Q 和每摩尔 SDZ 氧化所需电子数 n 的关系图

为了满足上述条件，绘出图 2-119，图中展示了进水流量（Q）、每摩尔 SDZ 氧化所需的电子数（n）和量子产率（η）的关系。当每摩尔 SDZ 氧化所需的电子数（n）增高时，或者初始 SDZ 的浓度增高时，进水流量（Q）应该随之降低，这样才能满足 SDZ 溶液流过光芬顿陶瓷膜时完全光芬顿降解，或者达到理想的降解效果。从图 2-119 中的曲线可以看出，当初始 SDZ 浓度一样时，量子产率（η）大的，允许更大的进水流量（Q）。

因此，选择 5 μL/s 或者 3×10⁻⁴ L/min 作为连续流的进水条件，这时 SDZ 的初始进水浓度为 12 mg/L。

当计算 SMX 的进水流量及进水浓度时，根据上述公式推出式（2-47），进水中污染物质所需要的电子负荷（J_e）是流速（Q）和污染物质（SMX）的函数：

$$J_e = nC_{SMX} \tag{2-47}$$

式中，C_{SMX} 是 SMX 的浓度（mg/L 或者 mol/L），n 是每个 SMX 分子中的电子数（e⁻/mol）。根据通用的半氧化反应方程，可推导出 SMX 的氧化方程，如式（2-48）、（2-49）、（2-50）所示：

$$C_{10}H_{11}O_3N_3S + 20H_2O = 7CO_2 + 3NH_4^+ + 3HCO_3^- + H_2S + 34H^+ + 34e^- \tag{2-48}$$

$$C_{10}H_{11}O_3N_3S + 24H_2O = 7CO_2 + 3NH_4^+ + 3HCO_3^- + SO_4^{2-} + 44H^+ + 42e^- \tag{2-49}$$

$$C_{10}H_{11}O_3N_3S + 23H_2O = 7CO_2 + 3NH_4^+ + 3HCO_3^- + SO_3^{2-} + 42H^+ + 40e^- \tag{2-50}$$

因此，1 mol SMX 可以提供 34 电子（无硫氧化）或 40/42 电子（硫氧化成硫酸盐）。为了平衡 SMX 氧化所需的电子数，进水中污染物质所需要的电子负荷（J_e）应该低于光芬顿陶瓷膜表面上电子转移量（J_P）。因此，推导出式（2-51）：

$$Q = \frac{J_e}{nC_{SMX}} \leqslant \frac{J_P}{nC_{SMX}} \tag{2-51}$$

为了满足上面的条件，绘出图 2-120，图中展示了进水流量（Q）、每摩尔 SDZ 氧化所需的电子数（n）和量子产率（η）的关系。当每摩尔 SMX 氧化所需的电子数（n）增高时，或者初始 SMX 的浓度增高时，进水流量（Q）应该随之降低，这样才能满足 SMX 溶液流过光芬顿陶瓷膜时完全光芬顿降解，或者达到理想的降解效果。

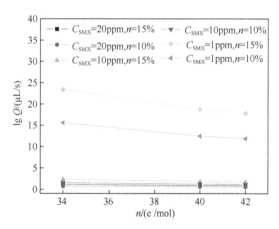

图 2-120 在不同有效量子产率条件下，允许的最大进水通量 Q 和每摩尔 SDZ 氧化所需电子数 n 的关系图

从图 2-120 中可以看出，当初始 SMX 浓度一样时，量子产率（η）大的，允许更大的进水流量（Q）。通过计算，当 SMX 进水浓度为 20 m/L 时，得出最大进水流量 Q 的范围是 4.6~5.1 μL/s（对应 n 为 34、40 和 42），因此，选择 5μL/s 作为连续流实验进水流量。

7. 不同过滤条件下 TMP 变化规律影响

在恒流条件下，跨膜压差可以直观地表现膜堵塞情况。不同条件下光芬顿陶瓷膜的跨膜压差如图 2-121 和图 2-122 所示。实验条件：SDZ 初始浓度为 12 mg/L，SMX 初始浓度为 20 mg/L，UV 强度为 401 μW/cm²，双氧水浓度为 10 mmol/L 进水流速为 5±0.2 μL/s。当过滤超纯水时，跨膜压差稳定在 4.2 psi 左右。但是当过滤 SDZ 或者 SMX 溶液时，跨膜压差迅速升高，并在 120 min 时分别达到 6.6 psi 和 7.3 psi，这主要是 SDZ 和 SMX 溶液污堵了光芬顿陶瓷膜组件。考虑到 SDZ 和 SMX 的分子式为 250Da 和 253Da，陶瓷膜的平均孔径为 140 nm，因此，推测膜的污染可能是标准污染，具体来说就是陶瓷膜孔径内被 SDZ 分子充满，由于膜的孔径大于 SDZ 的分子，所以部分 SDZ 分子附着在陶瓷膜孔内壁上。

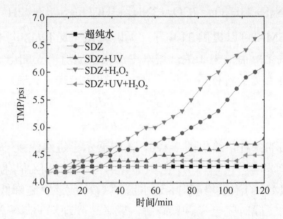

图 2-121 不同 SDZ 溶液过滤条件下，跨膜压差的变化情况

实验条件：SDZ 初始浓度为 12 mg/L，UV 强度为 401 μW/cm²，双氧水浓度为 10 mmol/L 进水流速为 5±0.2 μL/s

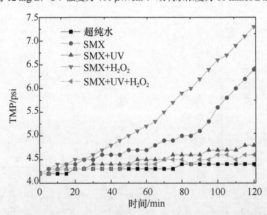

图 2-122 不同 SMX 溶液过滤条件下，跨膜压差的变化情况

实验条件：SMX 初始浓度为 20 mg/L，UV 强度为 401 μW/cm²，双氧水浓度为 10 mmol/L，进水流速为 5±0.2 μL/s

向该系统中投加双氧水溶液，并不能减缓膜的污染，相反，会迅速导致膜的污染（如图中绿色的线所示），如文献报道的一样。这个快速污染可能是由于双氧水将 SDZ 氧化成更小分子的有机物质然后导致膜孔的堵塞，或者是表面电荷、疏水性导致了更高的 SDZ 或 SMX 溶液和陶瓷膜表面的相互作用。当仅仅在 UV 照

射条件下时，膜的污染情况得到有效减缓（如图 2-121 中蓝色曲线所示）。但是当 UV 和双氧水进一步结合时，进一步减缓了 TMP 的增长，表面陶瓷膜的污染进一步被减弱。图中紫色数据表明，光芬顿陶瓷膜的光芬顿催化反应能有效地减缓膜的污染。

8. 催化剂负载量对 TMP 变化规律影响

本实验负载了三种不同催化剂含量的光芬顿陶瓷膜，分别是 0.5、2 和 6 μg 催化剂 /g 陶瓷膜，分别定义为低负载量光芬顿陶瓷膜、中负载量光芬顿陶瓷膜和高负载量光芬顿陶瓷膜。利用三种膜分别过滤抗生素溶液，过滤条件：SDZ 初始浓度为 12 mg/L，SMX 初始浓度为 20 mg/L，进水通量为 10 L/(m²·h)，UV 强度为 401 μW/cm²，双氧水浓度为 10 mmol/L，进水流速为 5±0.2 μL/s，其跨膜压差随时间的变化曲线如图 2-123 和图 2-124 所示。

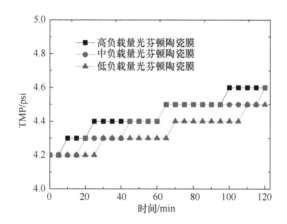

图 2-123　SDZ 溶液在不同催化剂负载量的光芬顿陶瓷膜过滤条件下，TMP 随时间变化曲线
实验条件：SDZ 初始浓度为 12 mg/L，进水通量为 10 L/(m²·h)；UV 强度为 401 μW/cm²，双氧水浓度为 10 mmol/L，进水流速为 5±0.2 μL/s

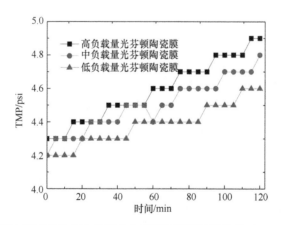

图 2-124　SMX 溶液在不同催化剂负载量的光芬顿陶瓷膜过滤条件下，TMP 随时间变化曲线
实验条件：SMX 初始浓度为 20 mg/L，进水通量为 10 L/(m²·h)；UV 强度为 401 μW/cm²，双氧水浓度为 10 mmol/L，进水流速为 5±0.2 μL/s

从图 2-123 和图 2-124 中可以看出，在 60 min 以内，低负载量光芬顿陶瓷膜保持较低的跨膜压差，中负载量光芬顿陶瓷膜和高负载量光芬顿陶瓷膜跨膜压差保持一致，但是中负载量光芬顿陶瓷膜和高负载量光芬顿陶瓷膜的跨膜压差增长速率明显高于低负载量光芬顿陶瓷膜的跨膜压差。因此，在能满足光芬顿催化条件的基础之上，光芬顿陶瓷膜的负载量越低越好，连续流实验选择中负载量光芬顿陶瓷膜。

2.9.5 小 结

抗生素是广泛用于治疗全世界人和动物全身性细菌性感染的药物。近年来，由于未能有效地处理和排放，经常在市政和地表水中检测到抗生素。其中，SDZ 和 SMX 是典型的抗生素，在天然水体和市政污水处理厂中被检测出，浓度范围为 0.04～5.15 g/L。据报道，医院污水中各种抗生素的平均浓度可能比城市污水中的浓度高出 2～150 倍。环境中大多数抗生素浓度较低（110～610 ng/L），因此，在将污水排放到城市污水系统之前，对污水进行处理，对人类健康的影响和抗菌药物的开发具有重要意义。

光催化陶瓷膜工艺，通过批次实验，得出 SDZ 和 SMX 降解最佳的实验条件，研究光芬顿陶瓷膜的催化性能和降解性能；在此实验基础上，搭建一个光芬顿陶瓷膜连续流反应器，提出光电平衡模型，研究光芬顿陶瓷膜的通量研究、过滤性能研究及催化降解性能研究，为将来光催化陶瓷膜工艺大规模工业应用提供一定的实验依据和理论基础。

参 考 文 献

[1] Kim I, Yamashita N, Tanaka H. Performance of UV and UV/H$_2$O$_2$ processes for the removal of pharmaceuticals detected in secondary effluent of a sewage treatment plant in Japan[J]. Journal of Hazardous Materials, 2009, 166(2-3): 1134-1140.

[2] De La Cruz N, Gimenez J, Esplugas S, Grandjean D, De Alencastro L F, Pulgarin C. Degradation of 32 emergent contaminants by UV and neutral photo-fenton in domestic wastewater effluent previously treated by activated sludge[J]. Water Research, 2012, 46(6): 1947-1957.

[3] Wols B A, Harmsen D J H, Beerendonk E F, Hofman-Caris C H M. Predicting pharmaceutical degradation by UV(LP)/H$_2$O$_2$ processes: A kinetic model[J]. Chemical Engineering Journal, 2014, 255: 334-343.

[4] Zhang R, Sun P, Boyer T H, Zhao L, Huang C H. Degradation of pharmaceuticals and metabolite in synthetic human urine by UV, UV/H$_2$O$_2$, and UV/PDS[J]. Environmental Science & Technology, 2015, 49(5): 3056-3066.

[5] Keen O S, Linden K G. Degradation of antibiotic activity during UV/H$_2$O$_2$ advanced oxidation and photolysis in wastewater effluent[J]. Environmental Science & Technology, 2013, 47(22): 13020-13030.

[6] Dogan S, Kidak R. A Plug flow reactor model forn UV-based oxidation of amoxicillin[J]. Desalination and Water Treatment, 2016, 57(29): 13586-13599.

[7] He Y, Hua I. Photochemical reactions of ibuprofen, naproxen, and tylosin[D]. West Lafayette, USA: Purdue University, 2013.

[8] Santoke H, Tong A Y C, Mezyk S P, Johnston K M, Braund R, Cooper W J, Peake B M. UV photodegradation of enoxacin in water: Kinetics and degradation pathways[J]. Journal of Environmental Engineering, 2015, 141(10): 7.

[9] Muruganandham M, Swaminathan M. Photochemical oxidation of reactive azo dye with UV-H$_2$O$_2$ process[J]. Dyes and Pigments, 2004, 62(3): 269-275.

[10] Chang M W, Chung C C, Chern J M, Chen T S. Dye decomposition kinetics by UV/H_2O_2: Initial rate analysis by effective kinetic modelling methodology[J]. Chemical Engineering Science, 2010, 65(1): 135-140.

[11] Parkinson A, Barry M J, Roddick F A, Hobday M D. Preliminary toxicity assessment of water after treatment with UV-irradiation and UVC/ H_2O_2[J]. Water Research, 2001, 35(15): 3656-3664.

[12] Hu Q H, Zhang C L, Wang Z R, Yan C, Mao K H, Zhang X Q, Xiong Y L, Zhu M J. Photodegradation of methyl tert-butyl ether(MTBE)by UV/H_2O_2 and UV/TiO_2[J]. Journal of Hazardous Materials, 2008, 154(1-3): 795-803.

[13] Behnajady M A, Modirshahla N, Fathi H. Kinetics of decolorization of an azo dye in UV alone and UV/H_2O_2 processes[J]. Journal of Hazardous Materials, 2006, 136(3): 816-821.

[14] Shu H Y, Chang M C. Decolorization and mineralization of a phthalocyanine dye C. I. Direct Blue 199 using UV/H_2O_2 process[J]. Journal of Hazardous Materials, 2005, 125(1-3): 96-101.

[15] Han D H, Cha S Y, Yang H Y. Improvement of oxidative decomposition of aqueous phenol by microwave irradiation in UV/H_2O_2 process and kinetic study[J]. Water Research, 2004, 38(11): 2782-2790.

[16] Kim I, Yamashita N, Tanaka H. Photodegradation of pharmaceuticals and personal care products during UV and UV/H_2O_2 treatments[J]. Chemosphere, 2009, 77(4): 518-525.

[17] Rosenfeldt E J, Linden K G, Canonica S, Von Gunten U. Comparison of the efficiency of ·OH radical formation during ozonation and the advanced oxidation processes O_3/H_2O_2 and UV/H_2O_2[J]. Water Research, 2006, 40(20): 3695-3704.

[18] Afzal A, Oppenlander T, Bolton J R, El-Din M G. Anatoxin-a degradation by advanced oxidation processes: Vacuum-UV at 172 nm, photolysis using medium pressure UV and UV/H_2O_2[J]. Water Research, 2010, 44(1): 278-286.

[19] Gao Y Q, Gao N Y, Deng Y, Yang Y Q, Ma Y. Ultraviolet(UV) light-activated persulfate oxidation of sulfamethazine in water[J]. Chemical Engineering Journal, 2012, 195: 248-253.

[20] Zhang R, Yang Y, Huang C H, Zhao L, Sun P. Kinetics and modeling of sulfonamide antibiotic degradation in wastewater and human urine by UV/H_2O_2 and UV/PDS[J]. Water Research, 2016, 103: 283-292.

[21] Hori H, Yamamoto A, Hayakawa E, Taniyasu S, Yamashita N, Kutsuna S. Efficient decomposition of environmentally persistent perfluorocarboxylic acids by use of persulfate as a photochemical oxidant[J]. Environmental Science & Technology, 2005, 39(7): 2383-2388.

[22] Liang C J, Su H W. Identification of sulfate and hydroxyl radicals in thermally activated persulfate[J]. Industrial & Engineering Chemistry Research, 2009, 48(11): 5558-5562.

[23] Wang W L, Wu Q Y, Huang N, Wang T, Hu H Y. Synergistic effect between UV and chlorine (UV/chlorine) on the degradation of carbamazepine: Influence factors and radical species[J]. Water Research, 2016, 98: 190-198.

[24] Fang J, Fu Y, Shang C. The roles of reactive species in micropollutant degradation in the UV/free chlorine system[J]. Environmental Science & Technology, 2014, 48(3): 1859-1868.

[25] Wu Z, Guo K, Fang J, Yang X, Xiao H, Hou S, Kong X, Shang C, Yang X, Meng F, Chen L. Factors affecting the roles of reactive species in the degradation of micropollutants by the UV/chlorine process[J]. Water Research, 2017, 126: 351-360.

[26] Yuan Z, Ni Y, Heiningen A R P V. Kinetics of peracetic acid decomposition. Part Ⅰ. Spontaneous decomposition at typical pulp bleaching conditions[J]. The Canadian Journal of Chemical Enginering, 2010, 75(1): 37-41.

[27] Cecilia C, Claudio L J W R. Wastewater disinfection with PAA and UV combined treatment: A pilot plant study[J]. Water Research, 2003, 37(10): 2365-2371.

[28] Rokhina E V, Katerina M, Golovina E A, Henk V A, Jurate V J E S. Free radical reaction pathway, thermochemistry of peracetic acid homolysis, and its application for phenol degradation: Spectroscopic study and quantum chemistry calculations[J]. Environmental Science & Technology, 2010, 44(17): 6815-6821.

[29] Hu X, Wang X, Ban Y, Ren B. A comparative study of UV-Fenton, UV-H$_2$O$_2$ and Fenton reaction treatment of landfill leachate[J]. Environmental Technology, 2011, 32(9): 945-951.

[30] Dwyer J, Lant P. Biodegradability of DOC and DON forn UV/H$_2$O$_2$ pre-treated melanoidin based wastewater[J]. Biochemical Engineering Journal, 2008, 42(1): 47-54.

[31] Li K, Stefan M I, Crittenden J C. Trichloroethene degradation by UV/H$_2$O$_2$ advanced oxidation process: Product study and kinetic modeling[J]. Environmental Science & Technology, 2007, 41(5): 1696-1703.

[32] Vogna D, Marotta R, Napolitano A, Andreozzi R, D'ischia M. Advanced oxidation of the pharmaceutical drug diclofenac with UV/H$_2$O$_2$ and ozone[J]. Water Research, 2004, 38(2): 414-422.

[33] Drouiche M, Le Mignot V, Lounici H, Belhocine D, Grib H, Pauss A, Mameri N. A compact process for the treatment of olive mill wastewater by combining UF and UV/H$_2$O$_2$ techniques[J]. Desalination, 2004, 169(1): 81-88.

[34] Ji Y, Dong C, Kong D, Lu J, Zhou Q. Heat-activated persulfate oxidation of atrazine: Implications for remediation of groundwater contaminated by herbicides[J]. Chemical Engineering Journal, 2015, 263: 45-54.

[35] Rastogi A, Ai-Abed S R, Dionysiou D D. Sulfate radical-based ferrous-peroxymonosulfate oxidative system for PCBs degradation in aqueous and sediment systems[J]. Applied Catalysis B-Environmental, 2009, 85(3-4): 171-179.

[36] Yuan F, Hu C, Hu X, Wei D, Chen Y, Qu J. Photodegradation and toxicity changes of antibiotics in UV and UV/H$_2$O$_2$ process[J]. Journal of Hazardous Materials, 2011, 185(2-3): 1256-1263.

[37] Liu Z, Lin Y L, Chu W H, Xu B, Zhang T Y, Hu C Y, Cao T C, Gao N Y, Dong C D. Comparison of different disinfection processes for controlling disinfection by-product formation in rainwater[J]. Journal of Hazardous Materials, 2020, 385: 121618.

[38] Kim I, Tanaka H. Photodegradation characteristics of PPCPs in water with UV treatment[J]. Environment International, 2009, 35(5): 793-802.

[39] Glaze W H, Lay Y, Kang J W. Advanced oxidation processes : A kinetic model for the oxidation of 1, 2-dibromo-3-chloropropane in water by the combination of hydrogen peroxide and UV radiation[J]. Industrial & Engineering Chemistry Research, 1995, 34(7): 141-166.

[40] Crittenden J C, Hu S M, Hand D W, Green S A. A kinetic model for H$_2$O$_2$/UV process in a completely mixed batch reactor[J]. Water Research, 1999, 33(10): 2315-2328.

[41] Li K, Hokanson D R, Crittenden J C, Trussell R R, Minakata D. Evaluating UV/H$_2$O$_2$ processes for methyl tert-butyl ether and tertiary butyl alcohol removal: Effect of pretreatment options and light sources[J]. Water Research, 2008, 42(20): 5045-5053.

[42] Pereira V J, Weinberg H S, Linden K G, Singer P C. UV degradation kinetics and modeling of pharmaceutical compounds in laboratory grade and surface water via direct and indirect photolysis at 254 nm[J]. Environmental Science & Technology, 2007, 41(5): 1682-1688.

[43] Elovitz M S, Von Gunten U. Hydroxyl radical ozone ratios during ozonation processes. I. The R_{ct} concept[J]. Ozone-Science & Engineering, 1999, 21(3): 239-260.

[44] Pereira V J, Linden K G, Weinberg H S. Evaluation of UV irradiation for photolytic and oxidative degradation of pharmaceutical compounds in water[J]. Water Research, 2007, 41(19): 4413-4423.

[45] Yuan F, Hu C, Hu X, Qu J, Yang M. Degradation of selected pharmaceuticals in aqueous solution with UV and UV/H$_2$O$_2$[J]. Water Research, 2009, 43(6): 1766-1774.

[46] Zepp R G, Schlotzhauer P F, Sink R M. Photosensitized transformations involving electronic energy transfer in natural waters: Role of humic substances[J]. Environmental Science & Technology, 1985, 19(1): 74-81.

[47] Zepp R G, Hoigne J, Bader H. Nitrate-induced photooxidation of trace organic chemicals in water[J]. Environmental Science & Technology, 1987, 21(5): 443-450.

[48] Vione D, Falletti G, Maurino V, Minero C, Pelizzetti E, Malandrino M, Ajassa R, Olariu R I, Arsene C. Sources and sinks of hydroxyl radicals upon irradiation of natural water samples[J]. Environmental Science & Technology, 2006, 40(12): 3775-3781.

[49] Buxton G V, Greenstock C L, Helman W P, Ross A B. Critical review of rate constants for reactions of

hydrated electrons, hydrogen atoms and hydroxyl radicals ·OH/·O¯ in aqueous solution[J]. Journal of Physical & Chemical Reference Data, 1988, 17(2): 513-886.
[50] Jayson G G, Parsons B J, Swallow A J. Some simple, highly reactive, inorganic chlorine derivatives in aqueous solution. Their formation using pulses of radiation and their role in the mechanism of the Fricke dosimeter[J]. Journal of the Chemical Society Faraday Transactions Physical Chemistry in Condensed Phases, 1973, 69: 1597-1607.
[51] Chen X Y, Zhang R F, Li Y Z, Li X, You L J, Kulikouskaya V, Hileuskaya K. Degradation of polysaccharides from Sargassum fusiforme using UV/H_2O_2 and its effects on structural characteristics[J]. Carbohydrate Polymers, 2020, 230: 115947.
[52] Ervens, B. CAPRAM 2.4(MODAC mechanism): An extended and condensed tropospheric aqueous phase mechanism and its application[J]. Journal of Geophysical Research, 2003, 108(D14): 4426.
[53] Clemens V S, Peter D, Fang X, Ralf M, Pan X, Nien S M, Heinz-Peter S. The fate of peroxyl radicals in aqueous solution[J]. Water Science & Technology, 1997, 35(4): 9-15.
[54] Russell J B. A proposed mechanism of monensin action in inhibiting ruminal bacterial growth: Effects on ion flux and protonmotive force[J]. Journal of Animal Science, 1987, 64(5): 1519-1525.
[55] Leize E, Jaffrezic A, Dorsselaer A V. Correlation between solvation energies and electrospray mass spectrometric response factors. Study by electrospray mass spectrometry of supramolecular complexes in thermodynamic equilibrium in solution[J]. Journal of Mass Spectrometry, 2015, 31(5): 537-544.
[56] So M K, Miyake Y, Yeung W Y, Ho Y M, Taniyasu S, Rostkowski P, Yamashita N, Zhou B S, Shi X J, Wang J X, Giesy J P, Yu H, Lam P K S. Perfluorinated compounds in the Pearl River and Yangtze River of China[J]. Chemosphere, 2007, 68(11): 2085-2095.
[57] Bartell S M, Calafat A M, Lyu C, Kato K, Ryan P B, Steenland K. Rate of decline in serum PFOA concentrations after granular activated carbon filtration at two public water systems in Ohio and West Virginia[J]. Environmental Health Perspectives, 2010, 118(2): 222-228.
[58] Saito N, Harada K, Inoue K, Sasaki K, Yoshinaga T, Koizumi A. Perfluorooctanoate and perfluorooctane sulfonate concentrations in surface water in Japan[J]. Journal of Occupational Health, 2004, 46(1): 49-59.
[59] Ahrens L. Polyfluoroalkyl compounds in the aquatic environment: A review of their occurrence and fate[J]. Journal of Environmental Monitoring, 2011, 13(1): 20-31.
[60] Hansen K J, Johnson H O, Eldridge J S, Butenhoff J L, Dick L A. Quantitative characterization of trace levels of PFOS and PFOA in the Tennessee River[J]. Environmental Science & Technology, 2002, 36(8): 1681-1685.
[61] Loos R, Locoro G, Huber T, Wollgast J, Christoph E H, De Jager A, Gawlik B M, Hanke G, Umlauf G, Zaldivar J M. Analysis of perfluorooctanoate(PFOA) and other perfluorinated compounds(PFCs) in the River Po watershed in N-Italy[J]. Chemosphere, 2008, 71(2): 306-313.
[62] Fang S, Chen X, Zhao S, Zhang Y, Jiang W, Yang L, Zhu L. Trophic magnification and isomer fractionation of perfluoroalkyl substances in the food web of Taihu Lake, China[J]. Environmental Science & Technology, 2014, 48(4): 2173-2182.
[63] Martin J W, Mabury S A, Solomon K R, Muir D C G. Dietary accumulation of perfluorinated acids in juvenile rainbow trout(Oncorhynchus mykiss)[J]. Environmental Toxicology and Chemistry, 2003, 22(1): 189-195.
[64] Lampert D J, Frisch M A, Speitel G E. Removal of perfluorooctanoic acid and perfluorooctane sulfonate from wastewater by ion exchange[J]. Practice Periodical of Hazardous, Toxic, and Radioactive Waste Management, 2007, 11(1): 60-68.
[65] Tsai Y T, Lin A Y C, Weng Y H, Li K C. Treatment of perfluorinated chemicals by electro-microfiltration[J]. Environmental Science & Technology, 2010, 44(20): 7914-7920.
[66] Wardman P. Reduction potentials of one-electron couples involving free radicals in aqueous solution[J]. Journal of Physical & Chemical Reference Data, 1989, 18(4): 1637-1755.
[67] Key B D, Howell R D, Criddle C S. Fluorinated organics in the biosphere[J]. Environmental Science & Technology, 1997, 31(9): 2445-2454.

[68] Yao H, Sun P, Minakata D, Crittenden J C, Huang C H. Kinetics and modeling of degradation of Ionophore antibiotics by UV and UV/H_2O_2[J]. Environmental Science & Technology, 2013, 47(9): 4581-4589.

[69] Minakata D, Li K, Westerhoff P, Crittenden J. Development of a group contribution method to predict aqueous phase hydroxyl radical(HO·)reaction rate constants[J]. Environmental Science & Technology, 2009, 43(16): 6220-6227.

[70] Yang L, Luo S, Li Y, Xiao Y, Kang Q, Cai Q. High efficient photocatalytic degradation of p-nitrophenol on a unique Cu_2O/TiO_2 p-n heterojunction network catalyst[J]. Environmental Science & Technology, 2010, 44(19): 7641-7646.

[71] Hori H, Hayakawa E, Einaga H, Kutsuna S, Koike K, Ibusuki T, Kiatagawa H, Arakawa R. Decomposition of environmentally persistent perfluorooctanoic acid in water by photochemical approaches[J]. Environmental Science & Technology, 2004, 38(22): 6118-6124.

[72] Neta P, Madhavan V, Zemel H, Fessenden R W. Rate constants and mechanism of reaction of sulfate radical anion with aromatic compounds[J]. Journal of the American Chemical Society, 1977, 99(1): 163-164.

[73] Davies M J, Gilbert B C, Thomas C B, Young J. Electron spin resonance studies. Part 69. Oxidation of some aliphatic carboxylic acids, carboxylate anions, and related compounds by the sulphate radical anion(SO_4^- ·)[J]. Chemischer Informationsdienst, 1985, 16(48): 1199-1204.

[74] Lee Y C, Lo S L, Chiueh P T, Chang D G. Efficient decomposition of perfluorocarboxylic acids in aqueous solution using microwave-induced persulfate[J]. Water Research, 2009, 43(11): 2811-2816.

[75] Anipsitakis G P, Dionysiou D D. Transition metal/UV-based advanced oxidation technologies for water decontamination[J]. Applied Catalysis B: Environmental, 2004, 54(3): 155-163.

[76] He X, De La Cruz A A, O'shea K E, Dionysiou D D. Kinetics and mechanisms of cylindrospermopsin destruction by sulfate radical-based advanced oxidation processes[J]. Water Research, 2014, 63: 168-178.

[77] Huang Y F, Huang Y H. Identification of produced powerful radicals involved in the mineralization of bisphenol A using a novel UV-$Na_2S_2O_8$/H_2O_2-Fe(Ⅰ,Ⅲ) two-stage oxidation process[J]. Journal of Hazardous Materials, 2009, 162(2-3): 1211-1216.

[78] Liu X, Zhang T, Zhou Y, Fang L, Shao Y. Degradation of atenolol by UV/peroxymonosulfate: Kinetics, effect of operational, parameters and mechanism[J]. Chemosphere, 2013, 93(11): 2717-2724.

[79] Yang Y, Pignatello J J, Ma J, Mitch W A. Comparison of halide impacts on the efficiency of contaminant degradation by sulfate and hydroxyl radical-based advanced oxidation processes(AOPs)[J]. Environmental Science & Technology, 2014, 48(4): 2344-2351.

[80] Heidt J L. The photolysis of persulfate[J]. Journal of Chemical Physics, 1942, 10(5): 297-302.

[81] Criquet J, Leitner N K V. Electron beam irradiation of aqueous solution of persulfate ions[J]. Chemical Engineering Journal, 2011, 169(1): 258-262.

[82] Furman O S, Teel A L, Watts R J. Mechanism of base activation of persulfate[J]. Environmental Science & Technology, 2010, 44(16): 6423-6428.

[83] Xie P, Ma J, Liu W, Zou J, Yue S, Li X, Wiesner M R, Fang J. Removal of 2-MIB and geosmin using UV/persulfate: Contributions of hydroxyl and sulfate radicals[J]. Water Research, 2015, 69: 223-233.

[84] Guan Y H, Ma J, Li X C, Fang J Y, Chen L W. Influence of pH on the formation of sulfate and hydroxyl radicals in the UV/peroxymonosulfate system[J]. Environmental Science & Technology, 2011, 45(21): 9308-9314.

[85] Von Gunten U. Ozonation of drinking water. Part Ⅱ. Disinfection and by-product formation in presence of bromide, iodide or chlorine[J]. Water Research, 2003, 37(7): 1469-1487.

[86] Yang X, Shang C. Chlorination byproduct formation in the presence of humic acid, model nitrogenous organic compounds, ammonia, and bromide[J]. Environmental Science & Technology, 2004, 38(19): 4995-5001.

[87] Liu W, Cheung L M, Yang X, Shang C. THM, HAA and CNCl formation from UV irradiation and chlor

(am) ination of selected organic waters[J]. Water Research, 2006, 40(10): 2033-2043.

[88] Richardson S D, Thruston A D, Caughran T V, Chen P H, Collette T W, Schenck K M, Lykins B W, Rav-Acha C, Glezer V. Identification of new drinking water disinfection by-products from ozone, chlorine dioxide, chloramine, and chlorine[J]. Water Air & Soil Pollution, 2000, 123(1-4): 95-102.

[89] Anipsitakis G P, Dionysiou D D, Gonzalez M A. Cobalt-mediated activation of peroxymonosulfate and sulfate radical attack on phenolic compounds: Implications of chloride ions[J]. Environmental Science & Technology, 2006, 40(3): 1000-1007.

[90] He X, Mezyk S P, Michael I, Fatta-Kassinos D, Dionysiou D D. Degradation kinetics and mechanism of β-lactam antibiotics by the activation of H_2O_2 and $Na_2S_2O_8$ under UV-254 nm irradiation[J]. Journal of Hazardous Materials, 2014, 279(6): 375-383.

[91] Lutze H V, Kerlin N, Schmidt T C. Sulfate radical-based water treatment in presence of chloride: Formation of chlorate, inter-conversion of sulfate radicals into hydroxyl radicals and influence of bicarbonate[J]. Water Research, 2015, 72: 349-360.

[92] Fang J Y, Shang C. Bromate formation from bromide oxidation by the UV/persulfate process[J]. Environmental Science & Technology, 2012, 46(16): 8976-8983.

[93] Liang C, Huang C F, Mohanty N, Kurakalva R M. A rapid spectrophotometric determination of persulfate anion in ISCO[J]. Chemosphere, 2008, 73(9): 1540-1543.

[94] Goldberg D E, Holland J H. Genetic algorithms and machine learning[J]. Machine Learning, 1988, 3(2-3): 95-99.

[95] Gear C W, Petzold L R. ODE methods for the solution of differential/algebraic systems[J]. Siam Journal on Numerical Analysis, 1984, 21(4): 716-728.

[96] Crittenden J C, Trussell R R, Hand D W, Howe K J, Tchobanoglous G. Principles of reactor analysis and mixing[M]//MWH's water treatment(principles and design). New York : John Wiley & Sons, Inc., 2012.

[97] Hori H, Nagaoka Y, Murayama M, Kutsuna S. Efficient decomposition of perfluorocarboxylic acids and alternative fluorochemical surfactants in hot water[J]. Environmental Science & Technology, 2008, 42(19): 7438-7443.

[98] Zhuo Q, Deng S, Yang B, Huang J, Yu G. Efficient electrochemical oxidation of perfluorooctanoate using a Ti/SnO$_2$-Sb-Bi anode[J]. Environmental Science & Technology, 2011, 45(7): 2973-2979.

[99] Panchangam S C, Lin A Y C, Shaik K L, Lin C F. Decomposition of perfluorocarboxylic acids(PFCAs)by heterogeneous photocatalysis in acidic aqueous medium[J]. Chemosphere, 2009, 77(2): 242-248.

[100] Tan C, Gao N, Deng Y, Rong W, Zhou S, Lu N. Degradation of antipyrine by heat activated persulfate[J]. Separation and Purification Technology, 2013, 109: 122-128.

[101] Lee Y, Lo S, Kuo J, Hsieh C. Decomposition of perfluorooctanoic acid by microwaveactivated persulfate: Effects of temperature, pH, and chloride ions[J]. Frontiers of Environmental Science & Engineering, 2012, 6(1): 17-25.

[102] Yu X Y, Bao Z C, Barker J R. Free radical reactions involving $Cl^-\cdot$, $Cl_2^-\cdot$, and $SO_4^-\cdot$ in the 248 nm photolysis of aqueous solutions containing $S_2O_8^{2-}$ and Cl[J]. Journal of Physical Chemistry A, 2004, 108(2): 295-308.

[103] Li K, Stefan M I, Crittenden J C. UV photolysis of trichloroethylene: Product study and kinetic modeling[J]. Environmental Science & Technology, 2004, 38(24): 6685-6693.

[104] Yuan R, Wang Z, Hu Y, Wang B, Gao S. Probing the radical chemistry in UV/persulfate-based saline wastewater treatment: Kinetics modeling and byproducts identification[J]. Chemosphere, 2014, 109: 106-112.

[105] Chameides W L, Davis D D. The free radical chemistry of cloud droplets and its impact upon the composition of rain[J]. Journal of Geophysical Research Oceans, 1982, 87(C7): 4863-4877.

[106] Lei Y, Lu J, Zhu M Y, Xie J J, Peng S C, Zhu C Z. Radical chemistry of diethyl phthalate oxidation via UV/peroxymonosulfate process: Roles of primary and secondary radicals[J]. Chemical Engineering

Journal, 2020, 379: 122339.

[107] Fang G, Gao J, Dionysiou D D, Liu C, Zhou D. Activation of persulfate by quinones: Free radical reactions and implication forn the degradation of PCBs[J]. Environmental Science & Technology, 2013, 47(9): 4605-4611.

[108] Ahmad M, Teel A L, Watts R J. Mechanism of persulfate activation by phenols[J]. Environmental Science & Technology, 2013, 47(11): 5864-5871.

[109] Liang C, Wang Z S, Bruell C J. Influence of pH on persulfate oxidation of TCE at ambient temperatures[J]. Chemosphere, 2007, 66(1): 106-113.

[110] Rao Y F, Qu L, Yang H, Chu W. Degradation of carbamazepine by Fe(II)-activated persulfate process[J]. Journal of Hazardous Materials, 2014, 268: 23-32.

[111] Bu Q, Wang B, Huang J, Deng S, Yu G. Pharmaceuticals and personal care products in the aquatic environment in China: A review[J]. Journal of Hazardous Materials, 2013, 262: 189-211.

[112] Liu J L, Wong M H. Pharmaceuticals and personal care products(PPCPs): A review on environmental contamination in China[J]. Environment International, 2013, 59: 208-224.

[113] Zhou L J, Wu Q L, Zhang B B, Zhao Y G, Zhao B Y. Occurrence, spatiotemporal distribution, mass balance and ecological risks of antibiotics in subtropical shallow Lake Taihu, China[J]. Environmental: Science: Processes & Impacts, 2016, 18(4): 500-513.

[114] Iglesias A, Nebot C, Miranda J M, Vazquez B I, Cepeda A. Detection and quantitative analysis of 21 veterinary drugs in river water using high-pressure liquid chromatography coupled to tandem mass spectrometry[J]. Environmental Science and Pollution Research, 2012, 19(8): 3235-3249.

[115] Ma Y, Li M, Wu M, Li Z, Liu X. Occurrences and regional distributions of 20 antibiotics in water bodies during groundwater recharge[J]. Science of the Total Environment, 2015, 518: 498-506.

[116] Dong H, Yuan X, Wang W, Qiang Z. Occurrence and removal of antibiotics in ecological and conventional wastewater treatment processes: A field study[J]. Journal of Environmental Management, 2016, 178: 11-19.

[117] Zhang T, Li B. Occurrence, transformation, and fate of antibiotics in municipal wastewater treatment plants[J]. Critical Reviews in Environmental Science and Technology, 2011, 41(11): 951-998.

[118] Li W C. Occurrence, sources, and fate of pharmaceuticals in aquatic environment and soil[J]. Environmental Pollution, 2014, 187: 193-201.

[119] Huber M M, Canonica S, Park G Y, Von Gunten U. Oxidation of pharmaceuticals during ozonation and advanced oxidation processes[J]. Environmental Science & Technology, 2003, 37(5): 1016-1024.

[120] Liu N, Sijak S, Zheng M, Tang L, Xu G, Wu M. Aquatic photolysis of florfenicol and thiamphenicol under direct UV irradiation, UV/H_2O_2 and UV/Fe(II) processes[J]. Chemical Engineering Journal, 2015, 260: 826-834.

[121] Tan C, Gao N, Zhou S, Xiao Y, Zhuang Z. Kinetic study of acetaminophen degradation by UV-based advanced oxidation processes[J]. Chemical Engineering Journal, 2014, 253: 229-236.

[122] Laura Dell'arciprete M, Soler J M, Santos-Juanes L, Arques A, Martire D O, Furlong J P, Gonzalez M C. Reactivity of neonicotinoid insecticides with carbonate radicals[J]. Water Research, 2012, 46(11): 3479-3489.

[123] Mazellier P, Leroy E, De Laat J, Legube B. Transformation of carbendazim induced by the H_2O_2/UV system in the presence of hydrogenocarbonate ions: Involvement of the carbonate radical[J]. New Journal of Chemistry, 2002, 26(12): 1784-1790.

[124] Zuo Z H, Cai Z L, Katsumura Y, Chitose N, Muroya Y. Reinvestigation of the acid-base equilibrium of the(bi)carbonate radical and pH dependence of its reactivity with inorganic reactants[J]. Radiation Physics and Chemistry, 1999, 55(1): 15-23.

[125] Liu Y, He X, Duan X, Fu Y, Dionysiou D D. Photochemical degradation of oxytetracycline: Influence of pH and role of carbonate radical[J]. Chemical Engineering Journal, 2015, 276: 113-121.

[126] Chen S N, Hoffman M Z. Rate constants for reaction reaction of carbonate radical with compounds of biochemical interest in neutral aqueous-solution[J]. Radiation Research, 1973, 56(1): 40-47.

[127] Huang J P, Mabury S A. A new method for measuring carbonate radical reactivity toward pesticides[J]. Environmental Toxicology and Chemistry, 2000, 19(6): 1501-1507.

[128] Wols B A, Harmsen D J H, Beerendonk E F, Hofman-Caris C H M. Predicting pharmaceutical degradation by UV(MP)/H_2O_2 processes: A kinetic model[J]. Chemical Engineering Journal, 2015, 263: 336-345.

[129] Kemacheevakul P, Chuangchote S, Otani S, Matsuda T, Shimizu Y. Phosphorus recovery: Minimization of amount of pharmaceuticals and improvement of purity in struvite recovered from hydrolysed urine[J]. Environmental Technology, 2014, 35(23): 3011-3019.

[130] Landry K A, Boyer T H. Diclofenac removal in urine using strong-base anion exchange polymer resins[J]. Water Research, 2013, 47(17): 6432-6444.

[131] Landry K A, Sun P, Huang C H, Boyer T H. Ion-exchange selectivity of diclofenac, ibuprofen, ketoprofen, and naproxen in ureolyzed human urine[J]. Water Research, 2015, 68: 510-521.

[132] Pronk W, Palmquist H, Biebow M, Boller M. Nanofiltration for the separation of pharmaceuticals from nutrients in source-separated urine[J]. Water Research, 2006, 40(7): 1405-1412.

[133] Lienert J, Gudel K, Escher B I. Screening method for ecotoxicological hazard assessment of 42 pharmaceuticals considering human metabolism and excretory routes[J]. Environmental Science & Technology, 2007, 41(12): 4471-4478.

[134] Latifian M, Holst O, Liu J. Nitrogen and phosphorus removal from urine by sequential struvite formation and recycling process[J]. Clean-Soil Air Water, 2014, 42(8): 1157-1161.

[135] Pronk W, Zuleeg S, Lienert J, Escher B, Koller M, Berner A, Koch G, Boller M. Pilot experiments with electrodialysis and ozonation for the production of a fertiliser from urine[J]. Water Science and Technology, 2007, 56(5): 219-227.

[136] Dodd M C, Zuleeg S, Von Gunten U, Pronk W. Ozonation of source-separated urine for resource recovery and waste minimization: Process modeling, reaction chemistry, and operational considerations[J]. Environmental Science & Technology, 2008, 42(24): 9329-9337.

[137] Zhang R, Yang Y, Huang C H, Li N, Liu H, Zhao L, Sun P. UV/H_2O_2 and UV/PDS treatment of trimethoprim and sulfamethoxazole in synthetic human urine: Transformation products and toxicity[J]. Environmental Science & Technology, 2016, 50(5): 2573-2583.

[138] Zhang Q, Chen J, Dai C, Zhang Y, Zhou X. Degradation of carbamazepine and toxicity evaluation using the UV/persulfate process in aqueous solution[J]. Journal of Chemical Technology and Biotechnology, 2015, 90(4): 701-708.

[139] Katsoyiannis I A, Canonica S, Von Gunten U. Efficiency and energy requirements for the transformation of organic micropollutants by ozone, O_3/H_2O_2 and UV/H_2O_2[J]. Water Research, 2011, 45(13): 3811-3822.

[140] Wols B A, Hofman-Caris C H M, Harmsen D J H, Beerendonk E F. Degradation of 40 selected pharmaceuticals by UV/H_2O_2[J]. Water Research, 2013, 47(15): 5876-5888.

[141] Sun P, Tyree C, Huang C H. Inactivation of *Escherichia coli*, *Bacteriophage* MS2, and *Bacillus* spores under UV/H_2O_2 and UV/peroxydisulfate advanced disinfection conditions[J]. Environmental Science & Technology, 2016, 50(8): 4448-4458.

[142] Kwon M, Kim S, Yoon Y, Jung Y, Hwang T M, Lee J, Kang J W. Comparative evaluation of ibuprofen removal by UV/H_2O_2 and UV/$S_2O_8^{2-}$ processes for wastewater treatment[J]. Chemical Engineering Journal, 2015, 269: 379-390.

[143] Brezonik P L, Fulkerson-Brekken J. Nitrate-induced photolysis in natural waters: Controls on concentrations of hydroxyl radical photo-intermediates by natural scavenging agents[J]. Environmental Science & Technology, 1998, 32(19): 3004-3010.

[144] Westerhoff P, Mezyk S P, Cooper W J, Minakata D. Electron pulse radiolysis determination of hydroxyl radical rate constants with suwannee river fulvic acid and other dissolved organic matter isolates[J]. Environmental Science & Technology, 2007, 41(13): 4640-4646.

[145] Canonica S, Kohn T, Mac M, Real F J, Wirz J, Von Gunten U. Photosensitizer method to determine

[145] rate constants forn the reaction of carbonate radical with organic compounds[J]. Environmental Science & Technology, 2005, 39(23): 9182-9188.
[146] Lian J, Qiang Z, Li M, Bolton J R, Qu J. UV photolysis kinetics of sulfonamides in aqueous solution based on optimized fluence quantification[J]. Water Research, 2015, 75: 43-50.
[147] Sun P, Pavlostathis S G, Huang C H. Photodegradation of veterinary ionophore antibiotics under UV and solar irradiation[J]. Environmental Science & Technology, 2014, 48(22): 13188-13196.
[148] Wols B A, Harmsen D J H, Wanders-Dijk J, Beerendonk E F, Hofman-Caris C H M. Degradation of pharmaceuticals in UV(LP)/H_2O_2 reactors simulated by means of kinetic modeling and computational fluid dynamics (CFD)[J]. Water Research, 2015, 75: 11-24.
[149] Baeza C, Knappe D R U. Transformation kinetics of biochemically active compounds in low-pressure UV Photolysis and UV/H_2O_2 advanced oxidation processes[J]. Water Research, 2011, 45(15): 4531-4543.
[150] Sagi G, Csay T, Szabo L, Patzay G, Csonka E, Takacs E, Wojnarovits L. Analytical approaches to the OH radical induced degradation of sulfonamide antibiotics in dilute aqueous solutions[J]. Journal of Pharmaceutical and Biomedical Analysis, 2015, 106: 52-60.
[151] Kuang J, Huang J, Wang B, Cao Q, Deng S, Yu G. Ozonation of trimethoprim in aqueous solution: Identification of reaction products and their toxicity[J]. Water Research, 2013, 47(8): 2863-2872.
[152] Lam M W, Mabury S A. Photodegradation of the pharmaceuticals atorvastatin, carbamazepine, levofloxacin, and sulfamethoxazole in natural waters[J]. Aquatic Sciences, 2005, 67(2): 177-188.
[153] Ahmed M M, Chiron S. Solar photo-Fenton like using persulphate for carbamazepine removal from domestic wastewater[J]. Water Research, 2014, 48: 229-236.
[154] Zhou Z, Jiang J Q. Treatment of selected pharmaceuticals by ferrate(Ⅵ): Performance, kinetic studies and identification of oxidation products[J]. Journal of Pharmaceutical and Biomedical Analysis, 2015, 106: 37-45.
[155] Ding Y B, Pan C, Peng X Q, Mao Q H, Xiao Y W, Fu L B, Huang J. Deep mineralization of bisphenol A by catalytic peroxymonosulfate activation with nano CuO/Fe_3O_4 with strong Cu-Fe interaction[J]. Chemical Engineering Journal, 2020, 384: 123378
[156] Zong W, Sun F, Sun X. Oxidation by-products formation of microcystin-LR exposed to UV/H_2O_2: Toward the generative mechanism and biological toxicity[J]. Water Research, 2013, 47(9): 3211-3219.
[157] Dodd M C, Huang C H. Aqueous chlorination of the antibacterial agent trimethoprim: Reaction kinetics and pathways[J]. Water Research, 2007, 41(3): 647-655.
[158] Wang P, He Y L, Huang C H. Oxidation of antibiotic agent trimethoprim by chlorine dioxide: Reaction kinetics and pathways[J]. Journal of Environmental Engineering-Asce, 2012, 138(3): 360-366.
[159] Gao S, Zhao Z, Xu Y, Tian J, Qi H, Lin W, Cui F. Oxidation of sulfamethoxazole(SMX) by chlorine, ozone and permanganate: A comparative study[J]. Journal of Hazardous Materials, 2014, 274: 258-269.
[160] Kwon M, Yoon Y, Kim S, Jung Y, Hwang T M, Kang J W. Removal of sulfamethoxazole, ibuprofen and nitrobenzene by UV and UV/chlorine processes: A comparative evaluation of 275 nm LED-UV and 254 nm LP-UV[J]. Science of the Total Environment, 2018, 637: 1351-1357.
[161] Del Mar Gomez-Ramos M, Mezcua M, Agueera A, Fernandez-Alba A R, Gonzalo S, Rodriguez A, Rosal R. Chemical and toxicological evolution of the antibiotic sulfamethoxazole under ozone treatment in water solution[J]. Journal of Hazardous Materials, 2011, 192(1): 18-25.
[162] Abellan M N, Gebhardt W, Schroeder H F. Detection and identification of degradation products of sulfamethoxazole by means of LC/MS and-MS(n)after ozone treatment[J]. Water Science and Technology, 2008, 58(9): 1803-1812.
[163] Luo X, Zheng Z, Greaves J, Cooper W J, Song W. Trimethoprim: Kinetic and mechanistic considerations in photochemical environmental fate and AOP treatment[J]. Water Research, 2012, 46(4): 1327-1336.
[164] Lekkerkerker-Teunissen K, Benotti M J, Snyder S A, Van Dijk H C. Transformation of atrazine,

carbamazepine, diclofenac and sulfamethoxazole by low and medium pressure UV and UV/H_2O_2 treatment[J]. Separation and Purification Technology, 2012, 96: 33-43.
[165] Trovo A G, Nogueira R F P, Agueera A, Sirtori C, Fernandez-Alba A R. Photodegradation of sulfamethoxazole in various aqueous media: Persistence, toxicity and photoproducts assessment[J]. Chemosphere, 2009, 77(10): 1292-1298.
[166] Michael I, Hapeshi E, Osorio V, Perez S, Petrovic M, Zapata A, Malato S, Barcelo D, Fatta-Kassinos D. Solar photocatalytic treatment of trimethoprim in four environmental matrices at a pilot scale: Transformation products and ecotoxicity evaluation[J]. Science of the Total Environment, 2012, 430: 167-173.
[167] Hu L, Flanders P M, Miller P L, Strathmann T J. Oxidation of sulfamethoxazole and related antimicrobial agents by TiO_2 photocatalysis[J]. Water Research, 2007, 41(12): 2612-2626.
[168] Ding S, Niu J, Bao Y, Hu L. Evidence of superoxide radical contribution to demineralization of sulfamethoxazole by visible-light-driven $Bi_2O_3/Bi_2O_2CO_3/Sr_6Bi_2O_9$ photocatalyst[J]. Journal of Hazardous Materials, 2013, 262: 812-818.
[169] Moreira F C, Garcia-Segura S, Boaventura R A R, Brillas E, Vilar V J P. Degradation of the antibiotic trimethoprim by electrochemical advanced oxidation processes using a carbon-PTFE air-diffusion cathode and a boron-doped diamond or platinum anode[J]. Applied Catalysis B: Environmental, 2014, 160: 492-505.
[170] Ahmed M M, Barbati S, Doumenq P, Chiron S. Sulfate radical anion oxidation of diclofenac and sulfamethoxazole forn water decontamination[J]. Chemical Engineering Journal, 2012, 197: 440-447.
[171] Anquandah G A K, Sharma V K, Knight D A, Batchu S R, Gardinali P R. Oxidation of trimethoprim by ferrate(Ⅵ): Kinetics, products, and antibacterial activity[J]. Environmental Science & Technology, 2011, 45(24): 10575-10581.
[172] Agerstrand M, Berg C, Bjorlenius B, Breitholtz M, Brunstrom B, Fick J, Gunnarsson L, Larsson D G J, Sumpter J P, Tysklind M, Ruden C. Improving environmental risk assessment of human pharmaceuticals[J]. Environmental Science & Technology, 2015, 49(9): 5336-5345.
[173] Pino M R, Val J, Mainar A M, Zuriaga E, Espanol C, Langa E. Acute toxicological effects on the earthworm Eisenia fetida of 18 common pharmaceuticals in artificial soil[J]. Science of the Total Environment, 2015, 518: 225-237.
[174] Van Der Grinten E, Pikkemaat M G, Van Den Brandhof E J, Stroomberg G J, Kraak M H S. Comparing the sensitivity of algal, cyanobacterial and bacterial bioassays to different groups of antibiotics[J]. Chemosphere, 2010, 80(1): 1-6.
[175] La Farre M, Perez S, Kantiani L, Barcelo D. Fate and toxicity of emerging pollutants, their metabolites and transformation products in the aquatic environment[J]. Trac-Trends in Analytical Chemistry, 2008, 27(11): 991-1007.
[176] Dalzell D J B, Alte S, Aspichueta E, De La Sota A, Etxebarria J, Gutierrez M, Hoffmann C C, Sales D, Obst U, Christofi N. A comparison of five rapid direct toxicity assessment methods to determine toxicity of pollutants to activated sludge[J]. Chemosphere, 2002, 47(5): 535-545.
[177] Jesus Garcia-Galan M, Gonzalez Blanco S, Lopez Roldan R, Diaz-Cruz S, Barcelo D. Ecotoxicity evaluation and removal of sulfonamides and their acetylated metabolites during conventional wastewater treatment[J]. Science of the Total Environment, 2012, 437: 403-412.
[178] Fatta-Kassinos D, Vasquez M I, Kuemmerer K. Transformation products of pharmaceuticals in surface waters and wastewater formed during photolysis and advanced oxidation processes—Degradation, elucidation of byproducts and assessment of their biological potency[J]. Chemosphere, 2011, 85(5): 693-709.
[179] Molkenthin M, Olmez-Hanci T, Jekel M R, Arslan-Alaton I. Photo-Fenton-like treatment of BPA: Effect of UV light source and water matrix on toxicity and transformation products[J]. Water Research, 2013, 47(14): 5052-5064.
[180] Marciocha D, Kalka J, Turek-Szytow J, Wiszniowski J, Surmacz-Gorska J. Oxidation of sulfamethoxazole by UVA radiation and modified Fenton reagent: Toxicity and biodegradability of

by-products[J]. Water Science and Technology, 2009, 60(10): 2555-2562.

[181] Olmez-Hanci T, Dursun D, Aydin E, Arslan-Alaton I, Girit B, Mita L, Diano N, Mita D G, Guida M. $S_2O_8^{2-}$/UV-C and H_2O_2/UV-C treatment of bisphenol A: Assessment of toxicity, estrogenic activity, degradation products and results in real water[J]. Chemosphere, 2015, 119: S115-S123.

[182] Richard J, Boergers A, Vom Eyser C, Bester K, Tuerk J. Toxicity of the micropollutants bisphenol A, ciprofloxacin, metoprolol and sulfamethoxazole in water samples before and after the oxidative treatment[J]. International Journal of Hygiene and Environmental Health, 2014, 217(4-5): 506-514.

[183] Karci A, Arslan-Alaton I, Bekbolet M, Ozhan G, Alpertunga B. H_2O_2/UV-C and photo-Fenton treatment of a nonylphenol polyethoxylate in synthetic freshwater: Follow-up of degradation products, acute toxicity and genotoxicity[J]. Chemical Engineering Journal, 2014, 241: 43-51.

[184] Vom Eyser C, Boergers A, Richard J, Dopp E, Janzen N, Bester K, Tuerk J. Chemical and toxicological evaluation of transformation products during advanced oxidation processes[J]. Water Science and Technology, 2013, 68(9): 1976-1983.

[185] Qi C, Liu X, Lin C, Zhang X, Ma J, Tan H, Ye W. Degradation of sulfamethoxazole by microwave-activated persulfate: Kinetics, mechanism and acute toxicity[J]. Chemical Engineering Journal, 2014, 249: 6-14.

[186] Sagi G, Csay T, Patzay G, Csonka E, Wojnarovits L, Takacs E. Oxidative and reductive degradation of sulfamethoxazole in aqueous solutions: Decomposition efficiency and toxicity assessment[J]. Journal of Radioanalytical and Nuclear Chemistry, 2014, 301(2): 475-482.

[187] Karci A, Arslan-Alaton I, Bekbolet M. Advanced oxidation of a commercially important nonionic surfactant: Investigation of degradation products and toxicity[J]. Journal of Hazardous Materials, 2013, 263: 275-282.

[188] Kim Y, Choi K, Jung J, Park S, Kim P G, Park J. Aquatic toxicity of acetaminophen, carbamazepine, cimetidine, diltiazem and six major sulfonamides, and their potential ecological risks in Korea[J]. Environment International, 2007, 33(3): 370-375.

[189] Plahuta M, Tisler T, Toman M J, Pintar A. Efficiency of advanced oxidation processes in lowering bisphenol A toxicity and oestrogenic activity in aqueous samples[J]. Arhiv Za Higijenu Rada I Toksikologiju-Archives of Industrial Hygiene and Toxicology, 2014, 65(1): 77-87.

[190] Wammer K H, Lapara T M, Mcneill K, Arnold W A, Swackhamer D L. Changes in antibacterial activity of triclosan and sulfa drugs due to photochemical transformations[J]. Environmental Toxicology and Chemistry, 2006, 25(6): 1480-1486.

[191] Sun P, Yao H, Minakata D, Crittenden J C, Pavlostathis S G, Huang C H. Acid-catalyzed transformation of ionophore veterinary antibiotics: Reaction mechanism and product implications[J]. Environmental Science & Technology, 2013, 47(13): 6781-6789.

[192] Dodd M C, Kohler H P E, Von Gunten U. Oxidation of antibacterial compounds by ozone and hydroxyl radical: Elimination of biological activity during aqueous ozonation processes[J]. Environmental Science & Technology, 2009, 43(7): 2498-2504.

[193] Sirtori C, Agueera A, Gernjak W, Malato S. Effect of water-matrix composition on trimethoprim solar photodegradation kinetics and pathways[J]. Water Research, 2010, 44(9): 2735-2744.

[194] An T, Gao Y, Li G, Kamat P V, Peller J, Joyce M V. Kinetics and mechanism of(OH)-O-center dot mediated degradation of dimethyl phthalate in aqueous solution: Experimental and theoretical studies[J]. Environmental Science & Technology, 2014, 48(1): 641-648.

[195] Radjenovic J, Godehardt M, Petrovic M, Hein A, Farre M, Jekel M, Barcelo D. Evidencing generation of persistent ozonation products of antibiotics roxithromycin and trimethoprim[J]. Environmental Science & Technology, 2009, 43(17): 6808-6815.

[196] Eichhorn P, Ferguson P L, Perez S, Aga D S. Application of ion trap-MS with QqTOF-MS in the identification H/D exchange and of microbial degradates of trimethoprim in nitrifying activated sludge[J]. Analytical Chemistry, 2005, 77(13): 4176-4184.

[197] Pryor W A, Squadrito G L. The chemistry of peroxynitrite—A product from the reaction of

[197] (continued) nitric-oxide with superoxide[J]. American Journal of Physiology-Lung Cellular and Molecular Physiology, 1995, 268(5): L699-L722.
[198] Brogden R N, Carmine A A, Heel R C, Speight T M, Avery G S. Trimethoprim —A review of its antibacterila activity, pharmacokinetics and therapeutic use in urinary-tract infections[J]. Drugs, 1982, 23(6): 405-430.
[199] Dirany A, Aaron S E, Oturan N, Sires I, Oturan M A, Aaron J J. Study of the toxicity of sulfamethoxazole and its degradation products in water by a bioluminescence method during application of the electro-Fenton treatment[J]. Analytical and Bioanalytical Chemistry, 2011, 400(2): 353-360.
[200] Jablonski E, Deluca M. Studies of control of luminescence in beneckea-harveyi-propertits of nadh and nadph-fmn oxidoreductases[J]. Biochemistry, 1978, 17(4): 672-678.
[201] Halling-Sorensen B, Lutzhoft H C H, Andersen H R, Ingerslev F. Environmental risk assessment of antibiotics: Comparison of mecillinam, trimethoprim and ciprofloxacin[J]. Journal of Antimicrobial Chemotherapy, 2000, 46: 53-58.
[202] Lakind J S, Richardson S D, Blount B C. The good, the bad, and the volatile: Can we have both healthy pools and healthy people?[J]. Environmental Science & Technology, 2010, 44(9): 3205-3210.
[203] Blatchley E R, Cheng M M. Reaction mechanism forn chlorination of urea[J]. Environmental Science & Technology, 2010, 44(22): 8529-8534.
[204] Chowdhury S, Alhooshani K, Karanfil T. Disinfection byproducts in swimming pool[J]. Water Research, 2014, 53: 68-109.
[205] Hijnen W, Beerendonk E F, Medema G J. Inactivation credit of UV radiation for viruses, bacteria and protozoan(oo)cysts in water: A review[J]. Water Research, 2006, 40(2): 3-22.
[206] Li J, Blatchley E R. UV photodegradation of inorganic chloramines[J]. Environmental Science & Technology, 2009, 43(1): 60-65.
[207] De Laat J, Boudiaf N, Dossier-Berne F. Effect of dissolved oxygen on the photodecomposition of monochloramine and dichloramine in aqueous solution by UV irradiation at 253.7 nm[J]. Water Research, 2010, 44(10): 3261-3269.
[208] Wang D, Bolton J R, Hofmann R. Medium pressure UV combined with chlorine advanced oxidation forn trichloroethylene destruction in a model water[J]. Water Research, 2012, 46(15): 4677-4686.
[209] Jin J, Mohamed Gamal E D, Bolton J R. Assessment of the UV/chlorine process as an advanced oxidation process[J]. Water Research, 2011, 45(4): 1890-1896.
[210] Sichel C, Garcia C, Andre K. Feasibility studies: UV/chlorine advanced oxidation treatment for the removal of emerging contaminants[J]. Water Research, 2011, 45(19): 6371-6380.
[211] Feng Y, Smith D W, Bolton J R. Photolysis of aqueous free chlorine species(HOCl and OCl)with 254 nm ultraviolet light[J]. Journal of Environmental Engineering and Science, 2007, 6(1): 179-180.
[212] Kong X, Jiang J, Ma J, Yang Y, Liu W, Liu Y. Degradation of atrazine by UV/chlorine: Efficiency, influencing factors, and products[J]. Water Research, 2016, 90: 15-23.
[213] Wu Y T, Zhu S M, Zhang W Q, Bu L J, Zhou S Q. Comparison of diatrizoate degradation by UV/chlorine and UV/chloramine processes: Kinetic mechanisms and iodinated disinfection byproducts formation[J]. Chemical Engineering Journal, 2019, 375: 121972.
[214] Yang W W, Tang Y K, Liu L, Peng X Y, Zhong Y X, Chen Y N, Huang Y F. Chemical behaviors and toxic effects of ametryn during the UV/chlorine process[J]. Chemosphere, 2020, 240: 124941.
[215] Zhang Z, Chuang Y H, Huang N, Mitch W A. Predicting the contribution of chloramines to contaminant decay during ultraviolet/hydrogen peroxide advanced oxidation process treatment for potable reuse[J]. Environmental Science & Technology, 2019, 53(8): 4416-4425.
[216] Buxton G V, Subhani M S. Radiation chemistry and photochemistry of oxychlorine ions. Part 2—Photodecomposition of aqueous solutions of hypochlorite ions[J]. Journal of the Chemical Society, Faraday Transactions, 1972, 68: 958-969.
[217] Forsyth J E, Peiran Z, Quanxin M, Asato S S, Meschke J S, Dodd M C. Enhanced inactivation of *Bacillus subtilis* spores during solar photolysis of free available chlorine[J]. Environmental Science &

Technology, 2013, 47(22): 12976-12984.

[218] Kläning U K, Sehested K, Wolff T. Ozone formation in laser flash photolysis of oxoacids and oxoanions of chlorine and bromine[J]. Journal of the Chemical Society, Faraday Transactions, 1984, 16(11): 2969-2979.

[219] Weng S C, Li J, Iii E R. Effects of UV 254 irradiation on residual chlorine and DBPs in chlorination of model organic-N precursors in swimming pools[J]. Water Research, 2012, 46(8): 2674-2682.

[220] Cassan D, Mercier B, Castex F, Rambaud A. Effects of medium-pressure UV lamps radiation on water quality in a chlorinated indoor swimming pool[J]. Chemosphere, 2006, 62(9): 1507-1513.

[221] Soltermann F, Lee M, Canonica S, Von Gunten U. Enhanced N-nitrosamine formation in pool water by UV irradiation of chlorinated secondary amines in the presence of monochloramine[J]. Water Research, 2013, 47(1): 79-90.

[222] Deng L, Huang C H, Wang Y L. Effects of combined UV and chlorine treatment on the formation of trichloronitromethane from amine precursors[J]. Environmental Science & Technology, 2014, 48(5): 2697-2705.

[223] Ben W, Sun P, Huang C H. Effects of combined UV and chlorine treatment on chloroform formation from triclosan[J]. Chemosphere, 2016, 150: 715-722.

[224] Wang D, Bolton J R, Andrews S A, Hofmann R. Formation of disinfection by-products in the ultraviolet/chlorine advanced oxidation process[J]. Science of the Total Environment, 2015, 518: 49-57.

[225] Wu Z, Fang J, Xiang Y, Shang C, Li X, Meng F, Yang X. Roles of reactive chlorine species in trimethoprim degradation in the UV/chlorine process: Kinetics and transformation pathways[J]. Water Research, 2016, 104: 272-282.

[226] Nam S W, Yoon Y, Choi D J, Zoh K D. Degradation characteristics of metoprolol during UV/chlorination reaction and a factorial design optimization[J]. Journal of Hazardous Materials, 2015, 285: 453-463.

[227] Yang X, Sun J, Fu W, Shang C, Li Y, Chen Y, Gan W, Fang J. PPCP degradation by UV/chlorine treatment and its impact on DBP formation potential in real waters[J]. Water Research, 2016, 98: 306-318.

[228] Yang W W, Tang Y K, Liu L, Peng X Y, Zhong Y X, Chen Y N, Huang Y F. Chemical behaviors and toxic effects of ametryn during the UV/chlorine process[J]. Chemosphere, 2020, 240: 124941.

[229] Weng S C, Sun P, Ben W, Huang C H, Blatchley E R. The presence of pharmaceuticals and personal care products in swimming pools[J]. Environmental Science & Technology Letter, 2015, 1(12): 495-498.

[230] Teo T L L, Coleman H M, Khan S J. Occurrence and daily variability of pharmaceuticals and personal care products in swimming pools[J]. Environmental Science and Pollution Research International, 2016, 23(7): 6972-6981.

[231] Díaz-Cruz M S, Llorca M, Barceló D, Barceló D. Organic UV filters and their photodegradates, metabolites and disinfection by-products in the aquatic environment[J]. Trac-Trends in Analytical Chemistry, 2008, 27(10): 873-887.

[232] Lambropoulou D A, Giokas D L, Sakkas V A, Albanis T A, Karayannis M. Gas chromatographic determination of 2-hydroxy-4-methoxybenzophenone and octyldimethyl-p-aminobenzoic acid sunscreen agents in swimming pool and bathing waters by solid-phase microextraction[J]. Journal of Chromatography A, 2002, 967(2): 243-253.

[233] Giokas D L, Salvador A, Chisvert A. UV filters: From sunscreens to human body and the environment[J]. Trac-Trends in Analytical Chemistry, 2007, 26(5): 360-374.

[234] Teo T L L, Coleman H M, Khan S J. Chemical contaminants in swimming pools: Occurrence, implications and control[J]. Environment International, 2015, 76: 16-31.

[235] Ekowati Y, Buttiglieri G, Ferrero G, Valle-Sistac J, Diaz-Cruz M S, Barceló D, Petrovic M, Villagrasa M, Kennedy M D, Rodríguez-Roda I. Occurrence of pharmaceuticals and UV filters in swimming pools and spas[J]. Environmental Science and Pollution Research International, 2016, 23(14):

14431-14441.
[236] APHA, AWWA, WEF. Standard methods for the examination of water and wastewater[M]. Washington DC: Amer Public Health Assn, 2012.
[237] Moore H E, Garmendia M J, Cooper W J. Kinetics of monochloramine oxidation of N, N-diethyl-p-phenylenediamine[J]. Environmental Science & Technology, 1984, 18(5): 348-353.
[238] Sun P Z, Meng T, Wang Z J, Zhang R C, Yao H, Yang Y K, Zhao L. Degradation of organic micropollutants in UV/NH$_2$Cl advanced oxidation process[J]. Environmental Science & Technology, 2019, 53(15): 9024-9033.
[239] NIST. NDRL/NIST solution kinetics database on the web. 2002.[2018-11-1]. http://kinetics.nist.gov/solution/.
[240] Watts M J, Linden K G. Chlorine photolysis and subsequent OH radical production during UV treatment of chlorinated water[J]. Water Research, 2007, 41(13): 2871-2878.
[241] Cooper W J, Jones A C, Whitehead R F, Zika R G. Sunlight-induced photochemical decay of oxidants in natural waters: Implications in ballast water treatment[J]. Environmental Science & Technology, 2007, 41(10): 3728-3733.
[242] Zhang H C, Lemley A T. Reaction mechanism and kinetic modeling of DEET degradation by flow-through anodic fenton treatment(FAFT)[J]. Environmental Science & Technology, 2006, 40(14): 4488-4494.
[243] Wols B A, Hofman-Caris C. Review of photochemical reaction constants of organic micropollutants required for UV advanced oxidation processes in water[J]. Water Research, 2012, 46(9): 2815-2827.
[244] Benitez F J, Acero J L, Real F J, Gloria R, Elena R. Modeling the photodegradation of emerging contaminants in waters by UV radiation and UV/H$_2$O$_2$ system[J]. Journal of Environmental Science and Henlth Part A, 2013, 48(1): 120-128.
[245] Kang N, Anderson T A, Jackson W A. Photochemical formation of perchlorate from aqueous oxychlorine anions[J]. Journal of Environmental Science Health Part A: Toxic/Hazardous Substanc, 2006, 567(1): 48-56.
[246] Dalmázio I, Santos L S, Lopes R P, Eberlin M N, Augusti R. Advanced oxidation of caffeine in water: On-line and real-time monitoring by electrospray ionization mass spectrometry[J]. Environmental Science & Technology, 2005, 39(16): 5982.
[247] Benter T, Feldmann C, Kirchner M, Schmidt M, Schmidt S, Schindler R. UV/vis-absorption spectra of HOBr and CH$_3$OBr; Br(^{2}P$_{3/2}$) atom yields in the photolysis of HOBr[J]. Ber Bunsenges Physical Chemistry, 2015, 99(9): 1144-1147.
[248] Benitez F J, Acero J L, Garcia-Reyes J F, Real F J, Molina-Díaz A J I, Research E. Determination of the reaction rate constants and decomposition mechanisms of ozone with two model emerging contaminants: DEET and nortriptyline[J]. Industrial & Engineering Chemistry Research, 2013, 52(48): 17064-17073.
[249] Broséus R, Vincent S, Aboulfadl K, Daneshvar A, Sauvé S, Barbeau B, Prévost M. Ozone oxidation of pharmaceuticals, endocrine disruptors and pesticides during drinking water treatment[J]. Water Research, 2009, 43(18): 4707-4717.
[250] Liviac D, Wagner E D, Mitch W A, Altonji M J, Plewa M J. Genotoxicity of water concentrates from recreational pools after various disinfection methods[J]. Environmental Science & Technology, 2010, 44(9): 3527-3532.
[251] Yang W B, Zhou H D, Cicek N. Treatment of organic micropollutants in water and wastewater by UV-based processes: A literature review[J]. Critical Reviews in Environmental Science and Technology, 2014, 44(13): 1443-1476.
[252] Chuang Y H, Chen S, Chinn C, Mitch W A. Comparing the UV/monochloramine and UV/free chlorine advanced oxidation processes(AOPs) to the UV/hydrogen peroxide AOP under scenarios relevant to potable reuse[J]. Environmental Science & Technology, 2017, 51(23): 13859-13868.
[253] Li W, Patton S, Gleason J M, Mezyk S P, Ishida K P, Liu H. UV photolysis of chloramine and persulfate for 1, 4-dioxane removal in reverse-osmosis permeate for potable water reuse[J].

Environmental Science & Technology, 2018, 52(11): 6417-6425.

[254] Patton S, Li W, Couch K D, Mezyk S P, Ishida K P, Liu H. Impact of the ultraviolet photolysis of monochloramine on 1, 4-dioxane removal: New insights into potable water reuse[J]. Environmental Science & Technology Letters, 2017, 4(1): 26-30.

[255] Zhang X R, Zhai J X, Zhong Y, Yang X. Degradation and DBP formations from pyrimidines and purines bases during sequential or simultaneous use of UV and chlorine[J]. Water Research, 2019, 165: 115023.

[256] Guo K, Wu Z, Shang C, Yao B, Hou S, Yang X, Song W, Fang J. Radical chemistry and structural relationships of PPCP degradation by UV/chlorine treatment in simulated drinking water[J]. Environmental Science & Technology, 2017, 51(18): 10431-10439.

[257] Lian L, Yao B, Hou S, Fang J, Yan S, Song W. Kinetic study of hydroxyl and sulfate radical-mediated oxidation of pharmaceuticals in wastewater effluents[J]. Environmental Science & Technology, 2017, 51(5): 2954-2962.

[258] Zhou L, Yan C Z, Sleiman M, Ferronato C, Chovelon J M, Wang X B, Richard C. Sulfate radical induced degradation of β_2-adrenoceptor agonists salbutamol and Terbutaline: Implication of halides, bicarbonate, and natural organic matter[J]. Chemical Engineering Journal, 2019, 368: 252-260.

[259] Luo Y, Guo W, Ngo H H, Nghiem L D, Hai F I, Zhang J, Liang S, Wang X C. A review on the occurrence of micropollutants in the aquatic environment and their fate and removal during wastewater treatment[J]. Science of the Total Environment, 2014, 473-474(3): 619-641.

[260] Schreiber I M, Mitch W A. Influence of the order of reagent addition on NDMA formation during chloramination[J]. Environmental Science & Technology, 2005, 39(10): 3811-3818.

[261] Soltermann F, Widler T, Canonica S, Von Gunten U. Photolysis of inorganic chloramines and efficiency of trichloramine abatement by UV treatment of swimming pool water[J]. Water Research, 2014, 56(6): 280-291.

[262] Zhang R, Meng T, Huang C H, Ben W, Sun P. PPCP degradation by chlorine-UV processes in ammoniacal water: New reaction insights, kinetic modeling, and DBP formation[J]. Environmental Science & Technology, 2018, 52(14): 7833-7841.

[263] Huang Y, Liu Y, Kong M, Xu E G, Coffin S, Schlenk D, Dionysiou D D. Efficient degradation of cytotoxic contaminants of emerging concern by UV/H_2O_2[J]. Environmental Science: Water Research & Technology, 2018, (4): 1272-1281.

[264] Al-Ajlouni A M, Shawakfeh K Q, Rajal R. Kinetic and mechanistic studies on the reactions of peroxynitrite with estrone and phenols[J]. Kinetics and Catalysis, 2009, 50(1): 88-96.

[265] Babu S, Vellore N A, Kasibotla A V, Dwayne H J, Stubblefield M A, Uppu R M. Molecular docking of bisphenol A and its nitrated and chlorinated metabolites onto human estrogen-related receptor-gamma[J]. Biochemical and Biophysical Research Communications, 2012, 426(2): 215-220.

[266] Benedict K B, Mcfall A S, Anastasio C. Quantum yield of nitrite from the photolysis of aqueous nitrate above 300 nm[J]. Environmental Science & Technology, 2017, 51(8): 4387-4395.

[267] Madsen D, Larsen J, Jensen S K, Keiding S R, Thogersen J. The primary photodynamics of aqueous nitrate: Formation of peroxynitrite[J]. Journal of the American Chemical Society, 2003, 125(50): 15571-15576.

[268] Cai M, Sun P, Zhang L, Huang C H. UV/peracetic acid for degradation of pharmaceuticals and reactive species evaluation[J]. Environmental Science & Technology, 2017, 51(24): 14217-14224.

[269] Wang Y H, Liu Y X, Wu B, Rui M, Liu J C, Lu G H. Comparison of toxicity induced by EDTA-Cu after UV/H_2O_2 and UV/persulfate treatment: Species-specific and technology-dependent toxicity[J]. Chemosphere, 2020, 240: 124942.

[270] Poskrebyshev G A, Huie R E, Neta P. Radiolytic reactions of monochloramine in aqueous solutions[J]. Journal of Physical Chemistry A, 2003, 107(38): 7423-7428.

[271] Johnson H D, Cooper W J, Mezyk S P, Bartels D M. Free radical reactions of monochloramine and hydroxylamine in aqueous solution[J]. Radiation Physics and Chemistry, 2002, 65(4-5): 317-326.

[272] Young T A, Heidler J, Matos-Perez C R, Sapkota A, Toler T, Gibson K E, Schwab K J, Halden R U.

[273] Dodd M C, Huang C H. Transformation of the antibacterial agent sulfamethoxazole in reactions with chlorine: Kinetics mechanisms, and pathways[J]. Environmental Science & Technology, 2004, 38(21): 5607-5615.

[274] Amina, Si X Y, Wu K, Si Y B, Yousaf B. Mechanistic insights into the reactive radicals-assisted degradation of sulfamethoxazole via calcium peroxide activation by manganese-incorporated iron oxide-graphene nanocomposite: Formation of radicals and degradation pathway[J]. Chemical Engineering Journal, 2020, 384: 123360.

[275] Ziegmann M, Frimmel F H. Photocatalytic degradation of clofibric acid, carbamazepine and iomeprol using conglomerated TiO_2 and activated carbon in aqueous suspension[J]. Water Science and Technology, 2010, 61(1): 273-281.

[276] Jiang L, Liu Y, Zeng G, Liu S, Hu X, Lu Z, Tan X, Ni L, Li M, Wen J. Adsorption of estrogen contaminants(17β-estradiol and 17α-ethynylestradiol)by graphene nanosheets from water: Effects of graphene characteristics and solution chemistry[J]. Chemical Engineering Journal, 2018, 339: 296-302.

[277] Kitis M. Disinfection of wastewater with peracetic acid: A review[J]. Environment International, 2004, 30(1): 47-55.

[278] Block S S. Disinfection, sterilization and preservation[M]. Philadelphia: Lea & Febiger, 2001.

[279] Zhao X, Zhang T, Zhou Y, Liu D. Preparation of peracetic acid from hydrogen peroxide: Part I: Kinetics for peracetic acid synthesis and hydrolysis[J]. Journal of Molecular Catalysis A: Chemical, 2007, 271(1): 246-252.

[280] Luukkonen T, Pehkonen S O. Peracids in water treatment: A critical review[J]. Critical Reviews in Environmental Science and Technology, 2017, 47(1): 1-39.

[281] Flores M J, Brandi R J, Cassano A E, Labas M D. Kinetic model of water disinfection using peracetic acid including synergistic effects[J]. Water Science and Technology, 2016, 73(2): 275.

[282] Flores M J, Lescano M R, Brandi R J, Cassano A E, Labas M D. A novel approach to explain the inactivation mechanism of *Escherichia coli* employing a commercially available peracetic acid[J]. Water Science and Technology, 2014, 69(2): 358-363.

[283] Gehr R, Wagner M, Veerasubramanian P, Payment P. Disinfection efficiency of peracetic acid, UV and ozone after enhanced primary treatment of municipal wastewater[J]. Water Research, 2003, 37(19): 4573-4586.

[284] Veschetti E, Cutilli D, Bonadonna L, Briancesco R, Martini C, Cecchini G, Anastasi P, Ottaviani M. Pilot-plant comparative study of peracetic acid and sodium hypochlorite wastewater disinfection[J]. Water Research, 2003, 37(1): 78-94.

[285] Rossi S, Antonelli M, Mezzanotte V, Nurizzo C. Peracetic acid disinfection: A feasible alternative to wastewater chlorination[J]. Water Environment Research, 2007, 79(4): 341-350.

[286] Pedersen P O, Brodersen E, Cecil D. Disinfection of tertiary wastewater effluent prior to river discharge using peracetic acid; treatment efficiency and results on by-products formed in full scale tests[J]. Water Science and Technology, 2013, 68(8): 1852-1856.

[287] Koivunen J, Heinonen-Tanski H. Inactivation of enteric microorganisms with chemical disinfectants, UV irradiation and combined chemical/UV treatments[J]. Water Research, 2005, 39(8): 1519-1526.

[288] Hey G, Ledin A, Jansen J L C, Andersen H R. Removal of pharmaceuticals in biologically treated wastewater by chlorine dioxide or peracetic acid[J]. Environmental Technology, 2012, 33(9): 1041-1047.

[289] Sharma S, Mukhopadhyay M, Murthy Z V P. Degradation of 4-chlorophenol in wastewater by organic oxidants[J]. Industrial & Engineering Chemistry Research, 2010, 49(7): 3094-3098.

[290] Rajala-Mustonen R L, Toivola P S, Heinonen-Tanski H. Effects of peracetic acid and UV irradiation on the inactivation of coliphages in wastewater[J]. Water Science and Technology, 1997, 35(11-12):

237-241.

[291] Sharma S, Mukhopadhyay M, Murthy Z V P. Degradation of 4-chlorophenol in wastewater by organic oxidants[J]. Industrial & Engineering Chemistry Research, 2010, 49(7): 3094-3098.

[292] De Araujo L G, Conte L O, Schenone A V, Alfano O M, Teixeira A. Degradation of bisphenol A by the UV/H_2O_2 process: A kinetic study[J]. Environmental Science and Pollution Research, 2019, 1-10.

[293] Cerreta G, Roccamante M A, Oller I, Malato S, Rizzo L. Contaminants of emerging concern removal from real wastewater by UV/free chlorine process: A comparison with solar/free chlorine and UV/H_2O_2 at pilot scale[J]. Chemosphere, 2019, 236: 124354.

[294] Zhou F, Chao L, Yao Y, Sun L, Fei G, Li D, Pei K, Lu W, Chen W. Activated carbon fibers as an effective metal-free catalyst for peracetic acid activation: Implications for the removal of organic pollutants[J]. Chemical Engineering Journal, 2015, 281: 953-960.

[295] Shi H C, Li Y. Formation of nitroxide radicals from secondary amines and peracids: A peroxyl radical oxidation pathway derived from electron spin resonance detection and density functional theory calculation[J]. Journal of Molecular Catalysis A: Chemical, 2007, 271(1): 32-41.

[296] Schuchmann M N, Von Sonntag C. The rapid hydration of the acetyl radical. A pulse radiolysis study of acetaldehyde in aqueous solution[J]. Journal of the American Chemical Society, 1988, 19(49): 5698-5701.

[297] Togo H. Advanced free radical reactions for organic synthesis [M]. New York: Elsevier Science, 2004.

[298] Herk L, Feld M, Szwarc M. Studies of "cage" reactions[J]. Journal of the American Chemical Society, 1961, 83(14): 2998-3005.

[299] Braun W, Rajbenbach L, Eirich F R. Peroxide decomposition and cage effect[J]. Journal of Physical Chemistry, 1961, 66(9): 1591-1595.

[300] Huie R E, Neta P. Rate constants for one-electron oxidation by methylperoxyl radicals in aqueous solutions[J]. International Journal of Chemical Kinetics, 1986, 18(10): 1185-1191.

[301] Neta P, Huie R E, Maruthamuthu P, Steenken S. Solvent effects in the reactions of peroxyl radicals with organic reductants. Evidence for proton-transfer-mediated electron transfer[J]. Journal of Physical Chemistry, 1989, 93(22): 7654-7659.

[302] Hewitt J, Leonard M, Greening G E, Lewis G D. Influence of wastewater treatment process and the population size on human virus profiles in wastewater[J]. Water Research, 2011, 45(18): 6267-6276.

[303] Betancourt W Q, Rose J B. Drinking water treatment processes for removal of Cryptosporidium and Giardia[J]. Veterinary Parasitology, 2004, 126(1-2): 219-234.

[304] Zhang K, Farahbakhsh K. Removal of native coliphages and coliform bacteria from municipal wastewater by various wastewater treatment processes: Implications to water reuse[J]. Water Research, 2007, 41(12): 2816-2824.

[305] Lucena F, Duran A E, Moron A, Calderon E, Campos C, Gantzer C, Skraber S, Jofre J. Reduction of bacterial indicators and bacteriophages infecting faecal bacteria in primary and secondary wastewater treatments[J]. Journal of Applied Microbiology, 2004, 97(5): 1069-1076.

[306] Bove F, Shim Y, Zeitz P. Drinking water contaminants and adverse pregnancy outcomes: A review[J]. Environmental Health Perspectives, 2002, 110: 61-74.

[307] Richardson S D, Plewa M J, Wagner E D, Schoeny R, Demarini D M. Occurrence, genotoxicity, and carcinogenicity of regulated and emerging disinfection by-products in drinking water: A review and roadmap for research[J]. Mutation Research-Reviews in Mutation Research, 2007, 636(1-3): 178-242.

[308] Dotson A O, Rodriguez C E, Linden K G. UV disinfection implementation status in US water treatment plants[J]. Journal American Water Works Association, 2012, 104(5): 77-78.

[309] Wang J J, Liu X, Ng T W, Xiao J W, Chow A T, Wong P K. Disinfection byproduct formation from chlorination of pure bacterial cells and pipeline biofilms[J]. Water Research, 2013, 47(8): 2701-2709.

[310] Vongunten U, Holgne J. Bromate formate formation during ozonation of bromide-containing waters: Interaction of ozone and hydroxyl radical reactions[J]. Environmental Science & Technology, 1994, 28(7): 1234-1242.

[311] Gerecke A C, Sedlak D L. Precursors of *N*-mitrosodimethylamine in natural waters[J]. Environmental

Science & Technology, 2003, 37(7): 1331-1336.
[312] Setlow P. Mechanisms for the precention of damage to DNA in spores of *Bacillus* species[J]. Annual Review of Microbiology, 1995, 49: 29-54.
[313] Riesenman P J, Nicholson W L. Role of the spore coat layers in *Bacillus subtilis* spore resistance to hydrogen peroxide, artificial UV-C, UV-B, and solar UV radiation[J]. Applied and Environmental Microbiology, 2000, 66(2): 620-626.
[314] Mamane H, Shemer H, Linden K G. Inactivation of *E-coli*, *B-subtilis* spores, and MS2, T4, and T7 phage using UV/H_2O_2 advanced oxidation[J]. Journal of Hazardous Materials, 2007, 146(3): 479-486.
[315] Nwachuku N, Gerba C P, Oswald A, Mashadi F D. Comparative inactivation of adenovirus serotypes by UV light disinfection[J]. Applied and Environmental Microbiology, 2005, 71(9): 5633-5636.
[316] Mckinney C W, Pruden A. Ultraviolet disinfection of antibiotic resistant bacteria and their antibiotic resistance genes in water and wastewater[J]. Environmental Science & Technology, 2012, 46(24): 13393-13400.
[317] Shemer H, Kunukcu Y K, Linden K G. Degradation of the pharmaceutical metronidazole via UV, Fenton and photo-Fenton processes[J]. Chemosphere, 2006, 63(2): 269-276.
[318] Chu W. Modeling the quantum yields of herbicide 2, 4-D decay in UV/H_2O_2 process[J]. Chemosphere, 2001, 44(5): 935-941.
[319] Chan T W, Graham N J D, Chu W. Degradation of iopromide by combined UV irradiation and peroxydisulfate[J]. Journal of Hazardous Materials, 2010, 181(1-3): 508-513.
[320] Cho M, Chung H, Choi W, Yoon J. Linear correlation between inactivation of *E-coli* and OH radical concentration in TiO_2 photocatalytic disinfection[J]. Water Research, 2004, 38(4): 1069-1077.
[321] Cho M, Chung H M, Choi W Y, Yoon J Y. Different inactivation behaviors of MS-2 phage and *Escherichia coli* in TiO_2 photocatalytic disinfection[J]. Applied and Environmental Microbiology, 2005, 71(1): 270-275.
[322] Cho M, Gandhi V, Hwang T M, Lee S, Kim J H. Investigating synergism during sequential inactivation of MS-2 phage and *Bacillus subtilis* spores with UV/H_2O_2 followed by free chlorine[J]. Water Research, 2011, 45(3): 1063-1070.
[323] Cho M, Kim J H, Yoon J. Investigating synergism during sequential inactivation of *Bacillus subtilis* spores with several disinfectants[J]. Water Research, 2006, 40(15): 2911-2920.
[324] Mattle M J, Vione D, Kohn T. Conceptual model and experimental framework to determine the contributions of direct and indirect photoreactions to the solar disinfection of MS2, phiX174, and Adenovirus[J]. Environmental Science & Technology, 2015, 49(1): 334-342.
[325] Bounty S, Rodriguez R A, Linden K G. Inactivation of adenovirus using low-dose UV/H_2O_2 advanced oxidation[J]. Water Research, 2012, 46(19): 6273-6278.
[326] Ho J, Prosser R, Hasani M, Chen H, Skanes B, Lubitz W D, Warriner K. Degradation of chlorpyrifos and inactivation of *Escherichia coli* O157: H7 and Aspergillus niger on apples using an advanced oxidation process[J]. Food Control, 2020, 109: 106920.
[327] Fisher M B, Nelson K L. Inactivation of Escherichia coli by polychromatic simulated sunlight: Evidence for and implications of a Fenton mechanism involving iron, hydrogen peroxide, and superoxide[J]. Applied and Environmental Microbiology, 2014, 80(3): 935-942.
[328] Mckenney P T, Driks A, Eichenberger P. The *Bacillus subtilis* endospore: Assembly and functions of the multilayered coat[J]. Nature Reviews Microbiology, 2013, 11(1): 33-44.
[329] Luukkonen T, Heyninck T, Ramo J, Lassi U. Comparison of organic peracids in wastewater treatment: Disinfection, oxidation and corrosion[J]. Water Research, 2015, 85: 275-285.
[330] Biswal B K, Khairallah R, Bibi K, Mazza A, Gehr R, Masson L, Frigon D. Impact of UV and peracetic acid disinfection on the prevalence of virulence and antimicrobial resistance genes in uropathogenic *Escherichia coli* in wastewater effluents[J]. Applied and Environmental Microbiology, 2014, 80(12): 3656-3666.
[331] Ragazzo P, Chiucchini N, Piccolo V, Ostoich M. A new disinfection system for wastewater treatment: Performic acid full-scale trial evaluations[J]. Water Science and Technology, 2013, 67(11):

2476-2487.

[332] Caretti C, Lubello C. Wastewater disinfection with PAA and UV combined treatment: A pilot plant study[J]. Water Research, 2003, 37(10): 2365-2371.

[333] 刘佳, 黄翔峰, 陆丽君, 吴志超. 紫外消毒出水的微生物光复活及其控制技术[J]. 中国给水排水, 2006, 22(15): 1-4.

[334] Ferreira L C, Castro-Alferez M, Nahim-Granados S, Polo-Lopez M I, Lucas M S, Li Puma G, Fernandez-Ibanez P. Inactivation of water pathogens with solar photo-activated persulfate oxidation[J]. Chemical Engineering Journal, 2020, 381: 122275.

[335] Dell'erba A, Falsanisi D, Liberti L, Notarnicola M, Santoroa D. Disinfection by-products formation during wastewater disinfection with peracetic acid[J]. Desalination, 2007, 215(1-3): 177-186.

[336] Holah J. A conductance-based surface disinfection test for food hygiene[J]. Letters in Applied Microbiology, 2010, 11(5): 255-259.

[337] Daswat D P, Mukhopadhyay M. Photochemical degradation of chlorophenol industry wastewater using peroxy acetic acid(PAA)[J]. Chemical Engineering Journal, 2012, 209: 1-6.

[338] Caretti C, Lubello C. Wastewater disinfection with PAA and UV combined treatment: A pilot plant study[J]. Water Research, 2003, 37(10): 2365-2371.

[339] Lubello C, Caretti C, Gori R. Comparison between PAA/UV and H_2O_2/UV disinfection for wastewater reuse[M]//Malzer H J, Gimbel R, Schippers J C. Innovations in conventional and advanced water treatment processes.London : IWA Publishing, 2002: 205-212.

[340] Chhetri R K, Klupsch E, Andersen H R, Jensen P E. Treatment of arctic wastewater by chemical coagulation, UV and peracetic acid disinfection[J]. Environmental Science and Pollution Research, 2018, 25(33): 1-9.

[341] Brock T D. Brock Biology of Microorganisms[M]. New York: Pearson Education Limited, 2000.

[342] Gyurek L L, Finch G R. Modeling water treatment chemical disinfection kinetics[J]. Journal of Environmental Engineering: Asce, 1998, 124(9): 783-793.

[343] Cai M Q, Sun P Z, Zhang L Q, Huang C H. UV/Peracetic acid for degradation of pharmaceuticals and reactive species evaluation[J]. Environmental Science & Technology, 2017, 51(24): 14217-14224.

[344] Qiu H, Zhang S J, Pan B C, Zhang W M, Lv L. Oxalate-promoted dissolution of hydrous ferric oxide immobilized within nanoporous polymers: Effect of ionic strength and visible light irradiation[J]. Chemical Engineering Journal, 2013, 232: 167-173.

[345] Azmi N H M, Ayodele O B, Vadivelu V M, Asif M, Hameed B H. Fe-modified local clay as effective and reusable heterogeneous photo-Fenton catalyst for the decolorization of Acid Green 25[J]. Journal of the Taiwan Institute of Chemical Engineers, 2014, 45(4): 1459-1467.

[346] Xu Z H, Zhang M, Wu J Y, Liang J R, Zhou L X, Lu B. Visible light-degradation of azo dye methyl orange using TiO_2/β-FeOOH as a heterogeneous photo-Fenton-like catalyst[J]. Water Science and Technology, 2013, 68(10): 2178-2185.

[347] Xu D Y, Zhang Y S, Cheng F, Dai P. Efficient removal of dye from an aqueous phase using activated carbon supported ferrihydrite as heterogeneous Fenton-like catalyst under assistance of microwave irradiation[J]. Journal of the Taiwan Institute of Chemical Engineers, 2016, 60: 376-382.

[348] Ben Hammouda S, Fourcade F, Assadi A, Soutrel I, Adhoum N, Amrane A, Monser L. Effective heterogeneous electro-Fenton process for the degradation of a malodorous compound, indole, using iron loaded alginate beads as a reusable catalyst[J]. Applied Catalysis B: Environmental, 2016, 182: 47-58.

[349] Bel Hadjltaief H, Da Costa P, Beaunier P, Gálvez M E, Ben Zina M. Fe-clay-plate as a heterogeneous catalyst in photo-Fenton oxidation of phenol as probe molecule for water treatment[J]. Applied Clay Science, 2014, 91-92: 46-54.

[350] Huang W, Brigante M, Feng W, Hanna K, Mailhot G. Effect of ethylenediamine-N, N'-disuccinic acid on Fenton and photo-Fenton processes using goethite as an iron source: Optimization of parameters for bisphenol A degradation[J]. Environmental Science and Pollution Research, 2013, 20(1): 39-50.

[351] Bandara J, Mielczarski J A, Lopez A, Kiwi J. Sensitized degradation of chlorophenols on iron oxides

[351] (continued) induced by visible light: Comparison with titanium oxide[J]. Applied Catalysis B: Environmental, 2001, 34(4): 321-333.

[352] Zhao Y P, Hu J Y. Photo-Fenton degradation of 17β-estradiol in presence of α-FeOOHR and H_2O_2[J]. Applied Catalysis B: Environmental, 2008, 78(3-4): 250-258.

[353] Ju H, Ma W, He J, Zhao J, Yu J C. Photooxidation of azo dye in aqueous dispersions of HO/α-FeOOH[J]. Applied Catalysis B: Environmental, 2002, 39(3): 211-220.

[354] Kavitha V, Palanivelu K. Degradation of phenol and trichlorophenol by heterogeneous photo-Fenton process using Granular Ferric Hydroxide®: Comparison with homogeneous system[J]. International Journal of Environmental Science and Technology, 2016, 13(3): 927-936.

[355] Lu N, Lu Y, Liu F Y, Zhao K, Yuan X, Zhao Y H, Li Y, Qin H W, Zhu J. $H_3PW_{12}O_{40}/TiO_2$ catalyst-induced photodegradation of bisphenol A(BPA): Kinetics, toxicity and degradation pathways[J]. Chemosphere, 2013, 91(9): 1266-1272.

[356] Kakuta S, Numata T, Okayama T. Shape effects of goethite particles on their photocatalytic activity in the decomposition of acetaldehyde[J]. Catalysis Science & Technology, 2014, 4(1): 164-169.

[357] Huang R X, Fang Z Q, Fang X B, Tsang E P. Ultrasonic Fenton-like catalytic degradation of bisphenol A by ferroferric oxide(Fe_3O_4)nanoparticles prepared from steel pickling waste liquor[J]. Journal of Colloid and Interface Science, 2014, 436: 258-266.

[358] Doumic L I, Soares P A, Ayude M A, Cassanello M, Boaventura R A R, Vilar V J P. Enhancement of a solar photo-Fenton reaction by using ferrioxalate complexes for the treatment of a synthetic cotton-textile dyeing wastewater[J]. Chemical Engineering Journal, 2015, 277: 86-96.

[359] Sharma J, Mishra I M, Kumar V. Mechanistic study of photo-oxidation of bisphenol-A(BPA) with hydrogen peroxide(H_2O_2) and sodium persulfate(SPS)[J]. Journal of Environmental Management, 2016, 166: 12-22.

[360] De La Plata G B O, Alfano O M, Cassano A E. Optical properties of goethite catalyst for heterogeneous photo-Fenton reactions: Comparison with a titanium dioxide catalyst[J]. Chemical Engineering Journal, 2008, 137(2): 396-410.

[361] Lu M C, Chen J N, Huang H H. Role of goethite dissolution in the oxidation of 2-chlorophenol with hydrogen peroxide[J]. Chemosphere, 2002, 46(1): 131-136.

[362] Zhang G, Wang Q, Zhang W, Li T, Yuan Y, Wang P. Effects of organic acids and initial solution pH on photocatalytic degradation of bisphenol A(BPA) in a photo-Fenton-like process using goethite(α-FeOOH)[J]. Photochemical & Photobiological Sciences, 2016, 15(8): 1046-1053.

[363] Wang Z, Wei Y M, Xu Z L, Cao Y, Dong Z Q, Shi X L. Preparation, characterization and solvent resistance of γ-Al_2O_3/α-Al_2O_3 inorganic hollow fiber nanofiltration membrane[J]. Journal of Membrane Science, 2016, 503: 69-80.

[364] Kujawa J, Rozicka A, Cerneaux S, Kujawski W. The influence of surface modification on the physicochemical properties of ceramic membranes[J]. Colloids & Surfaces A: Physicochemical & Engineering Aspects, 2014, 443(4): 567-575.

[365] 白红伟, 邵嘉慧, 张西旺, 孙德来. TiO_2光催化对微滤去除腐殖酸的膜污染控制研究[J]. 环境工程学报, 2010, 4(1): 128-132.

[366] Ma N, Zhang Y B, Quan X, Fang X F, Zhao H M. Performing a microfiltration integrated with photocatalysis using an Ag-TiO_2/HAP/Al_2O_3 composite membrane for water treatment: Evaluating effectiveness for humic acid removal and anti-fouling properties[J]. Water Research, 2010, 44(20): 6104-6114.

[367] 肖羽堂, 许双双, 李志花, 安晓红, 周蕾, 张永来, Fu Q S. TiO_2光催化-膜分离耦合技术在水处理中的应用研究进展[J]. 科学通报, 2010, 55(12): 1085-1093.

[368] 杨涛, 谢瑶, 乔波, 李国朝, 刘芬. 光催化陶瓷平板膜反应器临界通量运行膜分离性能[J]. 膜科学与技术, 2017, 37(5): 14-20.

[369] 杨涛, 乔波, 李国朝, 刘芬, 柏凌. 光催化对多通道陶瓷膜错流超滤去除腐殖酸膜污染的影响[J]. 化工进展, 2017, 36(11): 4293-4300.

[370] 管玉江, 陈彬, 王子波, 蒋胜韬, 白书立. 陶瓷介孔膜耦合光催化处理黄连素废水[J]. 水处理技术, 2015, 41(3): 28-32.

[371] Lee K C, Beak H J, Choo K H. Membrane photoreactor treatment of 1, 4-dioxane-containing textile wastewater effluent: Performance, modeling, and fouling control[J]. Water Research, 2015, 86: 58-65.

[372] Moslehyani A, Mobaraki M, Isloor A M, Ismail A F, Othman M H D. Photoreactor-ultrafiltration hybrid system for oily bilge water photooxidation and separation from oil tanker[J]. Reactive and Functional Polymers, 2016, 101: 28-38.

[373] Szymański K, Morawski A W, Mozia S. Humic acids removal in a photocatalytic membrane reactor with a ceramic UF membrane[J]. Chemical Engineering Journal, 2016, 305(1): 19-27.

[374] Molinari R, Lavorato C, Argurio P. Photocatalytic reduction of acetophenone in membrane reactors under UV and visible light using TiO_2 and Pd/TiO_2 catalysts[J]. Chemical Engineering Journal, 2015, 274: 307-316.

[375] Sun S, Yao H, Fu W, Hua L, Zhang G, Zhang W. Reactive Photo-Fenton ceramic membranes: Synthesis, characterization and antifouling performance[J]. Water Research, 2018, 144, 690-698.

[376] Sun S, Yao H, Li X, Deng S, Zhao S, Zhang W. Enhanced degradation of sulfamethoxazole(SMX) in toilet wastewater by photo-fenton reactive membrane filtration. Nanomaterials , 2020.

[377] Sun S, Yao H, Fu W, Xue S, Zhang W. Enhanced degradation of antibiotics by photo-fenton reactive membrane filtration. Journal of hazardous materials, 2020, 386, 121955.

第 3 章 基于生物炭的抗生素水污染控制技术

3.1 生物炭及生物炭耦合技术简介

3.1.1 概　述

生物炭（biochar）是黑炭的一种，在缺氧或无氧条件下生物质经裂解炭化，除生成 CO_2、可燃性气体、挥发性油类和焦油类物质外，产生的一种含碳量高、具有微孔隙结构的固相物质[1]。近年来，制备生物炭采用的是热裂解技术，其过程称为限氧升温炭化法，主要分为常规裂解（300～500℃）和快速裂解（700℃以上）两种[2]。制备生物炭的原材料来源非常广泛，有农业废弃物、城市固体垃圾、工业有机废弃物、水生植物和藻类等[2]。

生物炭的基本组成元素有 C、H、O、N 等，并以含 C 量高为重要特征，其中大多数 C 以高度扭曲的芳香环不规则叠层堆积的形式存在，其 pH 一般为 4～12。生物炭具有丰富的微孔隙结构和较大的比表面积，表面含有丰富的含氧官能团（如酚羟基、羧基等），还有含氮、含硫等多种官能团；其还具有高度的芳香化结构，从而有较好的稳定性和抵抗微生物分解的能力；并且具备良好的吸附能力[3]。总之，这些独特的表面物理化学性质使生物炭成为一种优质的功能材料，有巨大的环境价值。

生物炭的结构性质及吸附能力都受制备原材料的种类、元素组成和含量的差异性的影响；同时制备条件（热解温度、热解时间等）的不同也会导致生物炭性质的不同[4]。表 3-1 列举了不同原材料制备的生物炭及其理化性质，可以明显看出不同原材料制备的生物炭的理化性质差异比较明显。

近年来，环境污染问题逐渐引起越来越多人的关注。随着城市化和工业化进程的不断推进和世界人口的快速增长，不断加速的不可再生资源的消耗速率导致越来越多的污染物质产生并且释放到环境介质（如空气、水、沉积物和土壤环境）中[5-8]。环境污染日益严重，大量有毒有害物质包括重金属[9]、抗生素、多氯联苯（PCBs）[10]、农药、杀虫剂、内分泌干扰物和多环芳烃（PAHs）[11]等在环境中检出。这些污染物质可能对自然界中的人类和动物健康及生态系统构成严重的威胁[12]。为了确保社会的可持续发展和保护人类健康，有必要开发有效地去除环境中存在的各种污染物的技术，以降低或消除污染物对环境及人类安全的影响。

表 3-1　生物炭对抗生素的去除率

原材料	活化温度/℃	化合物	去除率/%	实验条件
巴西胡椒木	NA		4~12	
山核桃木	450		0~12	温度 T=22℃
甘蔗渣	600	磺胺甲噁唑	19~21	C_0=10mg/L
竹子	NA		5~12	吸附剂浓度为 2mg/L
Arundo donax L.	NA		25.5	
Arundo donax L.	300~600		5~16	
Demineralized A. donax L.	300~600		8~17	C_0=50mg/L
石墨	NA	磺胺甲噁唑	7	pH=5
Ash	NA		31	吸附剂浓度为 7.14 g/L
稻壳	450~500		8.5	
酸稻壳	450~500	四环素	12	C_0=1g/L
碱稻壳	450~500		29	吸附剂浓度为 5 g/L
森林土壤/甜胶/橡木	850		10	C_0=250mg/L
森林土壤/黄松	900	泰乐菌素	10	时间为 239 h
稻田/甜胶/橡木	850		10	吸附剂浓度为 0.1 g/L
稻田/黄松	900		10	10%的改性生物炭

注：C_0 为初始浓度；NA 表示无数据。

生物炭常被用作吸附剂和催化剂去除环境中的污染物质。生物炭是一种优良的生物质衍生的碳质吸附剂，因具有表面芳香性和功能性，可用于去除疏水性有机污染物[13]。与其他碳材料吸附剂相比，生物炭因具有成本效益高和吸附性能好的优点在近几年得到了广泛的研究和关注。研究表明可以通过改性的方式增强生物炭的吸附性能，例如，生物炭对抗生素表现出良好的吸附效果。但是吸附过程存在的一点不足是不能够完全降解污染物，仅仅实现了将污染物从一种介质转移到另外一种介质。因此，近年来越来越多的研究关注生物炭耦合技术在污染物去除中的应用。当生物炭用作催化剂时，能够很好地实现污染物的氧化和去除，并且生成毒性较低和降解性较好的产物[14]。Yu 等使用一种以污泥为原材料的生物炭用于活化过氧单硫酸盐（PMS）降解污染物，研究发现在反应 30min 内，能够有效降解约 80%的污染物。另外有人研究了嵌入 Ag 纳米颗粒的生物炭复合材料，用于催化还原 Cr(Ⅵ)，结果发现生物炭复合材料在与 Cr(Ⅵ)反应 20min 内将其完全还原成 Cr(Ⅲ)[14]。

上述研究表明，基于生物炭的耦合技术能够很好地实现环境中污染物的去除，因此本节将对生物炭及其耦合技术在环境中的应用、类型及涉及的反应机理进行总结。

3.1.2　生物炭吸附技术

本小节对生物炭吸附技术去除环境中的污染物进行了总结和概括，主要涉及以下三个方面：生物炭吸附去除环境中的有机污染物；生物炭吸附技术去除环境中的无机污染物研究以及改性生物炭在环境中的应用。其中，有机污染物包括染料、酚类、农药、多环芳烃和抗生素；无机污染物分别从阳离子污染物和阴离子污染物两个方面进行概括。

1. 生物炭吸附技术去除环境中的有机污染物

环境中有机物污染的问题一直得到很多学者的研究和关注，其中染料污水的处理是重点。染料行业产生的污水中常常含有酸碱、固体物质和有毒化合物等，并且染料污水常具有一定的颜色。许多纺织染料污水很难利用常规处理方法进行处理，因为污水中的复杂组分对光、氧化剂稳定，能够抵抗常规氧化剂氧化。因此逐渐有研究利用生物炭技术去除纺织污水中的染料。Hameed 和 El-Khaiary 利用在慢热解条件下制备的稻草生物炭吸附纺织污水中的孔雀石绿（MG）染料，研究发现在 30℃、pH 为 5 的条件下，反应 25 min 后可以去除溶液中约 95%的 MG（初始浓度为 25 mg/L），吸附过程符合一级反应动力学模型，通过 Langmuir 模型计算得知在 30℃条件下生物炭吸附 MG 的吸附容量为 149 mg/g[15]。Qiu 等对比了生物炭和一种商业用活性炭去除染料污水中活性艳兰（KNR）和罗丹明 B（RB）的效果。通过对两种碳材料进行表征发现，生物炭的比表面积（1057 m^2/g）要高于活性炭的（970 m^2/g），并且与活性炭相比，生物炭的炭化程度较低、表面酸度较高。生物炭（pH 为 6.5）比市售的活性炭（pH 为 3）能够吸附更多的 RB，这是由于燃料分离更容易进入孔径较大的生物炭内。由于染料上的 Na^+ 可以中和生物炭表面的负电荷，因此 KNR 在生物炭上的吸附作用随着染料浓度的增加而不断增加[16]。

酚类化合物常用于生产塑料、染料、药物、抗氧化剂和杀虫剂，当作为环境污染物质进入食物链后，容易造成严重的危害。当水中酚类化合物的浓度很低时，就会对鱼的味道及饮用水的气味造成影响。此外，硝基酚和氯酚还是优先污染物。Liu 等研究了在一定温度和不同停留时间条件下制备的具有较高吸附容量的稻壳生物炭和玉米秸秆生物炭对苯酚的吸附能力，发现生物炭在 1.6s 就能表现出很高的吸附苯酚的能力，吸附容量高达 589mg/g[17]。Kasozi 等发现分别在 250℃、400℃和 500℃条件下以橡木、松树和草为原料制备的生物炭能很好地吸附邻苯二酚，并且随着生物炭热解温度的升高，对邻苯二酚的吸附能力逐渐增强[18]。

农药和 PAHs 污染修复逐渐引起更多的关注。环境中常见的农药类污染物主要包括有机磷、有机氯、氨基甲酸酯、三嗪和氯苯氧基酸化合物，常从生产和农业实用过程中进入环境。二溴氯丙烷是一种用于控制线虫的土壤熏蒸剂。Klasson 等研究了用杏仁壳制备的生物炭吸附井水中的二溴氯丙烷，结果发现在 650℃条件下制备的生物炭对二溴氯丙烷的最大吸附容量可达 102 mg/g，在田间实验研究中也取得较好的效果[19]。Chen 等研究了在 150~700℃条件下经慢速热解过程制备的生物炭吸附萘和 1-萘酚，发现当温度为 200℃和 700℃时制备的生物炭对萘和 1-萘酚表现出最大的吸附容量。

Chun 等研究了在不同温度下制备的小麦秸秆生物炭（WC-300、WC-400、WC-500、WC-600 和 WC-700）去除水中苯和硝基苯的效果，发现当热解温度高于 500℃时，生物质充分炭化，具有较高的比表面积（>200 m^2/g），但有机物含量（<3%）及氧含量低[20]。Sun 等研究了用家禽垫料（T-PL）和小麦秸秆（T-WS）为原材料制备的生物炭在去除污水中菲（phen）、双酚 A（BPA）、17α-乙炔基雌二醇（EE2）的效果，发现生物炭对水

中的有机物有很好的吸附效果[21]。

2. 生物炭吸附技术去除环境中的无机污染物

重金属是环境中主要的污染物之一，即使在环境中具有很低的浓度也可能对人类健康构成严重威胁。目前研究较多的用生物炭吸附的方式去除的重金属主要包括 Cr、Cu、Pb、Cd、Hg、Fe、Zn 和 As。长期以来，一直使用活性炭吸附去除环境中的金属离子，但是通常每克活性炭只能吸附几毫克的金属离子，吸附效率不高，此外吸附剂再生问题也是限制其应用的一个重要因素。近年来，生物炭因具有原材料来源广、生产成本低等优点常被用作活性炭的替代品，研究其在环境中的应用。有人研究了以动物粪便为原材料分别在 400℃和 600℃条件下制备的生物炭吸附水中的金属离子，发经 600℃热解处理后的生物炭的比表面积最高可达 15.89 m^2/g。制备的生物炭同时去除 Cu^{2+}、Zn^{2+}、Cd^{2+} 和 Pb^{2+}，研究结果表明不同金属离子在生物炭上吸附的最佳反应条件存在一定的差异，在吸附 Cu^{2+} 和 Zn^{2+} 时，反应的最佳 pH 为 5.0，而对于 Cd^{2+} 和 Pb^{2+}，反应的最佳 pH 则为 6.0。此外，该研究还发现 Cd^{2+} 和 Pb^{2+} 的存在对 Cu^{2+} 和 Zn^{2+} 的吸附存在竞争抑制作用[22]。

3. 改性生物炭在环境中的应用

研究发现，利用 KOH、H_2O_2、O_3、H_2SO_4/HNO_3 等改性生物炭，能够提高其比表面积，增加表面的官能团（如羧基），提高生物炭对污染物的固定能力。Regmi 等研究了在 300℃下通过水热反应制备的 Alamo 柳枝生物炭，并将使用 KOH 改性后的生物炭（HTBC）和未改性的生物炭（HTB）用于吸附水中的重金属 Cd^{2+}，发现 HTBC 比表面积为 5.01 m^2/g，是 HTB 比表面积的 2.4 倍；HTBC 对 Cd^{2+} 的吸附能力（34 mg/g）高于 HTB 的（31 mg/g）[24]。Klasson 等研究了磷酸浸泡改性的山核桃壳生物炭对重金属 Cd^{2+} 的吸附能力，结果表明当 Cd^{2+} 的初始浓度分别为 10 mmol/L 和 20 mmol/L 时，经改性的生物炭对 Cd^{2+} 的吸附容量为 0.97 mmol/g 和 1.3 mmol/g[25]。还有研究表明，将生物质原材料先进行厌氧消化后再高温裂解制备而成的生物炭对污染物的去除效果更好。Inyang 等对比了未经加工的甘蔗渣生物炭（BC）与经过厌氧消化的甘蔗渣制备而成的生物炭（DBC）对水中 Pb^{2+} 的去除效果，发现 DBC 对 Pb^{2+} 的最大吸附容量（653.9 mmol/kg）是 BC 的（31.3 mmol/kg）20 倍[23]。可见提前对生物质原材料进行厌氧处理，能够提高生物炭对污染物的去除能力。

3.1.3 生物炭耦合技术

1. 过渡金属耦合生物炭技术

过渡金属已被广泛应用于活化过氧化物以降解有机物。在这些过渡金属中，铁基催化剂由于其高效、无毒和环境友好的特性而受到广泛关注。纳米级零价铁（nZVI）作为 Fe^{2+} 的潜在替代来源，已成功用于活化过氧化物以降解各种污染物。然而，高表面能和强磁相互作用使 nZVI 倾向于聚集形成微米级粒子，导致反应能力降低。考虑到生物炭较大的比表面积、多孔结构和成本效益，已被用作稳定 nZVI 并增强其催化能力的支持材料。Yan 等合成了一种 nZVI/BC 复合物来激活 H_2O_2。稻壳来源的生物炭在 350℃下热解，随后通过与 $FeSO_4 \cdot 7H_2O$ 和 $NaBH$ 反应获得 nZVI/BC 复合物。nZVI 上的 Fe^{2+}/Fe^{3+} 和生物炭上的有机含氧官能团发挥氧化还原作用使 nZVI/BC 复合物能够很好地激活 H_2O_2。负载在生物炭层状结构表面上的 nZVI 可以防止其本身发生聚集，进而增强·OH 的产生。此外，nZVI/BC-H_2O_2 体系中 DMPO-OH 加合物的强度远高于 BC-H_2O_2 和 nZVI-H_2O_2 体系中的，表明制备的 nZVI/BC 复合物具有比单一 nZVI 更强的催化能力。研究发现，nZVI/BC 产生·OH 的速度很快，在 30 min 内，nZVI/BC-H_2O_2 体系能够降解 99.4%的三氯乙烯（TCE）和 78.2%的 TOC。另外，nZVI/BC 可以激活 PDS 降解污染物。由于生物炭上有机含氧官能团的电子转移介导性质和 Fe^{2+}/Fe^{3+} 的氧化还原作用，PDS 可以被激活产生 $SO_4^- \cdot$ 和·OH，反应 5min 内 99.4%的 TCE 在 nZVI/BC 系统中降解，明显高于 nZVI-PDS 系统中的降解（56.6%）。nZVI/BC 纳米复合材料是活化过氧化物以有效降解污染物的有效活化剂[26]。

因铜的氧化还原性质与铁的相似，铜基生物炭复合材料引起了人们的关注。Fu 等研究制备了一种新型固体消化物衍生的 BC-Cu NP 复合物，用于活化 H_2O_2 降解四环素（TC）[27]。吸附和降解是实现 TC 去除的重要原因，其中降解在 TC 去除中起主导作用。研究发现，BC-Cu/H_2O_2 体系对 TC 表现出优异的降解效率，反应 6 h 内去除 97.8%的 TC 和 96.2%的 TOC。

Co_3O_4 分子结构中存在 Co^{2+} 和 Co^{3+}，已被广泛用于 PMS 活化。为了增加吸附有机物的表面积，生物炭已被用作 Co_3O_4 纳米颗粒的支撑材料。Wang 等通过水热处理制备了 BC-Co_3O_4 复合材料用于降解氧氟沙星（OFX）。在 Oxone 体系中，BC-Co_3O_4 的表观速率常数（源自拟一级动力学模型模拟）是纯 Co_3O_4 的 8 倍。BC-Co_3O_4/Oxone 在 10min 内除去 90%以上的 OFX。BC-Co_3O_4 的优异催化活性与材料表面的 Co^{2+} 和羟基有关，可以诱导 $SO_4^- \cdot$ 和·OH 的生成，进而实现污染物的降解[26]。

除了基于单过渡金属的生物炭复合材料外，基于混合金属尖晶石的生物炭催化剂也已应用于芬顿类体系中。Fu 等合成了 $MnFe_2O_4$/BC 复合材料并用于降解橙 II [28]。$MnFe_2O_4$/BC 能够很好地激活 PDS 并对橙 II 进行降解。研究发现反应 6 min 后，可以去除约 90%的橙 II。当溶液 pH 从 3 变化到 11 时，$MnFe_2O_4$/BC 对橙 II 的去除效率始终保持在 90%以上。深入的研究发现该降解过程涉及三种途径。第一，生物炭上石墨烯层的离域 π 电子及 $MnFe_2O_4$ 中的 Mn^{2+} 和 Fe^{2+} 反应生成 $SO_4^- \cdot$ 和·OH，然后 $SO_4^- \cdot$ 和·OH 降解橙 II。第二，$^1O_2$ 参与橙 II 的降解，通过在 $MnFe_2O_4$/BC 存在下促进 PMS 的自分解，产生大量 $^1O_2$。第三，通过石墨化结构介导的从有机物到 PMS 的电子转移实现的非自由基途径。基于混合金属尖晶石的生物炭催化剂具有良好的降解性能和易于磁分离的优点，未来更多关于过渡金属基生物炭催化剂的复合材料将陆续用于污染物降解。

2. 杂原子耦合生物炭技术

掺入或掺杂有杂原子的复合生物炭材料受到越来越广泛的关注。通过退火制备了掺杂 N 的石墨生物炭（N-BC）[29]。将生物质与硝酸铵在 N_2 中以 15℃/min 的加热速率退火 90min，制备的 N-BC 在 PDS 体系中显示出优异的催化性能。反应进行 20min 内，通过 N-BC/PDS 体系能够除去 100%的苯酚、SMX 和 BPA。此外，N-BC900 表现出比基于金属［Co_3O_4、零价铁（ZVI）和 Fe_3O_4］和纳米碳（CNT）和（rGO）体系更好的活化 PDS 的性能。非自由基反应主导了石墨 N-BC/PDS 体系中的氧化过程。

除了在类芬顿体系中的应用外，杂原子耦合生物炭已应用于光催化体系。通过在 800℃条件下将生物炭暴露于 H_2S 中 3h 来制备杂原子耦合的生物炭材料[30]。与 TiO_2 相比，掺杂 S 原子的生物炭对 MB 具有更高的光降解效率。掺杂 S 原子的生物炭材料的光催化活性是 TiO_2 的 30 倍。太阳光照射下，在 300min 内掺杂 S 原子的生物炭能去除 100%的 MB。通过氨氧化（NH_3/空气混合物）和氮化（NO）制备掺杂 N 原子的生物炭复合材料。与 TiO_2 相比，掺杂 N 原子的生物炭对 MB 的光降解效率略高。掺杂 N 原子的生物炭（NH_3/空气混合物）的光催化活性是 TiO_2 的 5 倍。在太阳光照射下，掺杂 N 原子的生物炭能去除 100%的 MB。S 和 N 的结合可以减少生物炭中的能带隙，从而能够收集太阳能用于环境修复。

3. 半导体材料耦合生物炭技术

近年来，TiO_2 因低成本、高稳定性和很好的光催化活性被广泛用于光催化体系[31]。然而受到电子和空穴、相对宽的带隙和团聚的限制，TiO_2 的光催化性能受到一定的影响。生物炭的引入可以缓解这些问题。Zhang 等[31]成功合成了 TiO_2/BC 复合材料，用于降解 SMX。由于 TiO_2 颗粒在生物炭上能够很好的分散，几乎没有团聚发生，因此 TiO_2 颗粒/BC 复合材料的光催化降解效率很高，对 SMX 的去除率（91.27%）远高于纯 TiO_2（58.47%）。除 TiO_2 颗粒外，TiO_2 薄膜还可以固定在生物炭表面。Zhang 和 Lu[32] 通过溶胶-凝胶法合成了 TiO_2 薄膜/BC 复合材料。锐钛矿 TiO_2 薄膜牢固地固定在生物炭的表面和孔隙上。研究发现，制备的 TiO_2 薄膜/BC 复合材料对活性艳蓝 KN-R 表现出优异的降解性能。当溶液 pH 为 1 和 11 时，KN-R 的脱色效率分别达到 99.71%和 96.99%。此外，制备的 TiO_2 薄膜/BC 复合材料显示出优异的 KN-R 降解可重复性能。良好的性能归因于 TiO_2 的光催化降解和生物炭的吸附。在光照下，TiO_2 产生 h^+ 和 e^-，生物炭的引入阻止了 h^+ 和 e^- 的重组，因此 h^+ 可直接降解 KN-R 或与 H_2O 和 OH^- 反应生成·OH。e^- 与 O_2 反应，然后产生 O_2^-·。最后，·OH 和 O_2^-·负责降解 KN-R 分子。TiO_2/BC 催化剂与 TiO_2 薄膜/BC 复合材料或 TiO_2 颗粒/BC 复合材料的类型无关，都表现出良好的污染物降解效率。

除 TiO_2/BC 复合材料外，还选择了一些 TiO_2/BC 基复合材料作为光催化剂。2018 年，研究报道了通过自组装策略合成的 Ti 偶联的嵌入式生物炭（TINC）[33]。TINC 的每个切片包含多层氧化石墨烯类框架，均匀地散布有 TiO_2 纳米颗粒。在可见光下，TINC 对 RhB 的降解率为 90.91%，对 TOC 的去除率为 56.26%。Peng 等[34]制备了一种 TiO_2-CuO/BC 复合材料，用于降解氨氮。研究发现，制备的 TiO_2-CuO/BC 催化剂显示出比 BC、P25 和 TiO_2/BC 更高的去除效率，在紫外光下对氨的去除率达到 99.7%。TiO_2-CuO/BC 的高光催化活性可归因于高比表面积和电子-空穴对的减少。

g-C_3N_4 是一种"可持续"的半导体光催化剂，由于具有良好的热稳定性、化学稳定性和高光生电荷重组率,已被广泛用于污染物的降解。2015 年有文献研究生物炭/C_3N_4 复合材料在去除有机污染物中的应用[35]。生物炭/C_3N_4 复合材料通过管式炉中的热缩聚法制备。制备的复合材料均对 MB 具有良好的光催化活性。当生物炭/三聚氰胺的比例为 1∶1 时,g-C_3N_4/生物炭复合材料去除污染物的效率很高,并且脱色效率达到 91%。Kumar 等[36]的研究团队制备了两种基于 g-C_3N_4/生物炭的催化剂来降解污染物,发现 g-C_3N_4/FeVO$_4$Fe@NH$_2$-BC(CIB)对羟基苯甲酸甲酯(MeP)和 2-氯苯酚(2-CP)表现出很高的去除效率。由于减少的电荷载流子复合和更广泛的太阳光谱响应,CIB 显示出良好的光催化活性。通过 CIB 可除去 98.4%的 MeP 和 90.7%的 2-CP。

4. 其他生物炭耦合技术

除了基于过渡金属的生物炭材料和杂原子掺杂的生物炭复合材料之外,已经使用其他基于生物炭的复合材料来去除环境中的污染物。一种新型的 TiO_2/Fe/Fe_3C-生物炭复合材料是 MB 降解的有效多相催化剂。通过污水污泥和纳米颗粒浸渍的壳聚糖(纳米颗粒:Fe 和 Ti)再分解合成了 TiO_2/Fe/Fe_3C-生物炭复合材料。壳聚糖包合物成功地改善了复合材料的表面积和中孔性,Fe_3C 的形成提供了加速催化反应的活性位点。研究发现,制备的 TiO_2/Fe/Fe_3C-生物炭对 MB 降解具有优异的催化性能,在 5h 内去除效率达到 99.4%。·OH 和 O_2^-·自由基参与了该降解反应[37]。

BC 复合材料也常应用于光催化系统中。Liu 和 Main[37]制备了 Ag_3PO_4/氨基修饰的生物炭复合材料,用于阿莫西林的光降解。为了增加 Ag^+ 的吸附,同时有利于 Ag_3PO_4 晶体在生物炭上的进一步生长,采用氨基修饰生物炭。然后氨基修饰的生物炭(AMB)与 CH_3COOAg 反应,得到 Ag/Ag_3PO_4/AMB。研究发现,约 80%的阿莫西林被 Ag/Ag_3PO/AMB 降解,而只有 65%的阿莫西林被纯 Ag_3PO_4 降解。AMB 的掺入不仅延长了 Ag_3PO_4 的吸收光谱,而且限制了电荷复合,由此增强了 Ag_3PO_4 的催化性能。因此,可以将更多的材料与生物炭结合用于光催化系统中污染物的降解。

氧化铈(CeO_2)是镧系金属的氧化物,在+4(氧化)和+3(还原)的氧化态之间发生氧化还原循环。CeO_2 已广泛用作降解有机污染物的非均相催化剂。Khataee 等[38]制备了 CeO_2@生物炭复合材料用于降解污染物,约 98.5%的活性红 84 被 CeO_2@生物炭复合材料用降解。此外,CeO_2@生物炭复合材料显示出很好的声催化活性,用于活性红 84 降解的连续进行,·OH 自由基在降解过程中起主导作用。

3.1.4 生物炭及其耦合技术的机理研究

1. 生物炭吸附污染物的机理

生物炭吸附有机物是多种作用的组合,主要包括疏水相互作用、空隙填充、分配作用、电子供体和受体(EDA)相互作用及静电相互作用。

有机物在生物炭上的吸附主要取决于生物炭的炭化结构(如石墨烯和结晶状部分)和非炭化部分(如有机碳、非结晶、无定形)的特征。研究发现,山梨酸盐在生物炭上的分配作用最先开始进入到生物炭的孔中或非碳化结构上，然后进入生物炭的有机质中增强对污染物的吸附。研究发现，有机物在生物炭上的吸附多发生在含有脂肪族和芳香族（如酮、糖、酚）等无定形碳结构上。

生物炭上存在的微孔（<2 nm）和中孔（2～50 nm）能够很好地吸附有机污染物。根据生物炭类型和性质的不同，空隙填充机理对极性和非极性有机物的吸附有较大影响。Kasozi 等[18]主要研究了由松树、橡树和伽玛草为原料制备的生物炭吸附邻苯二酚的效果，结果发现空隙填充过程有利于有机物的吸附，并且通常发生在溶质浓度较低及含有少量挥发性物质的生物炭上。

静电相互作用是可电离的和离子有机物在生物炭上吸附的重要机理。离子山梨酸盐通常被吸引向带相反电荷的吸附剂表面，阴离子山梨酸盐通常倾向于与生物炭的带正电荷的表面结合，而阳离子山梨酸盐倾向于与生物炭的带负电的表面结合。离子强度和 pH 是影响生物炭吸附有机污染物的两个重要因素。溶液 pH 控制生物炭表面的电荷，生物炭表面在低 pH 下保持正电荷，而在高 pH 下，生物炭表面捕获静负电荷。Inyang 等[23]研究发现，离子强度（从 0.01～0.1 mol/L NaCl）的增加降低了 CNT 改性的甘蔗渣生物炭对亚甲蓝的吸附（4.5～3.0 mg/g）。

生物炭在其石墨烯结构存在的情况下，对芳香族化合物的吸附过程发生 EDA 相互作用。生物炭在温度高于 1100℃的条件下才能完全石墨化，当热解温度低于 500℃时，生物炭上芳香环之间不规则的电荷共享会导致生物炭的电子密度增加或减少，产生富 π 电子或 π 电子缺陷的结构。Sun 等[39]和 Zheng 等[40]的研究指出，当热解温度低于 500℃时，生物炭上的 π 芳香结构充当电子受体，当温度高于 500℃时，生物炭充当电子供体。Zheng 等的研究还发现，富含 π 电子的芦苇生物炭的石墨烯结构通过采用 π-EDA 相互作用吸附 SMX，而在低 pH 条件下，生物炭的石墨烯结构与 SMX 的苯胺质子化环之间的 π-EDA 相互作用是吸附 SMX 的主要机理。

通过采用疏水相互作用和分配机理，疏水生物炭主要用于吸附中性和疏水性有机物。疏水相互作用涉及有机物吸附中的分配和疏水机理。与分配作用相比，疏水相互作用机理需要的水合能更低。Apul 等[41]研究指出，疏水相互作用是生物炭上石墨烯结构上吸附不同有机污染物的主要机理。Abbas 等的综述中表明可离子化的有机污染物，如对氯苯甲酸（4-CBA）、邻氯苯甲酸（2-CBA）和苯甲酸（BZ）在生物炭上的吸附主要是通过疏水相互作用[42]。

对于如重金属等无机污染物，利用生物炭吸附的潜在机理通常涉及表面吸附、静电相互作用、离子交换、络合和沉淀。

表面吸附也称为物理吸附，常涉及化学键的形成，是由于金属离子扩散到吸附剂的微孔结构中产生的。随着生物炭制备过程中热解温度的升高，其表面积和空隙结构也会发生明显的变化。Liu 等[43]和 Kumar 等[44]分别研究了在 700℃和 300℃条件下制备的生物炭吸附铀（U）和 Cu 的效果，发现金属离子在生物炭上发生的扩散吸附是其主要的机理。同样，Zhou 等研究用活性污泥为原材料制备的生物炭在去除 Zn^{2+}、Cu^{2+}、Cr^{2+} 和 Mn^{2+} 过程中，表面吸附是其发挥作用的重要机理[45]。

生物炭吸附金属过程中的静电相互作用与生物炭的等电点（pzc）及溶液的 pH 有重

要关系，生物炭的表面电荷和金属离子间通过静电相互作用，限制了重金属的固定化。Dong 等研究发，现带正电荷的生物炭和带负电荷的 Cr（Ⅵ）之间的静电相互作用是导致 Cr 在生物炭上有很大吸附效率的重要因素[46]。研究报道，静电相互作用是阴离子金属吸附的主要机理。Agrafioti 等的研究发现，用活性污泥为原材料制备的生物炭能够有效吸附 53%的 As（Ⅴ）和 89%的 Cr（Ⅵ），而吸附的主要机理也与生物炭表面和金属离子之间发生的静电相互作用有关[47]。Qian 等在研究中指出，静电相互作用是生物炭吸附 Cd 和 Al 的最主要机理[48]。

离子交换是生物炭吸附无机物的另一种机理，与生物炭表面的离子化阳离子和质子与溶解态金属之间的作用有关。离子交换过程高度依赖于生物炭表面的官能团和金属离子的大小，金属离子通过取代生物炭表面带正电荷的离子是实现金属离子在生物炭上的吸附。在离子交换过程中，化学键特性、电荷差和离子半径大小是影响吸附的重要因素。生物炭上的表面官能团与其阳离子交换容量（CEC）有关，生物炭的阳离子交换容量越高表明其能够吸附的金属离子的数量越多。研究发现，当生物炭热解温度高于 350℃时，与温度较低时制备的生物炭相比，其阳离子交换容量降低。由于 Hg^{2+} 和 Zn^{2+} 可以与生物炭在其表面发生离子交换作用，在 175～180℃下制备的稻壳生物炭对两种离子表现出较高的吸附作用[49]。

沉淀作用是生物炭固定无机污染物的一种重要的方式，主要是通过与无机物反应使其在溶液中以固体的形式沉淀下来。Inyang 等[23]的研究发现，用甘蔗渣为原料制备的生物炭能够在溶液中产生硼酸盐[$Pb_3(CO_3)_2(OH)_2$]，用以沉淀溶液中的 Pb^{2+}。金属络合反应涉及多原子离子的排列，即具有特定金属配体相互作用的络合物。在低温条件下制备的生物炭上的含氧官能团（如羧基、酚醛和内酯）容易与金属离子发生络合作用。研究发现，以植物为原材料制备的生物炭比以动物为原材料制备的生物炭更容易与金属形成络合物。例如，Ni、Cd、Pb 和 Cu 更容易与植物生物炭的羧基和酚醛基团形成金属络合物。

2. 生物炭降解污染物的机理

生物炭上存在着丰富的有机含氧官能团（OFGs），官能团的产生在很大程度上取决于生物炭热解的温度、时间和原材料，丰富的官能团使得生物炭能够有效催化降解污染物。在日光照射下，生物炭上的官能团可以将电子转移到水中溶解的氧气上形成超氧自由基（$O_2^-\cdot$），然后可以与 H^+ 反应生成 H_2 和 H_2O_2。随后 H_2O_2 可以被激活形成 $\cdot OH$。在日光照射下，由于生物炭表面官能团的光活性增加，能够产生更多的反应活性物质（ROS）[50]。

此外，生物炭上的有机含氧官能团可以激活过硫酸盐（如 PDS 和 PMS）和 H_2O_2 产生 $SO_4^-\cdot$、$\cdot OH$ 和其他反应活性物质，能够有效降解环境中的有机污染物。产生自由基的过程如式（3-1）～式（3-4）所示[26]：

$$BC_{surface}-OOH + S_2O_8^{2-} \longrightarrow BC_{surface}-OO\cdot + SO_4^-\cdot + HSO_4^- \quad (3-1)$$

$$BC_{surface}-OH + S_2O_8^{2-} \longrightarrow BC_{surface}-O\cdot + SO_4^-\cdot + HSO_4^- \quad (3-2)$$

$$SO_4^- \cdot + H_2O_2/OH^- \longrightarrow HSO_4^-/SO_4^{2-} + \cdot OH \tag{3-3}$$

$$BC_{surface}—OH + H_2O_2 \longrightarrow BC_{surface}—O\cdot + \cdot OH + H_2O \tag{3-4}$$

在热解过程中，从生物质中的酚木质素产生的大量苯酚或醌，可以进一步将电子转移到过渡金属，然后在生物炭上形成持久性自由基（persistent free radicals, PFRs）。PFRs 的产生与热解的时间和温度有关。PFRs 的产生能够有效促进生物炭耦合技术中反应活性物质的产生，研究发现在芬顿反应中可以诱导 ROS 及 $SO_4^- \cdot$ 的生成。研究发现，PFRs 的存在能够促进 ROS 的产生并且提高光催化体系降解污染物的效率。与官能团的作用类似，PFRs 可以将电子转移到氧气上诱导形成 $O_2^- \cdot$，随后 $O_2^- \cdot$ 与 H^+ 反应形成 H_2O_2。最后，在紫外光的作用下，H_2O_2 被激活产生 $\cdot OH$ 降解有机物。Fang 等[51]通过比较 BCM 产生的苯酚浓度与未经处理的生物炭悬浮液中产生的苯酚浓度评估了 PFRs 对 $\cdot OH$ 形成的贡献。研究发现，在以松针为原材料制备的生物炭 P300 和 P500 以及以小麦秸秆为原材料制备的生物炭 W300 和 W500 中 PFRs 对 $\cdot OH$ 产生的贡献率分别为 63.6%、72.5%、69.7%和 74.6%。上述研究表明，PFRs 是光催化体系中诱导 $\cdot OH$ 产生的重要因素之一。

另外，PFRs 能够活化过氧化物产生自由基。Fang 等[51]研究了 PFRs 在活化 H_2O_2 产生 ROS 的作用，发现随着反应时间从 0 min 增加到 120 min，生物炭 P350、M300 和 W300 上 PFRs 的强度分别从 1.96×10^{18} 到 0.94×10^{18}，从 7.72×10^{18} 到 5.87×10^{18} 以及从 3.88×10^{18} 到 1.88×10^{18} spins/g。同时，生物炭 P350、M300 和 W300 捕获的 $\cdot OH$ 的浓度分别增加 42.7、104 和 61.3 μmol/L。此外，当 H_2O_2 的浓度从 0 mmol/L 增加到 20 mmol/L 时，体系中 PFRs 的浓度迅速下降，而捕获的 $\cdot OH$ 的浓度显著增加。还发现 PFRs 参与了生物炭/PDS 体系中自由基的产生，PFRs 可以催化 PDS 分解形成硫酸根。PFRs 将电子转移到 $S_2O_8^{2-}$ 然后产生 $SO_4^- \cdot$，随后，$SO_4^- \cdot$ 与 H_2O 或 OH^- 反应生成 $\cdot OH$。$SO_4^- \cdot$ 和 $\cdot OH$ 是污染物降解的重要自由基。研究还发现，PFRs 的浓度和类型都会影响 $SO_4^- \cdot$ 的形成。

研究发现，生物炭表面含有丰富的氧化还原基团，如醌、对苯二醌以及与杂环芳烃的亚结构相关的共轭 π 电子系统，这些氧化还原基团可以同时作为电子供体和受体。研究发现，生物炭可以作为 O_2、H_2O_2 和 $S_2O_8^{2-}$ 的电子供体产生反应活性物质和硫酸根。此外，生物炭还可以作为电子传递中间体调节电子转移反应，中间体可以防止电子/空穴对的快速重组。Zhang 等比较了 TiO_2 和 TiO_2/生物炭对 SMX 的光催化降解效率，研究发现纯 TiO_2 可以降解约 58.7%的 SMX，而 TiO_2/生物炭对 SMX 的降解率高达 91.27%[52]。由此可见，生物炭可用作"电子穿梭机"提高污染物的去除效率。

3.2 生物炭/H_2O_2 对磺胺类抗生素的去除

3.2.1 概述

生物炭可有效去除各种药物，包括抗生素[53, 54]、抗癫痫类药物[55]、抗炎类药物[56]、抗抑郁类药物、抗焦虑类药物和抗组胺类药物等[57]。除了传统的污水处理系统外，生物炭也常用于非常规系统,如雨水渗透系统[58]、再生水淡化浓缩[56]和其他环境组分(如土壤系统等)[59]。尿液废水具有抗生素污染物浓度高、体积小、可实现废水中营养元素回收等特点,因此研究一种经济效益高的工艺能够对有效实现尿液中药物类污染物的去除有重要意义。

磺胺类抗生素(sulfonamide antibiotics,SAs)是水环境中检出率最高的药物类污染物之一[60-62]。有研究报道,使用生物炭或改性/活化的生物炭吸附磺胺甲噁唑[40,53,57,63]、磺胺甲嘧啶[59,64]、磺胺嘧啶[64]和磺胺吡啶[65,66]。然而,就 pH 和主要成分而言,尿液废水与市政污水存在较明显的差别,这可能影响对废水中抗生素的吸附效果。此外,在处理尿液废水的过程中,还需要考虑药物代谢产物[67]。Lienert 等的研究指出,平均而言,$64\%\pm27\%$的药物通过尿液排出体外,而 $35\%\pm26\%$的药物通过粪便排出。而从尿液排出的部分,有 $42\%\pm28\%$的药物以代谢产物的形式排出。主要的代谢途径包括羟基化、羧基化及糖脂化,而这些代谢途径产生的产物的亲水性都比药物本身更低。尿液中含有的大量药物及代谢产物可能具有更高的毒性。Escher、Lienert 及其他研究者利用模型研究了 42 种药物的毒性,结果显示 67%的药物通过尿液排出体外至少保留一半的毒性(其他通过粪便排出),而其中有 24%的药物的毒性全部通过尿液排出,包括阿司匹林、安妥明、利多卡因、丝裂霉素、尼古丁、特敏福、扑热息痛、苯巴比妥及磺胺甲噁唑。

目前为止,尽管预期能够有效去除尿液基质中的药物类污染物,但是关于生物炭的研究还比较少。Solanki 和 Boyer 研究了用生物炭去除人工合成尿液中的几种药物类污染物,但是有关吸附动力学和吸附等温线的研究并没有涉及[68]。尿液组分可能对药物去除产生的影响也没有考虑。除了吸附作用外,研究发现生物炭能够激活 H_2O_2 或者过硫酸盐产生高活性物质,进而实现有机物的降解[69,70]。但是,很少有人研究通过生物炭活化产生自由基/非自由基的方式实现药物的去除。并且该技术也尚未在源分离尿液的基质中进行相关的研究。

3.2.2 分析方法

为探究生物炭(催化)技术去除抗生素及其代谢产物的动力学和机理,选择 4 种磺胺类抗生素和 1 种代谢产物为目标污染物,对其在生物炭上的吸附、生物炭/氧化剂体系中的降解以及尿液组分的影响等进行了研究和分析。由于实验的操作时间较长,考虑到新鲜尿液(刚排出人体的尿液)中的尿素会发生水解,因此在该研究中选择水解尿液(指由于储存尿液中原始组分发生改变的尿液)进行实验。

1. 磺胺类抗生素

本节研究中选择的磺胺类抗生素包括磺胺甲噁唑(SMX)、磺胺嘧啶(SDZ)、磺胺间二甲氧嘧啶(SDM)磺胺甲嘧啶(sulfamethazine,SMT)和 N_4-乙酰基-磺胺甲噁唑(N_4-acetyl-sulfamethoxazole,NSMX)。4 种抗生素和 1 种代谢产物的结构如表 3-2 所示。

表 3-2 磺胺类抗生素的分子结构和相对分子质量

SAs	分子结构	相对分子质量
SMX	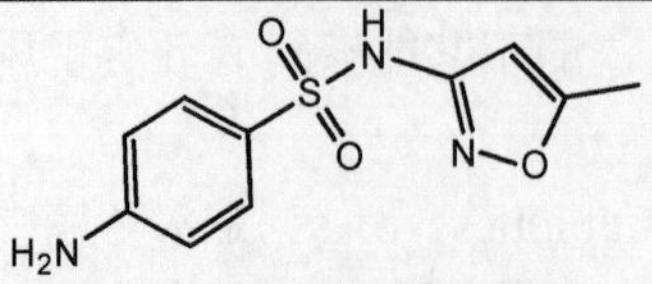	253.3
SDZ	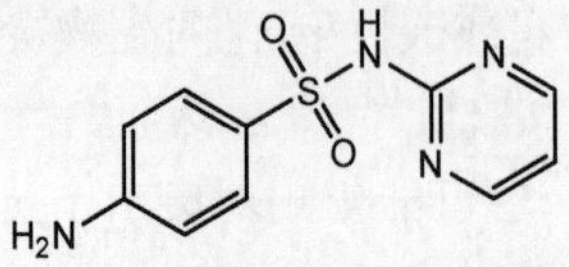	250.3
SDM	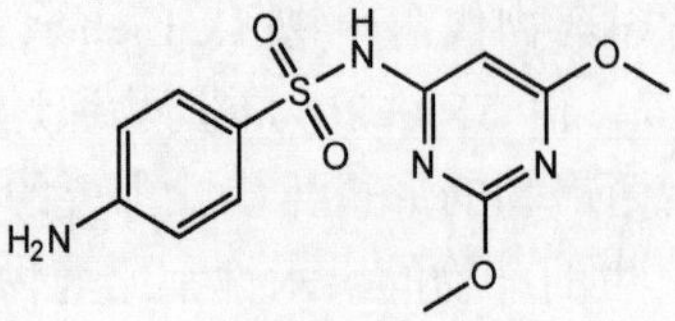	310.3
SMT	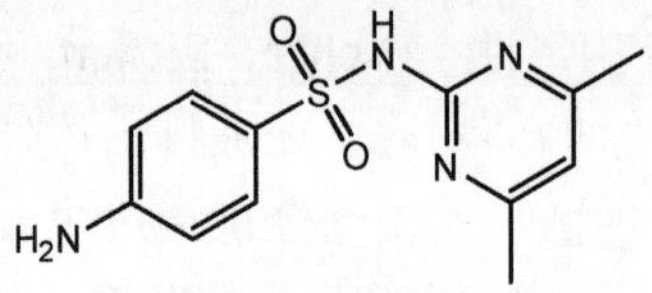	278.3
NSMX	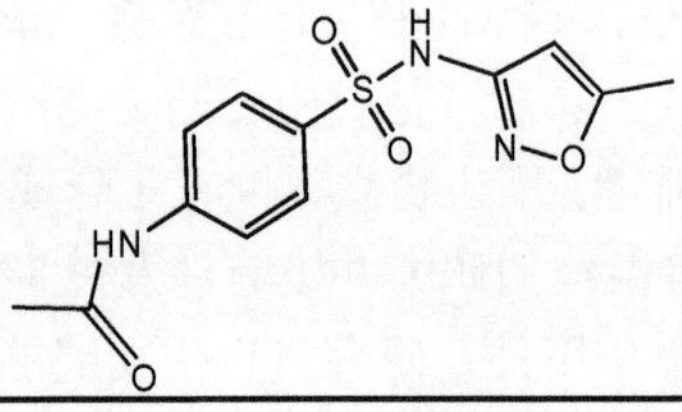	253.3

2. 吸附实验

吸附实验在封口的 10 mL 玻璃小瓶中进行，反应在 pH 为 9 的合成尿液和磷酸缓冲液中进行，体系中抗生素的初始浓度为 10 μmol/L。合成尿液的组分如表 3-3 所示。由于尿素分解，水解尿液中氨氮（0.5 mol/L）和碳酸氢盐（0.5 mol/L）的浓度较高，由此导致 pH 的升高。pH 为 9 的磷酸缓冲液（含 5 mmol/L 磷酸盐）作为对照组。反应在避光、220 r/min、25℃的条件下进行。动力学研究实验中，生物炭的剂量分别为 0.1、0.5、1、2、5 g/L，并分别在 1、5、10、24、120 h 时进行取样。在研究吸附等温线的实验中，为保证实验结果的准确性，增加了剂量为 0.7 g/L 和 1.5 g/L 的生物炭组。反应体系在摇床中充分振荡 120 h 时，确保实现抗生素在生物炭上的吸附平衡。在测试前，样品经 0.45 μm 的聚醚砜针孔过滤器，去除溶液中的生物炭。用不添加生物炭仅有单一磺胺类抗生素存在的作为对照组。NaCl 用来研究离子强度对吸附过程的影响。为探究尿液组分对吸附的影响，与尿液组成具有相同浓度的 HCO_3^-、NH_4^+、Cl^- 分别加入到含有 1 g/L 生物炭体系中进行实验。通过添加一定量的 NaOH 和 H_2SO_4 调节体系的 pH 为 9。在反应过程中体系的 pH 基本保持不变。

表 3-3　人工合成尿液的组成

组成	M_W/（g/mol）	浓度/（mol/L）
NaCl	58.44	0.06
Na_2SO_4	142.04	0.015
KCl	74.55	0.04
NH_4OH	35.04	0.25
NaH_2PO_4	119.98	0.0136
NH_4HCO_3	79.06	0.25
pH		9

Freundlich［式（3-5）］和 Langmuir［式（3-6）］吸附等温线用来拟合吸附的数据。

$$q_e = K_f C_e^{1/n} \tag{3-5}$$

$$q_e = \frac{Q_M b_{SA} C_e}{1 + b_{SA} C_e} \tag{3-6}$$

式中，q_e 为磺胺类抗生素的平衡吸附浓度，μmol/g；K_f 为 Freundlich 吸附常数，μmol/[g·(μmol/L)$^{1/n}$]；$1/n$ 为 Freundlich 吸附强度参数；C_e 为磺胺类抗生素吸附平衡时液相浓度，μmol/L；Q_M 为 Langmuir 最大吸附容量，μmol/g；b_{SA} 为 Langmuir 吸附常数，L/μmol。

为更好地比较不同磺胺类抗生素的参数，使用摩尔单位（μmol）替代质量单位（mg）确定磺胺类抗生素的浓度，磺胺类抗生素的参数如表 3-4 所示。

在 Langmuir 吸附等温线假设吸附质在吸附剂表面位点发生可逆化学平衡的基础上，磺胺类抗生素在磷酸缓冲液和尿液基质中在生物炭表面的总吸附过程可用式（3-7）表示：

$$[SA]_{aq} + [BC]_{vs} \xrightleftharpoons[k_{SA-1}]{k_{SA}} [SA-BC] \tag{3-7}$$

式中，$[SA]_{aq}$ 为磺胺类抗生素在液相中的浓度，mol/L；$[BC]_{vs}$ 为生物炭在溶液中的空位浓度，mol/L；$[SA-BC]$ 为磺胺类抗生素吸附在生物炭上的浓度，mol/L；k_{SA} 为吸附速率，L/(mol·h)；k_{SA-1} 为解吸速率，h^{-1}。

因此，当 $t=0$ 时，$[BC]_{vs}=$（生物炭剂量）$\times Q_M$，$[SA]_{aq}=10$μmol/L。

3. 降解实验

为实现抗生素的降解，将 1 mmol/L 的 H_2O_2 与 1 g/L 的生物炭同时加入到含有抗生素的磷酸缓冲液和尿液中，放入摇床中振荡 1 h，取样，然后加入与样品等体积的萃取剂，用于回收吸附在生物炭及水溶液残留的全部磺胺类抗生素，萃取剂是甲醇/$NaHCO_3$（9:1 体积比）溶液，振荡提取 30 min 后，过滤样品并用 HPLC 测定溶液中剩余磺胺类抗生素的浓度。经过 30 min 的振荡提取，抗生素的萃取回收率：SMX 为 95%、SDZ 为 80%、SDM 为 89%、SMT 为 82%和 NSMX 为 90%。

4. 磺胺类抗生素的测定

采用 HPLC 测定溶液中磺胺类抗生素的浓度，使用 Water e2695HPLC 系统，配备

UV-vis 检测器,色谱柱为 Zorbax-SB C18 柱(4.6mm×150 mm,5 μm),色谱条件为梯度洗脱,流动相分别为 A 液甲醇,B 液 0.1%磷酸溶液,流动相比例为:在 0~1 min,A 液保持 10%,1~6 min,A 液缓慢增加至 50%,10~15 min,A 液减少至 10%。磺胺类抗生素的最大检出波长为 254 nm。

表 3-4　磺胺类抗生素的化学性质、Langmuir 吸附参数及动力学模拟参数

	指标	SMX	SDZ	SDM	SMT	NSMX
	pK_a [①]	5.6	6.28	5.97	7.42	5.07
	电负性[②]	−0.075	0.014	0.004	0.006	−0.088
	摩尔折射率/(cm^3/mol) [②]	64.5	64.2	77.8	74	72.9
	表观溶解度 S_{app}/(mol/L) [③]	13.71	3.92	0.20	0.43	35.05
	辛醇-水分配系数 K_{ow} [④]	9.40	0.72	58.00	1.13	27.20
	与 pH 有关的辛醇-水分配系数 D	0.0023	0.0009	0.0339	0.0186	0.0020
	k_{SA/CO_3^-} [⑤]	$2.68×10^8$	$2.78×10^8$	N.A.	$4.37×10^8$	$<1×10^6$
PBS	b_{SA}/(μmol/L)	0.12	0.15	1.89	0.98	1.34
	Q_M/(μmol/g)	12.5	10.7	8.3	11.8	8
	k_{SA}/[10^4L/(mol·h)]	0.23	1.37	1.55	1.22	0.76
	k_{SA-1}/h^{-1}	0.185	0.059	0.007	0.016	0.009
尿液	b_{SA}/(μmol/L)	0.06	0.31	0.54	0.58	0.19
	Q_M/(μmol/g)	13.6	6.5	11.5	10.9	12.8
	k_{SA}/[10^4L/(mol·h)]	1.17	2.08	1.24	1.22	2.49
	k_{SA-1}/h^{-1}	0.304	0.123	0.022	0.030	0.147

①磺胺类抗生素仲胺基团的 pK_a 值,摘自文献[71]、[72];②电负性和摩尔折射率利用 ChemBio3D Ultra(V12.0)程序获得;③中性形式的磺胺类抗生素在 pH=9 条件下的溶解度通过使用 ECOSAR(V1.11)程序预测计算获得;④K_{ow} 值是在本实验中通过实验测定的;⑤磺胺类抗生素与 $CO_3^-·$ 的二级速率常数查自文献[73]、[74]。

5. 生物炭表征

生物炭的表面积和孔结构利用表面积和孔结构分析仪(V-sorb 2800TP,Gold APP 仪器公司,中国)测定。利用傅里叶变换红外光谱(Vetor,22+TGA Bruker Optics,德国)分析生物炭的官能团,波长范围为 400~4000 cm^{-1}。生物炭的等电点利用 pH 计(S220,SevenCompact,Mettler Toledo,上海)测定。

生物炭是一种有应用前景的低成本吸附剂,与活性炭相比,它的制备温度更低。为了证明低成本生物炭能够去除尿液中的药物类污染物,本节研究使用了 350℃条件下制备的棉花秸秆生物炭进行实验。此外,相对于高温条件下制备的生物炭,低温条件下制备的生物炭能够保留更多的营养元素(如总氮),因此更有利于未来应用于土壤改良[75]。棉花秸秆制备的生物炭的性质如表 3-5 所示。

表 3-5　生物炭表征

S_{BET}/(m^2/g)	V_t/(cm^3/g)	D_p/nm	pzc
68.4	0.074	4.3	7.4

注:S_{BET} 表示 Brunauer-Emmett-Teller 表面积;V_t 表示总孔隙度;D_p 表示平均孔径;pzc 表示等电点。

通常来讲，吸附容量与比表面积和孔隙度呈正相关关系。与在相同温度条件下热解制备的其他类型的生物炭相比，棉花秸秆制备的生物炭的性质要优于除松木外的其他原料，如花生壳[55]、胡椒木、甘蔗渣、山核桃木[54]、沉积物[53]、茶叶渣[76]、水稻秸秆、小麦秸秆[77]和椰子壳[68]等制备的生物炭。

本节实验使用的生物炭的傅里叶红外光谱测定结果如图 3-1 所示，表明生物炭表面占主导地位的官能团包括羟基、羧基和芳香基团。生物炭可能通过氢键和 p-p 结合的方式与药物类污染物发生相互作用。实验测定的生物炭的等电点约为 7.4（图 3-2），表明在研究的尿液和磷酸盐缓冲液体系（pH=9）中，生物炭表面带负电荷。

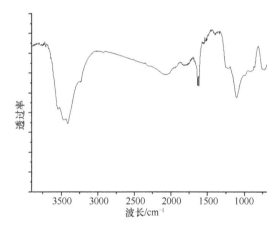

图 3-1　生物炭的傅里叶变换红外光谱

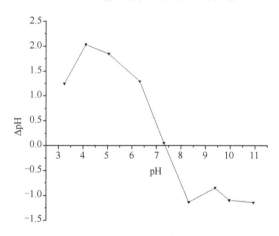

图 3-2　生物炭的等电点测定

6. 磺胺类抗生素的性质测定

磺胺类抗生素仲胺基团的 pK_a 值是从文献[71]、[72]中获得的。中性形式的磺胺类抗生素的溶解度是通过 ECOSAR（V 1.11）估算获得的。磺胺类抗生素的表观溶解度计算在后面章节详述。辛醇-水分配系数（K_{ow}）是通过将等量的辛醇与含有 20 μmol/L 的磺胺类抗生素混合测定。通过 ChemBio3D Ultra（V 12.0）估算磺胺类抗生素的摩尔折射率和电负性。

3.2.3 磺胺类抗生素在尿液及磷酸缓冲液体系中的吸附

本节对人工合成尿液及磷酸缓冲液基质中几种磺胺类抗生素在生物炭上的吸附进行了研究和分析,主要包括抗生素在生物炭上的吸附动力学、吸附等温线及对吸附过程进行的模拟和讨论。

1. 吸附动力学

磺胺类抗生素在液相中的浓度随时间表化的情况如图 3-3 所示。对照实验的结果表明,在没有生物炭存在的条件下磺胺类抗生素在合成尿液及磷酸缓冲液基质中均很稳

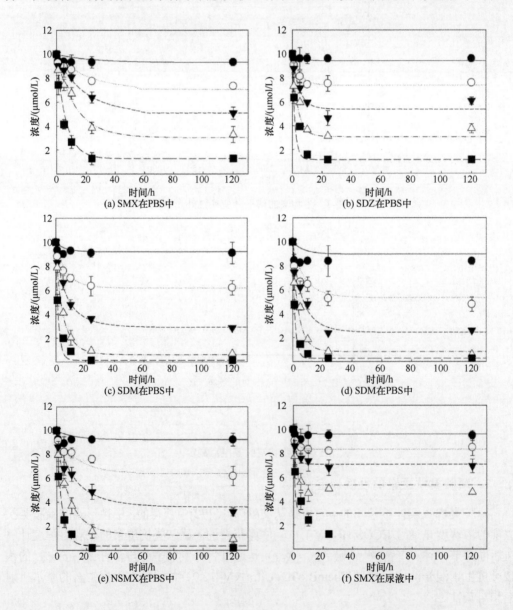

(a) SMX在PBS中
(b) SDZ在PBS中
(c) SDM在PBS中
(d) SDM在PBS中
(e) NSMX在PBS中
(f) SMX在尿液中

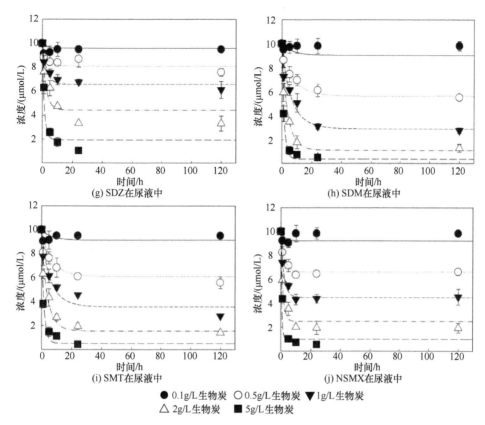

图 3-3 磺胺类抗生素在磷酸缓冲液（PBS）及尿液中的吸附动力学和拟合数据
图中的点表示吸附动力学，虚线表示拟合数据；图中的每组数据点是通过多组实验获得的平均值

定，在整个实验期间磺胺类抗生素的浓度基本不变。在生物炭存在的条件下，先吸附磺胺类抗生素 120 h 后取样加入相同体积的甲醇/$NaHCO_3$（9∶1，体积比）萃取液，振荡提取 30 min 后，溶液中磺胺类抗生素的浓度较起始浓度基本未发生变化，表明在仅有生物炭存在的条件下，磺胺类抗生素仅发生吸附作用而不会降解。实验表明（图3-3），当生物炭的浓度为 0.5~5 g/L 时，磺胺类抗生素的吸附在最初的 24h 内快速发生,从 24 h 到 120 h，吸附速率明显降低并逐渐达到平衡。当生物炭的浓度为 0.1 g/L 时，吸附平衡在反应开始后的 1 h 内实现，但此时磺胺类抗生素的去除率仅为 10%左右。随着生物炭剂量的增加，磺胺类抗生素在液相中的去除率明显增加。这是由于吸附剂剂量越大，能够提供的抗生素的吸附位点越多，从而能够提高抗生素的吸附效率。对于用生物炭吸附不同的药物类污染物，由于不同吸附剂和吸附质性质的不同，药物在生物炭上达到吸附平衡的时间可能从 30 分钟到几天不等[53, 57]。在本节研究实验中，120 h 的吸附时间足以保证实现磺胺类抗生素在生物炭上的吸附平衡，因此，在后续的吸附等温线实验中的反应时间确定为 120 h。

与生物炭的剂量无关，磺胺类抗生素在磷酸缓冲液基质中的去除顺序为：SDM≈SMT≈NSMX>SMX≈SDZ。例如，当生物的剂量为 1 g/L 时，SDM、SMT、NSMX、SMX 和 SDZ 的去除率分别为 71%、74%、68%、49%和 39%。合成尿液中几种磺胺类抗生素的去除顺序基本不变,但是与磷酸缓冲液相比,抗生素在尿液中的吸附受到一定程度的抑制。当生物炭的剂量很低或很高时,抑制作用不明显,这是由于当生物炭的剂量很低时即使没有竞争物的存在能够吸附的抗生素的量也很少;但是当生物炭的剂量很高时,生物炭能够同时为抗生素和尿液组分提供足够的吸附位点,因此抑制作用也不明显。实验表明,当生物炭的剂量为 1 g/L 和 2 g/L,尿液组分对上述几种磺胺类抗生素吸附的抑制作用最强。

2. 吸附等温线

五种磺胺类抗生素在磷酸缓冲液及合成尿液基质中的吸附等温线如图 3-4 和图 3-5 所示。研究表明,Freundlich 等温吸附模型和 Langmuir 等温吸附模型均能很好地对实验数据进行拟合。但是在多数条件下,使用 Langmuir 等温吸附模型进行拟合的回归系数(R^2)更高(表 3-6),表明磺胺类抗生素在生物炭上的吸附遵循可逆的单分子层吸附。因此在后续研究中,选择 Langmuir 等温吸附模型进行后续的研究和分析(具体数据见表 3-4)。五种磺胺类抗生素的 Q_M 值差别不大,表明不同磺胺类抗生素在生物炭上的吸附位点基本相同。除 SDZ 外,其他几种抗生素在磷酸缓冲液和尿液中 Q_M 值的细微差异表明尿液组分不能不可逆地吸附在生物炭上。尿液中 SDZ 的异常 Q_M 值表明 SDZ 可能与其他几种磺胺类抗生素的吸附机理不同,需要进一步的研究。本节研究获得的 Q_M 值与文献中报道的在相似条件下由不同原材料制备的生物炭的 Q_M 值相当,如 Rajapaksha 等研究的 SMT 在由茶叶、小麦秸秆和玉米秸秆等为原材料制备的生物炭上吸附的 Q_M 值分别为 2.79 mg/g(10.04 μmol/g)、1.39 mg/g(5.0 μmol/g)和 5.75 mg/g(20.68 μmol/g)[76]。

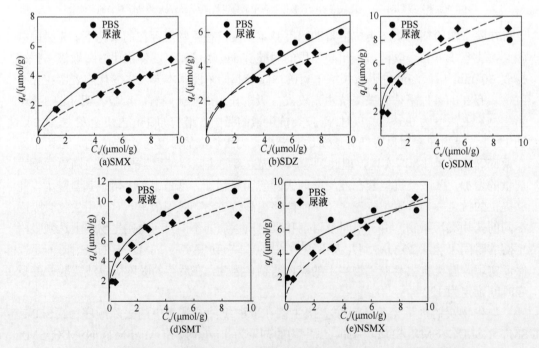

图 3-4 磷酸缓冲液及尿液基质中不同磺胺类抗生素的 Freundlich 吸附等温线图
图中的点表示实验数据,虚线表示拟合数据

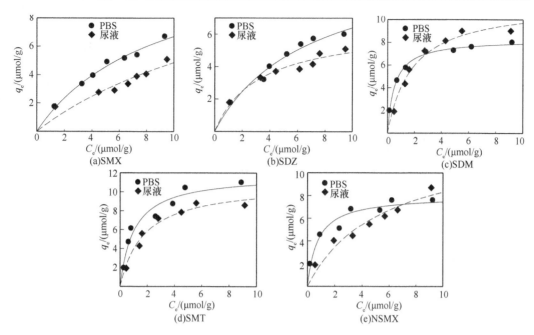

图 3-5 磷酸缓冲液及尿液基质中不同磺胺类抗生素的 Langmuir 吸附等温线图

图中的点表示实验数据,虚线表示拟合数据

表 3-6 磺胺类抗生素在 PBS 和尿液（pH=9）中吸附模型拟合的回归系数

SAs	PBS		尿液	
	Langmuir	Freundlich	Langmuir	Freundlich
SMX	0.9822	0.9828	0.8580	0.9061
SDZ	0.9674	0.9551	0.9425	0.9604
SDM	0.9932	0.9192	0.974	0.8811
SMT	0.9454	0.9201	0.9637	0.8712
NSMX	0.9372	0.9268	0.9335	0.9781

SMX 在由水稻[78]和小麦秸秆为原材料制备的生物炭上吸附的 Q_M 值分别为 4.21 mg/g（16.64 μmol/g）和 6.75 mg/g（26.68 μmol/g）[77]。

在磷酸缓冲液中,五种磺胺类抗生素拟合的 b_{SA} 值由大到小分别为:SDM>NSMX>SMT>SDZ>SMX。此外,如表 3-4 数据所示,尿液组分显著降低了五种磺胺类抗生素的 b_{SA} 值,如从 SMT 降低了 1.7 倍到 NSMX 降低了 7.1 倍不等。b_{SA} 值的降低表明尿液中的组分能够与磺胺类抗生素竞争在生物炭上的吸附位点。与 Q_M 值相同,尿液中 SDZ 的 b_{SA} 值异常甚至高于 PBS 中的。不同磺胺类抗生素在吸附动力学和吸附平衡方面的差异可能是由其不同化学性质引起的,抗生素性质对吸附过程的影响将在 3.5 节详细讨论。

3. 吸附过程拟合

使用 Matlab 软件中的 SimBiology 程序,通过对磷酸缓冲液和尿液基质中生物炭剂量为 1 g/L 的数据进行拟合,根据式（3-7）可以获得 k_{SA} 和 k_{SA-1}。所有吸附速率如表 3-4 所示。在磷酸缓冲液中,五种磺胺类抗生素在生物炭上的吸附速率（k_{SA}）由大到小分别为：SDM＞SDZ＞SMT＞NSMX＞SMX，SMX 的解吸速率（k_{SA-1}）最高，其次是 SDZ、SMT、NSMX 和 SDM。在尿液基质中，SDM 和 NSMX 的吸附速率较其他三种抗生素更大；解吸速率由大到小分别为：SMX＞NSMX＞SDZ＞SMT＞SDM。在尿液基质中，多数磺胺类抗生素的吸附和解吸速率均有所增加，表明尿液组分缩短了抗生素在生物炭上达到吸附平衡的时间。通过利用模型拟合获得的吸附速率常数，对抗生素在液相中的浓度随生物炭剂量变化进行拟合，拟合的数据如图 3-5 所示。总体而言，模型拟合的数据与实验数据具有较好的一致性。

为了进一步评估模型的准确性，将五种浓度分别为 10 μmol/L 的磺胺类抗生素同时加入到含有 1 g/L 的磷酸缓冲液中进行吸附实验，吸附 3 d 后分别测定液相中五种磺胺类抗生素的浓度。如图 3-6 所示，该模型很好地预测了五种磺胺类抗生素在磷酸缓冲液中的吸附情况，实验结果也证实了上述提出的五种磺胺类抗生素在生物炭上具有类似的吸附位点的猜测，当五种磺胺类抗生素共存于溶液中时，会相互竞争在生物炭上的吸附位点。

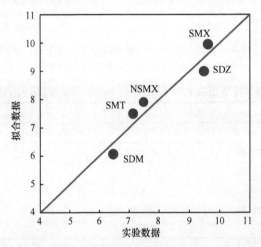

图 3-6　五种磺胺类抗生素共存于磷酸缓冲液中模型拟合数据和实验数据的关系
实验中生物炭的浓度为 1 g/L

抗生素的吸附速率代表了抗生素吸附到生物炭上需要跨越的能垒，吸附速率越高表明吸附剂对吸附质存在较大的吸引力和较低的能垒。研究表明，磺胺类抗生素在生物炭上的吸附作用主要包括 π-π 键、库仑力、氢键、范德华力和抗生素的疏水效应等[79]。在磷酸缓冲液中，不同磺胺类抗生素在生物炭上的吸附差异性可能与抗生素本身的性质有关。在尿液基质中，尿液组分可能改变了生物炭的表面特性，从而影响了抗生素的吸附。因此，为了更加深入地阐明磺胺类抗生素在生物炭上的吸附机理，在 3.2.4 小节进一步研究和分析了磺胺类抗生素的自身性质和尿液组分对吸附的影响。

3.2.4　抗生素性质对吸附过程的影响

实验研究的五种磺胺类抗生素结构上都有一个仲胺基团，在 pH=9 的条件下，抗生素带有负电荷，这可能是抗生素与生物炭结合的重要部分。一般来说，生物炭表面能够通过库仑力与磺胺类抗生素的胺基基团结合，也能通过π-π键的相互作用与磺胺类抗生素的苯环相结合[79]。此外，疏水性和化合物更容易从水相向富含芳香碳的生物炭表面转移，磺胺类抗生素的疏水性也可能导致其在生物炭上的吸附。因此，如表3-4总结了文献中五种磺胺类抗生素的重要化学参数，包括辛醇-水分配系数（K_{ow}）、溶解度、酸度系数（pK_a）、电负性和摩尔折射率等，磺胺类抗生素的这些性质可能影响其在生物炭上的吸附行为。

五种磺胺类抗生素仲胺基团pK_a值的大小可用来表示该结构的给电子倾向，通常来讲，抗生素的pK_a值越低表明仲胺基团（表3-4）带有更多的负电性，与带负电性的生物炭发生相互作用的趋势越低。但是，抗生素的pK_a值和电负性与模型中的动力学参数如b_{SA}、Q_M、k_{SA}和k_{SA-1}等均不相关，表明电子间的相互作用不是区分五种磺胺类抗生素在生物炭上吸附行为的重要因素。

研究发现，吸附剂和吸附质之间的范德华力与有机物的摩尔折射率有关[80]。科研人员通过ChemBio3D Ultra（V12.0）程序对五种磺胺类抗生素的摩尔折射率进行了估算（表3-4），结果发现SDM的摩尔折射率最高，其次是SMT、NSMX、SMX和SDZ。当用五种磺胺类抗生素的摩尔折射率与b_{SA}作图（图3-7）时，发现两者表现出很好的线性相关关系，表明范德华力是影响不同磺胺类抗生素在生物炭上吸附行为的重要因素。范德华力无法解释不同磺胺类抗生素在生物炭上吸附的动力学差异，当用b_{SA-1}与摩尔折射图作图时，两者的线性相关性很差。

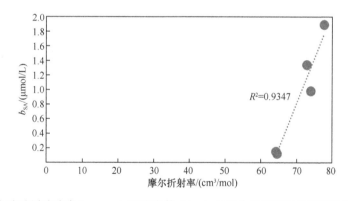

图3-7 在磷酸缓冲液中Langmuir吸附常数（b_{SA}）与抗生素的摩尔折射率的线性相关性

研究表明，疏水性有机物在碳质材料（如活性炭）上的吸附与它们在水和与水不互溶的有机溶剂间的分配有关[81]。常用K_{ow}解释有机物的吸附行为。对于可电离的有机物，可根据与pH有关的辛醇-水分配系数（D）确定化合物的形态。对于磺胺类抗生素[63]，D可以表示为

$$D = \frac{\left[SA^0\right]_{oct} + \left[SA^-\right]_{oct}}{\left[SA^0\right]_{water} + \left[SA^-\right]_{water}} \qquad (3-8)$$

式中，$[SA^0]_{oct}$为中性化合物在辛醇有机相中的浓度；$[SA^-]_{oct}$为电离形式的化合物在辛

醇有机相中的浓度；$[SA^0]_{water}$ 为中性化合物在水相中的浓度；$[SA^-]_{water}$ 为电离形式的化合物在水相中的浓度。

D 和 K_{ow} 之间的关系可用式（3-9）表示：

$$D = K_{ow}\left(\frac{1}{1+10^{pH-pK_a}}\right) + K'_{ow}\left(1 - \frac{1}{1+10^{pH-pK_a}}\right) \approx K_{ow}\left(\frac{1}{1+10^{pH-pK_a}}\right) \tag{3-9}$$

式中，K_{ow} 为中性化合物的辛醇-水分配系数；K'_{ow} 为离子形式的化合物的辛醇-水分配系数。

对于疏水性有机物，离子态在水中的溶解度更高，因此 K'_{ow} 远高于 K_{ow}，此时，D 是关于 K_{ow} 和 pH 的函数。应用本实验得到的磺胺类抗生素的 K_{ow} 值计算的得到的 D 值列于表 3-4 中，该方式也可用于估计抗生素的溶解度。在 pH=9 的条件下，物质的表观溶解度可通过求中性物质溶解度的极限获得，计算方法见式（3-10）：

$$S_{app} \approx S^0\left(\frac{[H^+]+K_a}{[H^+]}\right) \tag{3-10}$$

式中，S_{app} 为化合物的表观溶解度，mol/L；S^0 为中性形式化合物的溶解度极限，mol/L。

为了研究有机物疏水性质（如 K_{ow}、D、S^0、S_{app}）与吸附常数（如 b_{SA}、Q_M、k_{SA}、k_{SA-1}）之间的相关关系，科研人员作了如图 3-8~图 3-12 所示的线性相关性图。结果发现：①在

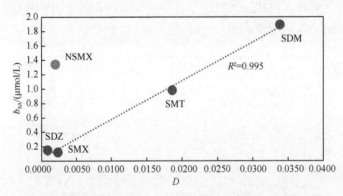

图 3-8　在磷酸缓冲液中 b_{SA} 与磺胺类抗生素的 D 的相关关系

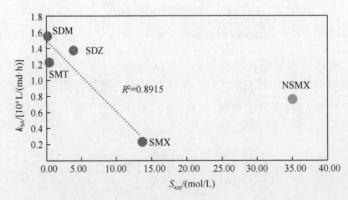

图 3-9　在磷酸缓冲液中 k_{SA} 与磺胺类抗生素的 S_{app} 的相关关系（pH=9）

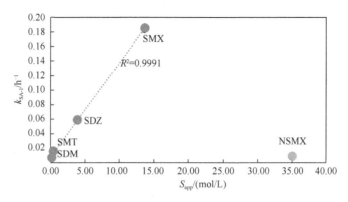

图 3-10　在磷酸缓冲液中 k_{SA-1} 与磺胺类抗生素的 S_{app} 的相关关系（pH=9）

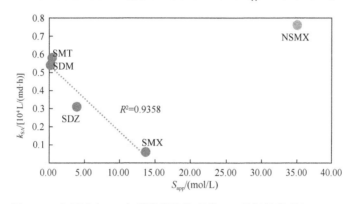

图 3-11　在尿液中 k_{SA} 与磺胺类抗生素的 S_{app} 的相关关系（pH=9）

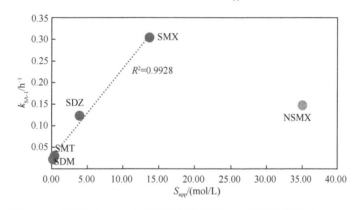

图 3-12　在尿液中 k_{SA-1} 与磺胺类抗生素的 S_{app} 的相关关系（pH=9）

磷酸缓冲液中，除 NSMX 外，其他四种磺胺类抗生素的 D 值均与 b_{SA} 呈现明显的线性相关关系；②在磷酸缓冲液和尿液基质中除 NSMX 外，其他四种抗生素的 k_{SA-1} 随抗生素 S_{app} 的增加而增加。由此可知，磺胺类抗生素的疏水性对其在生物炭上的吸附作用有重要影响。

D 可以表示有机物在水相和有机相自由能的差异，D 值越高表明有机物在水相总的自由能越低。b_{SA} 用于表示有机物在水相和生物炭表面自由能之间的差异。如图 3-8 所示，除 NSMX 以外，其他四种磺胺类抗生素的 D 值和 b_{SA} 之间表现出很好的线性相关关系，说明磺胺类抗生素在生物炭表面上的自由能可能与在有机相中的自由能有相同的趋势。此外，有机物的溶解性也代表着有机物在水相中的自由能和固体之间的差异，但是五种磺胺类抗生素的 S_{app} 与 b_{SA} 间表现出较差的线性相关性（图 3-9）。实际上，有机物固体的自由能代表了除溶剂化以外的键-键相互作用。因此有机物的 S_{app} 更适合用于描述由键-键相互作用主导的吸附速率。如图 3-9～图 3-12 所示，对于五种磺胺类抗生素，除了 NSMX 以外，其他四种抗生素的 S_{app} 与 k_{SA} 和 k_{SA-1} 间均表现出较好的相关性。NSMX 的异常结果表明该抗生素结构中的苯胺基团是影响吸附过程的重要因素。

3.2.5 尿液组分对吸附过程的影响

尿液主要组分（如 NH_4^+、Cl^- 和 HCO_3^-）对吸附过程的影响是通过向含有 1 g/L 生物炭的磷酸缓冲液中加入相应浓度的离子溶液测试得到的，测定吸附 120 h 后液相中磺胺类抗生素的浓度，利用式（3-11）计算获得各种离子对吸附过程的影响。

$$抑制率(\%) = \frac{\dfrac{[SA]_{aq,i}}{[SA]_T} - \dfrac{[SA]_{aq,PBS}}{[SA]_T}}{1 - \dfrac{[SA]_{aq,PBS}}{[SA]_T}} \quad (3\text{-}11)$$

式中，$[SA]_{aq,i}$ 为在尿液组分 i 存在的条件下磺胺类抗生素在液相中的浓度，μmol/L；$[SA]_{aq,PBS}$ 为磷酸缓冲液中磺胺类抗生素在液相中的浓度，μmol/L；$[SA]_T$ 为溶液中磺胺类抗生素的总浓度，mmol/L。

由于尿液中的离子强度很高，因此首先向磷酸缓冲液（5 mmol/L）中加入等量的 NaCl 溶液（0.48 mol/L）研究离子强度对吸附过程的影响。如图 3-13 所示，通过加入 NaCl 导致的离子强度的增加对抗生素吸附平衡的影响不大，表明磺胺类抗生素在尿液基质和磷酸盐缓冲液中的吸附差异性不是由离子强度差异造成的。此外，总氨氮（total ammonia nitrogen, TAN）和碳酸氢盐（HCO_3^-）是尿液中除 Cl^- 外的其他两种重要组分，通过在磷酸缓冲液中加入相应量的 NH_4^+（0.5 mol/L）和 HCO_3^-（0.25 mol/L），探究其对抗生素吸附过程的影响，

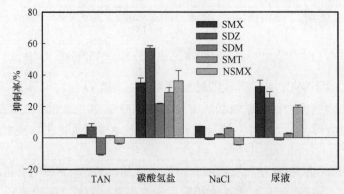

图 3-13　磷酸缓冲液中尿液组分对磺胺类抗生素吸附的影响
实验中生物炭的浓度为 1 g/L

反应体系的 pH 通过加入一定量的 NaOH 或 H_2SO_4 调至 pH 为 9。如图 3-13 所示，TAN 对吸附过程的影响较小，对 SDM 和 NSMX 而言，TAN 在一定程度上促进了其在生物炭上的吸附。相反，HCO_3^- 的存在极大地抑制了五种磺胺类抗生素在生物炭上的吸附。

Kah 等的研究发现，离子组分如 NH_4^+、Cl^- 和 HCO_3^- 的存在可能影响可电离的化合物在生物炭上的吸附作用[82]。本节实验中生物炭的 pzc=7.4，在 pH=9 的条件下，生物炭表面大多带有负电荷。同时，由于体系的 pH 较高，均高于抗生素的 pK_a 值（表 3-4），因此五种磺胺类抗生素在溶液中主要以阴离子形式（>98%）存在。Teixido 等提出在 pH=9 的条件下[79]，磺胺类抗生素和生物炭间的吸附作用很可能是通过带负电荷的氢键，$(-)$ CAHB（X⋯H⋯Y）$^-$ 相互作用形成的。研究发现，由于磺胺类抗生素的 pK_a 值和生物炭的 pzc 值很相近[83]，因此磺胺类抗生素的—SO_2NH 基团极易与生物炭上的羧基和羟基基团发生相互作用生成 $SO_2⋯H⋯O$。此外，羧酸盐和酚盐阴离子的存在更易生成 $(-)$ CAHBs[84]。由此推测，溶液中的碳酸氢盐可通过 $(-)$ CAHBs 与生物炭发生相互作用，与磺胺类抗生素的—SO_2NH 基团竞争在生物炭上的吸附位点，从而抑制了磺胺类抗生素在生物炭上的吸附。与 HCO_3^- 相比，NH_4^+ 和 Cl^- 因无法在生物炭表面生成 $(-)$ CAHBs，而对磺胺类抗生素吸附过程的影响较小。如图 3-13 和表 3-4 所示，HCO_3^- 对五种磺胺类抗生素的抑制作用程度与其摩尔折射率大小类似，表明生物炭和磺胺类抗生素间的作用力主要包括范德华力和氢键。基于对吸附过程机理的进一步分析，在后续的降解实验中，使用含有甲醇和碳酸氢盐的萃取液加速磺胺类抗生素从生物炭上的解吸过程，并提高磺胺类抗生素的萃取回收率。

3.2.6 磺胺类抗生素在生物炭/H_2O_2 体系中的降解

在用作土壤改良剂之前，需要对吸附在生物炭上的污染物作进一步的处理，以防对环境造成二次污染。Fang 等的研究发现，生物炭可以激活 H_2O_2 产生羟基自由基·OH[69]。羟基自由基具有氧化性强、选择性强的特点，能够降解多种不同种类的药物类污染物。在本节研究中，将 H_2O_2 加入含有 1 g/L 生物炭的磷酸缓冲液和尿液基质中，探究生物炭/H_2O_2 体系对五种磺胺类抗生素的降解效果。通过加入甲醇/碳酸氢钠萃取液对体系中剩余的磺胺类抗生素进行量化。如图 3-14 所示，反应 1 h 后，在磷酸缓冲液中磺胺类抗生素的浓度基本没变，表明生物炭无法激活 H_2O_2 产生能够降解磷酸缓冲液中磺胺类抗生素的活性物质（如羟基自由基），或者产生的活性组分在生成后立即失去作用。但是在尿液中除 NSMX 外，SMX、SDZ、SDM、SMT 的浓度均降低了约 60%。对照实验表明，在没有生物炭仅有 H_2O_2 存在的条件下，磺胺类抗生素在尿液基质中很稳定。由此可见，生物炭对降解磺胺类抗生素起着至关重要的作用。

尿液中磺胺类抗生素在生物炭/H_2O_2 体系中的降解可能有两方面的原因：①生物炭激活 H_2O_2 生成了一个中间产物，这个中间产物不能直接降解磺胺类抗生素，但是能够与尿液组分反应生成的次级活性物质降解抗生素。②H_2O_2 先与尿液组分反应生成中间产物，中间产物不能直接降解磺胺类抗生素，但是能够被生物炭激活产生次级活性物质降

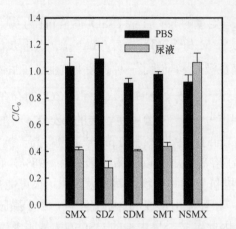

图 3-14 生物炭/H_2O_2 体系中磺胺类抗生素的降解

生物炭浓度为 1 g/L，H_2O_2 初始浓度为 1mmol/L，磺胺类抗生素的初始浓度均为 10 μmol/L，反应时间为 1h

解抗生素。为了验证上述两种假设，测定了不同反应条件（有/没有尿液组分）下 H_2O_2 的分解速率，实验结果如图 3-15 所示。在磷酸缓冲液中，有生物炭存在的条件下 H_2O_2 的浓度基本没有发生变化，表明研究使用的生物炭不能直接激活 H_2O_2，由此也证明上述假设①是不合理的。在所有的测试条件下，仅在有 HCO_3^- 存在的条件下溶液中的浓度有明显降低，表明有部分 H_2O_2 发生了分解。Richardson 等的研究发现，H_2O_2 能够与 HCO_3^- 反应生成过氧碳酸盐 [反应见式（3-12）][85]。为了验证过氧碳酸盐的生成，使用 DPD 方法测定 H_2O_2 和 HCO_3^- 共存溶液的吸光度[86]，实验表明与单一 H_2O_2 溶液的吸光度相比，HCO_3^- 的存在使得溶液的吸光度显著增加。初步用实验的方法证明了过氧碳酸盐的生成。研究发现，过氧碳酸盐能够被过渡金属激活生成 $CO_3^-\cdot$ [87]。为此研究人员推测在有 HCO_3^- 的条件下，生物炭/H_2O_2 体系中也存在类似的激活途径，即首先 H_2O_2 与 HCO_3^- 反

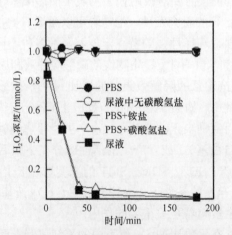

图 3-15 不同反应条件下 H_2O_2 的分解

生物炭浓度为 1 g/L，H_2O_2 初始浓度为 1 mmol/L，NH_4^+ 初始浓度为 0.5 mol/L，Cl^- 初始浓度为 0.1 mol/L，HCO_3^- 初始浓度为 0.25 mol/L

应生成 HCO_4^-，然后生物炭激活 HCO_4^- 生成 $CO_3^-\cdot$，实现体系中磺胺类抗生素的降解，式（3-12）和式（3-13）。

$$HCO_3^- + H_2O_2 \rightleftharpoons HCO_4^- + H_2O \qquad (3-12)$$

$$HCO_4^- + e^- \longrightarrow CO_3^-\cdot + OH^- \text{（被生物炭激活）} \qquad (3-13)$$

Zhang 等研究发现，NSMX 与 SMX 相似，都能够与羟基自由基反应[74, 88]。但是在 pH=9 时，SMX 能够与 $CO_3^-\cdot$ 反应，二级反应速率常数是 $2.68×10^8$ L/(mol·s)，但 NSMX 与 $CO_3^-\cdot$ 反应能力较低 [$<1×10^6$ L/(mol·s)]。Zhang 等的研究指出，由胺基取代的苯的衍生物是有机物与 $CO_3^-\cdot$ 有较高反应能力的重要原因[74]。SDZ 和 SMT 与 $CO_3^-\cdot$ 的二级反应速率常数分别为 $2.78×10^8$ L/(mol·s) 和 $4.37×10^8$ L/(mol·s)，与 SMX 相似[73]。尽管文献中未查到 SDM 与 $CO_3^-\cdot$ 的二级反应速率常数具体数值，但其具有与 SMX 相似的结构（如氨基取代苯环上的氢原子），推测它与 $CO_3^-\cdot$ 的二级反应速率常数处于同一水平。因此，NSMX 与其他四种磺胺类抗生素间存在明显的降解效率差异表明，$CO_3^-\cdot$ 在降解生物炭/H_2O_2 体系中的抗生素起到重要作用。

很多综述性文章指出生物炭能够分解 H_2O_2，但是某些类型的生物炭确实具有较低的活化 H_2O_2 的能力[69, 89]。本节实验的研究结果表明，生物炭不能直接分解 H_2O_2，但在有 HCO_3^- 的条件下，可通过激活 H_2O_2 与 HCO_3^- 反应的中间体产生活性物质，实现有机物的降解。考虑到生物炭在尿液及其他高强度废水中的应用，该种活化途径能够有效去除废水中的药物类污染物，而基于生物炭的催化体系在废水处理过程中也具有很好的应用前景。

3.2.7 小　　结

本节主要研究了磷酸缓冲液及尿液基质中五种磺胺类抗生素在人体的主要代谢产物在棉花秸秆生物炭上的吸附。当生物炭的剂量从 0.1 g/L 变化到 5 g/L 时，五种抗生素在生物炭上达到吸附平衡的时间基本都为 24 h，吸附过程遵循 Langmiur 吸附等温模型。通过对实验数据进行拟合发现，在磷酸缓冲液和尿液基质中，不同的磺胺类抗生素在生物炭上的最大吸附容量大约为 10 μmol/g。研究采用的动力学模拟，能够很好地对单独或共存于溶液中的磺胺类抗生素在生物炭上的吸附行为进行拟合和预测。尿液组分能够增加抗生素在生物炭上吸附和解吸的速率，从而缩短了达到吸附平衡的时间。磺胺类抗生素在生物炭上的吸附行为受到多种力作用的共同影响，其中范德华力和抗生素的疏水性是区分除 NSMX 外其余几种磺胺类抗生素不同吸附行为的重要因素。在尿液基质中，碳酸氢盐是抑制磺胺类抗生素在生物炭上吸附的最主要组分。为了实现磺胺类抗生素的降解，在体系中加入 H_2O_2，但仅在尿液基质中观察到了磺胺类抗生素的降解，这与涉及碳酸氢盐的反应有关。总体而言，尿液中碳酸氢盐的存在对生物炭/H_2O_2 体系中磺胺类抗生素的吸附和降解均起到了关键作用。NSMX 表现出与其余四种母体抗生素不同的效果,这与其自身结构有重要的关系,同样启示科研人员在未来研究中要更多关注除母体抗生素外的更多抗生素代谢产物的环境行为以及对其研究的重要性和重要意义。

3.3 生物炭/PDS 对磺胺类抗生素的去除

3.3.1 概　　述

近年来基于 $SO_4^-\cdot$ 的高级氧化技术因具有氧化能力强、选择性高等优点逐渐引起越来越多的关注和研究[90]。研究发现,PDS 作为一种常见的氧化剂能够通过多种途径激活,但是目前研究的激活 PDS 的方式也存在一些不足,如有毒金属离子浸出导致的二次污染问题、能耗输入大和材料稳定性差等[91],因此寻找更加经济、适用、高效的激活 PDS 的途径对扩大 PDS 的实际应用有重要意义。

此外,PDS 激活的机理有多种。PDS 激活可以产生自由基和其他非自由基氧化物质,因此 PDS 去除污染物也存在自由基和非自由基氧化等不同的途径。PDS 降解有机物的最基本的途径是通过产生自由基(如 $SO_4^-\cdot$ 和 $\cdot OH$)氧化,但近年来越来越多基于 PDS 的非自由基反应途径在研究中不断被发现,与自由基氧化相比存在明显的优势[92]。Fan 等研究了基于 $SO_4^-\cdot$ 为主的热活化 PDS 去除有机污染物[93]。而 Zhang 等的研究发现,CuO 激活 PDS 可以产生非自由基实现有机物的去除[94]。此外,Zhang 等发现 Ni 包裹的碳纳米管能够激活 PDS,通过同时产生自由基和非自由基的方式实现污染物的去除[94]。在不同的反应条件下,PDS 去除污染物的方式存在较大的差异,因此需要对 PDS 氧化有机物的机理进行更加深入的分析。此外,探索出一种高效、稳定、可回收和经济合理的方式激活 PDS 实现有机污染物的降解以及对降解机理的深度分析逐渐引起更多的关注。

3.3.2 分析方法

1. 降解实验

降解实验分别在人工合成尿液基质和磷酸缓冲液中进行,体系的 pH=9,磷酸缓冲液作为对照组。选择 SMX 及其在人体内的主要代谢产物 NSMX 为目标污染物。选择以棉花秸秆为原材料在 350℃条件下热解制备的生物炭作为吸附剂和催化剂。通过前期预实验确定体系中生物炭的剂量为 2 g/L,反应时间为 24 h,在确定时间间隔(0 h、1 h、3 h、5 h、12 h、24 h)取样,加适量的 0.1 mol/L $Na_2S_2O_3$ 终止反应,样品经甲醇/$NaHCO_3$ 溶液萃取 30 min,过膜(0.45 μm)后用 HPLC 测定溶液中残留的抗生素的浓度。

连续流实验设计:在 1 mL 的注射器管中填充 0.5 g 生物炭,生物炭两端塞入玻璃棉防止生物炭随液体流出,注射器的一端连接反应液,另一端用软管连接,用于取流出液测定其中残留的抗生素浓度。反应液是提前配制好的含有 10 μmol/L 抗生素和 1 mmol/L PDS 的溶液,利用蠕动泵将反应液泵入填有生物炭的反应柱中,经催化降解后流出。预实验结果表明 SMX 和 NSMX 在只有 PDS 的体系中很稳定，反应 24 h 后基本不发生分解。但为保证实验的准确性，反应液一次配制 500 mL，每隔 24 h 换一次反应液。为保证充分降解体系中的抗生素，连续流反应的流速确定为 0.1 mL/min。

2. 磺胺类抗生素的测定

抗生素的测定方法同 3.2，采用 HPLC 测定溶液中的 SMX 和 NSMX。采用甲醇和 0.1%的磷酸作流动相，检测波长选择 254 nm，采用梯度洗脱的方式，详见 3.2.2。SMX 的出峰时间为 7.4 min 左右，NSMX 的出峰时间为 7.6 min 左右。

3. 自由基猝灭实验

在自由基猝灭实验中，首先需要选择合适的自由基/非自由基猝灭剂（表 3-7）。在降解反应体系中加入适量的自由基/非自由基猝灭剂，与降解实验相同的取样方法对样品进行处理，通过测定溶液中剩余抗生素的浓度确定每种自由基/非自由基在降解抗生素过程的贡献率。为更好地对体系中存在的活性反应物质进行定性，利用电子顺磁共振（EPR）波谱仪对体系中的自由基等进行定性，其中选择 DMPO 捕获体系中的·OH、$SO_4^-·$ 和 $O_2^-·$，选择 TEMP 作为 $^1O_2$ 的捕获剂。

表 3-7 自由基猝灭剂的选择

自由基	猝灭剂	参考文献
·OH	叔丁醇、乙醇、甲醇	[5, 6]
$SO_4^-·$	叔丁醇、乙醇、甲醇	[5, 6]
$O_2^-·$	对苯醌（p-BQ）、Na_2CO_3	[2]
$^1O_2$	NaN_3（$k=1.2×10^8$ L/(mol·s)）、糠醇（FFA）（$k=1×10^9$ L/(mol·s)）	[3]
表面结合 $SO_4^-·$	碘化钾（KI）	[2]

4. 电子顺磁共振波谱仪测定自由基

对于测定的固体样品，取 0.2 g 加入高纯度石英管中，然后在室温下直接固定在 EPR 谱振器中。对于液体样品的分析，取 50 μL 液体与 DMPO 捕获剂混合，然后立即（<2 min）将 20 μL 混合物转移到 EPR 毛细管中，在一端用真空油脂密封，然后如上述置于 EPR 谱振器中。通过与标准自由基 DPPH 比较确定 g 因子和 ΔH_{p-p}，并在 EPR-Xenon 软件中进行图谱分析。

固体样品的检测参数设置如下：中心场 3508 G，扫描宽度 200 G，扫描时间 15 s，接收器增益 15 dB，调制振幅 1 G，扫描次数 15 次和点数 1400 次。液体样品的检测参数设置如下：中心场 3500 G，扫描宽度 200 G，扫描时间 10 s，接收器增益 30 dB，衰减 15 dB，调制幅度 1 G，扫描次数 15 次和点数 1400 次。

5. 线性扫描伏安法测定直接电子转移作用

为了确定直接电子转移在生物炭/PDS 体系中的作用，研究者采用线性扫描伏安法进行分析。具体步骤如下：称量 20 mg 生物炭，加入 200 μL 乙醇及 800 μL 纯水，使用涡旋振荡仪混合均匀后，加入 100 μL Nafio 膜溶液，随后取 60 μL 混合液滴在 FTO 导电玻璃电极（6 Ω，20 mm×20 mm×1.1 mm）上。待电极自然晾干后，加入三电极体系，连接化学工作站进行测试。

6. 降解产物毒性测定

收集连续流实验过程中的流出液，然后使流出液通过固相萃取小柱以除去磷酸缓冲液及尿液基质中的离子干扰，并对流出液中残留的抗生素进行浓缩。固相萃取的过程为：首先加入 10 mL 甲醇溶液活化萃取柱；其次使流出液通过萃取柱，抗生素及其产物保留在柱上，其他组分随废液流出；再次加入 10 mL 甲醇洗脱并收集固相萃取柱上残留的抗生素及其产物，最后通入氮气使甲醇完全蒸发，加入 10 mL 纯水溶解残留的抗生素及其产物。利用收集的抗生素及产物储备液进行细菌毒性测定。

大肠杆菌培养：实验选择的大肠杆菌的编号是 CICC23675，使用的培养基是液体 LB 培养基。LB 培养基的组成：将 10g NaCl、10 g 蛋白胨和 5 g 酵母浸粉加入 1L 超纯水中。充分搅拌均匀后，将 LB 培养基放入高温灭菌锅中在 121℃条件下灭菌 20min。灭菌后，将培养基取出放入无菌操作台中，待温度降低至室温时即可用于后续大肠杆菌的培养。

对大肠杆菌进行培养前，需要对无菌操作台和使用的移液枪和枪头等进行充分的灭菌，防止杂菌生长对实验结果造成的影响。在细菌培养时，取 10 μL 原始菌液（OD_{600} 为 0.967）加入已灭菌的培养基中，放入恒温振荡器（37℃、120 r/min）中培养 10 h 备用。进行细菌毒性实验时，取适量培养后的菌液加入 8 mL 的培养基中，然后加入 2 mL 经固相萃取过程处理的抗生素及其降解产物的储备液，在相同实验条件下培养 8 h。通过测定培养后菌液的 OD_{600}，确定抗生素及其降解产物对大肠杆菌的毒性作用。

3.3.3 磺胺类抗生素在生物炭/PDS 体系中的降解

为了探究 SMX 和 NSMX 在生物炭/PDS 体系中的降解效果，首先进行了两种抗生素在生物炭上的吸附实验。当生物炭的剂量分别为 1 g/L、2 g/L 和 5 g/L 时，SMX 和 NSMX 在磷酸缓冲液和合成尿液中的吸附情况如图 3-16 所示。实验结果表明，随着溶液中生物炭剂量的增加，能够提供更多的吸附位点，因此能够吸附更多的抗生素。在磷酸缓冲液中，当生物炭的剂量分别为 1 g/L、2 g/L 和 5 g/L 时，SMX 的去除率分别为 58%、80% 和 90%；NSMX 的去除率分别为 76%、84% 和 91%。而在尿液基质中，抗生素的去除率较磷酸缓冲液组有较明显的降低，如 3.2.5 节中所述，尿液中 HCO_3^- 的存在能够与抗生素竞争在生物炭上的吸附位点，从而抑制了抗生素在生物炭上的吸附过程。从图中可以看出，随着反应的进行，抗生素在生物炭上的吸附逐步达到平衡，SMX 和 NSMX 在生物炭上达到吸附平衡的时间约为 24 h。综合考虑抗生素的去除效率及实验过程的经济性，选择 2 g/L 的生物炭剂量进行后续的抗生素降解实验，同时确定降解实验的反应时间为 24 h。

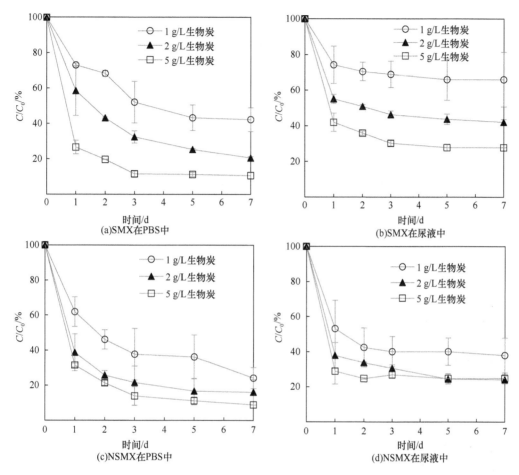

图 3-16　SMX 和 NSMX 在生物炭上的吸附
$[SMX]_0=[NSMX]_0=10\ \mu mol/L$

确定了实验所用的生物炭对 SMX 和 NSMX 的吸附效果和生物炭剂量后，研究了在不同实验体系（包括生物炭组、PDS 组、生物炭/PDS 组合组）中两种抗生素的降解效果，实验结果如图 3-17 所示。当体系中只有 PDS 存在时，反应 24 h 后，体系中 SMX 和 NSMX 均基本未发生改变，表明 PDS 不能够直接氧化有机物。同样，当体系中只有生物炭存在时，反应 24 h 后，SMX 的浓度基本未变，NSMX 的浓度较反应前降低了约 20%，表明生物炭仅能实现抗生素的相转移，不能有效氧化有机物。NSMX 浓度的降低最可能的原因是受萃取剂和萃取过程的影响，NSMX 不能保证 100%从生物炭上解吸下来，从而导致 NSMX 浓度的轻微改变。当生物炭和 PDS 同时存在体系中时，SMX 和 NSMX 的去除效率明显提高。反应 24 h 后，SMX 在磷酸缓冲液和尿液中基本实现了 100% 去除。NSMX 的去除效果略差于 SMX，在磷酸缓冲液和尿液中的降解率分别为 60%和 32%；如果考虑吸附的综合效果，NSMX 在生物炭/PDS 体系中的去除率高达 75%（磷酸缓冲液中）和 71%（尿液中）。由此可知，在 pH 较高（pH=9）的尿液体系中，生物炭/PDS 方法也能够很好地实现两种抗生素的去除。此外，对于 SMX，生物炭激活 PDS

产生活性物质是导致其降解的最主要原因,由图 3-17(a)和(b)可以看出,在反应过程中,磷酸缓冲液和尿液体系中 SMX 在水相和萃取液中的浓度基本一致。而对于 NSMX [图 3-17(c)和(d)],水相中抗生素的浓度低于萃取液中的浓度,表明 NSMX 的去除依赖于降解和吸附的综合作用。

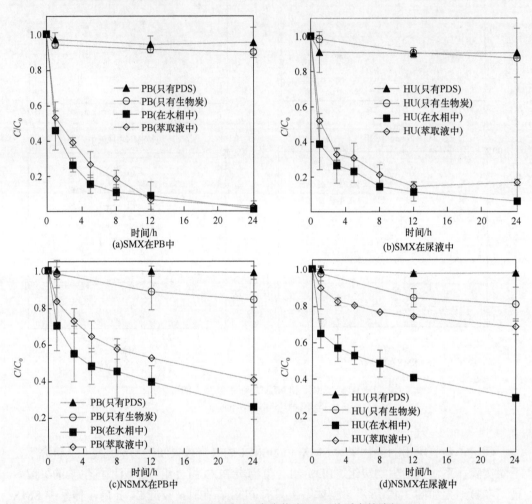

图 3-17 SMX 和 NSMX 在生物炭/PDS 体系中的降解

[生物炭]$_0$=2 g/L,[SMX]$_0$=[NSMX]$_0$=10μmol/L,[PDS]$_0$=1mmol/L

有研究指出,有机物的吸附效率越高,抗生素的降解速率越快[95]。也就是说吸附到生物炭上的有机物更容易被降解,降解后的有机物为水相中有机物提供了更多吸附位点,进而促进了水相中有机物的吸附,促进降解过程的不断进行。因此,为了探究吸附过程对抗生素降解的影响,课题组设计了这样一组实验,先在体系中加入生物炭和抗生素吸附 24 h 后,再加入相同量的 PDS,测定后续 24 h 内抗生素的降解情况,实验结果如图 3-18 所示。与同时加入生物炭和 PDS 的实现组相比,SMX 和 NSMX 在体系中的降解速率明显变快。在加入 PDS 后,SMX 基本在 1h 内完全降解。而在同时加入生物炭和 PDS 的实验中,SMX 完全降解需要约 24h。同样 NSMX 的降解速率也有明显增加。

这种结果的产生可能有两方面的解释：一种是如上所述的吸附在生物炭上的 SMX 和 NSMX 较水相中的更容易被降解；另一种是生物炭激活 PDS 产生的活性物质结合在生物炭表面，因此先吸附 24 h 再加入 PDS 能够加快抗生素的降解过程。关于此现象的进一步讨论将在后续章节介绍。

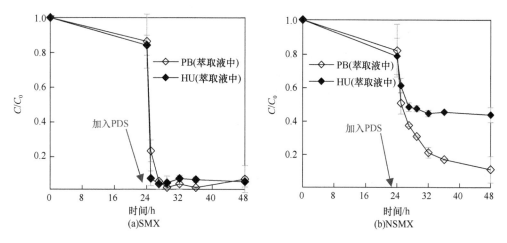

图 3-18　先吸附 24h 再加入 PDS 对抗生素降解的影响
[生物炭]$_0$=2 g/L，[SMX]$_0$=[NSMX]$_0$=10μmol/L，[PDS]$_0$=1mmol/L

本节实验采用 DPD 的方法测定了抗生素降解过程中 PDS 的分解速率[96]，实验结果如图 3-19 所示。当体系中只有 PDS 存在时，反应 24 h 后，PDS 的浓度基本不变，表明 PDS 在磷酸缓冲液和尿液基质中很稳定，基本不发生分解。当体系中同时存在生物炭时，反应进行 24 h 后，溶液中 PDS 的浓度分别降低了 65%（磷酸缓冲液中）和 64%（尿液中）。有趣的是，当体系中有 SMX 或 NSMX 存在时，PDS 的分解速率受到一定的抑制，表明 SMX 和 NSMX 的存在可能会与 PDS 竞争在生物炭上的结合位点，从而导致 PDS

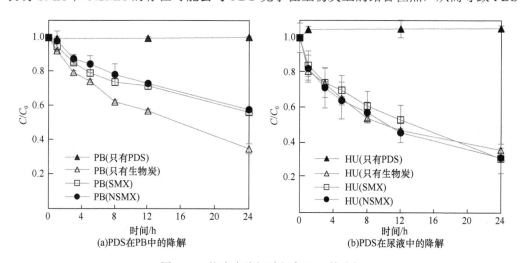

图 3-19　抗生素降解过程中 PDS 的分解
[生物炭]$_0$=2 g/L，[SMX]$_0$=[NSMX]$_0$=10 μmol/L，[PDS]$_0$=1mmol/L

分解的抑制。Ahn 等[97]和 Feng 等[98]在研究中也发现过类似的现象,并指出当体系中没有 1,4-二噁英存在时,PMS 的分解速率较有 1,4-二噁英存在时明显增加。

为了进一步验证抗生素存在对 PDS 分解的影响,改变 SMX/NSMX 和 PDS 加入的浓度,测定反应 24 h 后 PDS 的分解,实验结果如图 3-20 所示。当把 SMX 和 NSMX 的浓度增加到 100 μmol/L,对 PDS 分解的抑制作用明显增加。当 PDS 的浓度降低至 200 μmol/L,SMX 和 NSMX 的存在仍能明显抑制 PDS 的分解。该实验结果表明,SMX 和 NSMX 确实能够抑制 PDS 的分解,也进一步证明生物炭降解体系中的抗生素不是通过直接的电子转移过程发生的。有关 SMX 和 NSMX 在生物炭/PDS 体系中降解机理的研究将在后面章节进行更加深入的讨论和分析。

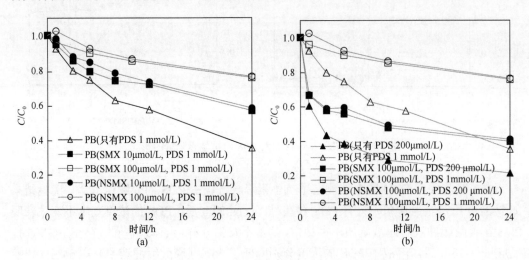

图 3-20 不同浓度的 SMX 和 NSMX 对 PDS 分解的影响
[生物炭]$_0$=2 g/L

3.3.4 尿液组分对降解过程的影响

Cl^-、HCO_3^- 和 NH_4^+ 是尿液中的三种主要组分,本小节研究了尿液组分对 SMX 和 NSMX 在生物炭/PDS 体系中降解的影响。通过在磷酸缓冲液中分别加入与尿液中相同浓度的三种离子溶液,测定 SMX 和 NSMX 的降解率,实验结果如图 3-21 所示。通过图 3-21(a)和(b)可知,在磷酸缓冲液中加入 0.1 mol/L NaCl 基本不改变 SMX 和 NSMX 的去除,表明抗生素在磷酸缓冲液和尿液基质中降解的差异性与 Cl^- 无关。与 Cl^- 不同,在磷酸缓冲液中加入相应浓度的 HCO_3^- 和 NH_4^+,并通过加入一定量的 25% NaOH 和 1 mol/L H_2SO_4 将溶液的 pH 调至 9,发现这两种离子的存在能够抑制 SMX 和 NSMX 的降解。其中,HCO_3^- 和 NH_4^+ 对 SMX 的抑制率分别为 5.2%和 24.7%,对 NSMX 的抑制率分别为 25%和 58.3%。

HCO_3^- 能够与生物炭表面通过(—) CAHBs 结合,与抗生素的—SO_2NH—基团竞争在生物炭上的结合位点[99]。此外,该实验还证明吸附过程能够加快 SMX/NSMX 在生物炭体系中的降解速率。因此，HCO_3^- 对 SMX 和 NSMX 降解过程的影响可能是通过影响抗生素在生物炭上的吸附过程导致的。另外一种可能的解释是 HCO_3^- 能够与体系中的活性物质反应［式（3-14）和式（3-15）］，通过与抗生素竞争反应活性物质而抑制了抗生素的分解。在以前的文献报道中也发现过类似的 HCO_3^- 存在抑制不同有机物的降解[100, 101]。Vicente 等人的研究指出加入 500 mg/L 的 $NaHCO_3$ 能够显著降低 diuron 的氧化和矿化速率[102]。他们在文章中指出，HCO_3^- 对 Fe^{2+}/过硫酸盐体系中有机物降解的抑制作用可能是通过与有机物竞争 $SO_4^-\cdot$ 导致的。同样地，HCO_3^- 也能与·OH 反应生成氧化能力更低和选择性更高的 $CO_3^-\cdot$，进而抑制了体系中有机物的降解，由此 HCO_3^- 也常被用作自由基猝灭剂[103, 104]。

$$HCO_3^- + SO_4^-\cdot \longrightarrow CO_3^-\cdot + SO_4^{2-} \qquad k=6.1\times10^6 \text{ L/(mol·s)} \qquad (3\text{-}14)$$

$$HCO_3^- + \cdot OH \longrightarrow CO_3^-\cdot + OH^- \qquad k=1.0\times10^7 \text{ L/(mol·s)} \qquad (3\text{-}15)$$

$$NH_3 + SO_4^-\cdot \longrightarrow \cdot NH_2 + SO_4^{2-} \qquad k=1.4\times10^7 \text{ L/(mol·s)} \qquad (3\text{-}16)$$

$$NH_3 + \cdot OH \longrightarrow \cdot NH_2 + OH^- \qquad k=9.7\times10^7 \text{ L/(mol·s)} \qquad (3\text{-}17)$$

在本节研究中，对 SMX 和 NSMX 降解过程抑制最明显的尿液组分是 NH_4^+。前面研究 NH_4^+ 对磺胺类抗生素吸附的影响时发现其对抗生素吸附的影响不明显[101]，因此 NH_4^+ 对抗生素降解过程的抑制主要是通过消耗生物炭激活 PDS 产生的活性物质。本节的研究结论与 Zhang 等的研究类似，在磷酸缓冲液中加入 NH_4^+ 能够显著抑制药物类污染物的降解[74]。如式（3-16）和式（3-17）所示，NH_4^+ 能与体系中的 $SO_4^-\cdot$ 和·OH 以较快的速率反应生成活性更低的·NH_2。综上可知，NH_4^+ 是通过与 SMX 或 NSMX 竞争体系中活性物质的方式抑制生物炭/PDS 体系中抗生素的降解。如图 3-21（d）所示，是采用 EPR 波谱仪测定的在磷酸缓冲液中加入相应浓度的尿液组分对体系中自由基浓度的影响，与对照组（PBS 和尿液）相比，加入尿液组分后体系中自由基的浓度基本未发生改变，表明尿液组分对生物炭/PDS 体系中活性物质的影响不明显。这与科研人员的实验结果相符：与磷酸缓冲液组相比，尿液组分的存在对抗生素降解起到一定的抑制作用，但不明显。

图 3-21（c）是尿液组分对 PDS 分解的影响，由图可知三种尿液组分（Cl^-、HCO_3^- 和 NH_4^+）对 PDS 分解的作用不明显，但是与对 SMX 和 NSMX 降解影响不同的是，三种尿液组分的存在对 PDS 有一定的促进作用，由此导致 PDS 在尿液基质中的分解速率略高于磷酸缓冲液中的分解速率。如图 3-21（e）所示，PDS 在磷酸缓冲液和尿液基质中的分解速率常数分别是 0.042 s^{-1} 和 0.039 s^{-1}。当在磷酸缓冲液中分别加入与尿液基质中相同浓度的 Cl^-、HCO_3^- 和 NH_4^+ 后，PDS 的分解速率常数分别为 0.0593 s^{-1}、0.0565 s^{-1} 和 0.0362 s^{-1}。NH_4^+ 对 PDS 分解的促进作用在反应开始前的 10 h 比较明显，分解速率常

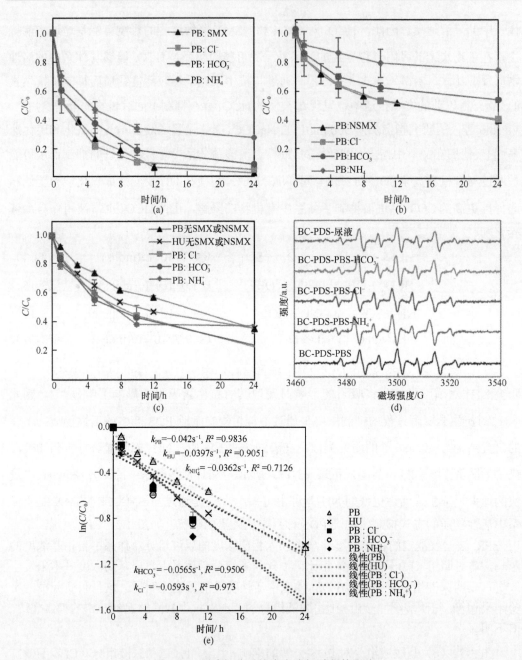

图 3-21 尿液组分对抗生素降解过程的影响

[生物炭]$_0$=2 g/L, [SMX]$_0$=[NSMX]$_0$=10 μmol/L, [PDS]$_0$=1 mmol/L, [Cl$^-$]$_0$=0.1 mol/L, [NH$_4^+$]$_0$=0.5 mol/L, [HCO$_3^-$]$_0$=0.25 mol/L

数高达 0.898 s^{-1}(R^2=0.9822),在后续的 10~24 h 内 NH$_4^+$ 的促进作用逐渐降低直至消失。总体来说,如同前面讨论中提到的,尿液组分(Cl$^-$、HCO$_3^-$ 和 NH$_4^+$)的存在能够与体系中的活性物质(如 SO$_4^-$·和·OH)反应,消耗了体系中的部分活性物质,而为了实现体系中 SMX 和 NSMX 的降解,需要产生更多的活性物质,因此生物炭需要激活更多的

PDS 补充被尿液组分消耗掉的活性物质，从而促进了体系中 PDS 的分解。降解体系中 SMX 和 NSMX 需要的自由基的量是一定的，因此在磷酸缓冲液中加入等量的尿液组分对体系中自由基的改变影响不大 [图 3-21 (d)]。

3.3.5 磺胺类抗生素的降解机理

为了对 SMX 和 NSMX 在生物炭/PDS 体系中的降解机理进行较好的阐述，本小节选择了几种常用的自由基猝灭剂（包括 TBA、乙醇、NaN_3、p-BQ、EDTA 和 KI）对体系中存在的活性物质进行验证和分析。如表 3-7 和表 3-8 所示，TBA、乙醇和 p-BQ 主要用于猝灭体系中的自由基，TBA 与·OH 的反应速率常数约为 10^8 L/(mol·s)，远高于 SO_4^-·的反应 [(4.0~9.1)×10^5 L/(mol·s)]，所以 TBA 主要用于猝灭体系中的·OH。乙醇与 SO_4^-· [约 10^7 L/(mol·s)] 和·OH [约 10^9 L/(mol·s)] 均有较高的反应能力，因此乙醇用于同时猝灭体系中的 SO_4^-·和·OH。p-BQ 主要用于猝灭体系中的超氧自由基 [约 10^8 L/(mol·s)]。NaN_3 用于淬灭体系中的单线态氧 [约 10^8 L/(mol·s)]，EDTA 主要与体系中的金属离子发生络合作用，抑制金属离子在抗生素降解过程中的作用。KI 常用于猝灭体系中的超氧自由基，但是同时能够以较高的反应速率与体系中的 SO_4^-·和·OH 发生反应，因此在本节实验中研究 KI 对多种自由基的捕获效应。在开始猝灭实验前，研究了每种猝灭剂对 SMX 和 NSMX 在磷酸缓冲液和尿液基质中的吸附效果的影响，结果如图 3-22 所示。TBA 和乙醇是常用的有机溶剂，根据相似相溶的原理，抗生素更容易在 TBA 和乙醇存在的条件下从生物炭表面解吸进入有机相，但是对抗生素猝灭实验的影响可以忽略。p-BQ 能够与尿液中的组分反应生成有颜色的物质，导致抗生素检测的困难，因此在后续研究中不再进行 p-BQ 在尿液基质中的猝灭实验。

表 3-8　部分自由基与猝灭剂反应的速率常数　　　　　[单位：L/(mol·s)]

自由基	SMX (10μmol/L)	NSMX (10μmol/L)	TBA (0.1 mol/L)	乙醇 (0.17 mol/L)	p-BQ (1mmol/L)	NaN_3 (0.01 mol/L)
·OH	6.3×10^9		(3.8~9.7)×10^7	(1.2~2.8)×10^9	1.2×10^9	1.2×10^{10}
SO_4^-·	(9~10)×10^9		(4.0~9.1)×10^5	(1.6~7.7)×10^7	3.5×10^8	2.59×10^9
O_2^-·					9.6×10^8	
$^1O_2$	(2±1)×10^4					1.2×10^8
CO_3^-·	1.2×10^8					

通过向反应体系中加入一定浓度的猝灭剂，分别研究其对 SMX 和 NSMX 降解过程的影响，实验结果如图 3-23 (a)~(d) 所示。在磷酸缓冲液中，加入 0.1 mol/L TBA 和 0.17 mol/L 乙醇对 SMX 和 NSMX 降解的抑制率分别为 24%、17%和 19%和 12%。加入乙醇后对抗生素的猝灭作用反而低于 TBA 的猝灭效果，表明体系中基本不存在 SO_4^-·，但存在·OH。为了进一步验证体系中的自由基，选择 DMPO 作捕获剂，利用 EPR 测定体系中存在的自由基种类，实验结果如图 3-23(e)所示，EPR 检测谱图未发现 DMPO-SO_4

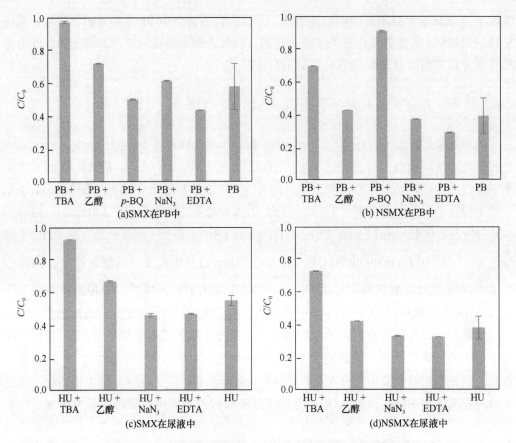

图 3-22 不同类型的萃取剂对抗生素在生物炭上吸附的影响

吸附时间 24h，[生物炭]$_0$=2 g/L，[SMX]$_0$=[NSMX]$_0$=10 μmol/L，[TBA]$_0$=10μmol/L，[乙醇]$_0$=10 μmol/L，[p-BQ]$_0$=1 mmol/L，[NaN$_3$]$_0$=0.01 mol/L，[EDTA]$_0$=1 mmol/L

的特征谱图，表明生物炭/PDS 体系中确实没有 $SO_4^-\cdot$ 的存在。但是观察 EPR 谱图发现存在 DMPO-OH 特征信号峰（1∶2∶2∶1，$\alpha_H=\alpha_N$=14.7G）[51]，进一步证实了体系中生成了·OH。但是，通过自由基猝灭实验发现，TBA 和乙醇的存在仅能抑制小部分抗生素的降解，表明自由基反应不是该体系降解 SMX 和 NSMX 的主要途径。

有文献指出，在有酮基团存在的条件下，超氧化合物可以与 H_2O 反应生成 $^1O_2$。Yin 等[101]的研究发现，$^1O_2$ 取代了 $SO_4^-\cdot$ 和·OH 成为 SDBC/PDS 体系中的主要活性物质。因此在本节的研究中选择 NaN$_3$ 作为猝灭剂，结果发现 NaN$_3$ 的存在能够降低磷酸缓冲液中 SMX 约 19%的降解和 NSMX 约 26%的降解[101]。实验结果表明体系中有 $^1O_2$ 存在，并贡献了体系中部分抗生素的降解。选择 TEMP 作为 $^1O_2$ 的捕获剂，在 EPR 谱图中观察到了 TEMP-O 的特征峰信号，通过与标准谱图［如图 3-23（f）所示，1∶1∶1，α=16.9G］进行对比，证明在生物炭/PDS 体系中有 $^1O_2$ 生成。由此可知，本节研究的生物炭/PDS 体系中抗生素的降解不是通过单一的自由基途径或非自由基途径，而是两种途径的组合导致 SMX 和 NSMX 的降解。

此外，在非自由基反应途径中，由于碳材料和污染物间存在氧化还原电位的差异，电子能够在生物炭、氧化剂和有机物间进行转移，进而实现有机物的降解。如图 3-20 所示，SMX 或 NSMX 的存在会抑制 PDS 的分解，提高 SMX/NSMX 的浓度至 100 μmol/L，对 PDS 分解的抑制率也明显增加。该结果表明，生物炭降解抗生素不是通过直接的电子转移过程进行的。因此，研究者推测是生物炭先和 PDS 结合生成生物炭-PDS 复合物，

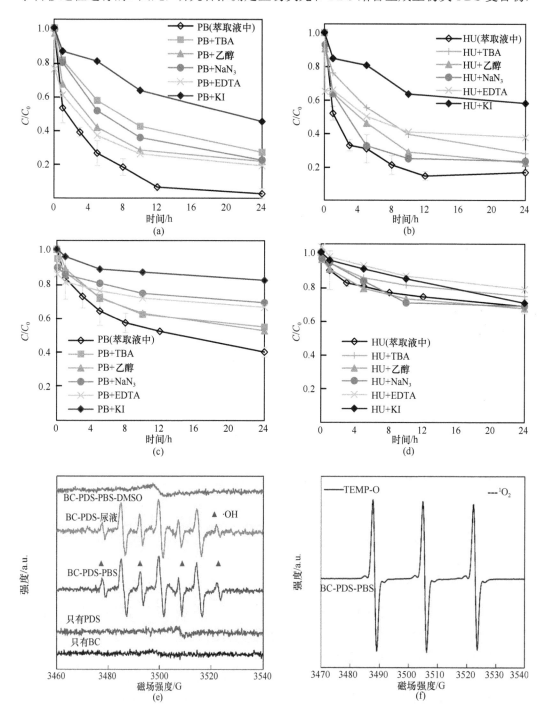

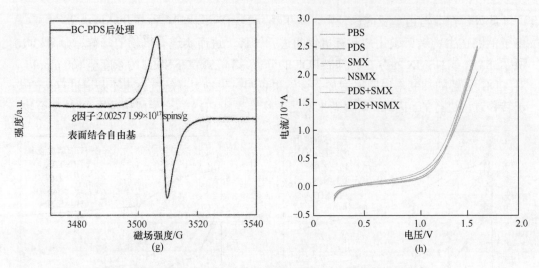

图 3-23 SMX 和 NSMX 在生物炭/PDS 体系中的降解机理研究

[生物炭]$_0$=2g/L，[SMX]$_0$=[NSMX]$_0$=10 μmol/L，[PDS]$_0$=1mmol/L，[TBA]$_0$=10 μmol/L，[乙醇]$_0$=10 μmol/L，[NaN$_3$]$_0$=0.01 mol/L，[EDTA]$_0$=1 mmol/L，[KI]$_0$=10 mmol/L；（h）是使用 LSV 法测定反应体系中电流的变化情况

然后在生物炭和 PDS 间发生电子转移生成活性物质结合在生物炭表面。当体系中有 SMX 或 NSMX 存在时，在生物炭上发生吸附作用影响了生物炭与 PDS 结合，进而对 PDS 分解产生一定的抑制作用。

为了进一步验证电子转移在生物炭/PDS 体系中的作用，本节参照文献中的方法对不同反应条件下体系中的电流变化进行了测定，实验结果如图 3-23（h）所示。线性扫描伏安法的实验是在 10 mmol/L 磷酸盐缓冲液作为电解液的电化学工作站中进行的，除缓冲液外，体系中分别加入 SMX/NSMX、PDS 及两者的组合，采用涂覆生物炭的玻璃电子作为工作站的阳极。当体系中只有抗生素或 PDS 存在时，在设定的扫描电压范围内，电流较对照组（仅磷酸缓冲液存在）增加的值较小。然而，当向体系中同时添加抗生素（SMX 或 NSMX）和 PDS 后，电流增加较单独添加抗生素及 PDS 的明显，表明从缓冲液（抗生素或 PDS）到生物炭电极有明显的电子转移过程发生。

更有趣的是，当生物炭的浓度为 2 g/L 时，在向溶液中加或不加 PDS 测定生物炭上的信号峰存在明显的差异，表明在生物炭/PDS 中可能存在着另外一种降解 SMX 和 NSMX 的反应途径［图 3-23（g）］。在以前的文献研究中 Fang 及其合作者研究发现，生物炭在热解生产的过程中能够在生物炭表面生成 PFRs。但是在本节实验中加入 PDS 后生物炭上的信号峰明显增强，而若是在持久性自由基生成的情况下加入 PDS 应该会消耗生物炭上的持久性自由基而导致信号峰的减弱，因此可排除生物炭/PDS 体系中存在持久性自由基的可能性。此外，文献中发现一些碳材料在降解有机污染物的过程中有表面结合自由基（如 $SO_4^- \cdot_{ads}$ 和 $\cdot OH_{ads}$）的生成，并且产生的表面结合自由基能够有效抵抗普通自由基的猝灭效应[105]。因此在本节实验研究的过程中，综合 EPR 谱图的特征峰信号，研究者推测体系中可能存在表面结合自由基。为此研究者选择了文献中常用的猝灭表面结合自由基的猝灭剂 KI 进行自由基猝灭实验，结果发现当在生物炭/PDS 体系中加入 10 mmol/L KI 后，反应 24 h 内，在磷酸缓冲液和尿液基质中，SMX 和 NSMX 的降解率分别降低了约 45%、42%和 2%、41%，表明体系中确实有表面结合自由基的生成并对抗生素降解发挥重要的作用。同时表面结合自由基的存在也可以很好地解释前面提到的吸附能够促进 SMX 及 NSMX 在生物炭/PDS 体系中的降解的问题。

通过上述关于 SMX 和 NSMX 在生物炭/PDS 体系中降解机理的讨论，做出了如图 3-24 所示的抗生素降解机理示意图。SMX 和 NSMX 在生物炭/PDS 体系中降解是自由基途径和非自由基途径综合作用的结果。其中在较高的 pH 条件下（pH=9），体系中存在的自由基以·OH 为主。而非自由基途径又包括产生的表面结合自由基的贡献和生成单线态氧对抗生素降解的贡献。具体的反应过程如式（3-18）～式（3-22）所示。

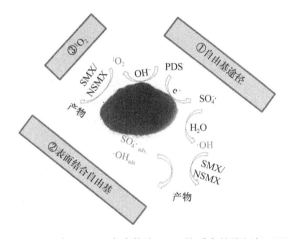

图 3-24　SMX 和 NSMX 在生物炭/PDS 体系中的降解机理示意图

1) 自由基途径

$$S_2O_8^{2-} + e^- \longrightarrow SO_4^{2-} + SO_4^- \cdot \tag{3-18}$$

$$SO_4^- \cdot + H_2O \longrightarrow SO_4^{2-} + \cdot OH \quad \text{（高 pH 下的主要反应）} \tag{3-19}$$

2) 非自由基途径

(1) 表面结合自由基

$$S_2O_8^{2-} + e^- \longrightarrow SO_4^{2-} + SO_4^- \cdot_{ads} \tag{3-20}$$

$$SO_4^- \cdot + H_2O \longrightarrow SO_4^{2-} + \cdot OH_{ads} \tag{3-21}$$

(2) $^1O_2$

$$S_2O_8^{2-} + 4OH^- \longrightarrow 2SO_4^{2-} + {}^1O_2 + 2H_2O \tag{3-22}$$

3.3.6　连续流实验及降解产物的毒性测定

1. 连续流实验

为了更好地探究生物炭/PDS 技术在实际中应用的可能性，本节设计了连续流实验，实验装置如图 3-25 所示。

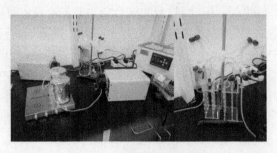

图 3-25 连续流实验装置图

图 3-26 是 SMX 和 NSMX 在生物炭填充柱上的吸附数据图。为了确定抗生素在生物炭填充柱上达到吸附平衡的时间,本节实验每隔一段时间取反应的流出液测定溶液中的抗生素浓度,直至几次测定溶液中抗生素的浓度基本不发生改变时停止实验。从图中可以看出,柱实验中 NSMX 在前 72 h 内的吸附效果要优于 SMX,与实验结果一致。SMX 和 NSMX 在生物炭填充柱上实现吸附平衡的时间分别为 48 h 和 72 h。据统计,一个成年人每日的尿量为 100~2000 mL,平均值约为每天 1500 mL。以一个 4 口之家为例,正常家庭一个月产生的总尿量约为 180000 mL,为了实现尿液中 80%抗生素的去除,需要的生物炭的量约为 625 g。因此考虑尿液的源头处理能够极大地降低有机物去除的成本。

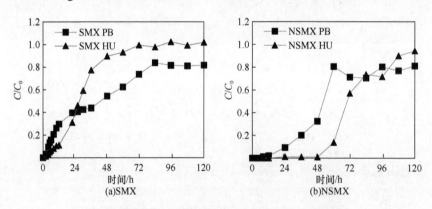

图 3-26 SMX 和 NSMX 在生物炭上的吸附(连续流)
[生物炭]$_0$=0.5g, [SMX]$_0$=[NSMX]$_0$=10μmol/L, 流速为 0.1mL/min

图 3-27 是在反应液中加入 PDS,与含有抗生素的溶液同时流经生物炭填充柱,实现抗生素的降解,在一定的时间间隔内取样测定流出液中抗生素的浓度和 PDS 的浓度。为了防止抗生素与氧化剂长时间接触发生分解,因此反应液每隔 24 h 重新配制。研究结果表明,在连续流条件下生物炭/PDS 也能够很好地实现磷酸缓冲液及尿液基质中两种磺胺类抗生素的降解。

2. 降解产物抗菌特性研究

对于抗生素而言,抗菌特性是衡量其毒性的重要指标之一。本节选择大肠杆菌(*E.coli*)作为模式生物,研究抗生素及其产物对该菌生长情况的影响。抗生素的抑制作用的计算公式如式（3-22）所示。

本节选取培养 10 h 的菌液进行毒性实验，此时该菌处于对数生长期。图 3-28 是大肠杆菌在不同浓度的 SMX 和 NSMX 溶液中的生长抑制率。当 SMX 的浓度从 0 μmol/L 增加到 40 μmol/L 时，对大肠杆菌的抑制作用从 0%增加到约 100%，表面 SMX 的抗菌特性较强。而对于 NSMX，当溶液中 NSMX 的浓度从 0 μmol/L 增加到 30 μmol/L 时，

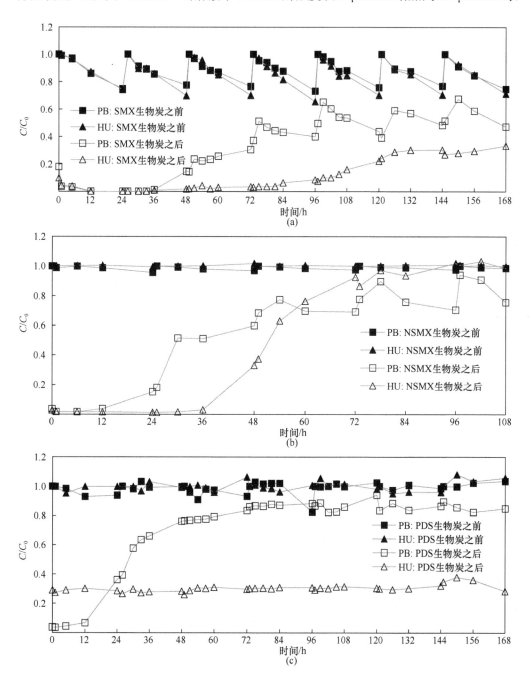

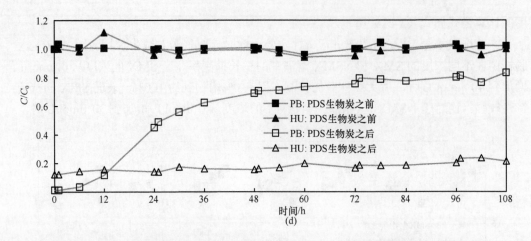

图 3-27 SMX 和 NSMX 在生物炭/PDS 体系中的降解（连续流）图

PB：磷酸盐缓冲溶液；HU：尿液基质；[生物炭]$_0$=0.5g，[SMX]$_0$=[NSMX]$_0$=10 μmol/L，[PDS]$_0$=1 mmol/L，流速为 0.1 mL/min

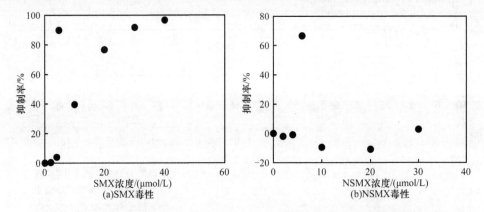

图 3-28 大肠杆菌在不同浓度的 SMX 和 NSMX 溶液中的生长抑制率

对大肠杆菌的抑制作用基本没变，且数值均在 0%左右波动，表明 NSMX 对大肠杆菌基本无毒。文献研究指出磺胺类抗生素的化学结构与对氨苯甲酸（PAPA）类似，能够与 PAPA 竞争二氢叶酸合成酶，影响二氢叶酸的合成，因而抑制细菌的生长和繁殖。NSMX 抗菌毒性的消失可能与其结构改变有关。

由于从连续流反应中收集的样品中同时含有尚未被降解的母体抗生素 SMX 或 NSMX 及降解产物，体系中剩余的 SMX 或 NSMX 的浓度可通过 HPLC 测定，通过向磷酸缓冲液中加入相同浓度的 SMX 或 NSMX 作为对照组，通过与流出液的毒性进行对比，可确定降解产物对大肠杆菌的毒性。

SMX 和 NSMX 经生物炭柱与不同活性物质反应后的样品对大肠杆菌的生长抑制率见图 3-29。从图中可以看出，几乎所有的样品点都与对应的标准曲线重合或轻微高于标准曲线，证明样品的抑制作用基本完全来自样品中残留的 SMX 及 NSMX，降解产物不再具有抗菌活性。

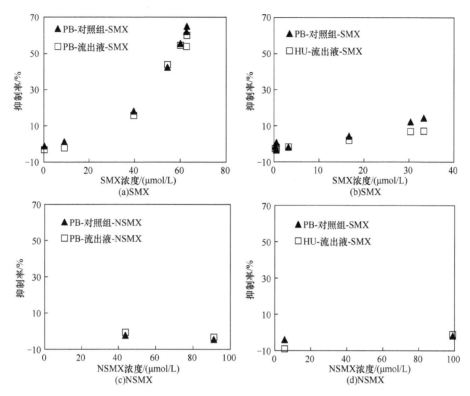

图 3-29 SMX 和 NSMX 在连续流实验中降解产物的毒性分析

[生物炭]$_0$=0.5 g,[SMX]$_0$=[NSMX]$_0$=10 μmol/L,[PDS]$_0$=1 mmol/L,流速为 0.1 mL/min

▲表示 SMX 及 NSMX 的抑制作用,即标准曲线;□表示不同时刻样品的总抑制作用

3.3.7 小 结

本节主要研究了磷酸缓冲液和尿液基质中 SMX 及其在人体内的主要代谢产物 NSMX 在生物炭/PDS 体系中的降解。研究发现,生物炭能够很好地激活 PDS 产生活性物质实现这两种磺胺类抗生素的降解。反应 24 h 后 SMX 的去除率高达 100%,NSMX 的去除率最高可达 75%。研究了尿液主要组分(Cl^-、HCO_3^- 和 NH_4^+)对抗生素降解过程的影响,发现 SMX 及 NSMX 在尿液基质与磷酸缓冲液中降解的差异性与 Cl^- 无关,主要是由 HCO_3^- 和 NH_4^+ 造成的,其中 NH_4^+ 对抗生素降解的抑制作用最明显。研究发现,HCO_3^- 和 NH_4^+ 主要是通过与抗生素竞争体系中的活性物质实现对抗生素降解的抑制。自由基猝灭实验和 EPR 谱图结果表明,SMX 和 NSMX 在生物炭/PDS 体系中的降解是自由基反应和非自由基反应综合作用的结果。其中,·OH 是体系中存在的主要自由基组分;单线态氧和电子转移作用共同构成了非自由基反应途径。连续流实验的结果表明生物炭/PDS 技术成本低、效率高,能够有效去除污水中的磺胺类抗生素,具有很好的实际应用前景。降解产物的抗菌实验研究表明,降解后的产物的抗菌特性消失,对环境可能造成的影响降低了。总体来说,生物炭/PDS 技术对实现源分离尿液中抗生素的去除有重要意义。

3.4 生物炭/氯胺对药物类污染的去除

3.4.1 概 述

人们日渐关注内分泌干扰物［EDCs，如雌二醇（E2）和炔雌醇（EE2）］对野生动植物、人类和自然环境的影响[106]。人类尿液、医院废水和污水处理厂废水（WWTPs）是 EDCs 的主要来源[107]。例如，人类通过尿液排出天然雌激素，特别是孕妇每天排出 0.26～0.79 mg 的雌酮（E1），0.28～0.60 mg 的雌二醇（E2），以及大约 10 mg 的雌三醇（E3）[107, 108]。一些研究已经证明低至纳克每升的 E2 和炔雌醇（EE2）可以影响野生动物和人类的内分泌系统[109]。EDCs 通常具有与雌激素受体结合的能力，从而影响内分泌系统[110]，导致许多疾病。这些疾病包括雄性动物雌性化[111]、前列腺和睾丸癌[112]、精子数量减少[113]等。因此，有人提出对经由尿液/粪便分离厕所收集的源分离尿液进行单独处理，以实现回收尿液中的营养物质（如氨氮和磷酸盐），并减少污水处理厂的污染负荷的目的[73, 74, 114]。此外，考虑到源分离的尿液中含有大量的 EDCs 和药物代谢物，国内外许多课题组已开发出多种技术，如电解[115]、纳滤[116]及高级氧化工艺[73]等，用于去除有机微污染物。然而，这些技术的开发需要巨大的资本投资、能源消耗和维护成本，因此现阶段科研人员需要开发更具成本效益和高效率的源分离尿液处理技术。

生物炭是一种稳定的富含碳元素的产品，主要通过植物和动物生物质的热解或炭化制备。目前，生物炭逐渐应用于环境修复和土壤治理[4, 117]。据报道，生物炭已经用作吸附剂来去除水和土壤中的有机微污染物（如杀虫剂、染料和抗生素）和重金属（如砷、铅、汞）[118]。生物炭十分适用于尿液处理，因为：①经处理的尿液通常用作农业生产的肥料，而农业生产的废弃生物质也为生物炭的生产提供原料；②由于生物炭的多孔性，生物炭有望将营养物质集中地收集在尿液中，并进一步加工成土壤改良剂；③生物炭从尿液中吸附有机微污染物，并可通过添加化学氧化剂进一步分解有机微污染物。多项研究报道了生物炭激活氧化剂的能力，被金属改性的生物炭激活氧化剂[28, 119, 120]，或者含有 PFRs 的生物炭激活，从而产生自由基以降解有机微污染物。然而，该类方法的一个主要缺点是当金属负载生物炭在废水处理和土壤修复中应用时，可能产生相关的金属二次污染。此外，考虑到 PFRs 较短的寿命，以及其与氧气的强反应活性[121]，研究人员需要重新考虑不含 PFRs 的生物炭是否仍然具有激活氧化剂以除去有机微污染物的能力。这将提供有关不含 PFRs 的生物炭在废水处理和土壤修复中的应用新观点。

出于控制病原体数量的目的，通常使用自由氯（FC）进行源分离的尿液处理[122, 123]。考虑到尿液在暴露于 FAC 之前通常会保存一段时间，高浓度的氨类物质由于尿素的水解将被储存在尿液中。在这种情况下，通过氨与适量 FC 反应所产生的氯胺是尿液处理过程中所含的主要消毒剂。尽管氯胺在灭活微生物方面是有效的，但由于其较弱的氧化能力而无法去除有机微污染物。然而，如果通过适当的方法激活，氯胺可能会产生自由基基团，从而消除水溶液中的某些化学污染物[124, 125]。

本节介绍了生物炭激活氯胺的过程，以降解源分离尿液中 EDCs 的反应途径及相关机理。本节研究主要介绍了：①生物炭对氯胺激活的可能性，以及生物炭/氯胺体系去除 EDCs 的能力；②在磷酸盐缓冲液和水解尿液中产生活性物质的机理；③生物炭催化氯胺的机理；④水解尿液对生物炭/氯胺体系的影响；⑤经生物炭/氯胺处理后 E2 和 EE2 的等效雌激素效应。本节研究旨在为基于生物炭的氯胺激活以及碳类物质在源分离尿液处理中催化激活氧化剂产生自由基的潜在机理提供新的见解。

3.4.2 分析方法

1. 生物炭的制备与表征

首先，将干燥的棉花秸秆、小麦秸秆和玉米秸秆在研磨机上研磨成粉末，并通过 40 目筛。然后将装有秸秆粉末的 25 mL 坩埚放入马弗炉中，起始温度约为 20℃，然后以每分钟升高 10℃的速度升至所需温度并在所需温度下保持 2 h。冷却后，将生物炭转移到烧杯中并搅拌 1h 以达到溶解平衡。然后，将生物炭溶液洗涤数次，直至在紫外光分光光度计下检测到 254 nm 下的吸光度小于 0.005 为止。最后，将含有生物炭溶液的烧杯放入 80℃的干燥箱中干燥。

本节实验使用 Nicolet iS10 光谱仪（Thermo Fisher，USA）分析五个生物炭的傅里叶变换红外光谱。使用 PHI1600 ESCA（PerkinElmer，USA）分析 X 射线光电子能谱（XPS）。

2. 降解实验

在装有水解尿液的 10 mL 玻璃瓶中进行批量实验。根据表 3-9 中的配方制备水解尿液。水解尿液的 pH 约为 9，与实际水解尿液的 pH 接近[115]。为了阐明反应机理，在磷酸缓冲液（5 mmol/L，pH=9）中进行生物炭激活氯胺反应。此外，初始反应溶液含有 1 g/L Cot350，0.3 mmol/L NH_4Cl，0.15 mmol/L 次氯酸和 10 μmol/L E2 或 EE2。因此，氯化铵和次氯酸迅速反应生成 0.15 mmol/L 的氯胺[125]。定时地抽取 1.5 mL 混合物用于分析，在加入 0.1 mol/L 硫代硫酸钠猝灭剂后，将 1.5 mL 溶液样品以 14000 r/min 离心 20 min，然后将上清液转移至 HPLC 用于水相 EDCs 的分析。将另外 1.5 mL 乙醇（99%）加入到固相中，然后将混合物置于超声装置中 30 min。随后，将混合物通过 0.45 μm 的聚醚砜（PES）过滤器过滤，由 HPLC 分析吸附在生物炭上的 EDCs。因此，通过结合

表 3-9 水解尿液组分表

化合物	浓度/(g/L)
氯化钠	3.50
硫酸钠	2.13
氯化钾	2.98
氨水	15.92（8.5 mL/L，NH_3，0.91 g/L）
二水合磷酸二氢钠	1.63
碳酸氢铵	19.76

注：pH=9。

水相的 EDCs 和吸附的 EDCs 可以获得可萃取的 EDCs 的总浓度。为了进一步研究生物炭/氯胺体系，用不同浓度的氯胺（0.075 mmol/L、0.15 mmol/L 和 1 mmol/L）和生物炭（0.5 g/L、1 g/L 和 5 g/L）进行批量实验。另外，根据上述方法，将磷酸盐缓冲液和水解尿液中的四种其他生物炭（CS350、CS700、WS350、WS700）用于降解实验。

3. 仪器分析

使用 DPD 方法测定氯胺的浓度[125]。通过配备 C18 柱（4.6 mm×150 mm，5 μm 粒径）和设置在 220 nm 和 280 nm 的 UV 检测器（2489 UV/Vis 检测器）的 HPLC（Waters e2695，Waters，Milford，MA，USA），以测定 E2、EE2、苯酚和苯甲醚的浓度。使用 Bruker E500 EPR 波谱仪检测自由基的生成[126]。应用重组雌激素酵母测定生物炭/氯胺处理后的等效雌激素浓度[127]。

此外，本节研究采用 EPR 波谱仪测定生物炭样品中的 PFRs，并研究生物炭/氯胺体系中形成的自由基基团。对于固体样品，将 0.2 g 生物炭加入高纯度石英管中，然后在室温下直接固定在 EPR 谐振器中。为了分析液体样品，抽取 50 μL 溶液并与捕获剂混合，然后立即（<2 min）将 20 μL 混合物转移至 EPR 毛细管，在一端用真空油脂密封，然后如上所述置于 EPR 谐振器中。通过与标准基团 DPPH 比较测定 g 因子和 ΔH_{p-p}，并使用 EPR-Xenon 软件分析。

进行线性扫描伏安法实验以确定直接电子转移在生物炭/氯胺体系中的作用[128]。进行紫外光-亚硝酸盐实验以测量·NO 在 E2 和 EE2 降解中的作用[129]。此外，本节研究还进行了催化实验和猝灭实验，并研究了水解尿液对生物炭/氯胺体系的影响。

3.4.3　结果与讨论

1. 雌激素在生物炭/氯胺体系中的降解

为了探明生物炭激活氯胺的可能性，本节首先研究了在仅有氯胺、仅有生物炭和生物炭/氯胺耦合体系下的磷酸盐缓冲溶液中 E2 和 EE2 的降解。如图 3-30（a）和（b）所示，在 48 h 内，E2 和 EE2 在生物炭/氯胺体系下几乎完全降解，而只加入生物炭的对照组仅去除了 32.5%的 E2 和 34.8%的 EE2。在反应时间内，氯胺无法去除 E2 和 EE2。而在水解尿液中 E2 和 EE2 的降解较慢，在 48 h 内，去除了约 90%的 E2 及 EE2。在最初的 12 h 内，大约 90%的 E2 和 EE2 被磷酸盐缓冲液体系中的生物炭/氯胺降解，而在接下来的 36 h 内仅有另外 10%的 E2 和 EE2 被进一步降解。这些结果表明 Cot350 能够激活氯胺，并且与只加入 Cot350 相比，生物炭/氯胺显著地促进了 E2 和 EE2 的去除。

此外，生物炭/氯胺体系降解 E2 和 EE2 的动力学显示在磷酸盐缓冲液和水解尿液中 E2 及 EE2 的降解速率均逐渐降低。这表明 Cot350 上的催化位点被氯胺显著地消耗，或者在反应过程中大量氯胺被分解。因此，研究者监测了多次添加氯胺的浓度变化的趋势。如图 3-30（c）所示，大多数的氯胺在最初的 24 h 内被 Cot350 分解。在每个循环后，研究者将氯胺浓度重新提高至约 0.15 mmol/L。不同循环中氯胺的相似分解速率表明

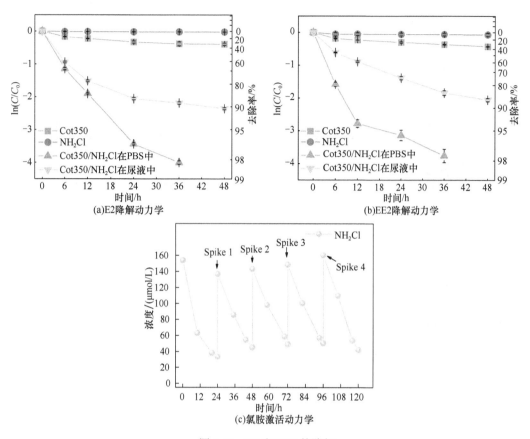

图 3-30 E2 和 EE2 的降解

实验条件：$[Cot350]_0 = 1$ g/L，$[NH_4Cl]_0 = 0.30$ mmol/L，$[FC]_0 = 0.15$ mmol/L，$[E2]_0 = [EE2]_0 = 10$ μmol/L，$[PBS]_0 = 5$ mmol/L，pH = 9；$T = 25$℃

Cot350 上的催化位点基本上没有消耗。为了测试 Cot350 上的催化位点是否被 0.15 mmol/L 氯胺完全占据，研究者随后研究了 E2 和 EE2 在不同浓度的 Cot350/氯胺处理下的降解效果。在磷酸盐缓冲液和水解尿液中，Cot350 和氯胺浓度的增加促进了 24 h 时 E2 和 EE2 的降解（图 3-31）。因此，研究者在之后的实验中采用 1g/L 的生物炭和 0.15 mmol/L 的氯胺。

类似于电子转移介导的过氧化物的分解过程，过氧化物断键并产生具有较弱氧化能力的稳定阴离子和自由基。因此，研究者假设生物炭对氯胺的分解产生·NH_2 和 Cl^-。实际上，据报道，在不存在溶解氧的情况下 Fe（Ⅱ）可以激活氯胺并产生·NH_2[125]。但是，其他反应机理也是可能的。例如，虽然 E2 和 EE2 在氯胺溶液中是稳定的，但生物炭可能影响氯胺和 HOCl 之间的平衡 [式（3-23）和式（3-24）]。这可以促进 EDCs 和 HOCl 之间的反应，因为自由氯可以非常快速地与 E2 和 EE2 反应 [图 3-32（a）]。通过生物炭作为电子介体的直接电子转移是另一种可能的反应机理，该现象有相关报道[128, 130, 131]。因此，研究者提出了生物炭激活氯胺以降解 E2 和 EE2 的四种潜在机理，并设计了相关实验来检验。

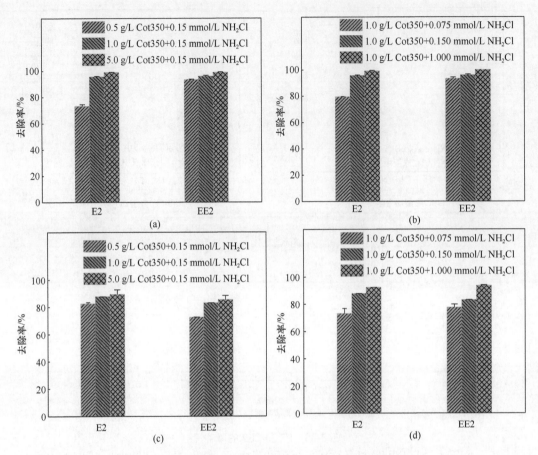

图 3-31 E2 和 EE2 在不同浓度生物炭及氯胺下的降解效果

(a) PBS 中生物炭浓度对 E2 和 EE2 降解的影响；(b) PBS 中氯胺浓度对 E2 和 EE2 降解的影响；(c) 水解尿液中生物炭浓度对 E2 和 EE2 降解的影响；(d) 水解尿液中氯胺浓度对 E2 和 EE2 降解的影响。实验条件：$[Cot350]_0 = 0.5$ g/L、1.0 g/L、5.0 g/L，$[NH_2Cl]_0 = 0.075$ mmol/L、0.150 mmol/L、1.000 mmol/L，$[PBS]_0 = 5$ mmol/L，$[E2]_0 = [EE2]_0 = 10$ μmol/L，pH = 9，$T = 25$ ℃

$$NH_3 + HOCl \rightleftharpoons NH_2Cl + H_3O^+ \tag{3-23}$$

$$生物炭 + NH_4^+/NH_3 \longrightarrow 生物炭-NH_4^+/NH_3 \tag{3-24}$$

2. 雌激素在生物炭/氯胺体系中的降解机理

1）假设一：自由氯导致 EDCs 降解

考虑到氯胺的反应 [式 (3-23)] 是可逆的[125]，验证生物炭的存在是否有利于由氨的吸附而生成自由氯的反应是必要的。式 (3-23) 和式 (3-24) 提出了自由氯生成的可能机理，并且确认自由氯对 E2 和 EE2 的去除非常有效 [图 3-32 (a)]。加入过量的氨可以促进式 (3-23) 正向进行而抑制自由氯的产生。因为本节已经证明了氯胺与 E2 和 EE2 并不反应 [图 3-30 (a)]，如果主要活性物质是自由氯，过量的氨会降低 E2 和 EE2 的降解速率。然而，如图 3-32 所示，增加 NH_4Cl 的浓度在 6 h 内显著增强了 E2 和 EE2 的降解，这表明自由氯并不是该体系造成 E2 或 EE2 降解的原因。此外，由于氯胺的浓度保持几乎相同[图3-32(c)],增强的降解表明氨在生物炭/氯胺体系中具有的重要作用。

2)假设二:直接电子转移

许多先前的研究已经报道了非自由基过程,如通过含碳材料作为电子介体以去除有

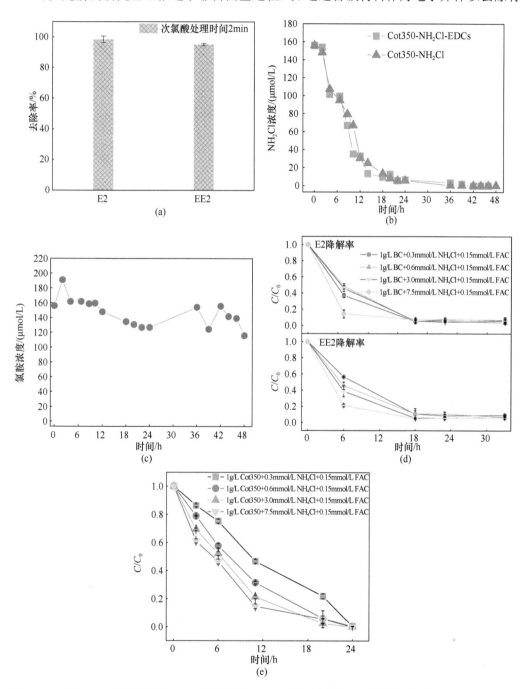

图 3-32　(a) 2min 内自由氯对 EDCs 的去除率;(b) 氯胺在生物炭下的降解动力学;(c) 氯胺的稳定性;(d)、(e) 不同氯化铵浓度下的 EDCs 降解动力学及氯胺分解动力学

机微污染物[128, 130, 132]。例如，Lee 等证实碳纳米管（CNT）通过直接电子转移激活过硫酸盐以去除酚类化合物[130]。因此，研究者在 5 mmol/L 磷酸盐缓冲液（pH=9）中，采用（LSV）法并以 5 种生物炭和一种单壁碳纳米管（SWCNT）作为工作电极，测试不同实验条件下的电流强度。如果 E2 及 EE2 的降解是由于直接电子转移，则 EDCs-氯胺的 LSV 曲线将比单独添加 EDCs 和单独添加氯胺的 LSV 曲线更陡峭。然而，与单独添加 EDCs 和单独添加氯胺的 LSV 曲线相比（图 3-33），共同添加 EDCs 和氯胺的电流曲线几乎没有变化，这表明没有显著的直接电子转移现象发生。

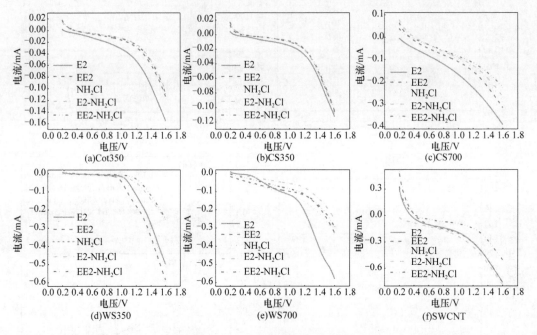

图 3-33　LSV 的电流-电压曲线

实验条件：$[E2]_0 = [EE2]_0 = 10\ \mu mol/L$，$[NH_2Cl]_0 = 0.15\ mmol/L$，$[PBS]_0 = 5\ mmol/L$

3）假设三：表面结合自由基、氯原子、活性氧自由基

据报道，表面结合自由基在多种微污染物的降解中起主要作用[98, 133]。五种生物炭分别与氯胺混合形成表面结合自由基。处理后，WS350 和 CS350 中 PFRs 的浓度略微降低，而 Cot350 和 CS700 中的 PFRs 浓度增加至大约 10^{16} spins/g，比 WS350 和 CS350 低两个数量级（表 3-10 和图 3-34）。此外，除了 WS700 外，生物炭的 g 因子均小于 2.003，属于以碳为中心的自由基[134]。因此，研究者提出氯胺会消耗生物炭表面的 PFRs，而氯胺也会促进碳中心自由基的形成。然而，通过比较不同生物炭/氯胺体系对 E2 和 EE2 的降解（图 3-35），研究者得出结论，尽管观察到表面结合自由基的 EPR 信号增强，表面结合自由基对 E2 和 EE2 的降解贡献可忽略不计。

图 3-35（c）显示，添加或不添加 TBA 对 E2 和 EE2 去除率的影响可以忽略不计。TBA 是·Cl 和·OH 的猝灭剂[135]，并且 TBA 对·NH$_2$ 没有反应活性[124]，这表明即使·OH 和·Cl 在生物炭/氯胺体系中产生，它们也不会导致 E2 和 EE2 的去除。此外，据报道，其他 ROS

表 3-10　经过氯胺处理后的不同生物炭的 PFRs 浓度、g 因子及线宽

样品	g 因子	线宽 $(\Delta H_{p\text{-}p})/G$	PFRs 浓度/[L/(mol·s)]
Cot350	2.00252	3.7098	8.25×10^{16}
WS350	2.00281	5.5918	2.70×10^{18}
WS700	NaN	NaN	NaN
CS350	2.00293	5.1186	1.77×10^{18}
CS700	2.0029	3.0208	2.46×10^{16}

注：NaN 表示无 PFRs 浓度。

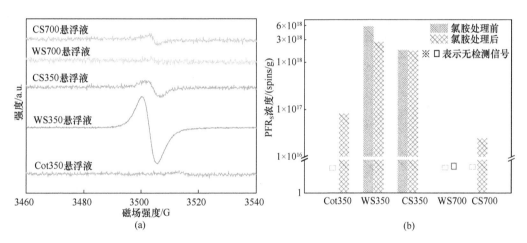

图 3-34　(a) 五种生物炭悬浮液的 EPR 谱图；(b) 经过 0.15mmol/L 氯胺处理 30min 后的表面自由基浓度

的产生，如 $^1O_2$ 或 $O_2^- \cdot$，可以去除芳烃类污染物[136,137]。然而，通过 EPR 检测不到 TEMP 可捕获的 $^1O_2$[51]或 DMPO-DMSO 可捕获的 $O_2^- \cdot$ [138]［图 3-35 (d)］。图 3-35 (d) 中，○ 代表与 DMPO-OH 加合物信号一致的 EPR 波谱（超精细分裂常数 $\alpha_H = \alpha_N = 14.89$ G）[121]。

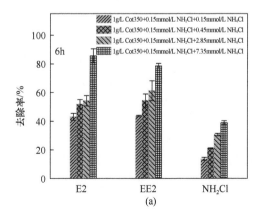

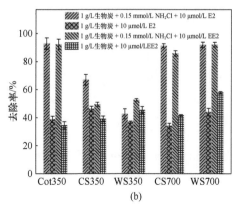

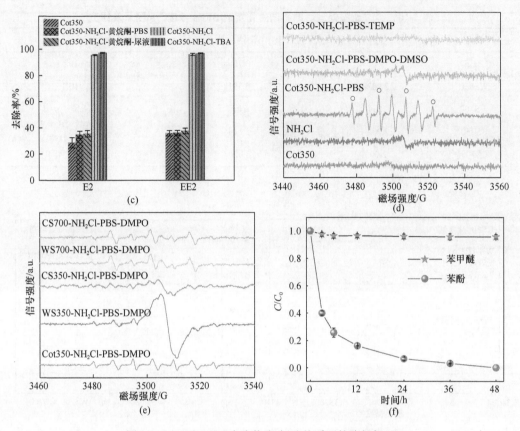

图 3-35　E2 和 EE2 在生物炭/氯胺体系下的降解机理

(a) 6h 内不同氯化铵浓度下的 EDCs 及氯胺降解效果；(b) 24h 内生物炭及生物炭/氯胺对 EDCs 的降解效果；(c) 不同猝灭剂对 EDCs 降解的影响；(d) 不同捕获剂对生物炭/氯胺体系的 EPR 谱图；(e) 不同生物炭/氯胺体系的 EPR 谱图；(f) 苯酚及苯甲醚在生物炭/氯胺体系下的降解效果。实验条件：$[Cot350, WS350, WS700, CS350, CS700]_0 = 1$ g/L，$[NH_4Cl]_0 = 0.30$ mmol/L，$[FC]_0 = 0.15$ mmol/L，$[PBS]_0 = 5$ mmol/L，$[E2]_0 = [EE2]_0 = [苯酚]_0 = [苯甲醚]_0 = 10$ μmol/L，$[DMPO]_0 = [DMPO-DMSO]_0 = [TEMP]_0 = 150$ mmol/L，$[DMSO]_0 = 1\%$ 黄烷酮，$[黄烷酮]_0 = 100$ μmol/L，$T = 25$ ℃，pH = 9

虽然 EPR 波谱证实了·OH 的存在，TBA 猝灭实验却表明·OH 在生物炭/氯胺体系中的 EDCs 降解中无重要作用。其余信号仍未知，并且图 3-35（d）中 EPR 信号的超精细分裂常数与 DMPO 氧化产物（DMPOX，$\alpha_N = 7.3 \pm 0.1$ G 和 $\alpha_H = 3.9 \pm 0.1$ G）不一致[128]。相较于 Fe（Ⅱ）和氯胺反应的 EPR 波谱 [图 3-36（b）]，可以得出结论，剩余的 EPR 信号可能归因于 RNS（如·NH$_2$O$_2$、·NO）。因此，研究者进行猝灭实验以验证特定的 RNS 的存在。

4）假设四：活性氮自由基

Vikesland 和 Valentine 证明了 Fe（Ⅱ）可以激活氯胺生成·NH$_2$[125]。·NH$_2$ 可以被氧气迅速氧化，产生其他 RNS，包括·NO、HNO 和·NH$_2$O$_2$[139]。研究者假设生物炭激活氯胺产生 RNS 作为 E2 和 EE2 降解的主要贡献者，进行了 EPR 实验和 RNS 猝灭实验。通过与 DMPO-NH$_2$ 加合物的 EPR 波谱比较，证实了·NH$_2$ 的产生不显著[125]。为了进一步证

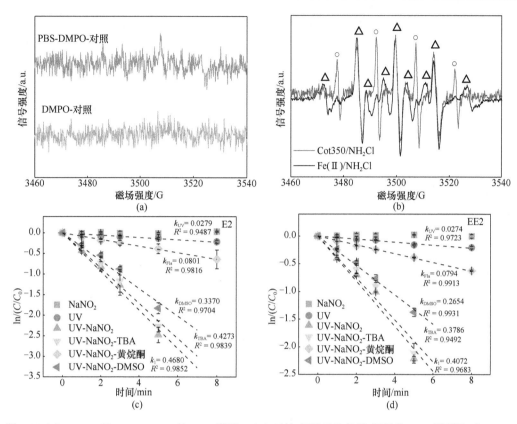

图 3-36 (a) DMPO 及 DMPO-PBS 的 EPR 谱图；(b) 亚铁/氯胺及生物炭/氯胺的 EPR 谱图比对；(c)、(d) 紫外光-亚硝酸盐体系下 E2 和 EE2 的降解

实验条件：$[Cot350]=1$ g/L, $[DMPO]_0=150$ mmol/L, $[PBS]_0=5$ mmol/L, $[Fe(II)]_0=0.179$ mmol/L, $[NH_2Cl]_0=0.704$ mmol/L Fe(II), $[NH_2Cl]_0=0.15$ mmol/L 生物炭，$[NaNO_2]_0=10$ mmol/L, $[TBA]_0=1\%$, [黄烷酮]$_0=100$ μmol/L, $[DMSO]_0=1\%$, EPR 反应时间 2 min 以内；$NaNO_2$ 的摩尔吸光系数 $\varepsilon_{254nm}=16.75$ mol/(L·cm)

实在不同的生物炭/氯胺体系中产生了·NO，另外四种生物炭被用作氯胺激活剂。与 Cot350、WS700 和 CS700 相比，WS350 和 CS350 显示出更小的信号强度[图 3-34 (a) 和图 3-35 (e)]。为了验证研究者的假设：·NO 降解了 E2 和 EE2，研究者首先证实了 E2/EE2 与·NO 之间的反应性，然后在有·NO 猝灭剂的情况下检测生物炭/氯胺体系中 E2 和 EE2 的降解。因此，研究者选择进行紫外光-亚硝酸盐实验，紫外光导致亚硝酸盐裂解产生·NO 和·OH [式 (3-25) 和式 (3-26)]，并且大部分的·OH 被亚硝酸盐转化为·NO$_2$ [式 (3-27)]。图 3-36 (c) 和 (d) 显示 E2 和 EE2 降解符合拟一级动力学，并且注意到加入 TBA 以猝灭·OH 和·NO$_2$ 时，E2 和 EE2 的降解不受影响。·NO 对 E2 和 EE2 表现出优异的反应活性并对其降解起主要作用，而·OH 对 E2 和 EE2 的去除贡献可忽略不计，因为大多数·OH 被亚硝酸盐猝灭。为了进一步量化·NO 对 E2 和 EE2 降解的贡献，研究者引入了黄烷酮作为·NO 猝灭剂[140, 141]。首先，在紫外光-亚硝酸盐体系中引入黄烷酮，以测定其对 E2 和 EE2 降解的抑制作用。结果显示，黄烷酮在紫外光-亚硝酸盐条件下显著抑制 E2 和 EE2 的消除，并且作为助溶剂的 DMSO 仅略微抑制 E2 和 EE2 的降解 [图 3-36 (c) 和 (d)]。因此，研究者证实黄烷酮可以猝灭·NO，并且导致 E2 和 EE2 的降解

效果变差。随后,研究者证明 E2 和 EE2 的降解被抑制到单独用生物炭处理时 E2 和 EE2 的降解水平,因此·NO 被确认为生物炭/氯胺中 E2 和 EE2 消除的主要贡献者[图 3-35 (c)]。此外,添加黄烷酮后,磷酸盐缓冲液和水解尿液中 EDCs 的降解被抑制到约 38%,这表明磷酸盐缓冲液与水解尿液之间 EDCs 的不同消除可能归因于·NO 的生成速率。

$$NO_2^- \xrightarrow{hv} \cdot NO + O^- \cdot \tag{3-25}$$

$$O^- \cdot + H_2O \longrightarrow 2 \cdot OH \tag{3-26}$$

$$\cdot OH + NO_2^- \longrightarrow \cdot NO_2 + OH^- \tag{3-27}$$

研究者观察到 E2 和 EE2 的一个亚结构是苯酚基团,其被证实对各种自由基具有高反应活性,包括·OH、$^1O_2$、$O_2^- \cdot$、CO_3^{2-} 等[136]。因此,选择苯酚和苯甲醚作为模型污染物,目的是确认·NO 是否攻击苯酚基团并导致 E2 和 EE2 的降解。图 3-35(f)显示·NO 对苯甲醚无反应活性,而在 48h 时苯酚被 Cot350/氯胺完全降解。因此,Cot350 激活氯胺以产生·NO 并攻击 E2 和 EE2 的苯酚基团。

由此可证,·NO 是 E2 和 EE2 降解的主要自由团。然而,目前尚不清楚为什么 CS350 和 WS350 对氯胺表现出几乎可以忽略不计的催化活性,并且几乎无法去除 E2 和 EE2 [图 3-35(b)]。因此,研究者尝试进一步探讨生物炭的哪些组成成分负责激活氯胺并产生·NO。

3. 生物炭激活氯胺的催化机理

1)假设一:氧官能团或者 PFRs

FTIR 结果表明,在 700℃ 热解后,WS700 和 CS700 上的大部分氧官能团被除去(图 3-37)。此外,考虑到 WS350 和 CS350 对氯胺激活的有限催化活性和生物炭表面上相对丰富的氧官能团含量,研究者假定氧官能团对氯胺激活没有催化活性。

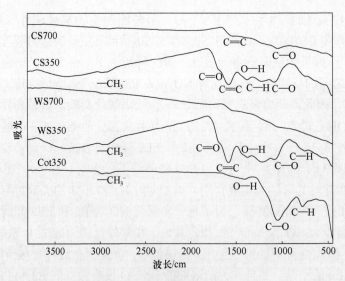

图 3-37 五种生物炭的 FTIR 图谱

生物炭具有催化能力，可以通过PFRs激活H_2O_2和过硫酸盐等氧化剂，生成活性物质（如·OH、$SO_4^-·$、$O_2^-·$等）[121, 142]。在这项研究中，研究者使用了五种具有不同PFRs含量的生物炭激活氯胺，并在24 h测量E2和EE2的去除率。图3-35（b）显示，与只有生物炭处理的结果相比，具有高含量PFRs（表3-11）的WS350和CS350仅促进生物炭/氯胺去除E2和EE2增加10%～20%。相反，没有PFRs的生物炭（Cot350、WS700和CS700）在去除E2和EE2方面却表现出50%～60%的增强。因此，这种比较表明PFRs不能导致E2和EE2的降解。

表3-11 五种生物炭的g因子、线宽及PFRs浓度

样品名	g因子	线宽（ΔH_{p-p}）/G	PFRs浓度/[L/(mol·s)]
Cot350	NaN	NaN	NaN
WS350	2.00275	5.6549	5.75×10^{18}
WS700	NaN	NaN	NaN
CS350	2.00295	5.01043	1.83×10^{18}
CS700	NaN	NaN	NaN

注：NaN表示无PFRs浓度。

2）假设二：生物炭内杂原子重新分布生物炭上表面电荷

据报道，杂原子（如氮和硅），可以导致生物炭表面电子的重新分布，并显著提高生物炭的催化活性。例如，Wang等研究发现，在350℃下热解的CNT含有0.75%的总氮（仅吡啶氮和吡咯氮），与没有氮掺杂剂的CNT激活PMS的效果相比增强了21.4倍[143]。此外，相关文献还证明了硅掺杂的碳可以作为潜在的无金属催化剂，因为硅掺杂剂可以改变表面曲率并引起局部电荷重新分布[144, 145]。因此，图3-38显示Cot350含有0.9%的氮和7.9%的硅，这可能增强了Cot350的催化活性。此外，图3-39（a）显示在398.2 eV

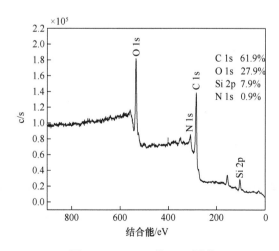

图3-38 Cot350的XPS图谱

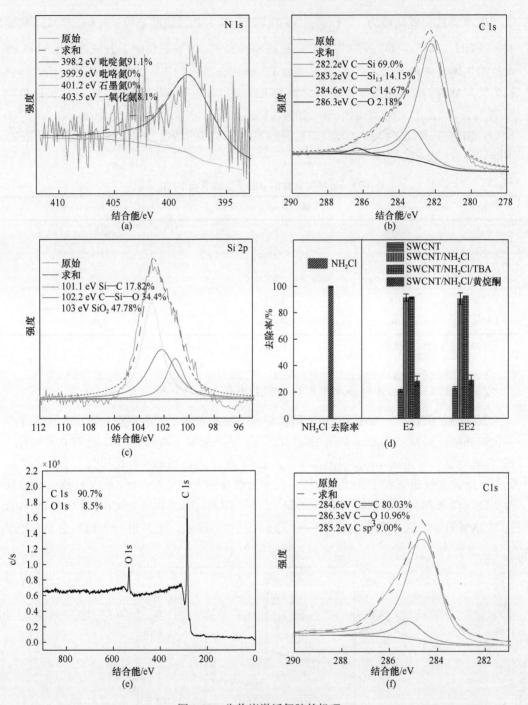

图 3-39 生物炭激活氯胺的机理

(a) ~ (c) Cot350 的 XPS 图谱；(d) SWCNT/氯胺降解 EDCs 的效果；(e)、(f) SWCNT 的 XPS 图谱

实验条件：$[Cot350]_0 = 1\ g/L$，$[SWCNT]_0 = 0.5\ g/L$，$[NH_4Cl]_0 = 0.30\ mmol/L$，$[FC]_0 = 0.15\ mmol/L$，$[DMSO]_0 = 1\%$；$[黄烷酮]_0 = 100\ \mu mol/L$，$[PBS]_0 = 5\ mmol/L$，$[E2]_0 = [EE2]_0 = 10\ \mu mol/L$，$T = 25℃$，$pH = 9$

处有 91.1%的吡啶氮负载于生物炭表面[143]，并且图 3-39（b）显示在 282.2 eV 处主要是 C—Si 键而非 sp^2-杂化的碳碳双键形成[146-149]。此外，据报道在 101.1 eV 处的 C—Si 键和 102.2 eV 处的 C—Si—O 键可以促进催化效果[150]。然而，在相同热解温度下烧制的 WS350 和 CS350 没有 XPS 的杂原子信号 [图 3-40（a）和（c）]，这或许说明了 WS350 和 CS350 对氯胺可忽略的催化活性 [图 3-35（b）]。因此，这些氮掺杂剂和硅掺杂剂可能是 Cot350 对氯胺激活的高度催化活性的原因。

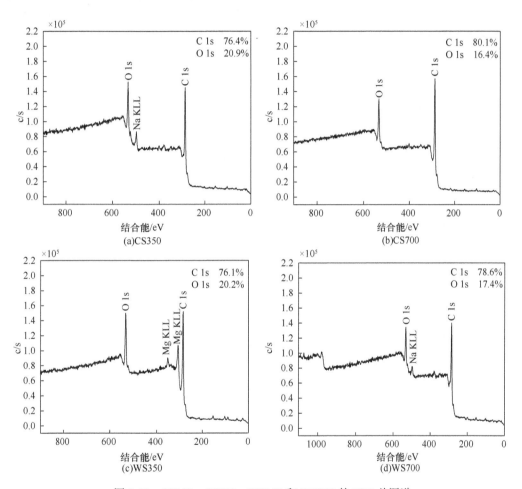

图 3-40　CS350、CS700、WS350 和 WS700 的 XPS 总图谱

3）假设三：sp^2-杂化 π-π 键在生物炭表面

有研究表明，纳米金刚石的较高退火温度增加了 sp^2/sp^3 碳杂化比，提高了对 PDS 的去除催化活性[151]。因此，本节讨论了热解温度对生物炭对氯胺激活的催化活性的影响。图 3-39（d）显示 SWCNT 几乎 100%激活氯胺，SWCNT/氯胺在 24 h 内去除了几乎 100%的 E2 和 EE2，这表明 SWCNT 对氯胺具有高度催化活性。此外，图 3-39（d）显示 SWCNT 激活氯胺产生·NO 用于 E2 和 EE2 降解，同时添加黄烷酮作为·NO 猝灭剂的实验结果。研究者通过 XPS 进一步分析了 SWCNT 的表面元素含量，结果表明在 SWCNT

表面形成了 90.7%的碳 [图 3-39 (e)], 284.6 eV 处 80.3% sp^2-杂化的 π-π 键构成碳元素 [图 3-39 (f)]。此外，以玉米秸秆为原料热解的生物炭的碳含量从 350℃的 16.4% 增加至 700℃的 80.1% [图 3-40 (a) 和 (b)], sp^2 杂化的 π-π 键从 CS350 的 74.87%增加到 CS700 的 90.82% [图 3-41 (a) 和 (b)]。当分析 WS350 和 WS700 的 XPS 结果时获得了类似的结果 [图 3-40 (c)、(d) 和图 3-41 (c)、(d)]。此外，最近的一些研究表明，sp^2 及 sp^3 的比例及碳构型将提高纳米金刚石的催化活性，高退火温度将提高 sp^2-杂化的碳含量，这与研究者的实验结果一致[29, 151-153]。因此，较高的热解温度增加了碳含量和 sp^2-杂化的 π-π 键，并因此增强了生物炭对氯胺激活的催化活性。这些证据表明，sp^2-杂化的 π-π 键可能在 WS700 和 CS700 的氯胺激活中起主要作用。

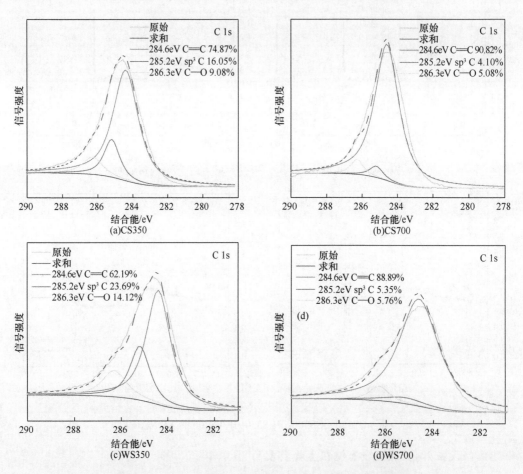

图 3-41　CS350、CS700、WS350 和 WS700 的 XPS 分峰结果

4. 氯胺激活及 EDCs 降解机理

如图 3-42 所示，氯胺通过氮和硅杂原子以及由于高热解温度而在生物炭表面产生的高含量的 sp^2-杂化的 π-π 键激活，从而产生·NH_2，然后·NH_2 与 O_2 反应生成·NH_2O_2（图 3-42 中①和③）。如图 3-42 中④和⑤所示，有两种途径可以分解·NH_2O_2，这与先前的研究一致[139]。从·NH_2O_2 生成 HNO 和 H_2O_2 可以证实是可行的[139, 154]，然而反应速率

暂时未知。至于·NO的产生，反应速率常数约为$7.0×10^5$ L/(mol·s)[124]。因此，研究者假设·NH_2O_2主要分解产生·NO，随后主要与E2和EE2的酚类部分发生反应。然而，据报道，生成的HNO会迅速与溶解氧反应生成$ONOO^-$（图3-42中⑥）[155]，以及$ONOO^-$进一步分解产生·OH（图3-42中⑦）[156]。这可能解释了图3-35（d）中DMPO-OH信号的产生。此外，由于氯胺激活，生物炭表面上的表面结合自由基促进NH_4^+消耗，从而产生更多的·NH_2用于E2和EE2的降解。

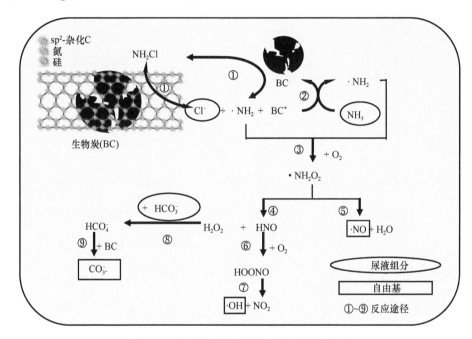

图3-42 生物炭激活氯胺的自由基形成机理

5. 水解尿液对生物炭/氯胺体系的影响

生物炭/氯胺在磷酸盐缓冲液和水解尿液中表现出优异的E2和EE2去除效率。与磷酸盐缓冲液相比，水解尿液在24 h抑制大约10%的E2和大约20%的EE2去除[图3-30（a）和（b）]。因此，研究者研究了特征离子NH_4^+、Cl^-和HCO_3^-在水解尿液中对生物炭/氯胺体系的反应途径的影响。如图3-43（a）所示，Cl^-抑制了氯胺的降解以及E2和EE2的降解。如图3-42中①所示，加入大量Cl^-会促使反应向逆反应方向进行并抑制BC^*和·NH_2的产生。氨氮增强了E2和EE2的去除，并促进了氯胺的分解[图3-43（a）]。据报道，NH_3与·OH反应生成·NH_2 [$k=9.0×10^7$ L/(mol·s)][157]。此外，考虑到·NH_2与O_2的快速反应以及与Fe（Ⅱ）/氯胺的EPR信号的比较（图3-36），研究人员得出结论，NH_4^+消耗形成的BC^*促进了·NO的产生（图3-42中②）。然而，HCO_3^-导致氯胺的分解速率降低，却促进了E2和EE2的去除[图3-43（a）]。此外，由·NH_2O_2分解产生的H_2O_2（图3-42中④）无法被Cot350激活产生·OH，然而它可以通过在碳酸氢盐存在下被生物炭激活而产生CO_3^-·（图3-42中⑧和⑨）[99]。CO_3^-·增强了E2和EE2的降解，因为它们的反应速率常数是 10^8 L/(mol·s)[124]。特征离子在水解尿液中的作用为生物炭/氯胺体系的优化提供了新的见解并阐述了该体系未来的应用前景。例如，生物炭/氯胺工艺可用于处理具有高氨含量和高浓度 HCO_3^- 的废水。此外，由于 HCO_3^- 对氯胺分解的抑制作用，氯胺的消耗可能是可控的并且用于去除 E2 和 EE2。

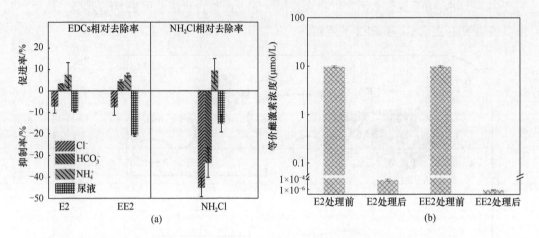

图 3-43 （a）水解尿液及其组分（Cl^-、HCO_3^- 和 NH_4^+）对氯胺及 EDCs 降解的影响；（b）生物炭/氯胺处理后的 EDCs 转化产物的雌激素效应

实验条件：$[Cot350]_0$ = 1 g/L，$[NH_4Cl]_0$ = 0.30 mmol/L，$[FC]_0$ = 0.15 mmol/L，$[PBS]_0$ = 5 mmol/L，$[Cl^-]_0$ = 0.1 mol/L，$[HCO_3^-]_0$ = 0.25 mol/L，$[NH_4^+]_0$ = 0.7 mol/L，$[E2]_0$ = $[EE2]_0$ = 10 μmol/L，T = 25℃；pH = 9

3.4.4 转化产物的雌激素效应

多项研究表明，E2 和 EE2 在氧化过程（如氯化和臭氧化）中的转化产物，具有与母体 E2 和 EE2 几乎相同的雌激素效应[158, 159]。因此，研究者通过重组雌激素酵母生物测定法测量生物炭/氯胺处理后的 EDCs 的转化产物的雌激素效应。图 3-43（b）显示了 E2 和 EE2 的转化产物的等效雌激素浓度比 nmol/L 低 1~3 个数量级，并且没有观察到雌激素效应的风险。因此，生物炭/氯胺体系显示出在将来源分离的尿液处理中去除 EDCs 极好的潜力。

3.4.5 生物炭耦合氯胺体系的展望

本节研究介绍了一种新型的、价廉的、可控的和环境友好的 EDCs 去除方法，如水解尿液中的 EDCs 去除。鉴于生物炭/氯胺体系完全去除 E2 和 EE2 的时间相对较长，其他技术可与研究者的生物炭/氯胺体系结合使用，以便快速进行原位源分离尿液处理。例如，Hoffmann 等已经报道了一种通过电解槽（WEC）产生自由氯等自由基以进行原位源分离尿液处理的技术[160]。因此，出水可以通过填充有生物炭的柱子，其中 EDCs 可以借由生物炭/氯胺体系中产生的 RNS 而消除。

此外，考虑到生物炭与其他碳质材料（如活性炭、石墨烯、碳纳米材料）之间的相似性，本节研究还可能为碳质材料对氯胺激活的催化机理提供新的见解，特别是对活性炭在饮用水处理过程中如何分解氯胺的催化机理提供新的解释。

3.5 生物炭吸附抗生素

3.5.1 概 述

目前我国城市污水处理厂每年排放干污泥大约 $3×10^5$ t,而且还以每年大约 10%的速度增长[161],我国已于 1998 年将废水处理污泥列入《国家危险废物名录》。传统的污泥处置方法难以满足环境标准的要求,对污泥的资源化利用是污泥处置的发展方向。目前,污泥的资源化利用除了在热解制油、烧制建材、合成燃料、堆肥技术[162-164]等方面进行研究外,污泥活性炭的制备及其应用研究也在国内外屡见报道。

在污泥活性炭制备方法研究方面,Kojima 等[165]认为在蒸汽的氛围下及 550℃的条件下炭化 1 h 得到的吸附剂有最大的比表面积;Tay 等[166]采用 $ZnCl_2$ 溶液作为活化剂,控制热解温度为 650℃、升温速率为 15℃/min 及停留时间为 2 h,制得的厌氧消化污泥吸附剂的 S_{BET} 为 462.7 m^2/g,好氧消化污泥吸附剂的 S_{BET} 为 541.7 m^2/g。在应用方面,Rozada 等[167]用化学改性的污泥活性炭吸附水中的重金属,Hg(Ⅱ)、Pb(Ⅱ)、Cu(Ⅱ)和 Cr(Ⅲ)的吸附容量分别为 175.4 mg/g、64.1 mg/g、30.7 mg/g 和 15.4 mg/g。Fan[168]对比了污泥活性炭和商业活性炭对废水中碱黑的吸附效果,污泥活性炭表现出了优于商业活性炭的吸附性能。Chen[169]的吸附研究表明,污泥活性炭对苯酚的吸附容量能达到商业活性炭的 1/4,而对 CCl_4 的吸附容量几乎和商业活性炭相当。Bagreev 等[170]将污泥活性炭应用于吸附 NO_x 废气,结果表明,在 25℃时,对吸附 NO_2 的容量达到了 34.5 mg/g;在随后对 H_2S 的吸附研究中,发现这种吸附材料有相当优越的吸附性能,吸附容量可以达到商用活性炭的 50%左右。

随着污泥活性炭制备技术的进展,应该开发其更广阔的应用领域。纵观目前的应用研究,并没有对抗生素废水的吸附报道,而吸附作为难降解废水的预处理具有很重要的地位。本节研究旨在通过污泥活性炭对抗生素废水的吸附研究,了解污泥活性炭对抗生素的吸附效能,并获得最佳吸附条件,为污泥活性炭对抗生素废水的吸附提供参考。

3.5.2 实 验 部 分

1. 实验材料

1)原料

改性的八种污泥分别取自内蒙古蒙牛污水处理站,北京方庄、清河、高碑店城市污水处理厂(表 3-12)。

2)抗生素废水

模拟抗生素废水用加替沙星(表 3-12)对照品(中国药品生物制品检定所)配制

（表 3-13）。

表 3-12 实验污泥来源

序号	污泥代号	污泥种类	污水、污泥处理主要工艺
1	MT	蒙牛脱水污泥	水解酸化+接触氧化
2	FN	方庄浓缩污泥	
3	FT	方庄脱水污泥	A^2O/投加石灰干化
4	FG	方庄干化污泥	
5	QT	清河脱水污泥	A^2O/流化床干化
6	QG	清河干化污泥	
7	GE	高碑店二沉污泥	传统活性污泥法/消化+脱水
8	GT	高碑店脱水污泥	

表 3-13 加替沙星的结构式和分子式

结构式	分子式	分子量	波长/nm
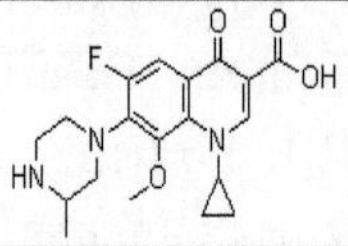	$C_{19}H_{22}FN_3O_4$	375.40	292

2. 实验仪器

气浴恒温振荡器（SHZ-82A 型，江苏省金坛市荣华仪器制造有限公司）；分光光度计（美国 HACH 公司）；比表面积测定仪（ASAP 2000 型，美国 Micromeritics 公司）；扫描电子显微镜（SEM，LEO-1450 型，英国 LEO 公司）；电感耦合等离子体发射光谱仪（OPTIMA 2000，美国 PerkinElmer 公司）。

3. 污泥改性实验

把经过洗涤的污泥放入电热鼓风干燥箱内，于 105℃条件下烘 24h，破碎过 60 目筛，取过筛干污泥按 m（干污泥）：m（$ZnCl_2$）=5：3 的比例加入 $ZnCl_2$，置于水浴中恒温活化 24h 后烘干，再在 550℃的马弗炉中经高温炭化改性成污泥活性炭。

用 3mmol/L 的盐酸漂洗改性污泥活性炭，促使其中的氧化物充分溶解，同时洗脱炭中杂质，再用 70℃去离子水洗涤，去除其中的氯离子，洗涤后的污泥在 105℃条件下烘 24h，待污泥干燥后研磨过 60 目筛备用。其工艺流程图如图 3-44 所示。

4. 吸附实验

准确移取一定量的加替沙星溶液于污泥活性炭中，置于 170 r/min 的摇床振荡一定时间后，过玻璃纤维微孔滤膜，用紫外光分光光度法测定滤液的吸光度，计算吸附容量。分别研究吸附时间、投加量、pH、初始浓度各因素对加替沙星吸附容量的影响，并进行 $L_9(3^4)$ 正交实验。

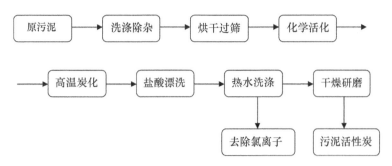

图 3-44 污泥活性炭制备流程图

3.5.3 污泥活性炭的性质

从图 3-45 可以看出，商品活性炭表面孔隙为微孔，而污泥活性炭表面均呈现不规则的多孔结构，孔径相对较大，较多的过渡孔向内部延伸，具有容易吸附大分子有机物的性能。化学活化、高温热解等制备过程对污泥起到了较好的造孔作用，但污泥活性炭残留有部分氯化锌，有些进入孔中，通过加大清洗力度，可以进一步增加孔的比例，提高吸附能力。

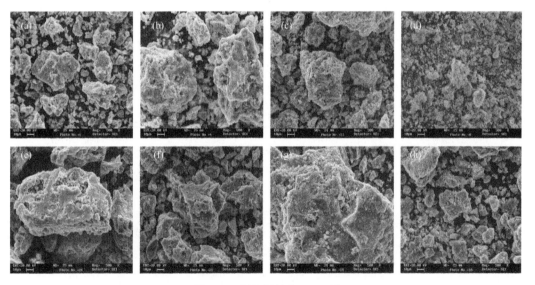

图 3-45 污泥活性炭 SEM 图
(a) MT; (b) FN; (c) FT; (d) FG; (e) QT; (f) QG; (g) GE; (h) GT

从图 3-46 可以看出，按照 BDDT 吸附等温线分类法，FG 的 N_2 吸附等温线属于Ⅲ型等温线，说明 FG 表面与第一层吸附分子的吸附作用能小于第 n 层与第 $n+1$ 层的作用能，这表明 FG 和吸附质的吸附相互作用小于吸附质之间的相互作用，因此呈现出在低压区的吸附容量少，相对压力越高，吸附容量越多的趋势。其余几种污泥活性炭的 N_2 吸附等温线均属于Ⅱ型等温线，即 BET 型等温线。这种等温线形状为反 S 型，当相对压力上升时，等温线向上凸，第一层吸附大致完成，随着相对压力的增加，开始形成第二层，在饱和蒸气压时，吸附层数无限大。由此可以推断，这种多孔吸附材料上面发生了多层吸附，同时孔隙结构中孔占有绝对优势，微孔的比例比较少，并且孔径一直增加。在曲线的后半段，由于发生了毛细凝聚现象，吸附容量增加很快，所以导致吸附等温线急剧向上升。由于孔的孔径范围没有上限，因毛细凝聚引起的吸附容量的增加也没有上限，所以吸附等温线向上升呈不饱和状态。表 3-14 列出了各种活性炭的比表面积和孔结构参数。

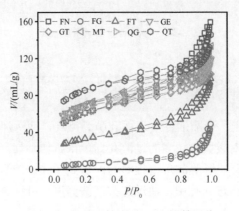

图 3-46　不同活性炭对 N_2 吸附等温线

从表 3-14 可以看出，除 FG 外，城市污水污泥制备的活性炭比表面积接近，均在 200 m^2/g 左右。比表面积大小依次为 QT＞MT＞GE＞QG＞FN＞GT＞FT＞FG，各污水处理厂的生化污泥比表面积大于脱水污泥比表面积，干化污泥制备的活性炭比表面积最小，这可能是对污泥的脱水或干化处理降低了污泥中有机成分的含量。

表 3-14　污泥活性炭孔结构参数

污泥活性炭种类	孔容积/（mL/g）	平均孔径/Å	比表面积/（m^2/g）
MT	0.156	48.258	248.558
FN	0.201	63.438	217.129
FT	0.126	70.652	118.132
FG	0.068	116.653	23.487
GE	0.123	47.417	242.836
GT	0.112	41.625	216.316
QT	0.142	52.374	297.473
QG	0.121	50.406	235.673

一般说来，活性炭比表面积越大，吸附力就越大，但是在实际应用中，由于活性炭的孔有大孔、中孔和微孔的区别，有时仅有部分的孔适合某类大小吸附物的进入，因此用总表面积来评价活性炭的吸附性能有一定的局限性。对大分子有机物的吸附容量主要还取决于活性炭的孔径分布。与主要以微孔为主的商品活性炭相比，污泥活性炭具有更加开放的孔结构，中孔所占比重较大，41.625~116.653 Å 的平均孔径揭示了污泥活性炭

的中孔性。图 3-47 为基于 BJH 理论的中孔孔径分布图。

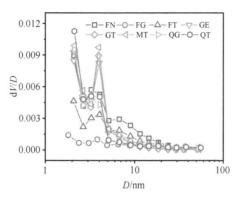

图 3-47 污泥活性炭孔径分布图

从图 3-47 可以看出，FN、GT 和 QG 的中孔主要集中在 3.4nm 左右，其余几种污泥活性炭的中孔则主要分布在 4.0nm 附近。

从图 3-48 可以看出，AC 的粒度范围比污泥活性炭大，并且粒度较污泥活性炭小，其粒度分布相对于污泥活性炭更加均匀。较小的粒度和 AC 较快的吸附速度相吻合。AC 的粒度主要集中在 20～40μm，代表了 AC 总体积的 22%。污泥活性炭中 GE 的优势粒度位于 50～70μm 内，占据了所有体积的 17%，其余七种污泥活性炭的粒度范围为 140～180μm，这部分体积占总体积的 20%左右。

AC 较高的碘及亚甲基蓝吸附容量说明其具有发达的微孔结构。改性污泥活性炭中，FN、GE、QG 的碘吸附容量较大，表明它们相对于其他污泥活性炭较发达的微孔，这和比表面积实验得到的孔容积结论是一致的，其中 FN 的碘吸附容量最大，约为 AC 的 47%；脱水污泥制得的活性炭碘吸附能力较其他污泥活性炭小；不同干化形式的污泥活性炭碘吸附能力差别很大。FG 污泥活性炭碘吸附容量仅 5.702mg/g，这与其微孔结构不发达相符（表 3-15）。

表 3-15 污泥活性炭对碘和亚甲基蓝吸附容量

活性炭种类	碘吸附容量/（mg/g）	亚甲基蓝吸附容量/（mg/g）
AC	952.348	98.71
MT	254.983	29.22
FN	451.739	44.77
QT	304.834	39.45
FG	5.702	11.92
FT	214.765	63.23
GE	388.820	53.38
GT	324.764	50.98
QG	394.150	97.81

表 3-16 中数据显示，Cu、Cd、Cr、Pb、Ni、Ba、As 的含量很低，有些未检出，这是由于污泥在碳化制备活性炭的过程中，可溶性重金属离子转化为难溶解的金属氧化物所致。Zn 的浓度偏高，这主要是由于污泥活化剂引入的，经过振荡洗涤 Zn 离子浓度从

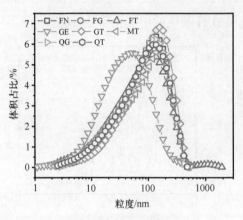

图 3-48 污泥活性炭粒度分布

300 mg/L 左右降低到 100mg/L 左右,这表明振荡洗涤法对 Zn 的去除有很大的作用,但 Zn 仍然超标,这还应该加大酸洗回收力度,增加酸洗次数,并结合振荡法进一步去除重金属含量。同时在污泥活性炭的使用过程中,调节 pH 是可以把这种污泥活性炭用于处理的,但不建议将此污泥活性炭用于饮用水处理。

表 3-16 污泥活性炭浸出毒性表 （单位：mg/L）

	Pb	Cr	Cd	Ni	Cu	Zn	Ba	As	CN^-
最高允许浓度	3	10	0.3	10	50	50	100	1.5	1
MT	0.002	ND	0.002	0.006	0.003	66.340	0.521	ND	0.009
FN	0.007	ND	0.001	0.003	ND	71.140	1.198	ND	0.006
FT	0.005	ND	ND	0.002	0.001	29.930	0.923	ND	0.007
FG	ND	0.005	ND	ND	0.001	0.501	0.085	ND	0.005
GE	0.004	ND	0.002	0.008	0.006	130.100	1.298	ND	0.012
GT	0.004	ND	0.001	0.004	0.002	63.770	0.758	ND	0.012
QT	0.005	ND	0.001	0.006	0.002	119.700	0.419	ND	0.005
QG	0.004	ND	0.002	0.010	0.005	161.700	0.579	ND	0.004

注：ND 表示未检出。

3.5.4 污泥基生物炭吸附剂的筛选

图 3-49 显示在前四个小时,八种污泥活性炭吸附加替沙星几乎都已达到平衡状态。其中,MT、FN、FT 的吸附容量比其余五种污泥活性炭大,吸附容量均接近 20mg/g,去除率达 96%以上,结果表明这三种污泥活性炭对加替沙星有较好的吸附性能。

比较来自相同污水处理厂不同处理阶段的污泥活性炭,可以看出脱水污泥的吸附容量分别大于各厂的二沉池污泥、浓缩池污泥和干化污泥。这可能是由于脱水污泥在此吸附条件下 Zeta 电位为负值,表面所带负电荷与加替沙星所带正电荷发生静电作用,引起较大的加替沙星吸附；QT 的 Zeta 电位为正值,但仍有较大的吸附容量,这可能和它较高的比表面积有关。由此可以看出,静电作用对加替沙星的吸附起着重要的影响作用。再对比各污水处理厂的污泥活性炭,发现吸附容量的大小依次为方庄>蒙牛>清河>高碑店。这可能是和各污水处理厂污泥中的有机质成分含量有关。

MT、FN、FT对加替沙星的吸附速度较快，并且在污泥活性炭吸附性能的对比中，显示出了较大的吸附容量，这三种泥作为吸附剂优势明显。现对这三种污泥活性炭进行后续的性能研究。

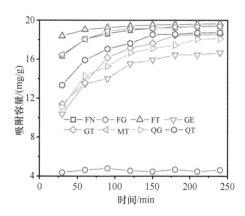

图3-49 污泥活性炭对加替沙星的吸附容量

3.5.5 吸附时间的影响

在室温下，分别向100 mg/L的加替沙星废水中投加0.05 g的MT、FN和FT，维持原废水pH，在10、30、60、90、120、150 min时间时取出过滤，测定吸光度并计算吸附容量，结果如图3-50所示。

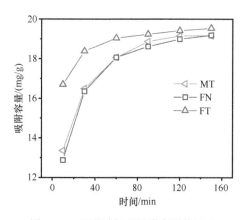

图3-50 吸附时间对吸附容量的影响

由图3-50可以看出，随着吸附时间的延长，污泥活性炭吸附的加替沙星逐渐增多。在反应初期，吸附速率很快，10min时，FT、MT、FN的吸附容量已分别达到16.7mg/g、13.4mg/g、12.9mg/g。振荡70min后，曲线趋于缓和，此后加替沙星的吸附容量变化不大，FT、MT、FN各自仅有1.4%、4.1%、2.7%的增加，可视为达到吸附平衡。这表明加替沙星在FT、MT、FN三种污泥活性炭上的吸附以快速吸附为主，初期加替沙星的快速下降，可能是扩散作用使加替沙星分子大量聚集在污泥活性炭表面形成表面吸附，在随后的吸附里，吸附速度越来越小，当与解析速度相同时，就表现出加替沙星在液相中浓度稳定的平衡状态。这种快速达到吸附平衡的情况表明加替沙星不需要扩散到微孔内，并且吸附发生在易于到达的吸附点位。一般来说，引起这种快速的吸附速率的原因是由于水中有机污染物和吸附剂之间的憎水作用。FT 的吸附容量比 MT 和 FN 大，达到平衡时，FT 的吸附容量最大，为 19.42mg/g，MT 和 FN 的吸附容量接近，分别为 19.15mg/g 和 18.99mg/g。

3.5.6　污泥活性炭投加量的影响

在室温条件下，向 100 mg/L 加替沙星废水中分别加入 0.01～0.10 g 的 MT、FN 和 FT，维持原 pH 并吸附 2 h，测定滤液吸光度，计算吸附容量，实验结果如图 3-51 所示。

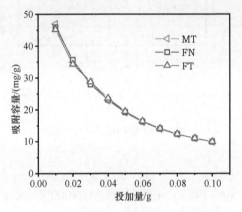

图 3-51　吸附剂投加量对吸附容量的影响

图 3-51 显示，在 0.02～0.1g 的污泥活性炭投加范围内，随着投加量的增加，吸附容量是逐渐减小的。这是由于增加污泥活性炭的投加量，加大了吸附质与吸附剂的接触面积，但吸附质总量的恒定使其不能满足单位吸附剂饱和吸附容量的要求，从而导致吸附容量的下降。但是吸附容量的下降速率随着投加量的增加而减小，当投加容量达到 0.07g 后，吸附容量的变化已很缓慢，这是由加替沙星总量的限制所致。

3.5.7　加替沙星初始浓度的影响

在室温下，配制浓度为 100、150、200、250、300、350、400 mg/L 的加替沙星废水，分别加入 0.07 g MT、FN 和 FT，维持原 pH 并吸附 2 h，分析结果如图 3-52 所示。

从图 3-52 可以看出，吸附容量随初始浓度的增加而增大。这是由于随着吸附质浓度的增加，加替沙星占据的吸附位增多，同时加大了吸附过程的传质压力，强化吸附质向吸附剂内的扩散，从而使吸附容量增加。从图中还可看出，在 100～350 mg/L 的浓度范围内，FT 的吸附容量略大于 FN，而当浓度继续增大时，FN 的吸附容量开始大于 FT，但两者之间的吸附容量差别不是很明显。吸附容量随初始浓度几乎呈直线性的变化，说明加替沙星初始浓度对吸附容量影响很大。

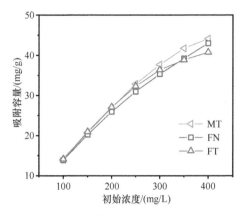

图 3-52 加替沙星初始浓度对吸附容量的影响

3.5.8 pH 的影响

在室温下,向 200 mg/L 加替沙星溶液中分别投加 0.07 g 的 MT、FN 和 FT,调节 pH 为 2、3、4、5、6、7、8、9、10,吸附 2 h 后测定各污泥活性炭的吸附容量,结果如图 3-53 所示。

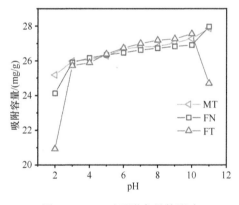

图 3-53 pH 对吸附容量的影响

图 3-53 随着 pH 的增加,在 2~10 的 pH 范围内,污泥活性炭的吸附容量随着 pH 的增大而增加,而当 pH=11 时,FN 和 MT 的吸附容量仍然增加,FT 却突然下降。pH 在 3~10 的范围内对吸附容量的影响不是很大,当 pH<2 时,吸附容量急剧下降,FN 和 FT 都表现出了相似的变化规律。普遍认为,pH 值低时,水中的 H_3O^+ 会占据吸附剂表面的结合点位,从而减少加替沙星的吸附点位,使加替沙星的吸附容量减小[172]。由于加替沙星溶液的原始 PH 为 8.5,故在实际操作中维持原溶液 pH 即可。

3.5.9 正交实验

为了找寻污泥活性炭对加替沙星的最佳吸附条件,采用正交实验设计方法。根据单因子实验结果,每个因子分别考虑实际情况选择吸附容量较大的三个点,以吸附容量为评价目标，按照正交表 L9 设计正交实验。其中，对于吸附剂投加量 m 还应考虑对去除率的影响，选择 0.05、0.06、0.07 g 三个水平；加替沙星初始浓度 C 考虑实际废水中所包含的抗生素浓度范围，选择 100、150、200 mg/L 三个水平；pH 则结合考虑废水原始 pH 和实际应用中的操作可行性，选择 7、8、9 三个水平。正交实验结果见表 3-17、表 3-18 和表 3-19。

表 3-17 MT 正交实验表

序号	m/g	t/h	pH	C/(mg/L)	吸附容量/(mg/g)
1	0.05	1	7	100	18.759
2	0.05	1.5	8	150	28.578
3	0.05	2	9	200	29.197
4	0.06	1	8	200	30.343
5	0.06	1.5	9	100	15.101
6	0.06	2	7	150	23.914
7	0.07	1	9	150	18.792
8	0.07	1.5	7	200	26.925
9	0.07	2	8	100	14.185
K_1	25.511	22.631	23.199	16.015	
K_2	23.119	23.535	24.369	23.761	
K_3	19.967	22.432	21.030	28.822	
R	5.544	1.103	3.339	12.807	

表 3-18 FN 正交实验表

序号	m/g	t/h	pH	C/(mg/L)	吸附容量/(mg/g)
1	0.05	1	7	100	18.149
2	0.05	1.5	8	150	27.837
3	0.05	2	9	200	34.541
4	0.06	1	8	200	29.066
5	0.06	1.5	9	100	16.315
6	0.06	2	7	150	23.461
7	0.07	1	9	150	20.523
8	0.07	1.5	7	200	26.304
9	0.07	2	8	100	14.105
K_1	80.527	67.738	67.914	48.569	
K_2	68.842	70.456	71.008	71.821	
K_3	60.932	72.107	71.379	89.911	
R	19.595	4.369	3.465	41.342	

表 3-19 FT 正交实验表

序号	m/g	t/h	pH	C/(mg/L)	吸附容量/(mg/g)
1	0.05	1	7	100	19.403
2	0.05	1.5	8	150	27.343
3	0.05	2	9	200	34.925
4	0.06	1	8	200	29.951
5	0.06	1.5	9	100	16.448
6	0.06	2	7	150	24.276
7	0.07	1	9	150	20.859
8	0.07	1.5	7	200	27.397
9	0.07	2	8	100	14.142
K_1	81.671	70.213	71.076	49.993	
K_2	70.675	71.188	71.436	72.478	
K_3	62.398	73.343	72.232	92.273	
R	19.273	3.130	1.156	42.280	

从表 3-17 可见，四个因素对 MT 吸附容量的影响程度依次为：加替沙星初始浓度>污泥活性炭投加量>pH>吸附时间。初始浓度对吸附容量影响的 R 值达到 12.807；次之的活性炭投加量影响 R 值达到 5.544，为两个主要的影响因子；pH 和吸附时间的影响相对较小，R 值分别为 3.339 和 1.103。这也和单因素实验曲线所表现出的影响程度相一致。

考察 K 值可以看到：随着加替沙星初始浓度的增加，MT 对加替沙星的吸附容量逐渐增加，说明加替沙星的含量仍在 MT 的吸附容量范围内，K 值的变化也比较均匀。随着污泥活性炭投加量的增多，吸附容量减小，K_1 和 K_2 相差较小，而 K_1 和 K_3 相差较大，这在一定程度上说明制得的污泥活性炭的饱和吸附容量相对较大，不容易达到饱和，于是吸附剂的用量就成为吸附容量的较大影响因子。

从正交表中可以得到最佳条件组合为：调节 200mg/L 的加替沙星溶液 pH 为 8，向其中投加 0.05g MT，吸附 1.5h。为验证此结果，特进行了最佳组合条件下的吸附实验，最后得到 34.122 mg/g 的吸附容量，大于正交实验中最大吸附容量 30.343 mg/g。

FN 的正交实验表数据显示加替沙星初始浓度的 R 值达到 13.781，为四个影响因子中的最高，成了最主要的影响因子；次之为 FN 的投加量，R 值为 6.532；与 MT 不同的是，pH 对吸附容量的影响小于吸附时间的影响，但相差并不大。

从表 3-18 中均能看出，随着加替沙星初始浓度的增加，吸附容量急剧增加，这说明 FN 的吸附容量比较大，在实验的浓度范围内能大量的吸附加替沙星。FN 投加量的增加导致的吸附容量下降和单因素实验相一致，投加量这一因素 6.532 的 R 值同时也表明了 FN 较大的吸附容量，从而导致其不易达到吸附饱和。可能也正是因为 FN 较大的吸附容量，使得 pH 的影响不那么显著了。纵观四个因素的 K 值变化，都是比较均匀的增加或减小的，唯有 pH 的 K_2 与 K_3 的差值比 K_1 和 K_2 小得较多。由各因素 K 值推出最佳组合为 3 号实验，吸附容量为 34.541mg/g。

表 3-19 展示的 FT 受各因子影响的强弱关系和 FN 类似。加替沙星初始浓度、FT 投

加量、吸附时间、pH 的 R 值依次为 14.093、6.242、1.043、0.385。FN、FT 表现出的相似结果，可能和两种污泥来自同一污水处理厂，有着相似的成分组成有关。其最佳因素组合为 3 号实验组，得到的最大吸附容量为 34.925mg/g。

3.5.10 小　　结

（1）MT、FN、FT 污泥活性炭表现出的较大比表面积和碘吸附值，以及以中孔为主的孔结构，表明 MT、FN、FT 具有较好的吸附能力。浸出液重金属实验结果表明将其用于水处理是安全的。

（2）考察四个因子对吸附容量的影响可以发现，MT、FN、FT 受各因子影响程度相当，表现出明显的相似性。但在短时间内的吸附，FT 表现出更大的吸附容量，更适宜作为加替沙星废水的吸附剂，而当吸附时间延长，两者的吸附容量趋于相等，都能作为良好的吸附剂。

（3）加替沙星初始浓度对吸附容量的影响最大，MT、FN 和 FT 的 R 值分别达到 12.807、41.342 和 42.280。在最佳组合条件下：初始浓度 200 mg/L，吸附剂投加量 0.05 g，pH=9，吸附时间 2 h，MT、FN 和 FT 的吸附容量分别为 30.343 mg/g、34.541 mg/g 和 34.925 mg/g，这表明 MT、FN 和 FT 对加替沙星有较好的吸附能力。

（4）本吸附实验为污泥的资源化利用提供了新的途径，且为高浓度有机废水的吸附处理找到一种经济的吸附剂。

参 考 文 献

[1] Feng Z J, Zhu L Z. Sorption of phenanthrene to biochar modified by base[J]. Frontiers of Environmental Science & Engineering, 2018, 12(2): 11.

[2] Mohan D, Pittman C U, Steele P H. Pyrolysis of wood/biomass for bio-oil: A critical review[J]. Energy & Fuels, 2006, 20(3): 848-889.

[3] Sophia A C, Lima E C. Removal of emerging contaminants from the environment by adsorption[J]. Ecotoxicology and Environmental Safety, 2018, 150: 1-17.

[4] Ahmad M, Rajapaksha A U, Lim J E, Zhang M, Bolan N, Mohan D, Vithanage M, Lee S S, Ok Y S. Biochar as a sorbent for contaminant management in soil and water: A review[J]. Chemosphere, 2014, 99: 19-33.

[5] Mian M M, Liu G J. Recent progress in biochar-supported photocatalysts: Synthesis, role of biochar, and applications[J]. Rsc Advances, 2018, 8(26): 14237-14248.

[6] Xue J, Fu J, Han J, Wang S. Expression of human bone morphogenetic protein-7 in human osteosarcoma U$_2$-OS cells[J]. Chinese Journal of Biologicals, 2017, 30(4): 381-385.

[7] Zhou C Y, Lai C, Zhang C, Zeng G M, Huang D L, Cheng M, Hu L, Xiong W P, Chen M, Wang J J, Yang Y, Jiang L B. Semiconductor/boron nitride composites: Synthesis, properties, and photocatalysis applications[J]. Applied Catalysis B: Environmental, 2018, 238: 6-18.

[8] Huang D L, Li Z H, Zeng G M, Zhou C Y, Xue W J, Gong X M, Yan X L, Chen S, Wang W J, Cheng M. Megamerger in photocatalytic field: 2D g-C$_3$N$_4$ nanosheets serve as support of 0D nanomaterials for improving photocatalytic performance[J]. Applied Catalysis B: Environmental, 2019, 240: 153-173.

[9] Huang D L, Wang R Z, Liu Y G, Zeng G M, Lai C, Xu P, Lu B A, Xu J J, Wang C, Huang C. Application of molecularly imprinted polymers in wastewater treatment: A review[J]. Environmental

Science and Pollution Research, 2015, 22(2): 963-977.
[10] Cheng M, Zeng G, Huang D, Lai C, Xu P, Zhang C, Liu Y. Hydroxyl radicals based advanced oxidation processes(AOPs) for remediation of soils contaminated with organic compounds: A review[J]. Chemical Engineering Journal, 2016, 284: 582-598.
[11] Huang D, Hu C, Zeng G, Cheng M, Xu P, Gong X, Wang R, Xue W. Combination of Fenton processes and biotreatment for wastewater treatment and soil remediation[J]. Science of the Total Environment, 2017, 574: 1599-1610.
[12] Gong X, Huang D, Liu Y, Zeng G, Wang R, Wei J, Huang C, Xu P, Wan J, Zhang C. Pyrolysis and reutilization of plant residues after phytoremediation of heavy metals contaminated sediments: For heavy metals stabilization and dye adsorption[J]. Bioresource Technology, 2018, 253: 64-71.
[13] Zhao H, Lang Y. Adsorption behaviors and mechanisms of florfenicol by magnetic functionalized biochar and reed biochar[J]. Journal of the Taiwan Institute of Chemical Engineers, 2018, 88: 152-160.
[14] Liu W J, Ling L, Wang Y Y, He H, He Y R, Yu H Q, Jiang H. One-pot high yield synthesis of Ag nanoparticle-embedded biochar hybrid materials from waste biomass for catalytic Cr(Ⅵ) reduction[J]. Environmental Science: Nano, 2016, 3(4): 745-753.
[15] Hameed B H, El-Khaiary M I. Kinetics and equilibrium studies of malachite green adsorption on rice straw-derived char[J]. Journal of Hazardous Materials, 2008, 153(1-2): 701-708.
[16] Qiu Y, Zheng Z, Zhou Z, Sheng G D. Effectiveness and mechanisms of dye adsorption on a straw-based biochar[J]. Bioresource Technology, 2009, 100(21): 5348-5351.
[17] Liu W J, Zeng F X, Jiang H, Zhang X S. Preparation of high adsorption capacity bio-chars from waste biomass[J]. Bioresource Technology, 2011, 102(17): 8247-8252.
[18] Kasozi G N, Zimmerman A R, Nkedi-Kizza P, Gao B. Catechol and humic acid sorption onto a range of laboratory-produced black carbons (biochars)[J]. Environmental Science & Technology, 2010, 44(16): 6189-6195.
[19] Klasson K T, Ledbetter C A, Uchimiya M, Lima I M. Activated biochar removes 100% dibromochloropropane from field well water[J]. Environmental Chemistry Letters, 2013, 11(3): 271-275.
[20] Chun Y, Sheng G Y, Chiou C T, Xing B S. Compositions and sorptive properties of crop residue-derived chars[J]. Environmental Science & Technology, 2004, 38(17): 4649-4655.
[21] Sun K, Ro K, Guo M, Novak J, Mashayekhi H, Xing B. Sorption of bisphenol A, 17 α-ethinyl estradiol and phenanthrene on thermally and hydrothermally produced biochars[J]. Bioresource Technology, 2011, 102(10): 5757-5763.
[22] Kolodynska D, Wnetrzak R, Leahy J J, Hayes M H B, Kwapinski W, Hubicki Z. Kinetic and adsorptive characterization of biochar in metal ions removal[J]. Chemical Engineering Journal, 2012, 197: 295-305.
[23] Inyang M, Gao B, Ding W, Pullammanappallil P, Zimmerman A R, Cao X. Enhanced lead sorption by biochar derived from anaerobically digested sugarcane bagasse[J]. Separation Science and Technology, 2011, 46(12): 1950-1956.
[24] Regmi P, Moscoso J L G, Kumar S, Cao X, Mao J, Schafran G. Removal of copper and cadmium from aqueous solution using switchgrass biochar produced via hydrothermal carbonization process[J]. Journal of Environmental Management, 2012, 109: 61-69.
[25] Klasson K T, Wartelle L H, Rodgers Ⅲ J E, Lima I M. Copper(Ⅱ) adsorption by activated carbons from pecan shells: Effect of oxygen level during activation[J]. Industrial Crops and Products, 2009, 30(1): 72-77.
[26] Wang R Z, Huang D L, Liu Y G, Zhang C, Lai C, Wang X, Zeng G M, Gong X M, Duan A, Zhang Q, Xu P. Recent advances in biochar-based catalysts: Properties, applications and mechanisms for pollution remediation[J]. Chemical Engineering Journal, 2019, 371: 380-403.
[27] Fu D, Chen Z, Xia D, Shen L, Wang Y, Li Q. A novel solid digestate-derived biochar-Cu NP composite activating H_2O_2 system for simultaneous adsorption and degradation of tetracycline[J].

Environmental Pollution, 2017, 221: 301-310.

[28] Fu H, Ma S, Zhao P, Xu S, Zhan S. Activation of peroxymonosulfate by graphitized hierarchical porous biochar and $MnFe_2O_4$ magnetic nanoarchitecture for organic pollutants degradation: Structure dependence and mechanism[J]. Chemical Engineering Journal, 2019, 360: 157-170.

[29] Zhu S, Huang X, Ma F, Wang L, Duan X, Wang S. Catalytic removal of aqueous contaminants on N-doped graphitic biochars: Inherent roles of adsorption and nonradical mechanisms[J]. Environmental Science & Technology, 2018, 52(15): 8649-8658.

[30] Matos J. Eco-friendly heterogeneous photocatalysis on biochar-based materials under solar irradiation[J]. Topics in Catalysis, 2016, 59(2-4): 394-402.

[31] Zhang M, Shang Q, Wan Y, Cheng Q, Liao G, Pan Z. Self-template synthesis of double-shell TiO_2@ZIF-8 hollow nanospheres via sonocrystallization with enhanced photocatalytic activities in hydrogen generation[J]. Applied Catalysis B: Environmental, 2019, 241: 149-158.

[32] Zhang S, Lu X. Treatment of wastewater containing Reactive Brilliant Blue KN-R using TiO_2/BC composite as heterogeneous photocatalyst and adsorbent[J]. Chemosphere, 2018, 206: 777-783.

[33] Li H, Hu J, Zhou X, Li X, Wang X. An investigation of the biochar-based visible-light photocatalyst via a self-assembly strategy[J]. Journal of Environmental Management, 2018, 217: 175-182.

[34] Peng X, Wang M, Hu F, Qiu F, Dai H, Cao Z. Facile fabrication of hollow biochar carbon-doped TiO_2/CuO composites for the photocatalytic degradation of ammonia nitrogen from aqueous solution[J]. Journal of Alloys and Compounds, 2019, 770: 1055-1063.

[35] Pi L, Jiang R, Zhou W, Zhu H, Xiao W, Wang D, Mao X. $g-C_3N_4$ modified biochar as an adsorptive and photocatalytic material for decontamination of aqueous organic pollutants[J]. Applied Surface Science, 2015, 358: 231-239.

[36] Kumar A, Kumar A, Sharma G, Naushad M, Stadler F J, Ghfar A A, Dhiman P, Saini R V. Sustainable nano-hybrids of magnetic biochar supported $g-C_3N_4$/$FeVO_4$ for solar powered degradation of noxious pollutants synergism of adsorption, photocatalysis & photo-ozonation[J]. Journal of Cleaner Production, 2017, 165: 431-451.

[37] Mian M M, Liu G. Sewage sludge-derived TiO_2/Fe/Fe_3C-biochar composite as an efficient heterogeneous catalyst for degradation of methylene blue[J]. Chemosphere, 2019, 215: 101-114.

[38] Khataee A, Gholami P, Kalderis D, Pachatouridou E, Konsolakis M. Preparation of novel CeO_2-biochar nanocomposite for sonocatalytic degradation of a textile dye[J]. Ultrasonics Sonochemistry, 2018, 41: 503-513.

[39] Sun K, Jin J, Keiluweit M, Kleber M, Wang Z, Pan Z, Xing B. Polar and aliphatic domains regulate sorption of phthalic acid esters (PAEs) to biochars[J]. Bioresource Technology, 2012, 118: 120-127.

[40] Zheng H, Wang Z, Zhao J, Herbert S, Xing B. Sorption of antibiotic sulfamethoxazole varies with biochars produced at different temperatures[J]. Environmental Pollution, 2013, 181: 60-67.

[41] Apul O G, Wang Q, Zhou Y, Karanfil T. Adsorption of aromatic organic contaminants by graphene nanosheets: Comparison with carbon nanotubes and activated carbon[J]. Water Research, 2013, 47(4): 1648-1654.

[42] Abbas Z, Ali S, Rizwan M, Zaheer I E, Malik A, Riaz M A, Shahid M R, Rehman M Z U, Al-Wabel M I. A critical review of mechanisms involved in the adsorption of organic and inorganic contaminants through biochar[J]. Arabian Journal of Geosciences, 2018, 11(16): 448.

[43] Liu Z, Zhang F S, Wu J. Characterization and application of chars produced from pinewood pyrolysis and hydrothermal treatment[J]. Fuel, 2010, 89(2): 510-514.

[44] Kumar S, Loganathan V A, Gupta R B, Barnett M O. An assessment of U(Ⅵ) removal from groundwater using biochar produced from hydrothermal carbonization[J]. Journal of Environmental Management, 2011, 92(10): 2504-2512.

[45] Zhou Y, Liu X, Xiang Y, Wang P, Zhang J, Zhang F, Wei J, Luo L, Lei M, Tang L. Modification of biochar derived from sawdust and its application in removal of tetracycline and copper from aqueous solution: Adsorption mechanism and modelling[J]. Bioresource Technology, 2017, 245: 266-273.

[46] Dong X, Ma L Q, Li Y. Characteristics and mechanisms of hexavalent chromium removal by biochar

[47] Agrafioti E, Kalderis D, Diamadopoulos E. Arsenic and chromium removal from water using biochars derived from rice husk, organic solid wastes and sewage sludge[J]. Journal of Environmental Management, 2014, 133: 309-314.

[48] Qian K, Kumar A, Zhang H, Bellmer D, Huhnke R. Recent advances in utilization of biochar[J]. Renewable & Sustainable Energy Reviews, 2015, 42: 1055-1064.

[49] El-Shafey E I. Removal of Zn(II) and Hg(II) from aqueous solution on a carbonaceous sorbent chemically prepared from rice husk[J]. Journal of Hazardous Materials, 2010, 175(1-3): 319-327.

[50] Esplugas S, Gimenez J, Contreras S, Pascual E, Rodriguez M. Comparison of different advanced oxidation processes for phenol degradation[J]. Water Research, 2002, 36(4): 1034-1042.

[51] Fang G, Liu C, Wang Y, Dionysiou D D, Zhou D. Photogeneration of reactive oxygen species from biochar suspension for diethyl phthalate degradation[J]. Applied Catalysis B: Environmental, 2017, 214: 34-45.

[52] Zhang H, Wang Z, Li R, Guo J, Li Y, Zhu J, Xie X. TiO_2 supported on reed straw biochar as an adsorptive and photocatalytic composite for the efficient degradation of sulfamethoxazole in aqueous matrices[J]. Chemosphere, 2017, 185: 351-360.

[53] Wu M, Pan B, Zhang D, Xiao D, Li H, Wang C, Ning P. The sorption of organic contaminants on biochars derived from sediments with high organic carbon content[J]. Chemosphere, 2013, 90(2): 782-788.

[54] Yao Y, Gao B, Chen H, Jiang L, Inyang M, Zimmerman A R, Cao X, Yang L, Xue Y, Li H. Adsorption of sulfamethoxazole on biochar and its impact on reclaimed water irrigation[J]. Journal of Hazardous Materials, 2012, 209: 408-413.

[55] Chen J, Zhang D, Zhang H, Ghosh S, Pan B. Fast and slow adsorption of carbamazepine on biochar as affected by carbon structure and mineral composition[J]. Science of the Total Environment, 2017, 579: 598-605.

[56] Lin L, Jiang W, Xu P. Comparative study on pharmaceuticals adsorption in reclaimed water desalination concentrate using biochar: Impact of salts and organic matter[J]. Science of the Total Environment, 2017, 601: 857-864.

[57] Calisto V, Ferreira C I A, Oliveira J A B P, Otero M, Esteves V I. Adsorptive removal of pharmaceuticals from water by commercial and waste-based carbons[J]. Journal of Environmental Management, 2015, 152: 83-90.

[58] Ulrich B A, Im E A, Werner D, Higgins C P. Biochar and activated carbon for enhanced trace organic contaminant retention in stormwater infiltration systems[J]. Environmental Science & Technology, 2015, 49(10): 6222-6230.

[59] Vithanage M, Rajapaksha A U, Tang X, Thiele-Bruhn S, Kim K H, Lee S E, Ok Y S. Sorption and transport of sulfamethazine in agricultural soils amended with invasive-plant-derived biochar[J]. Journal of Environmental Management, 2014, 141: 95-103.

[60] Bu Q, Wang B, Huang J, Deng S, Yu G. Pharmaceuticals and personal care products in the aquatic environment in China: A review[J]. Journal of Hazardous Materials, 2013, 262: 189-211.

[61] Li S, Shi W Z, Liu W, Li H M, Zhang W, Hu J R, Ke Y C, Sun W L, Ni J R. A duodecennial national synthesis of antibiotics in China's major rivers and seas (2005—2016)[J]. Science of the Total Environment, 2018, 615: 906-917.

[62] Zhang T, Li B. Occurrence, transformation, and fate of antibiotics in municipal wastewater treatment plants[J]. Critical Reviews in Environmental Science and Technology, 2011, 41(11): 951-998.

[63] Jung C, Park J, Lim K H, Park S, Heo J, Her N, Oh J, Yun S, Yoon Y. Adsorption of selected endocrine disrupting compounds and pharmaceuticals on activated biochars[J]. Journal of Hazardous Materials, 2013, 263: 702-710.

[64] Peng B, Chen L, Que C, Yang K, Deng F, Deng X, Shi G, Xu G, Wu M. Adsorption of antibiotics on graphene and biochar in aqueous solutions induced by π-π interactions[J]. Scientific Reports, 2016, 6:

31920.

[65] Inyang M, Gao B, Zimmerman A, Zhou Y, Cao X. Sorption and cosorption of lead and sulfapyridine on carbon nanotube-modified biochars[J]. Environmental Science and Pollution Research, 2015, 22(3): 1868-1876.

[66] Xie M, Chen W, Xu Z, Zheng S, Zhu D. Adsorption of sulfonamides to demineralized pine wood biochars prepared under different thermochemical conditions[J]. Environmental Pollution, 2014, 186: 187-194.

[67] Vree T B, Hekster Y A, Baars A M, Damsma J E, Vanderkleijn E. Determination of trimethoprim and sulfamethoxazole (co-trimoxazole) in body-fluids of man by means of high-performance liquid-chromatography[J]. Journal of Chromatography, 1978, 146(1): 103-112.

[68] Solanki A, Boyer T H. Pharmaceutical removal in synthetic human urine using biochar[J]. Environmental Science Water Research & Technology, 2017, 3(3): 553-565.

[69] Fang G, Gao J, Liu C, Dionysiou D D, Wang Y, Zhou D. Key role of persistent free radicals in hydrogen peroxide activation by biochar: Implications to organic contaminant degradation[J]. Environmental Science & Technology, 2014, 48(3): 1902-1910.

[70] Fang G, Liu C, Gao J, Dionysiou D D, Zhou D. Manipulation of persistent free radicals in biochar to activate persulfate for contaminant degradation[J]. Environmental Science & Technology, 2015, 49(9): 5645-5653.

[71] Babic S, Horvat A J M, Pavlovic D M, Kastelan-Macan M. Determination of pK_a values of active pharmaceutical ingredients[J]. Trac-Trends in Analytical Chemistry, 2007, 26(11): 1043-1061.

[72] Bonvin F, Omlin J, Rutler R, Schweizer W B, Alaimo P J, Strathmann T J, Mcneill K, Kohn T. Direct photolysis of human metabolites of the antibiotic sulfamethoxazole: Evidence for abiotic back-transformation[J]. Environmental Science & Technology, 2013, 47(13): 6746-6755.

[73] Zhang R, Yang Y, Huang C H, Li N, Liu H, Zhao L, Sun P. UV/H_2O_2 and UV/PDS treatment of trimethoprim and sulfamethoxazole in synthetic human urine: Transformation products and toxicity[J]. Environmental Science & Technology, 2016, 50(5): 2573-2583.

[74] Zhang R, Sun P, Boyer T H, Zhao L, Huang C H. Degradation of pharmaceuticals and metabolite in synthetic human urine by UV, UV/H_2O_2, and UV/PDS[J]. Environmental Science & Technology, 2015, 49(5): 3056-3066.

[75] Shinogi Y, Kanri Y. Pyrolysis of plant, animal and human waste: Physical and chemical characterization of the pyrolytic products[J]. Bioresource Technology, 2003, 90(3): 241-247.

[76] Rajapaksha A U, Vithanage M, Zhang M, Ahmad M, Mohan D, Chang S X, Ok Y S. Pyrolysis condition affected sulfamethazine sorption by tea waste biochars[J]. Bioresource Technology, 2014, 166: 303-308.

[77] Sun B, Lian F, Bao Q, Liu Z, Song Z, Zhu L. Impact of low molecular weight organic acids (LMWOAs) on biochar micropores and sorption properties for sulfamethoxazole[J]. Environmental Pollution, 2016, 214: 142-148.

[78] Jia M, Wang F, Bian Y, Stedtfeld R D, Liu G, Yu J, Jiang X. Sorption of sulfamethazine to biochars as affected by dissolved organic matters of different origin[J]. Bioresource Technology, 2018, 248: 36-43.

[79] Teixido M, Pignatello J J, Beltran J L, Granados M, Peccia J. Speciation of the ionizable antibiotic sulfamethazine on black carbon (biochar)[J]. Environmental Science & Technology, 2011, 45(23): 10020-10027.

[80] Ghose A K, Crippen G M. Atomic physicochemical parameters for 3-dimensional-structure-directed quantitative structure-activity-relationships.2.modeling dispersive and hydrophobic interactions[J]. Journal of Chemical Information and Computer Sciences, 1987, 27(1): 21-35.

[81] Delgado L F, Charles P, Glucina K, Morlay C. The removal of endocrine disrupting compounds, pharmaceutically activated compounds and cyanobacterial toxins during drinking water preparation using activated carbon: A review[J]. Science of the Total Environment, 2012, 435: 509-525.

[82] Kah M, Sigmund G, Xiao F, Hofmann T. Sorption of ionizable and ionic organic compounds to biochar, activated carbon and other carbonaceous materials[J]. Water Research, 2017, 124: 673-692.

[83] Li X, Pignatello J J, Wang Y, Xing B. New insight into adsorption mechanism of ionizable compounds on carbon nanotubes[J]. Environmental Science & Technology, 2013, 47(15): 8334-8341.

[84] Li X, Gamiz B, Wang Y, Pignatello J J, Xing B. Competitive sorption used to probe strong hydrogen bonding sites for weak organic acids on carbon nanotubes[J]. Environmental Science & Technology, 2015, 49(3): 1409-1417.

[85] Richardson D E, Yao H R, Frank K M, Bennett D A. Equilibria, kinetics, and mechanism in the bicarbonate activation of hydrogen peroxide: Oxidation of sulfides by peroxymonocarbonate[J]. Journal of the American Chemical Society, 2000, 122(8): 1729-1739.

[86] Cai M, Sun P, Zhang L, Huang C H. UV/peracetic acid for degradation of pharmaceuticals and reactive species evaluation[J]. Environmental Science & Technology, 2017, 51(24): 14217-14224.

[87] Pi L, Yang N, Han W, Xiao W, Wang D, Xiong Y, Zhou M, Hou H, Mao X. Heterogeneous activation of peroxymonocarbonate by Co-Mn oxides for the efficient degradation of chlorophenols in the presence of a naturally occurring level of bicarbonate[J]. Chemical Engineering Journal, 2018, 334: 1297-1308.

[88] Zhang R, Yang Y, Huang C H, Zhao L, Sun P. Kinetics and modeling of sulfonamide antibiotic degradation in wastewater and human urine by UV/H_2O_2 and UV/PDS[J]. Water Research, 2016, 103: 283-292.

[89] Yang J, Pignatello J J, Pan B, Xing B. Degradation of p-nitrophenol by lignin and cellulose chars: H_2O_2-mediated reaction and direct reaction with the char[J]. Environmental Science & Technology, 2017, 51(16): 8972-8980.

[90] Park J H, Wang J J, Tafti N, Delaune R D. Removal of Eriochrome Black T by sulfate radical generated from Fe-impregnated biochar/persulfate in Fenton-like reaction[J]. Journal of Industrial and Engineering Chemistry, 2019, 71: 201-209.

[91] Rastogi A, Al-Abed S R, Dionysiou D D. Effect of inorganic, synthetic and naturally occurring chelating agents on Fe(II) mediated advanced oxidation of chlorophenols[J]. Water Research, 2009, 43(3): 684-694.

[92] Duan X, Sun H, Shao Z, Wang S. Nonradical reactions in environmental remediation processes: Uncertainty and challenges[J]. Applied Catalysis B: Environmental, 2018, 224: 973-982.

[93] Fan Y, Ji Y, Kong D, Lu J, Zhou Q. Kinetic and mechanistic investigations of the degradation of sulfamethazine in heat-activated persulfate oxidation process[J]. Journal of Hazardous Materials, 2015, 300: 39-47.

[94] Zhang T, Chen Y, Wang Y, Le Roux J, Yang Y, Croue J P. Efficient peroxydisulfate activation process not relying on sulfate radical generation for water pollutant degradation[J]. Environmental Science & Technology, 2014, 48(10): 5868-5875.

[95] Guo Y, Zeng Z, Liu Y, Huang Z, Cui Y, Yang J. One-pot synthesis of sulfur doped activated carbon as a superior metal-free catalyst for the adsorption and catalytic oxidation of aqueous organics[J]. Journal of Materials Chemistry A, 2018, 6(9): 4055-4067.

[96] Gokulakrishnan S, Mohammed A, Prakash H. Determination of persulphates using N, N-diethyl-p-phenylenediamine as colorimetric reagent: Oxidative coloration and degradation of the reagent without bactericidal effect in water[J]. Chemical Engineering Journal, 2016, 286: 223-231.

[97] Ahn Y Y, Yun E T, Seo J W, Lee C, Kim S H, Kim J H, Lee J. Activation of peroxymonosulfate by surface-loaded noble metal nanoparticles for oxidative degradation of organic compounds[J]. Environmental Science & Technology, 2016, 50(18): 10187-10197.

[98] Feng Y, Lee P H, Wu D, Shih K. Surface-bound sulfate radical-dominated degradation of 1, 4-dioxane by alumina-supported palladium (Pd/Al_2O_3) catalyzed peroxymonosulfate[J]. Water Research, 2017, 120: 12-21.

[99] Sun P, Li Y, Meng T, Zhang R, Song M, Ren J. Removal of sulfonamide antibiotics and human metabolite by biochar and biochar/H_2O_2 in synthetic urine[J]. Water Research, 2018, 147: 91-100.

[100] Waldemer R H, Tratnyek P G, Johnson R L, Nurmi J T. Oxidation of chlorinated ethenes by heat-activated persulfate: Kinetics and products[J]. Environmental Science & Technology, 2007,

41(3): 1010-1015.

[101] Yin R, Guo W, Wang H, Du J, Wu Q, Chang J S, Ren N. Singlet oxygen-dominated peroxydisulfate activation by sludge-derived biochar for sulfamethoxazole degradation through a nonradical oxidation pathway: Performance and mechanism[J]. Chemical Engineering Journal, 2019, 357: 589-599.

[102] Vicente F, Santos A, Romero A, Rodriguez S. Kinetic study of diuron oxidation and mineralization by persulphate: Effects of temperature, oxidant concentration and iron dosage method[J]. Chemical Engineering Journal, 2011, 170(1): 127-135.

[103] Yang Y, Pignatello J J, Ma J, Mitch W A. Comparison of halide impacts on the efficiency of contaminant degradation by sulfate and hydroxyl radical-based advanced oxidation processes (AOPs)[J]. Environmental Science & Technology, 2014, 48(4): 2344-2351.

[104] Wang Y, Cao D, Zhao X. Heterogeneous degradation of refractory pollutants by peroxymonosulfate activated by CoO_x-doped ordered mesoporous carbon[J]. Chemical Engineering Journal, 2017, 328: 1112-1121.

[105] Zhu C, Liu F, Ling C, Jiang H, Wu H, Li A. Growth of graphene-supported hollow cobalt sulfide nanocrystals via MOF-templated ligand exchange as surface-bound radical sinks for highly efficient bisphenol A degradation[J]. Applied Catalysis B: Environmental, 2019, 242: 238-248.

[106] Schwarzenbach R P, Escher B I, Fenner K, Hofstetter T B, Johnson C A, Von Gunten U, Wehrli B. The challenge of micropollutants in aquatic systems[J]. Science, 2006, 313(5790): 1072.

[107] Adeel M, Song X, Wang Y, Francis D, Yang Y. Environmental impact of estrogens on human, animal and plant life: A critical review[J]. Environment International, 2017, 99: 107-119.

[108] Hobkirk R, Blahey P R, Alfheim A, Raeside J I, Joron G E. Urinary estrogen excretion in normal and diabetic pregnancy[J]. The Journal of Clinical Endocrinology & Metabolism, 1960, 20(6): 805-813.

[109] Yu Y, Wu L, Chang A C. Seasonal variation of endocrine disrupting compounds, pharmaceuticals and personal care products in wastewater treatment plants[J]. Science of the Total Environment, 2013, 442: 310-316.

[110] Korach K S, Sarver P, Chae K, Mclachlan J A, Mckinney J D. Estrogen receptor-binding activity of polychlorinated hydroxybiphenyls: Conformationally restricted structural probes[J]. Molecular Pharmacology, 1988, 33(1): 120-126.

[111] Filby A L, Thorpe K L, Maack G, Tyler C R. Gene expression profiles revealing the mechanisms of anti- and rogen- and estrogen-induced feminization in fish[J]. Aquatic Toxicology, 2007, 81(2): 219-231.

[112] Henderson B E, Ross R K, Pike M C, Casagrande J T. Endogenous hormones as a major factor in human cancer[J]. Cancer Research, 1982, 42(8): 3232-3239.

[113] Adeoya-Osiguwa S A, Markoulaki S, Pocock V, Milligan S R, Fraser L R. 17β-Estradiol and environmental estrogens significantly affect mammalian sperm function[J]. Human Reproduction, 2003, 18(1): 100-107.

[114] Larsen T A, Gujer W. Separate management of anthropogenic nutrient solutions(human urine)[J]. Water Science and Technology, 1996, 34(3): 87-94.

[115] Pronk W, Zuleeg S, Lienert J, Escher B, Koller M, Berner A, Koch G, Boller M. Pilot experiments with electrodialysis and ozonation for the production of a fertiliser from urine[J]. Water Science and Technology, 2007, 56(5): 219-227.

[116] Nghiem L D, Schäfer A I, Elimelech M. Pharmaceutical retention mechanisms by nanofiltration membranes[J]. Environmental Science & Technology, 2005, 39(19): 7698-7705.

[117] Marris E. Black is the new green[J]. Nature, 2006, 442(7103): 624-626.

[118] Zhang X, Wang H, He L, Lu K, Sarmah A, Li J, Bolan N S, Pei J, Huang H. Using biochar for remediation of soils contaminated with heavy metals and organic pollutants[J]. Environmental Science and Pollution Research, 2013, 20(12): 8472-8483.

[119] Yan J, Han L, Gao W, Xue S, Chen M. Biochar supported nanoscale zerovalent iron composite used as persulfate activator for removing trichloroethylene[J]. Bioresource Technology, 2015, 175: 269-274.

[120] Chen L, Yang S, Zuo X, Huang Y, Cai T, Ding D. Biochar modification significantly promotes the activity of Co_3O_4 towards heterogeneous activation of peroxymonosulfate[J]. Chemical Engineering Journal, 2018, 354: 856-865.

[121] Fang G, Gao J, Liu C, Dionysiou D D, Wang Y, Zhou D. Key role of persistent free radicals in hydrogen peroxide activation by biochar: Implications to organic contaminant degradation[J]. Environmental Science & Technology, 2014, 48(3): 1902-1910.

[122] March J G, Gual M, Orozco F. Experiences on greywater re-use for toilet flushing in a hotel(Mallorca Island, Spain)[J]. Desalination, 2004, 164(3): 241-247.

[123] Virto R, Manas P, Alvarez I, Condon S, Raso J. Membrane damage and microbial inactivation by chlorine in the absence and presence of a chlorine-demanding substrate[J]. Applied and Environ mental Microbiology, 2005, 71(9): 5022-5028.

[124] Sun P, Meng T, Wang Z, Zhang R, Yao H, Yang Y, Zhao L. Degradation of organic micropollutants in UV/NH_2Cl advanced oxidation process[J]. Environmental Science & Technology, 2019, 53(15): 9024-9033.

[125] Vikesland P J, Valentine R L. Reaction pathways involved in the reduction of monochloramine by ferrous iron[J]. Environmental Science & Technology, 2000, 34(1): 83-90.

[126] Jia H, Zhao S, Nulaji G, Tao K, Wang F, Sharma V K, Wang C. Environmentally persistent free radicals in soils of past coking sites: Distribution and stabilization[J]. Environmental Science & Technology, 2017, 51(11): 6000-6008.

[127] Ma M, Rao K, Wang Z. Occurrence of estrogenic effects in sewage and industrial wastewaters in Beijing, China[J]. Environmental Pollution, 2007, 147(2): 331-336.

[128] Lee H, Lee H J, Jeong J, Lee J, Park N B, Lee C. Activation of persulfates by carbon nanotubes: Oxidation of organic compounds by nonradical mechanism[J]. Chemical Engineering Journal, 2015, 266: 28-33.

[129] Kim D H, Lee J, Ryu J, Kim K, Choi W. Arsenite oxidation initiated by the UV photolysis of nitrite and nitrate[J]. Environmental Science & Technology, 2014, 48(7): 4030-4037.

[130] Lee H, Kim H I, Weon S, Choi W, Hwang Y S, Seo J, Lee C, Kim J H. Activation of persulfates by graphitized nanodiamonds for removal of organic compounds[J]. Environmental Science & Technology, 2016, 50(18): 10134-10142.

[131] Duan X, Sun H, Tade M, Wang S. Metal-free activation of persulfate by cubic mesoporous carbons for catalytic oxidation via radical and nonradical processes[J]. Catalysis Today, 2018, 307: 140-146.

[132] Duan X, Sun H, Wang S. Metal-free carbocatalysis in advanced oxidation reactions[J]. Accounts of Chemical Research, 2018, 51(3): 678-687.

[133] Li H, Shang J, Yang Z, Shen W, Ai Z, Zhang L. Oxygen vacancy associated surface Fenton chemistry: Surface structure dependent hydroxyl radicals generation and substrate dependent reactivity[J]. Environmental Science & Technology, 2017, 51(10): 5685-5694.

[134] Tian L, Koshland C P, Yano J, Yachandra V K, Yu I T S, Lee S C, Lucas D. Carbon-centered free radicals in particulate matter emissions from wood and coal combustion[J]. Energy & Fuels, 2009, 23(5): 2523-2526.

[135] Gilbert B C, Stell J K, Peet W J, Radford K J. Generation and reactions of the chlorine atom in aqueous solution[J]. Journal of the Chemical Society, Faraday Transactions 1: Physical Chemistry in Condensed Phases, 1988, 84(10): 3319-3330.

[136] Tentscher P R, Lee M, Von Gunten U. Micropollutant oxidation studied by quantum chemical computations: Methodology and applications to thermodynamics, kinetics, and reaction mechanisms[J]. Accounts of Chemical Research, 2019, 52(3): 605-614.

[137] 屠锦军. 纳米锰氧化物制备及催化氧化水中有机污染物的研究[D]. 北京: 中国科学院大学, 2014.

[138] Kohno M, Mizuta Y, Kusai M, Masumizu T, Makino K. Measurements of superoxide anion radical and superoxide anion scavenging activity by electron spin resonance spectroscopy coupled with DMPO spin trapping[J]. Bulletin of the Chemical Society of Japan, 1994, 67(4): 1085-1090.

[139] Li J, Blatchley Iii E R. UV photodegradation of inorganic chloramines[J]. Environmental Science & Technology, 2009, 43(1): 60-65.

[140] van Acker S A B E, Tromp M N J L, Haenen G R M M, Vandervijgh W J F, Bast A. Flavonoids as scavengers of nitric oxide radical[J]. Biochemical and Biophysical Research Communications, 1995, 214(3): 755-759.

[141] Kim H K, Cheon B S, Kim Y H, Kim S Y, Kim H P. Effects of naturally occurring flavonoids on nitric oxide production in the macrophage cell line RAW 264.7 and their structure–activity relationships[J]. Biochemical Pharmacology, 1999, 58(5): 759-765.

[142] Fang G, Liu C, Gao J, Dionysiou D D, Zhou D. Manipulation of persistent free radicals in biochar to activate persulfate for contaminant degradation[J]. Environmental Science & Technology, 2015, 49(9): 5645-5653.

[143] Duan X, Sun H, Wang Y, Kang J, Wang S. N-doping-induced nonradical reaction on single-walled carbon nanotubes for catalytic phenol oxidation[J]. ACS Catalysis, 2015, 5(2): 553-559.

[144] Tang Y, Liu Z, Dai X, Yang Z, Chen W, Ma D, Lu Z. Theoretical study on the Si-doped graphene as an efficient metal-free catalyst for CO oxidation[J]. Applied Surface Science, 2014, 308: 402-407.

[145] Chen Y, Gao B, Zhao J X, Cai Q H, Fu H G. Si-doped graphene: An ideal sensor for NO^- or NO_2^- detection and metal-free catalyst for N_2O^- reduction[J]. Journal of Molecular Modeling, 2012, 18(5): 2043-2054.

[146] Delplancke M P, Powers J M, Vandentop G J, Salmeron M, Somorjai G A. Preparation and characterization of amorphous SiC: H thin films[J]. Journal of Vacuum Science & Technology A, 1991, 9(3): 450-455.

[147] Smith K L, Black K M. Characterization of the treated surfaces of silicon alloyed pyrolytic carbon and SiC[J]. Journal of Vacuum Science & Technology A, 1984, 2(2): 744-747.

[148] Wu X L, Wen T, Guo H L, Yang S, Wang X, Xu A W. Biomass-derived sponge-like carbonaceous hydrogels and aerogels for supercapacitors[J]. ACS Nano, 2013, 7(4): 3589-3597.

[149] Mérel P, Tabbal M, Chaker M, Moisa S, Margot J. Direct evaluation of the sp^3 content in diamond-like-carbon films by XPS[J]. Applied Surface Science, 1998, 136(1): 105-110.

[150] Liu Z, Fu X, Li M, Wang F, Wang Q, Kang G, Peng F. Novel silicon-doped, silicon and nitrogen-codoped carbon nanomaterials with high activity for the oxygen reduction reaction in alkaline medium[J]. Journal of Materials Chemistry A, 2015, 3(7): 3289-3293.

[151] Duan X, Su C, Zhou L, Sun H, Suvorova A, Odedairo T, Zhu Z, Shao Z, Wang S. Surface controlled generation of reactive radicals from persulfate by carbocatalysis on nanodiamonds[J]. Applied Catalysis B: Environmental, 2016, 194: 7-15.

[152] Zhang J, Su D S, Blume R, Schlögl R, Wang R, Yang X, Gajović A. Surface chemistry and catalytic reactivity of a nanodiamond in the steam-free dehydrogenation of ethylbenzene[J]. Angewandte Chemie International Edition, 2010, 49(46): 8640-8644.

[153] Duan X, Ao Z, Zhang H, Saunders M, Sun H, Shao Z, Wang S. Nanodiamonds in sp^2/sp^3 configuration for radical to nonradical oxidation: Core-shell layer dependence[J]. Applied Catalysis B: Environmental, 2018, 222: 176-181.

[154] Russell G A. Deuterium-isotope effects in the autoxidation of aralkyl hydrocarbons. mechanism of the interaction of peroxy radicals1[J]. Journal of the American Chemical Society, 1957, 79(14): 3871-3877.

[155] Kirsch M, De Groot H. Formation of peroxynitrite from reaction of nitroxyl anion with molecular oxygen[J]. Journal of Biological Chemistry, 2002, 277(16): 13379-13388.

[156] Zhang R, Meng T, Huang C H, Ben W, Yao H, Liu R, Sun P. PPCP degradation by chlorine–UV processes in ammoniacal water: new reaction insights, kinetic modeling, and DBP Formation[J]. Environmental Science & Technology, 2018, 52(14): 7833-7841.

[157] Rong C, Shao Y, Wang Y, Zhang Y, Yu K. Formation of disinfection byproducts from sulfamethoxazole during sodium hypochlorite disinfection of marine culture water[J]. Environmental

[158] Huber M M, Ternes T A, Von Gunten U. Removal of estrogenic activity and formation of oxidation products during ozonation of 17α-ethinylestradiol[J]. Environmental Science & Technology, 2004, 38(19): 5177-5186.

[159] Hu J, Cheng S, Aizawa T, Terao Y, Kunikane S. Products of aqueous chlorination of 17β-estradiol and their estrogenic activities[J]. Environmental Science & Technology, 2003, 37(24): 5665-5670.

[160] Huang X, Qu Y, Cid C A, Finke C, Hoffmann M R, Lim K, Jiang S C. Electrochemical disinfection of toilet wastewater using wastewater electrolysis cell[J]. Water Research, 2016, 92: 164-172.

[161] 王红亮, 司崇殿, 郭庆杰. 污泥衍生活性炭制备与性能表征[J]. 山东化工, 2008, 2: 1-5.

[162] Khwairakpam M, Bhargava R. Vermitechnology for sewage sludge recycling[J]. Journal of Hazardous Materials, 2009, 161(2-3): 948-954.

[163] 刘红梅, 熊文美. 城市污水处理厂污泥资源化利用途径探讨[J]. 环境保护科学, 2007, 4: 81-83.

[164] 唐黎华, 朱子彬, 赵庆祥, 郑志胜, 张成芳, 马鲁铭. 活性污泥作为气化用型煤粘结剂——污泥在粉煤中的分散性与型煤质量的关系[J]. 华东理工大学学报, 1998, 5: 12-15.

[165] Kojima N, Mitomo A, Itaya Y, Mori S, Yoshida S. Adsorption removal of pollutants by active cokes produced from sludge in the energy recycle process of wastes[J]. Waste Management, 2002, 22(4): 399-404.

[166] Tay J H, Chen X G, Jeyaseelan S, Graham N. A comparative study of anaerobically digested and undigested sewage sludges in preparation of activated carbons[J]. Chemosphere, 2001, 44(1): 53-57.

[167] Rozada F, Otero M, Moran A, Garcia A I. Adsorption of heavy metals onto sewage sludge-derived materials[J]. Bioresource Technology, 2008, 99(14): 6332-6338.

[168] Fan X D, Zhang X K. Adsorption properties of activated carbon from sewage sludge to alkaline-black[J]. Materials Letters, 2008, 62(10-11): 1704-1706.

[169] Chen X G, Jeyaseelan S, Graham N. Physical and chemical properties study of the activated carbon made from sewage sludge[J]. Waste Management, 2002, 22(7): 755-760.

[170] Bagreev A, Bashkova S, Locke D C, Bandosz T J. Sewage sludge-derived materials as efficient adsorbents for removal of hydrogen sulfide[J]. Environmental Science & Technology, 2001, 35(7): 1537-1543.

[171] 解建坤, 岳钦艳, 于慧, 岳文文, 李仁波, 张升晓, 王晓娜. 污泥活性炭对活性艳红 K-2BP 染料的吸附特性研究[J]. 山东大学学报(理学版), 2007, 3: 64-70.

[172] 赵玲, 尹平河, Yu Q M, 齐雨藻. 海洋赤潮生物原甲藻对重金属的富集机理[J]. 环境科学, 2001, 4: 42-45.

第 4 章 制药污泥污染控制技术

4.1 概　　述

4.1.1 抗生素制药污泥来源与特性

制药污泥通常来源于制药生产废水的处理过程，制药废水主要包括：①生产过程排水，包括各类结晶母液、转相母液、吸附废液、发酵残液、破乳剂、废滤液、废母液溶剂回收残液等；②辅助工程排水，包括循环冷却水系统排水、水环真空泵排水、纯化水制备过程排水、蒸馏（加热）设备冷凝水排水等；③冲洗排水，包括容器设备清洗排水、过滤设备冲洗排水、地面冲洗排水、厂房清洁排水等；④化验室及实验室排水，包括药品检验或新产品使用过程排水[1]。

制药废水的污染物包含常规污染物，即化学需氧量（COD）、生化需氧量（BOD）、悬浮物（SS）、pH、色度、氨氮等污染物。此外，不同生产过程还会产生特定的污染物，例如，化学合成类制药过程中常涉及一系列复杂的化学反应过程，生产流程长、反应复杂、副产物多，反应原料常为溶剂类物质或环状结构的化合物，过程中用到大量原料并产生大量废水，这些废水中常含有大量有机和无机组分（包括废溶剂、催化剂、反应物、反应中间体和产品等）。上述典型特征污染物，使得废水中污染物组分复杂、COD 高、治理难度大且处理成本高。典型污染物的控制是制药废水治理中的难点和重点；而生物药品制造废水通常有机物浓度较高、溶解性和胶体性固体浓度高、含有难降解物质及抗生素、毒性等。制药废水常规处理工艺为厌氧或好氧生物处理，如活性污泥法等，其具有一定的经济和技术优势[2]。

在制药废水生物处理工艺中，活性污泥是废水中污染物降解和有毒有害物毒性削减的功能主体，生物处理工艺运行过程中会产生大量剩余污泥，危害巨大。制药污泥成分复杂，通常残留着较高浓度的有毒有害物质，种类繁多且稳定性差，包含较高浓度的悬浮颗粒物、溶解性有机物、重金属、盐类、难降解抗生素，以及少量病原微生物和寄生虫卵等[3]。制药污泥具有颗粒细小、呈絮状及胶状结构、密度小、含水率高（通常为 70%~80%）而不易脱水、毒性大、恶臭及腐蚀性等特点，且由于其对环境和生物的危害性大，被列入《国家危险废物名录》，属于 HW02 医疗废物类别[4]。

制药污泥随意堆放或直接填埋，其中包含的有毒有害物质将进入土壤进而污染农作物最终被人体摄入，对生态环境及人体健康造成严重的威胁，因此对于制药污泥的处理处置刻不容缓。

4.1.2 抗生素制药污泥研究现状

传统的污泥处理方法主要有污泥干化、生物消化、堆肥和填埋等。对于制药污泥处理，最理想的方法是能够通过无害化和稳定化的技术手段，将污泥实现资源化利用。而今在制药行业生产废水处理厂，剩余污泥由于含有大量药物母体及中间体，通常有如下处理方式：

（1）经简单浓缩脱水后作为危险固体废弃物，交由危险废弃物处置中心进行处理，该处理方式费用高昂，并且没有从根本上去除制药污泥中的毒害物质。

（2）制药污泥焚烧处理。焚烧处理能源消耗极高、投资运营费用高且污泥焚烧时会产生重金属、氮氧化物、硫氧化物和二噁英等气体，对空气造成二次污染，不宜长期采用此方式进行处理。

因此，如何在传统污泥处理技术的基础上，研发出针对制药污泥的高效处理技术，近年来逐渐引起国内外学者的关注。然而，由于对制药污泥危害的认识和相关研究工作起步较晚，目前对制药污泥的相关研究报道仍十分有限，以下将对文献中报道的关于制药污泥的处理技术及其研究结论展开介绍。

Liu 等研究了湿式氧化技术处理中国东部某合成类制药厂剩余污泥的研究效果，比较了不同催化剂下，反应条件为 220℃，60 min，O_2 初始压力为 1.0 MPa 时，制药污泥 COD 和有机悬浮固体含量（VSS）的去除率。其中，催化剂种类包括均相催化剂[包括 $FeSO_4$、$MnSO_4$、$Ce(NO_3)_3$、$Cu(NO_3)_2$]，碱性催化剂（包括 Na_2CO_3、$NaHCO_3$、$NaOH$、KOH），沸石和沸石负载型催化剂（负载剂为 CeO_2、CuO、CeO_2-CuO），以及金属氧化物催化剂（包括 MnO_2、Fe_3O_4、CuO）。均相催化剂及其他类型催化剂投加量分别为 0.1 g 和 0.5 g。研究结果表明，以沸石负载型催化剂，尤其是沸石负载 CeO_2-CuO 作为催化剂时，湿式氧化技术对制药污泥的 COD 和 VSS 去除效率最高，去除率分别可达到 60% 和 80% 左右[5]。这一研究结果说明，催化湿式氧化技术是实现制药污泥减量化、稳定化和无害化的一种有效的技术手段，是一条可供参考的研究方向。

刘春慧和周光设计了"柱塞泵进料+桨叶式干燥机干化+旋风除尘+尾气冷凝+湿式洗涤+除臭"的污泥干化系统工艺流程，对河南省南阳市某制药污泥进行干化处理，污泥经干化后含水率从 75%～80% 降低至 20%，有效实现了污泥的体积减量[6]。然而，制药污泥中所包含的毒害成分仍未被去除，因此干化后污泥最终仍需要妥善处理处置。

王山辉等对河北某制药厂产生的剩余污泥进行热重实验，分析了制药污泥热解过程及其特征，结果表明，制药污泥的热解过程分为失水、有机物分解及炭化三个阶段，其中失水过程温度为 35～200℃，该阶段失重率为 11%；有机物分解过程温度为 200～800℃，失重率为 55.5%；而在第三阶段，即有机物炭化阶段，反应温度为 800～1000℃，污泥中剩余物质逐渐分解，残留下无机灰分和固定碳。然而通过分析制药污泥热解油的理化性质及成分，发现制药污泥热解油与柴油相比热值低、固体含量高，若要将该热解油进行应用，其品质的提升仍需大量工作[7]。由此可见，热解虽可在一定程度上实现制药污泥的减量化与资源化，但其能耗极高，且产生的热解油成分难以有效利用。该技术目前仅停留在实验室研究阶段。

吴昊研究了制药污泥好氧堆肥处理过程,并对其肥效进行评价。采用了静态条垛式堆肥发酵装置,以秸秆作为调理剂,将制药污泥与调理剂以 2∶1 的体积比进行均匀混合,实验过程中将堆体含水率控制在 60%左右。发酵分为两阶段,第一阶段时间为 0~14 天,通风量为 6 $m^3/(h·m^3)$,第二阶段时间为 15~35 天,通风量减少一半。整个堆肥过程共 50 天,污泥肥的 pH、含水率、COD、有机氮含量下降,有机物的矿化和水分的挥发使堆体的质量相对减小,堆制结束时堆肥的氨态氮、无机磷含量升高,更易被作物吸收,说明植物可利用形态养分增加。重金属有效态含量降低,腐殖质等养分含量增加,堆体达到了高温灭菌的要求(堆体温度大于 55℃超过 3 天),种子发芽指数(GI)大于 50%,说明污泥堆肥后已达到完全腐熟。制药菌渣中含有 20%~40%的蛋白质,氮、磷、钾等微量元素的含量也比较高[8]。但是,污泥堆肥过程中微生物仅利用了污泥中可生物降解的有机物,难降解化合物及重金属仍残留在产物中,并在后续的农业应用中进入植物,再沿着食物链产生富集作用,进而危害动植物与人类健康。另外该研究并未检测毒害性物质浓度残留,因此制药污泥堆肥产物在农业回用方面存在安全问题。

Aydin 采用厌氧序批式反应器(SBR),分别利用白腐真菌 *Trametes versicolor* 和 *Bjerkandera adusta* 对污泥中所含的磺胺甲噁唑、红霉素及四环素进行降解,经过 90 天的培养驯化,污泥中抗生素的去除率可分别达到 85%和 94%左右,去除效率较高[9]。然而,这一方法仅适用于对特定污染物的去除,且培养驯化时间长,对制药污泥中其他毒害物质不仅不会去除,反而会抑制功能微生物的降解过程。因此,该研究同样停留在实验室研究阶段,尚不具备对复杂的实际制药污泥进行大规模处理的能力。

综上所述,截至目前针对制药污泥的处理研究仍然十分有限,且并未找到可大规模工业应用的行之有效的处理技术,急需开发出对制药污泥毒害物质处理效率高、处理量大,同时能实现污泥有效减量和部分资源化利用,运行费用相对低廉的关键性处理技术。

4.1.3 污泥中抗性基因控制研究现状

1. 抗性基因的产生与传播

自 1940 年青霉素作为第一种被发现的抗生素投入使用以来,抗生素在人类医疗、畜禽养殖和水产养殖等方面发挥了无可替代的作用,大幅降低了传染病致死率,延长了人类寿命,提高了养殖业生产效率[10]。然而,自发现抗生素以来,抗生素耐药现象就被人们所承认,1941 年青霉素首次应用于临床,1942 年就出现了耐青霉素的金黄色葡萄球菌,随着抗生素不断被研发和使用,抗生素耐药性也逐渐引起了人们的关注。

抗生素耐药性(antimicrobial resistance,AMR)是指细菌产生对抗生素不敏感的现象,产生原因是细菌在自身生存过程中的一种特殊表现形式。天然抗生素是细菌产生的次级代谢产物,用以抵御其他微生物,保护自身安全的化学物质,人类将细菌产生的这种物质制成抗菌药物用于杀灭感染的微生物,微生物通过接触抗菌药,改变其代谢途径或制造出相应的灭活物质抵抗抗菌药物,从而形成耐药性[11]。能够编码细菌耐药性机理的基因片段称为抗性基因（antibiotic resistance genes，ARGs），携带有抗性基因的微生物即为抗药细菌（antibiotic resistance bacterias，ARBs）。细菌的耐药机理主要包括产生灭活酶、改变抗菌药物作用靶点、改变细菌外膜通透性以及通过外排泵影响主动流出系统，作用机理如图 4-1 所示。

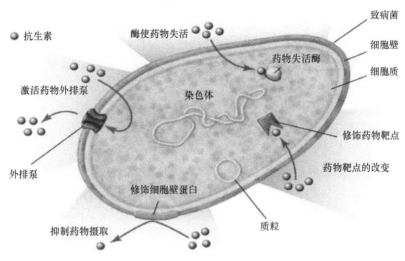

图 4-1 细菌中抗生素耐药机理[12]

抗性基因的产生与传播途径主要包括垂直进化和水平转移两种方式。垂直进化是指细菌从母代到子代的繁殖过程中发生基因突变，通常基因突变概率较低，但是抗生素的选择压力会促使抗性基因的垂直进化[10]。水平转移是细菌抗性基因得以大范围传播的重要机理，可以发生在致病菌与非致病菌之间，甚至发育关系较远的革兰氏阳性菌和阴性菌之间[13]。水平转移是非常复杂的机理，通常可分为 3 种：①转化作用，供体细菌释放出的游离态 DNA 被受体细菌捕获，由此重组获得抗药遗传信息；②转导作用，将抗药遗传信息通过噬菌体的繁殖完成细菌之间的转移；③结合作用，细菌的细胞之间通过直接接触或结合质粒完成抗药遗传信息的传递[14]。

2. 抗性基因的分布与危害

环境中的抗性基因可通过直接接触或食物链传递等途径完成不同介质间的传播，并最终通过水平转移进入人体病原菌使其获得抗药性，同时抗生素的持续滥用会强化抗性基因的产生与传播。不同于传统环境污染物，抗性基因可进行自我复制、通过繁殖遗传，并且在不同微生物之间通过移动基因元件转移和传播，大量研究在环境中发现了丰富的抗性基因。

城市污水处理厂（wastewater treatment plants，WWTPs）是环境中 ARGs 的重要来源之一，其具有高生物浓度、高营养物质以及未达到抑制水平的抗生素、杀菌剂、重金属等特点，是适宜 ARBs 以及携带 ARGs 的病原菌滋生的温床。

关于城市污水厂中抗性基因的报道屡见不鲜。Auerbach 研究了美国城市某城市污水处理厂进出水、活性污泥和剩余污泥中四环素类抗性基因的残留水平，发现四环素类抗性基因的检出率高达 78.9%,相比于污水,污泥中所含的抗性基因绝对浓度高 2 个数量级,可达到 $2.5×10^8 \sim 1.6×10^9$ copies/mL[15]。Zhang 等采集了中国、美国、加拿大和新加坡等国家共 15 家城市污水处理厂的活性污泥样品,监测了其中 14 种抗性基因的相对丰度,结果显示样品之间 ARGs 浓度虽相差各异,但均有检出[16]。Li 等在对浙江某城市污水处理厂的研究中,发现了目前中国城市污水处理厂进水中浓度最高的四环素类抗性基因为 $10^{11} \sim 10^{17}$ copies/mL[17]。据报道,出水中 ARGs 的浓度通常为 $10^1 \sim 10^7$ copies/mL,比进水浓度削减 $0.3 \sim 3$ 个数量级,但与进出水相比,污泥样品中通常含有更高浓度($10^7 \sim 10^{11}$ copies/g)和丰度的 ARGs[18, 19]。这说明,城市污水的排放,尤其是剩余污泥的排放,是环境中抗性基因传播的重要来源。

禽畜养殖废水及废物同样也是抗生素及抗性基因环境残留的巨大储存库[20],通常被报道含有高浓度的抗药细菌[21]、抗性基因[22, 23]和携带 ARGs 的转座子[23, 24]。Yang 等从分别从北京和河北等农场采集了猪和鸡的样品,分离出抗药敏感型大肠杆菌(E. coli),结果显示绝大部分 E. coli 具有多重耐药性,对四环素类、磺胺类、氨苄青霉素类和链霉素的抗性比例分别高达 98%、84%、79% 和 77%[23, 25]。Ji 等检测了上海市某几家代表性的猪、家禽和牛养殖场粪便样品中 7 种抗性基因,包括 tetB、tetM、tetO、tetW、sulⅠ、sulⅡ 和 sulA,所有样品中均检测到了 ARGs,且四环素类和磺胺类 ARGs 相对丰度分别达到了 $10^{-5} \sim 10^{-2}$ 和 $10^{-6} \sim 10^{-3}$[26]。

大量关于环境受纳水体中抗性基因的研究,例如,Ling 等对北江[27]、Jiang 等对上海黄浦江[28]以及 Zhang 等对北京某些河流中 ARGs 的监测[29],发现环境水体中含有较高浓度和种类丰度的抗性基因,这共同说明人为活动对 ARGs 产生和传播具有重大的影响。

早在 1945 年,Alexander Fleming 就提出警告,AMR 有可能成为公共卫生的威胁[30],目前人们已逐渐发现环境中的抗性基因造成的危害。研究表明,多重耐药性可导致每年近 70 万的死亡病例。据 2013 年数据统计,美国每年至少有 200 万人感染上携带 ARGs 的细菌,其中至少 2.3 万人最终死于耐药性,该数量甚至超出了艾滋病造成的死亡人数(1.5 万);欧洲每年死于药物抗药细菌感染的病例高达 2.5 万人;甚至在人口数量稀少的澳洲,每年也有 7000 人左右死于细菌耐药性[31]。

WHO 于 2014 年发布的 *Antimicrobial Resistance: Global Report on Surveillance* 指出,在 WHO 所有区域中,监测了关于造成败血症、腹泻、肺炎、尿路感染和淋病等常见严重疾病的 7 种细菌的抗药性,结果表明 7 种细菌均表现出极高的耐药性。被抗药性细菌感染的患者,治疗效果更差,死亡风险更高,同时也消耗了更多的医疗资源。

2013 年于英国召开的 G8 峰会上提出"在 21 世纪,我们面临着一项重大的健康安全挑战——抗生素耐药性"[32];2014 年 WHO 称"世界现今进入了一个后抗生素时代"[33];2016 年于我国杭州召开的 G20 峰会上更是将耐药性与气候变化、难民危机、恐怖主义共同列入影响世界经济的重大全球性挑战[34]。因此,细菌抗药性已引起人们的广泛关注,寻求削减甚至去除环境中抗性基因的处理方法迫在眉睫。

3. 污泥中抗性基因控制研究现状

污水中抗性基因的去除通常采用消毒工艺,如氯消毒[35-38]、紫外光消毒等,但此类工艺效果通常不明显，且该类技术并不适用于污泥中抗性基因的去除。研究表明，常规污泥稳定化及污泥脱水技术对抗药性的去除效果甚微[38]。污泥热处理虽可在一定程度上削减污泥中的病原菌，但费用高昂且易造成环境二次污染，因而使其应用受到限制[39,40]。污泥厌氧消化由于具有高效污泥减量、病原菌去除以及甲烷气体回收利用等优点[41]，在污泥处理领域广泛应用，研究者对其在限制抗药菌选择、削弱抗性基因水平转移进而有效削减抗性基因方面寄予厚望[42]。

Ju 等检测了污泥中温厌氧消化过程中 323 种抗性基因的变化，结果表明绝大部分抗性基因未能得到有效去除[43]；Zhang 等的研究结果表明，对研究的 35 种抗性基因，中温厌氧消化可大量去除其中的 8 种，而高温厌氧消化可去除 13 种，但总抗性基因的丰度及多样性并未得到有效去除[44]。

为提高厌氧消化对抗性基因的去除效率，近年来污泥中抗性基因去除工艺的研究主要集中在高级厌氧消化技术，如强化厌氧消化（即加入添加剂）、高温厌氧消化以及预处理-厌氧消化。对于强化厌氧消化，Zhang 等在厌氧消化过程中加入氧化石墨烯，发现对研究的 9 种抗性基因去除效率有所提高[39]；另有研究者在中温厌氧消化系统中加入活性炭，可使病原菌相对丰度的去除率提高 18%。然而强化厌氧消化引入的添加剂难以分离，进而增加了污泥的固体含量，且持续的投入损耗较大。对于高温厌氧消化，Burch 等研究了两种四环素类抗性基因（tetW、tetX）、一种喹诺酮类抗性基因（qnrA）以及 I 型整合子分别在 40℃、56℃、60℃和 63℃下的去除效率，结果显示，40℃厌氧消化取得的去除效率最高[45]。Jang 等选择了 55℃的高温厌氧消化作为去除抗性基因的处理技术，研究了四环素类抗性基因（tetG、tetM、tetX）、磺胺类抗性基因（sul I，sul II）、β 内酰胺类抗性基因（bla_{OXA-1}、bla_{TEM}）、大环内酯类抗性基因（ereA、ermB、ermF、mefA/E）的去除规律，结果表明，抗性基因、I 型整合子以及 16S rRNA 均被显著去除[46]。然而，另有许多研究者证实高温厌氧消化对抗性基因的去除无效[47]。

厌氧消化通常包含水解、酸化和产甲烷阶段，其中水解阶段耗时长效率低，进而造成污泥停留时间长、产甲烷效率低、有机固体含量去除效果差等问题。因此，预处理-厌氧消化技术可作为解决此类问题的手段。污泥预处理技术协助污泥破壁、细胞内有机物释放及大分子有机物降解，进而缩短厌氧消化水解阶段。Tong 等以单独微波、微波加酸以及微波加碱/双氧水三种技术作为中温厌氧消化的预处理技术，研究了组合工艺对抗性菌和 8 种抗性基因（tetA、tetC、tetM、tetO、tetX、bla_{SHV}、bla_{CTX-M}、ampC）的去除效果。研究表明，MW/H 预处理能有效去除抗性菌的浓度，抗性基因在预处理过程中几乎被全部去除，而后续厌氧消化过程中又有所回升。而其余两种预处理对厌氧消化抗性基因去除效果差异不大[48]。Zhang 等研究了以 MW/H_2O_2 作为预处理技术结合中温厌氧消化过程中，抗性基因的组成分布和变化，包括四环素类抗性基因（tetG、tetM、tetX）、磺胺类抗性基因（sul I、sul II）、β 内酰胺类抗性基因（bla_{OXA-1}、bla_{TEM}）、大环内酯类抗性基因（ereA、ermB、ermF、mefA/E）。结果表明，MW/H_2O_2 能削减所有抗性基因的绝对浓度，而大部分抗性基因的相对丰度有所提高；但是在后续的厌氧消化过程中抗性基因的数量和相对丰度又有回升，总体而言，预处理结合厌氧消化比单独厌氧消化对抗性基因的去除效果更强。并且，MW/H_2O_2 + AD 能有效去除病原微生物及 I 型整合子，进而减少抗性基因在细菌间的传播[40]。Jang 等以 $FeCl_3$ 作为絮凝剂对污泥进行预处理,再结合中温厌氧消化,研究联合技术对污泥产甲烷量和抗性基因的影响。监测了 21 种抗性基因,包括四环素类抗性基因(*tet*A、*tet*B、*tet*D、*tet*E、*tet*G、*tet*H、*tet*M、*tet*Q、*tet*X、*tet*Z、*tet*BP)、磺胺类抗性基因(*sul*Ⅰ、*sul*Ⅱ)、喹诺酮类抗性基因[*qnr*D,*aac*(6′)-Ib-cr]、β 内酰胺类抗性基因(bla_{CTX}、bla_{SHV}、bla_{TEM})、大环内酯类抗性基因(*erm*B)、氟苯尼考抗性基因(*flo*R)、多重耐药基因(*oqx*A)以及Ⅰ型整合子。结果表明,絮凝剂的添加可有效增强中温厌氧消化的甲烷产量,但对于抗性基因的去除影响不大[46]。

本章内容介绍臭氧与热水解预处理-厌氧消化对制药污泥中抗性基因的去除效果。其中,已有文献证实臭氧对 ARBs 和抗性基因的去除有明显作用。例如,Oh 等研究发现仅 3 mg/L 的臭氧可去除废水中 90%以上的 ARBs 和抗性基因[49];当以 100 mg/L 的臭氧处理养猪场稳定塘废水时,ARBs 的灭活数量可高达 3.3~3.9 个数量级[35];Zhuang 等研究表明臭氧浓度为 177.6 mg/L 时,可去除城市污水处理厂出水中 1.68~2.55 个数量级的四环素类抗性基因[50]。此外,热水解也是近年来处理污泥中抗性基因的重要手段之一,Ma 等研究显示热水解预处理可去除城市污泥中 1.59~2.60 数量级的四环素类抗性基因。

4.2 臭氧-厌氧消化工艺对制药污泥处理效果研究

4.2.1 臭氧预处理反应装置及污泥来源

1. 臭氧预处理反应装置

臭氧预处理反应装置如图 4-2 所示,由臭氧发生器、臭氧接触柱、臭氧反应器和尾气收集装置组成。

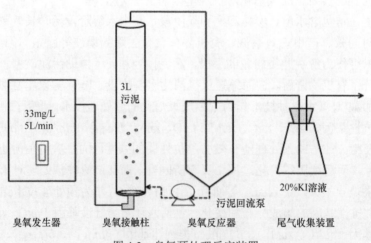

图 4-2 臭氧预处理反应装置

臭氧发生器为空气源发生器,最大臭氧量为 10g/h,臭氧产气浓度为 33 mg/L,以 5 L/min 的气体流量从臭氧接触柱底部,通过直径为 8 cm 的钛合金微孔曝气盘进入臭氧接触柱。臭氧接触柱高 1 m,有效体积为 5 L,实际反应污泥体积为 3 L。反应开始后由于臭氧与污泥相互作用产生大量泡沫,携带大量污泥颗粒的臭氧气体从臭氧接触柱顶部进入高 0.3 m,直径 12 cm 的臭氧反应器进一步反应及消泡,再经由污泥回流泵从反应器底部打回臭氧接触柱内,如此循环增加臭氧与污泥的接触时间,使污泥与臭氧充分反应。尾气收集采用 20% KI 溶液,并采用碘量法滴定尾气中臭氧浓度,以精确计算污泥实际消耗的臭氧剂量。反应过程中臭氧利用效率大于 90%。

污泥溶胞率(disintegration degree,DD_{COD})通常用来表示污泥溶胞效率[50],表征预处理对污泥的破壁效果,其定义式如式(4-1)所示。

$$DD_{COD} = \frac{SCOD_{ozone} - SCOD_0}{TCOD - SCOD_0} \qquad (4-1)$$

式中,$SCOD_{ozone}$ 为臭氧预处理后污泥上清液中 COD 的浓度;$SCOD_0$ 为原污泥上清液中 COD 浓度;TCOD 为原污泥混合物的总 COD 浓度。

2. 臭氧预处理优化实验

臭氧气体流量为 2 L/min,其中臭氧浓度为 16.5 mg/L,利用率按 90% 计;制药污泥固体含量 TS 为 14.56 g/L,每批处理的污泥体积为 2 L。因此,臭氧投加剂量的计算公式为

$$臭氧投加量(mg\ O_3/g\ TS) = \frac{2\ (L/min) \times 16.5 (mg/L) \times 90\% \times T(min)}{14.56(g/L) \times 2(L)} = 1.02T \approx T \qquad (4-2)$$

式中,T 为反应时间。

实验过程中在反应时间为 0、25、50、75、100、125、150、175、200 min 时取样,做相关检测指标的分析,则对应的臭氧投加量分别为 0、25、50、75、100、125、150、175、200 mg O_3/g TS。

3. 污泥来源

本章研究中的抗生素制药污泥取自某抗生素制药厂,主要产品有青霉素、链霉素、土霉素、林可霉素、半合成青霉素、头孢菌素等多种抗生素原料及保健品原料、制剂以及维生素 B_{12}、有机溶剂、淀粉等。该制药污水处理厂的污水处理流程图如图 4-3 所示。

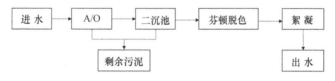

图 4-3 污水处理流程图

采集样品时该制药厂主要生产产品为青霉素盐及少部分土霉素,污水量为 6000～7000 t/d,主要接纳生产废水、车间冲洗废水及厂区生活污水。该制药厂剩余污泥常规指标如表 4-1 所示。

表 4-1 制药污泥常规指标

检测指标	pH	TS/(g/L)	VS/(g/L)	TCOD/(g/L)	SCOD/(mg/L)	TN/(mg/L)	TP/(mg/L)	TOC/(mg/L)
数值	6.89	17.87	14.85	9.86	1311.67	109.30	35.44	302.34

该制药厂为发酵类生物制药,因此污泥中有机质含量相对较高,VS/TS 为 83.10%,其成分主要为菌丝,同时包含抗生素及其母体的残留。污泥上清液中 SCOD、TN、TP、TOC 等含量也相对较高。

4.2.2 臭氧预处理对制药污泥性质的影响

1. 臭氧预处理对制药污泥溶解性的影响

为得到臭氧预处理的最优臭氧投加量,本小节研究了不同臭氧剂量下污泥溶解性质的变化,检测污泥上清液中 SCOD、TOC、TN、TP、多糖等指标随臭氧剂量提高的变化情况。图 4-4 为上清液中 SCOD、TOC、TN、TP、多糖浓度随臭氧投加量增加的增值。

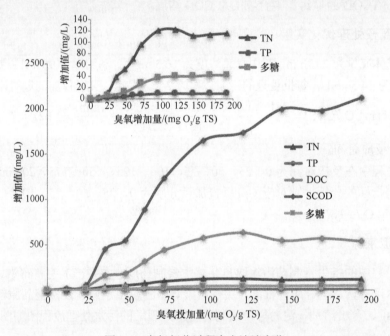

图 4-4 臭氧氧化过程中上清液变化

1)污泥 COD 与 DOC 的变化情况

从图 4-4 可以看出,污泥上清液中 SCOD 的浓度随臭氧投加量的增多而呈现非线性增加,与污泥溶胞率增长趋势(图 4-5)一致。当臭氧投加量为 25 mg O_3/g TS 时,污泥溶胞率仅为 2.01%,上清液中 SCOD 几乎并未增加;而当臭氧投加量为 50 mg O_3/g TS 时,污泥溶胞率激增至 23.94%,并随着臭氧量的增加而持续快速增长;持续增加臭氧投加量为 100 mg O_3/g TS 时,污泥溶胞率为 68.84%,随后臭氧投加量的增加则对污泥溶胞率的影响较小。

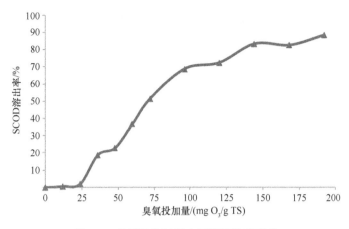

图 4-5　臭氧氧化过程中污泥溶胞率变化

臭氧与污泥接触通常有以下几种反应：第一，臭氧穿透污泥中微生物的细胞壁，破坏细胞膜结构，进而释放胞内物质，如蛋白质、DNA 等；第二，臭氧通过氧化胞外聚合物（extracellular polymeric substance，EPS）和架桥物质，破坏污泥的菌胶团结构；第三，臭氧与污泥上清液中溶解性物质发生反应[51]。臭氧的氧化性是无选择性的，因此当臭氧与污泥发生接触氧化时，将首先与更易被氧化的上清液中的溶解性物质发生反应，所以在反应开始的前 25 min 内臭氧先与上清液中 SCOD 发生反应，而未到达破坏细胞结构的步骤[50]，污泥溶胞率几乎没有变化。

另一种可能的解释为，臭氧要进入细胞内部需要靠浓度产生渗透压[51]，当臭氧投加量为 25 mg O_3/g TS 时，污泥混合液中相应的臭氧浓度为 83 mg/L，该臭氧浓度可能不足以产生足够的驱动力，因而在该浓度下臭氧不能进入细胞内部。

臭氧氧化反应在 25~100 min 内，臭氧可持续攻破污泥微生物细胞壁，破坏细胞膜结构，并持续释放出细胞质和胞内物质；与此同时，一部分臭氧与释放出的胞内物质反应，使之发生矿化。当反应进行至 100 min，即臭氧投加量达到 100 mg O_3/g TS 时，臭氧对溶胞和对 SCOD 矿化作用逐渐达到平衡，直至 150 min，污泥溶胞率不再上升，此时加入的臭氧将主要作用于 SCOD 的矿化。图 4-4 中污泥上清液中 DOC 的变化也可以看出，当臭氧投加量达到 125 mg O_3/g TS 以后，DOC 出现明显的下降趋势，也说明了臭氧对上清液中的物质产生了明显的矿化作用。因此继续投加臭氧不再有意义，故选择 100 mg O_3/g TS 作为最优的臭氧投加量。

Scheminski 等报道过类似的实验结果，随着臭氧氧化反应时间的增加，溶解性有机物 SCOD 不断增加[52]，而与此同时其矿化作用也在持续进行并逐渐加强，因此该矿化作用会导致实测的 SCOD 增长速度变缓。当 SCOD 的矿化作用强于其释放作用时，SCOD 则呈现下降趋势，相应的污泥溶胞率也会降低。因此，继续增加臭氧浓度至某值，将出现 SCOD 开始降低的情况。

2）污泥 TN、TP 及多糖的变化情况

污泥臭氧氧化过程中上清液 TN、TP 及多糖浓度也随着臭氧投加量的增加而增大，如图 4-6 所示。上清液中 TN 和 TP 浓度在反应开始的 25 min 内变化不明显；25~100 min

内,TN 和 TP 浓度几乎与臭氧投加量呈线性增长,当臭氧投加量为 100 mg O_3/g TS 时,TN 浓度增加了 119.69 mg/L,是原污泥上清液中的 4.57 倍;TP 浓度增加了 8.07 mg/L,是原污泥上清液中的 16.82 倍;随后 TN 浓度出现轻微的下降趋势,在反应结束时降至 112.35 mg/L,TP 浓度则维持基本不变。而上清液中多糖的浓度与 TN、TP 不同,在反应的前 50 min 内,多糖浓度增长缓慢,50~100 min 内迅速增长至 41.23 mg/L,此后臭氧剂量的增加对多糖浓度的变化影响不大。

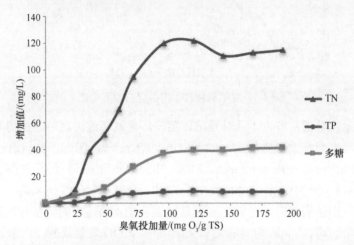

图 4-6 臭氧氧化过程中污泥上清液 TN、TP 和多糖的变化

在污泥中细菌所含的主要生物元素里,氨氮、硝态氮等氮元素占 14%,磷元素占 3%[53](以细菌干质量计),在 EPS 和细胞内有机成分中蛋白质含量最高,蛋白质是 TN 的主要贡献源,因此上清液中 TN 浓度高于 TP 浓度。而 TP 和多糖则主要来自于细胞壁,革兰氏阳性菌细胞壁中的磷壁酸是 TP 的主要贡献源,EPS 和细胞壁中的肽聚糖是污泥上清液中多糖的来源。

上清液中 TN、TP 和多糖的增加,均源自于臭氧对细胞壁的破坏:臭氧分子穿透污泥中的微生物,增加细胞膜的渗透性,破坏细胞壁的均匀性,进而将细胞内的物质释放至污泥上清液中。当臭氧投加量达到破坏微生物结构的 25 mg O_3/g TS 时,臭氧破解细胞壁和细胞膜,释放出的胞内物质导致上清液中 TN 浓度增加,细胞壁的破裂导致上清液中 TP 浓度增加。当臭氧投加量为 100 mg O_3/g TS 时,可被臭氧攻击的细胞逐渐减少,导致上清液中 TN、TP、多糖增速变缓。而随臭氧投加量继续升高,TN 浓度反而下降,这是由于臭氧投加量为 100 mg O_3/g TS 及以上时,臭氧对可溶性有机物的矿化作用大于溶胞作用,部分含氮化合物被臭氧矿化生成 N_2 逸出反应体系,致使溶液中 TN 浓度降低[54]。上清液中多糖的增加相较于 TN 和 TP 有延迟现象,该实验结果与 Zhang 等[51]的研究结果类似,可解释为,臭氧氧化对溶解污泥基质效果甚微。

2. 臭氧预处理对制药污泥 pH 的影响

在臭氧氧化过程中随着反应时间延长,臭氧投加量增大,污泥 pH 先升高后下降,最后趋于平缓。反应开始的前 10 min,pH 有轻微上升,从初始值 7.37 上升至 7.55,然后维持稳定至臭氧浓度增加到 50 mg O_3/g TS。随着臭氧投加量继续增加，pH 开始快速下降至臭氧投加量达到 125 mg O_3/g TS，pH 降至 5.60，此后 pH 下降速度变缓，直至 200 min 反应结束，pH 达到 5.31。

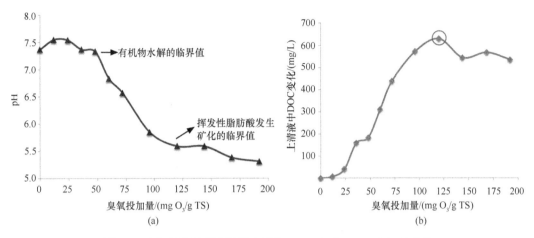

图 4-7 臭氧氧化过程中污泥上清液 pH（a）和 DOC（b）的变化

反应开始 10 min 内 pH 的轻微上升主要是由于臭氧与污泥刚接触时，污泥上清液中溶解性有机物被氧化造成氨氮的释放，进而导致 pH 增加了 0.18。如前所述，随后的 40 min 反应时间内，臭氧主要作用于氧化溶解性有机物、污泥细胞破壁及破坏絮体结构，释放出来的大分子物质在溶液中发生水解，因而 pH 下降缓慢。当臭氧剂量达到 50 mg O_3/g TS，臭氧大量破解微生物细胞结构，释放出胞内脱氧核糖核酸，同时从污泥中释放的有机物会被氧化成挥发性脂肪酸或羧酸物质，因此，pH 会出现迅速下降的状态。当臭氧投加量增至 125 mg O_3/g TS 时，臭氧主要作用于溶解性有机物的矿化，挥发性脂肪酸及羧酸物质矿化作用占主导的临界点与上清液中 DOC 变化一致 [图 4-7（b）]。而且污泥破解过程中不断有氨氮的释放，污泥本身也具有缓冲液的性质，可使 pH 得以回升，所以 pH 下降速度变缓最终趋于稳定。

3. 臭氧预处理对制药污泥粒径分布的影响

通过激光衍射分析方法得到污泥在臭氧氧化过程中的粒径分布，可用于评价污泥絮体的破坏程度。图 4-8 为原污泥以及臭氧投加量分别为 50、100 mg O_3/g TS 时污泥粒径分布情况，原污泥中颗粒平均粒径为 169.71 μm，当臭氧投加量达到本节研究最优量 100 mg O_3/g TS 时，污泥平均粒径为 125.15 μm，仅下降了 26.3%。本书作者前期对污泥进行超声波预处理，可将污泥平均粒径削减至 46.15 μm，与之相比可见，臭氧氧化对污泥粒径分布影响作用微弱。

文献中报道过类似的结果，Bougrier 等的研究结果表明臭氧投加量为 100 mg O_3/g TS 时，污泥平均粒径仅从 36.3 μm 降至 33.2 μm[55]；Zhang 等研究发现，臭氧氧化可去除污泥中直径小于 3 μm 的絮体，但同时增加了 7.5~30 μm 的絮体数量，这说明臭氧氧化可能在破坏污泥的絮体结构方面不具备良好的性能[51]。

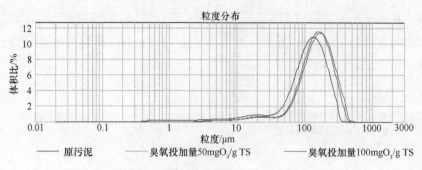

图 4-8 不同臭氧投加量下污泥粒径分布

Chu 等研究了臭氧氧化过程中超氧化物歧化酶（superoxide dismutase，SOD）和蛋白酶的活性变化，结果发现一旦臭氧与污泥开始接触，两种酶的活性立刻下降[54]。由于微生物的酶可能是附着在细胞表面或嵌在污泥絮体结构中的 EPS 上[56]，由此推测，臭氧与污泥的接触首先发生在臭氧破坏污泥中微生物的絮体结构，分散其致密组织，在未影响细胞存活的情况下先降低了污泥中酶的活性；然后随着臭氧投加量的增加，再逐渐攻破细菌细胞，进而降低细胞活性。这一结论与本节研究结果并不矛盾，臭氧可能通过其氧化作用破坏了污泥絮体的致密组织，造成酶活性降低，但未将絮体组织彻底破碎，因而污泥的粒径并未发生显著变化。

4. 臭氧预处理对制药污泥脱水性能的影响

预处理技术通常会改变污泥的絮体结构、污泥中结合水等的物理化学性质，进而改变污泥的脱水性能和过滤性能[57]。污泥的毛细吸水时间（capillary suction time，CST）是指污泥水在吸水滤纸上渗透一定距离所需要的时间，是一种快速简便地评价污泥过滤性和脱水性的指标。CST 越大，污泥的脱水性能越差，反之脱水性能越好。该指标测定中可掩蔽污泥的剪切效应，不仅能够在污泥脱水过程中用以检测脱水性质的变化，而且可以量化污泥的脱水能力[58]。

本节研究以 CST 值作为评价污泥脱水性能的指标，检测了原污泥及臭氧投加量分别为 25、50、100 mg O_3/g TS 时污泥的 CST 值，如表 4-2 所示。

表 4-2 臭氧氧化过程中 CST 变化

污泥样品	原污泥	臭氧投加量 25 mg O_3/g TS	臭氧投加量 50 mg O_3/g TS	臭氧投加量 100 mg O_3/g TS
CST/s	129.4	126.4	159.4	215.4

由表 4-2 可知，臭氧投加量为 25 mg O_3/g TS 时，臭氧主要与污泥上清液中溶解性有机物发生反应，因而 CST 值与原污泥相差不大，略有下降。随着反应时间延长，污泥的脱水性能逐渐变差，至臭氧投加量为 100 mg O_3/g TS 时，CST 值增加到了 215.4 s，污泥的脱水性能和过滤性能显著恶化。

类似的实验结果文献中也有报道，Braguglia 等检测了臭氧氧化前后污泥 CST 值的变化，发现污泥经臭氧氧化后 CST 由 0.4 s 增加至 1.4 s，污泥的脱水性能变差。Bougrier

等同样以臭氧作为厌氧消化的预处理技术,研究臭氧氧化对污泥脱水性能的改变,结果显示,当臭氧投加量为 100 mg O_3/g TS 时,污泥 CST 值由 151 s 增加到 382 s,且在后续的厌氧消化过程中并未得到改善[55]。Erden 等研究了臭氧氧化作为城市污泥好氧氧化的预处理技术,并检测过程中 CST 值的变化,结果表明经臭氧氧化预处理的污泥在好氧消化过程中 CST 值基本不变,即臭氧氧化对污泥脱水性能的改善无效[59]。Braguglia 等分析了臭氧处理前后污泥胶质比电荷(colloidal specific charge)的变化得知,臭氧氧化预处理使污泥中高极性的胶体颗粒增多,这意味着污泥中产生了更多悬浮态的细小颗粒,这些胶体颗粒在过滤过程中不易形成滤饼,致使污泥的脱水性能和过滤性能恶化[57]。

为改善臭氧对污泥脱水性能的恶化,许多学者致力于研究改良的臭氧氧化污泥工艺。高雯等以某石化污水处理厂剩余污泥为研究对象,将臭氧、超声与生物质进行组合调理污泥,实验得到的最佳调理参数为臭氧投加量 30 mg O_3/g TS、超声时间 60 s、生物质投加量 3.0 g,污泥滤饼含水率可下降到 57.91%,结果表明,臭氧、超声和生物质具有较好的协同增效作用,组合联用能有效破坏污泥内部菌体结构,防止污泥团聚,提高污泥脱水性能[60]。王海怀和朱睿在臭氧氧化厌氧消化耦合工艺中投加了聚丙烯酰胺(PAM)絮凝剂,研究得到当 PAM 投加量为 2.5 mg/g TS 时,组合工艺中污泥的脱水性能达到最佳状态[61]。袁文兵等研究了氯化铁与臭氧组合工艺对活性污泥脱水性能的处理效果,结果表明,在投加氯化铁后对活性污泥进行臭氧曝气,污泥减量化和脱水性能的改善效果最优[62]。相关研究仍在持续被报道,这是由于提高污泥的脱水性能和过滤性能是降低污泥处理难度的必要前提,因此对于臭氧氧化过程中污泥脱水性能的提高也是后续研究的方向。

5. 臭氧预处理对制药污泥细菌数量的影响

臭氧氧化是饮用水等洁净用水杀菌消毒的常用工艺。臭氧对微生物的灭活作用是由其强氧化性和生物膜扩散能力所决定的,灭菌性能实验表明,臭氧几乎对所有细菌、病毒、真菌及原虫、卵囊都具有明显的灭活效果[63]。臭氧消毒的作用机理有以下几种方式:①细菌内氧化葡萄糖所必需的酶在臭氧氧化过程中被氧化分解;②臭氧破坏微生物细胞壁、DNA 及 RNA 结构,使微生物新陈代谢受到破坏,进而死亡;③臭氧可渗透细胞膜组织,侵入细胞膜内,作用于外膜脂蛋白和内膜脂多糖,使细菌发生透性畸变而溶解死亡[63]。由此可以预见,在臭氧氧化过程中,污泥中细菌数量也会随臭氧投加量的增加而减少。

菌落形成单位(CFU)是指单位体积中细菌群落总数,代表了样品中包含的活菌菌落总数。16S rRNA 是核糖体 RNA 的一个亚基,存在于所有细菌的基因组中,因此本节研究选取了 CFU 和 16S rRNA 作为评价指标,分析在最优臭氧投加量下污泥细菌数量的变化,实验结果见表 4-3。

表 4-3 臭氧最优投加量下 CFU 和 16S rRNA 变化

污泥样品	CFU/(CFU/g)	16S rRNA/(copies/g)
原污泥	3.9×10^5	1.08×10^{15}
臭氧投加量 100 mg O_3/g TS	1.0×10^4	5.46×10^{14}

由表 4-3 可知，在最优臭氧投加量下污泥 CFU 和 16S rRNA 均下降了一个数量级，说明臭氧可有效去除污泥中的细菌总数。

4.2.3 臭氧-厌氧消化工艺处理效果研究

通过上一节臭氧氧化预处理中不同臭氧投加量对污泥溶出率的影响得到了臭氧的最优投加量为 100 mg O_3/g TS，故本节以 100 mg O_3/g TS 的臭氧投加量对污泥进行预处理，并以未经预处理的原污泥作为参照，进行 BMP 实验，研究最优臭氧投加量下污泥厌氧消化的效能。实验初始条件控制如表 4-4 所示，实验中同时设置了平行实验与空白对照。通过对组合工艺中污泥 TS、VS、污泥产甲烷量等指标的分析，研究臭氧-厌氧消化组合工艺应用于制药污泥处理的可行性。

表 4-4　厌氧消化实验控制参数

条件	原污泥	臭氧预处理	空白实验
反应体积/mL	400	400	400
底物	种泥+原污泥	种泥+臭氧污泥	种泥+去离子水
温度/℃	35±1	35±1	35±1
搅拌速度/(r/min)	200	200	200
pH	7.22	7.18	7.08
SCOD/(mg/L)	550.06	2198.81	143
碱度(以 $CaCO_3$ 计)/(mg/L)	2052	2277	1356
TS/(g/L)	14.56	12.69	8.75

本实验为批量式实验，在消化周期内不做每日进出泥，待 15 天消化结束后取出污泥进行检测，与原污泥各项指标进行对比分析，实验期间每日读取产甲烷体积。

1. 臭氧-厌氧消化工艺对制药污泥减量化效果研究

实现污泥体积减量是厌氧消化工艺的重大优势之一，而本节研究采用的预处理方式可加速厌氧消化水解阶段，提高厌氧消化对污泥减量化的效率。表 4-5 是原污泥、臭氧预处理后污泥、原污泥厌氧消化、臭氧预处理-污泥厌氧消化后 TS、VS 和 TCOD 的变化及其去除率。

表 4-5　臭氧预处理与厌氧消化对污泥 TS、VS 及 TCOD 去除情况

指标	原污泥	臭氧预处理	原污泥厌氧消化	臭氧污泥厌氧消化
TS/(g/L)	14.48	12.68	11.52	11.02
VS/(g/L)	5.31	3.96	3.51	3.30
TCOD/(mg/L)	6400	4800	5334	2667
TS 去除率/%	—	12.43	20.40	23.90
VS 去除率/%	—	30.51	33.90	37.90
TCOD 去除率/%	—	25.00	16.70	58.30

臭氧预处理可分别去除污泥中 12.43%和 30.51%的 TS 和 VS，去除机理是臭氧破坏了污泥细胞膜和污泥絮体结构，将部分固体颗粒物质溶解至上清液中，进而造成污泥中固体颗粒的减少，而 VS 去除率高于 TS 说明臭氧主要作用于有机固体的氧化溶解。污泥中 TCOD 由 6400 mg/L 降至 4800 mg/L，这主要是由于臭氧在对污泥进行破壁释放胞内物质的同时，有一部分臭氧对污泥上清液中 SCOD 的矿化作用。

与原污泥厌氧消化相比，经臭氧预处理的污泥厌氧消化过程可去除更多的 TS、VS，尤其是 TCOD。这是因为臭氧预处理可在一定程度上增加污泥的可生化性[64]；在臭氧氧化过程中，污泥平均粒径在一定程度上得以削减，从而增大了颗粒物与液相之间的接触面积[55]，所以，厌氧消化中的功能微生物能够更加轻易地取得并且有效地利用污泥颗粒态 COD 中的有机物质，实现污泥减量。TCOD 的显著去除，同样说明臭氧将大分子难生物利用的 COD 氧化成小分子 COD，使污泥的可生化性大大提高，从而有效去除 TCOD。

2. 臭氧-厌氧消化工艺对制药污泥产甲烷效果研究

污泥厌氧消化的另一大优势是，其中的产甲烷菌可在厌氧状态下分解有机物，随着污泥的稳定化，产生大量的高热值的沼气，使污泥资源化。图 4-9 为原污泥和臭氧预处理后的污泥在相同条件下进行厌氧消化的每日产甲烷量变化曲线图。未经预处理的 250 mL 原污泥在 6 天的厌氧消化过程中累积产甲烷量为 182 mL，而在最优臭氧投加量处理下的污泥甲烷产量为 190 mL，仅比原污泥高 4%。并且在最初几天消化过程中增加速度明显低于原污泥，说明臭氧预处理后的污泥对厌氧消化种泥中的功能菌群产生了抑制性作用，直至消化反应第 3 天，产甲烷菌逐步适应臭氧对污泥带来的冲击，使得甲烷产量快速提高，最终与原污泥厌氧消化产甲烷量持平。

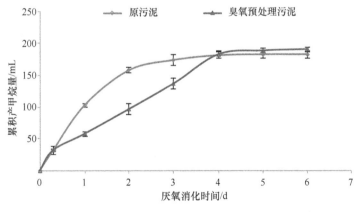

图 4-9　BMP 实验中累积产甲烷量
图中误差棒为平行实验的标准差

臭氧氧化处理后的污泥在厌氧消化过程中并未对甲烷产量有积极影响，相同的实验结果也被 Bougrier 等[55]和 Braguglia 等[57]学者先后报道过。这些结果表明臭氧预处理对厌氧消化产生了某种潜在的抑制作用，一方面可能产生了臭氧消毒副产物，此类化合物一般较难去除且伴有毒害性；另一方面污泥中残留的臭氧及羟基自由基等强氧化性物质,或预处理中释放的重金属离子等,也对污泥厌氧消化产生了影响。总之,臭氧预处理后的污泥不属于易被厌氧消化菌快速适应的生存增殖环境。

然而臭氧预处理确实提高了污泥的溶解度,本节研究最优臭氧投加量下污泥的溶胞率甚至达到了 68.84%,但是溶解度的提高并未显著提高污泥产甲烷量,这些溶解性的物质似乎不能被产甲烷菌有效地利用。Wilson 和 Novak 等研究表明当污泥热处理温度高于 180℃时,会产生顽固的溶解性固体,以及有毒性和抑制性的中间产物,进而削弱污泥的可生物利用性[65]。Park 等以超声和碱处理联用作为污泥预处理技术,研究表明,即使预处理使污泥溶解度大大提高,进而加速了甲烷的初始产量,然而实验结束时甲烷最终产量却低于原污泥厌氧消化的甲烷产量[66]。Bougrier 等同时研究了超声、臭氧和热处理作厌氧消化预处理技术,当三种预处理技术使污泥溶解度达到同样程度时,超声预处理后的污泥相较于臭氧和热处理,其可生物降解程度更高[55]。

2013 年,Kim 等研究指出,在剩余污泥厌氧消化过程中,污泥溶解性的增加未必会增加厌氧消化的产甲烷效率[67]。通常人们利用污泥的溶解度(SCOD/TCOD,%)来作为评价污泥厌氧消化预处理效率的指标,然而大量的研究结果表明这一指标是存在误区的。Kim 等研究了超声和碱处理作为厌氧消化的预处理技术对产甲烷量的影响,检测了不同超声时间、碱投加量下污泥甲烷总产量、上清液部分甲烷产量,并通过计算得出污泥颗粒相甲烷产量,实验结果见表 4-6。

表 4-6 预处理对污泥溶解度和甲烷产量的影响

预处理		溶解度/%①	CH_4 产量/mL		CH_4 总产率/%②	上清液 CH_4 产率/%②	颗粒相 CH_4 产率/%③
			总产量	上清液			
原污泥		6	53	9	25.7	75.4	22.5
超声	5 min	12	74	23	35.9	94.0	27.9
	10 min	19	79	35	38.3	89.1	26.3
	20 min	24	80	42	38.3	86.2	23.9
	40 min	29	88	50	42.7	83.0	26.2
	60 min	33	89	51	43.2	75.3	27.2
碱处理	pH=9	11	75	22	36.4	96.9	28.9
	pH=10	15	78	28	37.9	88.1	28.9
	pH=11	20	74	36	35.9	85.0	23.4
	pH=12	26	71	41	34.5	75.9	20.0
	pH=13	28	65	39	31.6	67.0	17.8

① 溶解度=(SCOD/TCOD)×100%。
② 产率=(实际 CH_4 产量/理论最大甲烷产量,1 g COD = 350 mL)×100%。
③ 颗粒相产率=(CH_4 总产率−溶解度×上清液 CH_4 产率)×100%/(100%−溶解度)。

由表 4-6 可知,在超声处理时间逐渐增加到 60 min 的过程中,污泥的溶解度从 6%提高到 33%,而甲烷的累积产率从 25.7%提高到了 43.2%。原污泥溶解度为 6%,而原污泥厌氧消化过程中,上清液 CH_4 产率为 75.4%,说明上清液中绝大部分溶解态有机物可以在厌氧消化过程中被转化为 CH_4。污泥经超声处理 5 min,上清液 CH_4 产率增加至

94.0%，但是随着超声时间延长，上清液 CH_4 的产率反而逐渐下降，这说明预处理产生的部分溶解性物质不能在厌氧消化中被转化成 CH_4。碱处理后的污泥厌氧消化实验结果与超声预处理一致。

为分析组成厌氧消化总 CH_4 产量的几个主要部分，可将预处理后的污泥依据 COD 分为四部分：①溶解态且可转化为 CH_4 的部分，记作 $Sol.CH_4$；②溶解态但不能转化为 CH_4 的部分，记作 $Sol.N\text{-}CH_4$；③颗粒态但可转化为 CH_4 的部分，记作 $Par.CH_4$；④颗粒态且不能转化为 CH_4 的部分，记作 $Par.N\text{-}CH_4$，如图 4-10 所示。

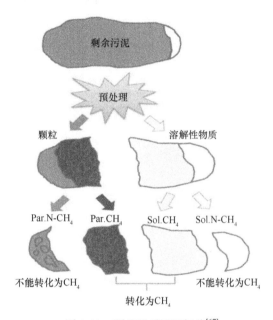

图 4-10 预处理后污泥组分[67]

图 4-10 中预处理后污泥四个组分的计算公式如下：

$$Sol.CH_4 = （溶解度 \times 上清液 CH_4 产率）\times 100 \tag{4-3}$$

$$Sol.N\text{-}CH_4 = 溶解度 - Sol.CH_4 \tag{4-4}$$

$$Par.CH_4 = CH_4 总产率 - Sol.CH_4 \tag{4-5}$$

$$Par.N\text{-}CH_4 = 1 - 溶解度 - Par.CH_4 \tag{4-6}$$

由此可见，随着预处理强度增加（如臭氧投加量增加、超声时间延长、碱处理 pH 升高等），污泥 $Sol.CH_4$ 部分增多，导致总 CH_4 产量的提高。但是，污泥溶解度的提高并不完全代表着厌氧消化产甲烷效率的提高，因为污泥中 $Sol.N\text{-}CH_4$ 部分也随之增多了。研究结果表明，厌氧消化产生的大部分 CH_4 来自污泥中颗粒态组分，且颗粒相 CH_4 产率并不随预处理强度增加而变化，这说明预处理未将这一部分颗粒物质转化为 CH_4。

综上所述，对制药污泥采用臭氧氧化预处理技术，可极大提高污泥溶胞率，在厌氧消化过程中有效提升污泥的减量化效果，但是对产甲烷量无明显提高。

4.3 热水解-厌氧消化工艺对制药污泥处理效果研究

4.3.1 热水解预处理反应装置及优化条件

1. 热水解预处理反应装置

热水解预处理反应装置如图 4-11 所示，包含蒸汽发生器、进料口、反应器、闪蒸罐等部分。

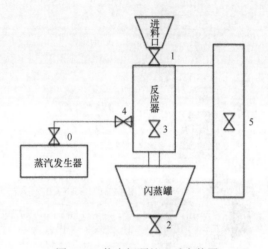

图 4-11 热水解预处理反应装置

进料前，将阀门 2、3 和 4 关闭，阀门 1 和 5 打开。将 0.8 L 污泥经顶部进料口加入有效容积为 2 L 的反应器后，关闭阀门 1 和阀门 5。待蒸汽发生器产生蒸汽后将阀门 0 打开，缓慢打开阀门 4 直至实验所需的压力（6～8 bar）和温度（160～180℃）。在反应器内完成一定时间的反应后，打开阀门 5，将装置压力缓慢泄至 3 bar 以下，然后迅速打开阀门 3，使反应器中的污泥进入闪蒸罐中。最后打开阀门 2 取出反应结束的污泥。

热水解预处理过程中的污泥溶胞率计算式如式（4-7）所示。

$$DD_{COD} = \frac{SCOD_{TH} - SCOD_0}{TCOD - SCOD_0} \tag{4-7}$$

式中，$SCOD_{TH}$ 为热水解预处理后污泥上清液中 COD 的浓度；$SCOD_0$ 为原污泥上清液中 COD 浓度；TCOD 为原污泥混合物的总 COD 浓度。

2. 热水解预处理优化条件

本节内容仍以制药污泥为研究对象，研究不同热水解温度及不同作用时间对污泥溶解性、粒径分布、脱水性能等的影响，并优选出最优热水解条件，研究该条件下热水解对厌氧消化减量化和产甲烷量的影响。

热水解实验采用了挪威 Cambi 污泥热水解工艺小试装置，有效污泥反应容积为 2 L。Cambi 公司成立于 1989 年，1995 年 Cambi 污泥热水解工艺首次在挪威实现实际工程污泥处理，随后十几年间已先后应用于智利、立陶宛、英国、苏格兰、波兰、爱尔兰、比利时、德国、丹麦等国家的城市污水处理厂污泥处理工艺中，于 2015 年在北京高碑店、小红门污水处理厂展开合作应用，多年的应用经验得到污泥热水解的最优温度范围为 160～180℃，处理时间为 10～30 min。

因此，本节实验设计反应时间分别为 0、10、20、30 min，热水解温度分别为 160、170、180℃，反应压力为 8 bar，测定污泥中相关指标，确定对于制药污泥热水解处理的最优温度和反应时间。

4.3.2 热水解预处理对制药污泥性质的影响

1. 热水解预处理对制药污泥溶解性的影响

图 4-12 为热水解温度分别为 160℃、170℃、180℃，以及反应时间分别为 0、10 min、20 min、30 min 时，污泥上清液中 SCOD 浓度的增加量。从图中可以看出，污泥上清液中 SCOD 的增加量，即污泥的溶解度，在实验设计的 30 min 内随着反应时间的延长而增多，30 min 反应结束时 160℃、170℃、180℃下污泥溶胞率分别可达到 26.5%、42.9% 和 47.3%。然而对选定的三个热水解温度，170℃下污泥溶胞率相较于 160℃下的有显著的增加，而 180℃则与 170℃处理后的污泥溶胞率相近，并无显著增加。

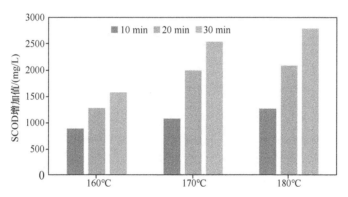

图 4-12　不同热水解温度与反应时间下污泥上清液中 SCOD 变化量

污泥在热水解过程中，颗粒态聚合物及微生物细胞被高温高压破坏，细胞中的有机质及其他物质被释放进入上清液，而颗粒态非溶解性的高分子化合物被转化成可溶性的小分子中间体，进而从固相转移至液相，造成污泥上清液中 SCOD 的升高。Donoso-Bravo 研究了热水解温度为 170℃，压力为 8 bar 条件下，反应时间 0～30 min 对污泥溶解度的影响，以 5 min 作为取样时间间隔。实验结果表明，当温度达到 170℃并经过闪蒸后，污泥上清液中 SCOD 浓度会急剧上升，在 15 min 之内，SCOD 浓度会随时间延长而增加，但在 15～30 min SCOD 变化不再明显[68]。该结果表明，在污泥热水解过程中闪蒸起到了至关重要的作用，并且温度的变化对污泥的溶出作用大于时间的影响。然而本节研究中，污泥的溶出效率在选定的 30 min 内随着时间的延长而升高，可能与制药污泥的特殊性质有关，因而在本节研究中选择以 30 min 作为污泥热水解的反应时间。

而从热水解温度的影响来看,同样的反应时间内,170℃下的污泥溶胞率显著高于160℃下的,而当温度继续升高180℃时,污泥溶胞率的增加效果并不明显,这说明170℃作为热水解温度已经足够,过高的温度反而造成能源的浪费。已有文献表明,当热水解温度超过180℃,污泥中会形成不可生物降解的化合物[69];一旦热水解温度升高至200℃,将会发生美拉德反应(Maillard reaction),在此反应中污泥中的糖类和氨基酸削减并生成类黑精(melanoidin),类黑精是一种高分子量聚合物,难生物降解,甚至会在生物反应过程中抑制其他有机物的降解[70]。Abe等同样以热水解作为污泥厌氧消化的预处理技术,研究了热水解温度170℃和200℃下厌氧消化过程中甲烷产量的变化,结果表明,热水解温度200℃处理后的污泥在厌氧消化中产生的甲烷比170℃下减少了33%,甚至低于未经任何预处理的原污泥厌氧消化产生的甲烷。可见,热水解过程中过高的反应温度不仅造成能源浪费,还在一定程度上抑制了污泥厌氧消化过程。因此,本节研究选择以170℃作为污泥热水解预处理的反应温度。

综上,本节研究得出的对于制药污泥热水解预处理最优条件为170℃、8 bar、30 min,该条件与Abe等[71]和Abelleira-Pereira等[72]分别在对西班牙某两个城市污水处理厂剩余污泥处理研究中得到的最优热水解条件一致。

在该优选条件下,检测了污泥上清液中TN、TP、蛋白质、pH的变化值,如表4-7所示。

表 4-7 预处理前后污泥上清液中 TN、TP、TOC、蛋白质和 pH 变化

污泥样品/(mg/L)	TN/(mg/L)	TP/(mg/L)	TOC/(mg/L)	蛋白质/(mg/L)	pH
原污泥	34.02	0.54	153.15	35.25	7.51
热水解后污泥	95.32	12.43	645.22	246.64	7.34

从表4-7可以看出,污泥上清液中TN、TP、TOC和蛋白质的浓度均升高,而pH略降低。其中,TOC的升高与SCOD一致,而TN、TP的升高主要来源于蛋白质的释放。Donoso-Bravo等的研究指出,热水解预处理中上清液SCOD的增加主要来源于蛋白质的释放和溶解,释放后的蛋白质溶解于上清液,造成污泥上清液SCOD、TN和TP的增加。pH的降低是由于热水解过程中产生了挥发性脂肪酸,通过检测热水解过程污泥上清液中乙酸、丙酸、异戊酸的浓度,结果发现热水解后此类挥发性脂肪酸浓度略升高,因此造成了污泥pH的降低[68]。

2. 热水解预处理对制药污泥颗粒粒径的影响

与臭氧预处理相同,热水解预处理后的污泥同样通过激光衍射分析污泥中颗粒粒径的分布情况。结果得知,制药污泥在经170℃、8 bar、30 min处理后,污泥颗粒平均粒径从169.71 μm升高到279.32 μm,升高了64.6%。Bougrier等也报道过类似的研究结果,以法国某城市污水处理厂剩余污泥为研究对象,在170℃、8 bar的条件下热水解60 min,污泥颗粒的平均粒径由36.3 μm升高到76.8 μm。这说明热水解过程直接造成污泥颗粒团聚,原因可能是温度的升高导致污泥中的颗粒物及化合物之间形成了化学键,彼此结合,最终造成污泥平均粒径的增加。而污泥颗粒粒径的增大则有利于污泥后续

的脱水过程。

3. 热水解预处理对制药污泥脱水性能的影响

类似于臭氧预处理，热水解预处理同样会改变污泥絮体结构、污泥中结合水等的物理化学性质，进而影响污泥的脱水性能和过滤性能。本节研究检测了某制药集团剩余污泥在优选的热水解预处理后毛细吸水时间的变化。实验结果显示，当污泥经过170℃、8 bar、30 min 处理后，毛细吸水时间由 129.4 s 降低至 36.4 s，污泥的脱水性能得到了极大的改善。

Xue 等以上海某城市污水处理厂剩余污泥为研究对象，检测了不同热水解温度对污泥黏度的影响。其结果表明，随着热水解温度的升高，污泥黏度显著降低，在经热水解温度 120、140、160 和 180℃处理后，污泥黏度由原污泥的 4480 mPa·s 分别降低至 180、90、5.8 和 1.4 mPa·s。污泥黏度是指污泥流动时，在与流动方向垂直的方向上产生单位速度梯度所受的剪应力，决定了污泥的脱水性能。当污泥经热水解后，流动性显著增强，污泥的黏度显著降低，此参数污泥的热量和质量传递过程被改善，从而提高了污泥的脱水性能和过滤性能[73]。

Donoso-Bravo 等以西班牙某城市污水处理厂剩余污泥为研究对象，以 170℃与 8 bar 分别为热水解预处理温度与压力，检测不同反应时间下污泥过滤常数（filtration constant, FC）和毛细吸水时间的变化。其中，过滤常数的计算方法如式（4-8）所示，该值反映了污泥过滤的难易程度，该值越大表明过滤速度越快，污泥越容易通过过滤介质。过滤常数通常与滤饼的颗粒性质、污泥的浓度、黏度及滤饼的可压缩性相关。研究结果表明，污泥过滤常数随反应时间的延长逐渐升高，当反应时间为 30 min 时，过滤常数由原污泥 0.15 mPa·s/（TS）升高到 2.14 mPa·s/（TS）；相应地，污泥的毛细吸水时间由 24.5 s 下降至 4.3 s。污泥的过滤性能和脱水性能显著提高[58]。

$$FC = V^2/At \tag{4-8}$$

式中，FC 为过滤常数；V 为待过滤污泥体积；A 为过滤面积；t 为过滤时间。

通常，在以活性污泥法为生物处理工艺的污水处理厂中，污泥脱水的能耗费用占比高达 7%[75]。污泥脱水性能的提高将节省大量用于污泥脱水的费用，因此对污泥毛细吸水时间和过滤常数等脱水吸能指标的检测在污泥处理技术的研究中是非常必要的。尽管污泥的脱水环节通常在厌氧消化处理后，厌氧消化过程同样会改变污泥的脱水性能，然而已有研究表明，预处理过程中污泥脱水性能的改善将会持续至厌氧消化阶段[75]。另外，污泥脱水性能的提升意味着污泥黏度的降低，在将污泥运输至厌氧消化反应器的过程中，所受的阻力减小，相应的运行费用也会随之降低。

4. 热水解预处理对制药污泥细菌数量的影响

热水解处理为高温高压环境，类似于高压蒸汽灭菌，产生的高压蒸汽穿透性强、传导快，能使微生物的蛋白质较快变性或凝固，此外，热水解过程中污泥从反应罐的高压环境中瞬间释放至闪蒸罐，压力的瞬间变化也会造成污泥中微生物细胞的破裂，从而使细菌灭活。

表4-8为某制药集团剩余污泥热水解前后污泥中菌落形成单位CFU与可表征污泥生物质含量16S rRNA的浓度变化,可见污泥热水解后CFU与16S rRNA均下降了两个数量级,与臭氧预处理相比可去除更多污泥中的活性微生物,且可杀灭其中的病原微生物。

表4-8 最优热水解预处理条件下 CFU 和 16S rRNA 的变化

污泥样品	CFU/(CFU/g)	16S rRNA/(copies/g)
原污泥	3.9×10^5	1.08×10^{15}
热水解后污泥(170℃、8 bar、30 min)	8.6×10^3	1.79×10^{13}

相关研究表明,经热水解处理后的污泥可达到欧盟规定的污泥中病原微生物的去除要求[76],同时也能达到美国环保署规定的 A 级生物固体废物标准[77],意味着污泥经热水解预处理后进行土地利用是安全可行的。

4.3.3 热水解-厌氧消化工艺处理效果研究

通过上述研究得出热水解预处理最优操作条件,本节内容将在热水解最优预处理条件(170℃、8 bar、30 min)下进行厌氧消化,并以未经预处理的原污泥作为参照。厌氧消化同样采用 BMP 实验,研究在最优热水解预处理后,污泥厌氧消化减量化及产甲烷情况。实验初始条件控制如表 4-9 所示,实验中同时设置了平行实验与空白对照。通过对组合工艺中污泥 TS、VS、污泥产甲烷量等指标的分析,研究热水解-厌氧消化组合工艺应用于制药污泥处理的可行性。

表4-9 厌氧消化实验控制参数

条件	原污泥	热水解预处理	空白实验
反应体积/mL	400	400	400
底物	种泥+原污泥	种泥+热水解污泥	种泥+去离子水
温度/℃	35±1	35±1	35±1
搅拌速度/(r/min)	200	200	200
pH	7.22	7.18	7.08
SCOD/(mg/L)	550.06	3083.76	143
碱度(以 $CaCO_3$ 计)/(mg/L)	2052	2277	1356
TS/(g/L)	14.56	11.66	8.75

本节实验为批量实验,在消化周期内不做每日进出泥,待 15 天消化结束后去除污泥进行检测,与原污泥各项指标进行对比分析,实验期间每日读取产甲烷体积。

1. 热水解-厌氧消化工艺对制药污泥减量化效果研究

污泥的厌氧消化可充分实现污泥的稳定,具有污泥质量/体积减量、产生丰富能源的生物气体以及提高污泥的脱水性能等优点。热水解预处理可加速污泥厌氧消化水解阶段。热水解使污泥絮体结合被破坏,释放污泥细胞的胞内胞外化合物,便于厌氧消化微生物利用降解，进而实现污泥减量化。表 4-10 为原污泥、热水解预处理后污泥、原污泥厌氧消化、热水解预处理污泥厌氧消化后 TS、VS 和 TCOD 的变化情况及其去除率。

表 4-10 热水解预处理与厌氧消化对污泥 TS、VS 及 TCOD 的去除情况

指标	原污泥	热水解预处理	原污泥厌氧消化	热水解厌氧消化
TS/(g/L)	14.48	11.81	11.52	8.35
VS/(g/L)	5.31	4.23	3.51	2.32
TCOD/(mg/L)	6400.00	5421.44	5334	3360
TS 去除率/%	—	37.94	20.40	42.30
VS 去除率/%	—	33.98	33.90	56.39
TCOD 去除率/%	—	15.29	16.70	47.50

热水解预处理可分别去除污泥中 37.94%和 33.98%的 TS 和 VS，热水解对污泥固相中 TS 和 VS 的溶解程度高于臭氧预处理。与臭氧预处理不同，热水解对 VS 的去除率略低于 TS，这是因为臭氧预处理主要作用于有机固体的氧化溶解和部分矿化去除，而热水解对污泥中有机物的矿化作用不明显，TCOD 的去除率仅为 15.29%，低于臭氧预处理中 TCOD 的去除率（25.00%）。Bougrier 等以 170℃、60 min 为热水解反应条件，研究了热水解对污泥减量化效果，结果表明，污泥经热水解后 COD 和 TS 的溶解率（同本节中去除率）可达到 40%~45%，高于 100mg O_3/g TS 和 160 mg O_3/g TS 剂量的臭氧预处理对污泥造成的 COD、TS 溶解率（20%~25%）[55]。通过分析污泥固相和液相中矿物质和有机质，发现预处理可改变污泥固相的分配，在预处理过程中矿物质所占的比例相对稳定，说明热水解预处理中污泥有机质的矿化作用相对较微弱。

与原污泥厌氧消化相比，以及与臭氧预处理污泥厌氧消化相比，热水解预处理的污泥在厌氧消化过程中能去除更多的 TS、VS 和 TCOD，充分实现污泥的减量化。这是由于热水解充分释放了污泥固相中的有机物至液相，并能在厌氧消化过程中被厌氧消化功能菌充分利用，最终实现了污泥固相颗粒质量和体积的削减。

2. 热水解-厌氧消化工艺对制药污泥产甲烷效果研究

图 4-13 为原污泥和热水解预处理后的污泥在相同条件下进行厌氧消化每日产甲烷

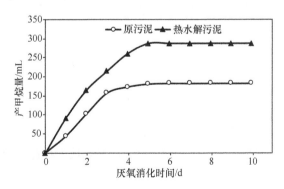

图 4-13 BMP 实验中累积产甲烷量

量变化曲线图。未经预处理的污泥在 6 天厌氧消化过程中累积产甲烷量为 182 mL，而经热水解预处理后的污泥甲烷产量为 287 mL，比原污泥厌氧消化产甲烷量增加了 57.7%，同时，热水解预处理后的污泥在厌氧消化过程中甲烷产生的初始速度也高于原污泥厌氧消化。

国内外许多学者报道过热水解预处理对厌氧消化产甲烷量的影响，然而不同污泥或不同反应条件得到的实验结果不尽相同。Donoso-Bravo 等以西班牙某城市污水处理厂剩余污泥为研究对象，采用 170℃与 8 bar 分别作为热水解反应温度与压力条件，研究不同热水解反应时间处理后的污泥在厌氧消化过程中甲烷产量与增速。结果发现，随着热水解反应时间延长，污泥厌氧消化甲烷累积产量与最大甲烷产率均升高，当热水解反应时间为 30 min（与本节研究选择的反应时间相同）时，累积产甲烷量与原污泥厌氧消化相比增加了 57%，而最大甲烷产率则增长了 63%[73]。Xue 等以上海某城市污水处理厂剩余污泥为研究对象，分别采用不同温度和时间的热水解条件对污泥进行预处理，当污泥经 160℃、30 min（与本节研究反应条件接近）预处理后，在厌氧消化过程中累积产甲烷量为 1624 mL，相比未经预处理的污泥厌氧消化产甲烷量 1506 mL，增长了 7.3%[74]。Bougrier 等以 170℃、8 bar、60 min 热水解条件处理了法国某城市污水处理厂剩余污泥，在厌氧消化过程中甲烷累积产量为 333 mL/COD，而原污泥厌氧消化过程中甲烷产量仅为 221 mL/COD，增长了 33.63%[55]。

热水解后的污泥在厌氧消化过程中甲烷产量增加，是由于在热水解后上清液中可溶性有机物增多，意味着更多的生物质可被厌氧消化功能菌群以更高的速度所利用并产生甲烷；而甲烷累积产量的提高，是因为在原污泥液相或颗粒相中某些不能被微生物利用降解的惰性有机物，在热水解过程中被转化成可利用的有机质。在本节研究中，热水解预处理后的污泥在厌氧消化初始阶段甲烷增速明显高于原污泥，说明原污泥固相中难降解惰性有机物被大量转移至上清液中，只有较少一部分被转化成可被利用的颗粒相有机质，因为固相中的有机质被厌氧消化微生物利用的速度比液相中缓慢。

4.4 臭氧/热水解-厌氧消化工艺对抗性基因的去除

抗生素的滥用导致环境中抗性基因的不断增加，并加速了抗性基因在细菌间的传播。这不仅使细菌获得了广泛的抗生素耐药性，也导致了抗生素治疗效力日趋减弱，对人类的生命健康造成严重威胁。污水处理厂作为各类废水的汇集地，是环境中抗性基因的重要来源之一[78]，而其中的剩余污泥，由于富含多种多样的微生物菌群，所包含的抗药细菌和抗性基因的通量比污水处理厂出水高 4 个数量级[79, 80]。据报道，城市污水处理厂剩余污泥中通常包含 $10^8 \sim 10^9$ copies/g TS 的抗性基因[79, 81]，而制药污水处理厂（尤其是抗生素生产废水处理厂）的剩余污泥更甚，其中抗性基因浓度通常可达到 $10^9 \sim 10^{13}$ copies/g TS[79, 81]。因此，制药污水处理厂的剩余污泥处理处置将对削减环境中抗性基因的浓度起关键作用。

前面已述及，臭氧预处理是污水及污泥处理中常用的杀菌消毒工艺，臭氧对污泥中微生物细胞具有破解作用，臭氧预处理会在一定程度上对污泥中的抗药菌和抗性基因产生影响；热水解通过高温高压及压力的瞬间变化使污泥细胞破裂，同时释放出大量的

DNA，因此热水解工艺同样会作用于污泥中的抗药菌和抗性基因；厌氧消化是污泥处理常用的工艺，许多学者对厌氧消化过程中污泥抗药菌和抗性基因的变化进行了深入的研究与分析，并且该工艺表现出良好的抗性基因去除效果。

本节结果与讨论将以抗性基因绝对浓度和相对丰度两种不同的计量方法展开，其中抗性基因的绝对浓度是指单位干固体中所包含的基因拷贝数，其单位为"copies/g TS"，而抗性基因的相对丰度是指单位生物质（以 16S rRNA 为代表）中包含的基因拷贝数，即各基因检测浓度与所对应污泥样品的 16S rRNA 检测浓度的比值。绝对浓度用以表征抗性基因在污泥中的绝对含量，相对丰度可表示抗性基因占细菌总量的组成比例。

4.4.1 臭氧预处理对抗性基因的去除

制药污泥（pharmaceutical waste sludge，PWS）中抗性基因的绝对浓度在臭氧预处理前后的变化如图 4-14 所示，除 tetW 和 sulⅡ，臭氧预处理可在一定程度上削减抗性基因的绝对浓度，去除的绝对浓度对数值 [lg(copies/g TS)] 为 0.04~8.72，本节研究中选定的九种抗性基因总和（总 ARGs）绝对浓度对数值下降了 0.07。此外，臭氧预处理削减了制药污泥中转移因子 intI1 的绝对浓度，去除量（绝对浓度对数值）为 0.04。

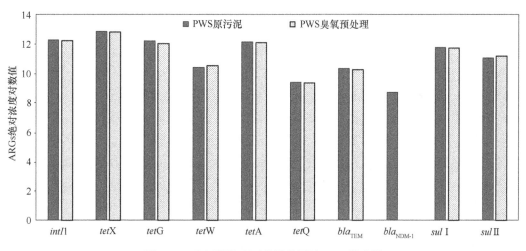

图 4-14 臭氧预处理对抗性基因及 intI1 的去除

表 4-11 列出了污泥中抗性基因及 intI1 在臭氧预处理前后绝对浓度与相对丰度的数值及其变化量。从表中可以看出，虽然臭氧预处理对抗性基因及 intI1 的绝对浓度有明显的削减作用，但是除 tetG 基本未变化、bla_{NDM-1} 被全部去除之外，其余抗性基因的相对丰度在臭氧预处理后均被提高了 1.24~2.00 倍，total ARGs 提高了 1.24 倍，而 intI1 的相对丰度则升高了 1.31 倍。

臭氧氧化预处理可有效削减污泥中的 16S rRNA，即去除污泥中的生物质含量如表 4-11 所示，污泥中 16S rRNA 浓度在臭氧预处理后分别去除了 30.87%和 84.11%，这意味着在臭氧预处理后污泥中的部分微生物结构被破坏，因此其活性在某种程度上受到了

表 4-11 污泥中抗性基因及 *intI*1 臭氧预处理前后的变化

ARGs	绝对浓度/(copies/g TS)			相对丰度		
	原污泥	臭氧氧化	lg 去除量①	原污泥	臭氧氧化	变化量②
*tet*X	$7.40×10^{12}$	$6.57×10^{12}$	0.05	$1.40×10^{-3}$	$1.80×10^{-3}$	1.28
*tet*G	$1.62×10^{12}$	$1.10×10^{12}$	0.17	$3.06×10^{-4}$	$3.02×10^{-4}$	0.99
*tet*W	$2.56×10^{10}$	$3.48×10^{10}$	−0.13	$4.85×10^{-6}$	$9.52×10^{-6}$	1.96
*tet*A	$1.42×10^{12}$	$1.22×10^{12}$	0.07	$2.68×10^{-4}$	$3.33×10^{-4}$	1.24
*tet*Q	$2.48×10^{9}$	$2.27×10^{9}$	0.04	$4.70×10^{-7}$	$6.22×10^{-7}$	1.32
bla$_{TEM}$	$2.14×10^{10}$	$1.86×10^{10}$	0.06	$4.05×10^{-6}$	$5.10×10^{-6}$	1.26
bla$_{NDM-1}$	$5.22×10^{8}$	0.00	8.72	$9.88×10^{-8}$	0.00	0.00
sul I	$5.85×10^{11}$	$5.19×10^{11}$	0.05	$1.11×10^{-4}$	$1.42×10^{-4}$	1.28
sul II	$1.09×10^{11}$	$1.51×10^{11}$	−0.14	$2.06×10^{-5}$	$4.13×10^{-5}$	2.00
总 ARGs③	$1.12×10^{13}$	$9.62×10^{12}$	0.07	$2.12×10^{-3}$	$2.63×10^{-3}$	1.24
*intI*1	$1.92×10^{12}$	$1.74×10^{12}$	0.04	$3.63×10^{-4}$	$4.75×10^{-4}$	1.31

① 绝对浓度 lg 去除量 = lg（原污泥基因绝对浓度）−lg（臭氧预处理后污泥基因绝对浓度）。
② 相对丰度变化量 = 臭氧预处理后污泥基因相对丰度/原污泥基因相对丰度；变化量 >1，表示经预处理后相对丰度升高；变化量 <1，表示经预处理后相对丰度降低；变化量 =0.00，表示全部被去除。
③ 总 ARGs = ∑9 种 ARGs 浓度。

抑制。臭氧对污泥中抗性基因绝对浓度的去除作用可能为臭氧的强氧化性，部分微生物细胞破裂，DNA 受到破坏而导致抗性基因片段被损坏。

制药污泥中绝大多数抗性基因的相对丰度在臭氧氧化后升高，总 ARGs 相对丰度分别升高了 1.24 倍和 1.83 倍。Tong 等[48]和 Zhang 等[39]学者相继报道了类似的研究结果，分别以微波（MW）处理和微波-双氧水（MW-H$_2$O$_2$）作为污泥厌氧消化的预处理技术，研究结果显示在预处理后抗性基因绝对浓度被削减，而相对丰度均有所提高。这意味着污泥中的抗性基因能够抵挡微波、微波-双氧水及臭氧预处理造成的破坏。并且，在预处理去除微生物的过程中，携带抗性基因的抗性细菌似乎更易逃脱，并在极端环境下继续生存。

*intI*1 通常会携带一种甚至多种可编码抗生素抗性的基因盒，其在细菌间基因的水平转移过程中扮演者重要的角色[82]。在污泥臭氧预处理中，*intI*1 仅有部分被去除，这可能与作用于破坏 *intI*1 的臭氧剂量有限相关，也可能与污泥中含有极高浓度的抗生素残留相关。据报道，高浓度的抗生素会增加和促进基因的水平转移（horizontal gene transfer，HGT），并且使转座子的活性增强[83, 84]。综上，抗生素制药污泥中 *intI*1 由于在高浓度抗生素驱使下，其活性更强、增殖速度更快、去除难度更高。

4.4.2 热水解预处理对抗性基因的去除

污泥中抗性基因绝对浓度在热水解预处理前后的变化如图 4-15 所示，除 *bla*$_{NDM-1}$，热水解显著地削减了所有的抗性基因及 *intI*1，去除量（绝对浓度对数值）高达 1.71~12.87，其中 *tet*X 几乎被全部去除，*intI*1 去除量为 3.37，而污泥中总 ARGs 绝对浓度对数值下降了 3.22。

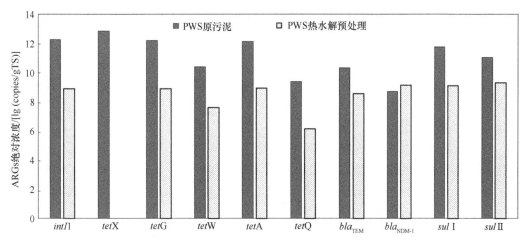

图 4-15 热水解预处理对抗性基因及 $intI$1 的去除

与臭氧预处理结果相同,热水解显著地削减了污泥中抗性基因的绝对浓度,而抗性基因的相对丰度却随之升高,部分基因相对丰度的增加程度甚至高于臭氧氧化。表 4-12 为华药剩余污泥中抗性基因及 $intI$1 在热水解预处理前后绝对浓度与相对丰度的数值及其变化量。由表可以看出,四环素类抗性基因(tet genes)的相对丰度在热水解后的变化量为 0.82~2.66 倍(tetX 除外);$β$-内酰胺类抗性基因(bla genes)的相对丰度变化量为 28.3~4302 倍;磺胺类抗性基因(sul genes)的相对丰度变化量为 3.69~32.4 倍;总ARGs 的相对丰度变化量为 1.01 倍,即与原污泥中总 ARGs 相对丰度基本相同;$intI$1 相对丰度在热水解后降低,降低了 28%。

表 4-12 某抗生素药厂剩余污泥中抗性基因及 $intI$1 热水解预处理前后的变化

ARGs	绝对浓度/(copies/g TS)			相对丰度		
	原污泥	热水解	lg 去除量①	原污泥	热水解	变化量②
tetX	7.40×10¹²	0.00	12.87	1.40×10⁻³	0.00	0.00
tetG	1.62×10¹²	7.91×10⁸	3.31	3.06×10⁻⁴	2.51×10⁻⁴	0.82
tetW	2.56×10¹⁰	4.07×10⁷	2.80	4.85×10⁻⁶	1.29×10⁻⁵	2.66
tetA	1.42×10¹²	8.36×10⁸	3.23	2.68×10⁻⁴	2.65×10⁻⁴	0.99
tetQ	2.48×10⁹	1.37×10⁶	3.26	4.70×10⁻⁷	4.33×10⁻⁷	0.92
bla_{TEM}	2.14×10¹⁰	3.62×10⁸	1.77	4.05×10⁻⁶	1.15×10⁻⁴	28.3
bla_{NDM-1}	5.22×10⁸	1.34×10⁹	−0.41	9.88×10⁻⁸	4.25×10⁻⁴	4302
sul Ⅰ	5.85×10¹¹	1.29×10⁹	2.65	1.11×10⁻⁴	4.09×10⁻⁴	3.69
sul Ⅱ	1.09×10¹¹	2.11×10⁹	1.71	2.06×10⁻⁵	6.68×10⁻⁴	32.4
总 ARGs③	1.12×10¹³	6.77×10⁹	3.22	2.12×10⁻³	2.15×10⁻³	1.01
$intI$1	1.92×10¹²	8.22×10⁸	3.37	3.63×10⁻⁴	2.61×10⁻⁴	0.72

① 绝对浓度 lg 去除量 = lg(原污泥基因绝对浓度)−lg(热水解预处理后污泥基因绝对浓度)。
② 相对丰度变化量 = 热水解预处理后污泥基因相对丰度/原污泥基因相对丰度;变化量>1,表示经预处理后相对丰度升高;变化量<1,表示预处理后相对丰度降低。
③ 总 ARGs = ∑9 种 ARGs 浓度。

与臭氧预处理相同,热水解预处理同样可削减污泥中的生物质含量。从表 4-12 可以得知，污泥中 16S rRNA 从 5.28×10^{15} copies/g TS 下降到 3.15×10^{12} copies/g TS，去除效果远高于臭氧预处理。同样地，对于污泥中抗性基因绝对浓度的去除，热水解预处理效果仍优于臭氧预处理，臭氧预处理后总 ARGs 去除量为 0.07 lg copies/g TS，热水解预处理后的为 3.22 lg(copies/g TS)。这说明热水解预处理后 ARGs 绝对浓度的显著降低与生物量的减少相关，热水解导致污泥中活性微生物的死亡，从而损毁了微生物中包含的 DNA（抗性基因片段）。

在热水解过程中，高温高压的操作条件使得污泥中微生物被灭活、细胞结构破坏、细胞质及其中可被生物利用的有机质被释放，与此同时，热水解同样可对污泥中的 DNA 产生破坏作用[83]。Donoso-Bravo 等研究发现，热水解反应时间的长短对污泥溶解产生的影响甚微[73]，意味着污泥热水解过程中，DNA 的破坏和去除主要发生在闪蒸阶段，是温度和压力瞬间变化造成的，因此热水解对污泥抗性基因的破坏作用与污泥本身物理化学性质（如上清液 SCOD 浓度等）关系很小。所以，热水解预处理对抗性基因的去除与臭氧预处理不同。

热水解对污泥抗性基因相对丰度的影响与臭氧类似，除少量 *tet* 基因相对丰度略下降，其余基因均被热水解处理提高，尤其是 *bla* 基因，其相对丰度增高了几十甚至几千倍；*sul* 基因提高倍数为 3.69~32.4，比臭氧预处理提高程度更高。

Ma 等研究了热水解处理中污泥菌群结构的变化，结果发现热水解降低了细菌的多样性，污泥中占主导地位的细菌发生改变，污泥的群落结构与原污泥相比具有极大的差异[83]。因此可以推测，在本节研究中，污泥经热水解后，*bla* 基因及 *sul* 基因的宿主微生物得到了迅速增殖，并在总细菌中占据较高的比例。这同样验证了污泥中的抗性细菌在极端环境（本节内容中热水解产生的高温高压下）中具有更强的生存能力。

此外，污泥中 *int*I1 的绝对浓度对数值在热水解预处理后下降了 3.37，然而其相对丰度变化较小，仍处于 10^{-4} 数量级。

4.4.3 臭氧/热水解-厌氧消化工艺对抗性基因的去除

图 4-16 显示了制药污泥在臭氧/热水解-厌氧消化组合工艺流程中 16S rRNA、ARGs 和 *int*I1 绝对浓度以及 ARGs 和 *int*I1 相对丰度的变化情况。

从图中可以直观得到以下结论：

（1）臭氧和热水解两种预处理技术对两种污泥中 ARGs 绝对浓度的去除均有显著效果，且热水解比臭氧氧化去除效率更高。两种预处理技术通过不同的作用机理有效削减了污泥中的生物质含量，预处理过程中污泥中的微生物被灭活，DNA 被破坏，导致 ARGs 绝对浓度的显著下降。

（2）臭氧-厌氧消化和热水解-厌氧消化工艺均比原污泥直接厌氧消化削减了更多的 ARGs 绝对浓度，这说明污泥预处理-厌氧消化技术比未经预处理直接厌氧消化对 ARGs 具有更高的去除效率。

（3）污泥中 ARGs 的总相对丰度在厌氧消化后显著降低，预处理-厌氧消化后相对丰度降低效果更显著，这说明厌氧消化极大地降低了污泥细菌中抗性细菌所占的比例。

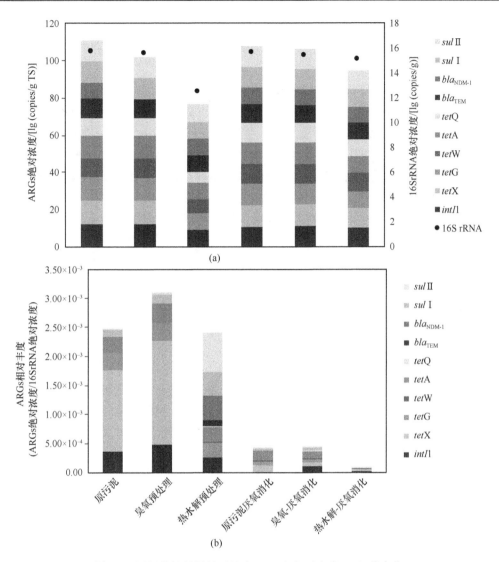

图 4-16 污泥抗性基因绝对浓度（a）与相对丰度（b）的变化

此外，在本节研究中得到了一些有趣的实验现象，在此略作分析。

1. ARGs 绝对浓度在 TH-AD 工艺中的 AD 阶段回升

热水解预处理可显著降低污泥中 ARGs 的绝对浓度，然而在后续的厌氧消化阶段，大部分 ARGs 的绝对浓度反而增加，污泥中总 ARGs 的绝对浓度对数值回升了 1.14 。

文献中报道过类似的实验现象。Ma 等分析了污泥热水解预处理-中温厌氧消化阶段 ARGs 的变化情况，结果发现热水解显著降低了污泥中 $sulⅠ$、$sulⅡ$、$tetC$、$tetG$、$tetX$、$tetW$、$tetO$、$ermB$ 和 $ermF$ 的绝对浓度，绝对浓度对数值降低为 1.59~2.60；然而在后续的厌氧消化阶段，只有 $sulⅠ$ 和 $tetG$ 的绝对浓度几乎未变化，其余 7 种 ARGs 的绝对浓度均显著增加[83]。Tong 等以微波-加酸和微波-双氧水作为污泥厌氧消化的预处理技术，研究结果同样发现微波预处理后 ARGs 绝对浓度虽然明显下降，然而在厌氧消化阶段又得以回升，回升量为 0.10～2.04 [48]。

通过文献分析与本节实验结果结合，厌氧消化阶段污泥中 ARGs 绝对浓度回升的原因可能有以下几个方面：

（1）厌氧消化阶段污泥中生物量增加。热水解预处理有效降低了污泥中的 16S rRNA，PWS 和 MWS 中绝对浓度数值分别从 10^{15} 下降到 10^{12}，然而在后续的厌氧消化阶段，16S rRNA 绝对浓度又回升到 10^{15} 数量级，即污泥中又加入了新的丰富的微生物，相应地，其中携带抗性基因的细菌也随之增多，最终导致 ARGs 绝对浓度的回升。

（2）抗性基因通过噬菌体转移。Calero-Caceres 等研究表明，与污泥细菌相比，噬菌体中抗性基因的持久性和对环境的耐受能力更强，当污泥中的细菌在预处理过程中被灭活后，其中包含的抗性基因可能通过噬菌体转移至其他背景微生物中，致使新的抗药菌株出现[48]。即热水解预处理过程中释放了细胞内部的抗性基因，在后续的厌氧消化阶段，通过噬菌体或其他转移途径重新回到微生物体内，并通过增殖或水平转移等方式导致抗性基因绝对浓度的回升。

（3）中温厌氧消化提供了适宜宿主微生物生存的条件。即使热水解、微波-加酸等预处理工艺抑制了 ARGs 的活性，在厌氧消化过程中剩余的 ARGs 可被宿主微生物轻易捕获[通过（2）中阐述的噬菌体转移等方式]，并且在适宜的环境中迅速传播。而实验结果证实，中温厌氧消化提供了 ARGs 增殖或转移的适宜环境。

（4）ARGs 宿主可能同时是厌氧消化功能菌。Zhang 等阐述在厌氧消化过程中 ARGs 的宿主可能在厌氧消化过程中扮演着重要角色，因此会在厌氧消化反应器中大量增殖，造成 ARGs 绝对浓度的升高[39]。甚至，他们猜测污泥中这些所谓的抗性细菌可基本功能并不是产生抗药性，其最初的功能就是在厌氧消化过程中产甲烷。

（5）厌氧消化种泥中 ARGs 的介入。本节研究实验设计中设置了空白对照，即以去离子水作为底物，同样加入 150 mL 种泥进行厌氧消化，表 4-13 为种泥在厌氧消化前后 ARGs 绝对浓度的变化情况。由表可知，种泥中包含的 ARGs 绝对浓度在厌氧消化前后并未发生明显改变，其数量级为 10^7～10^9，这一数值虽然远低于原污泥中 ARGs 绝对浓度的数量级（10^9～10^{13}），但与热水解后污泥中 ARGs 浓度（10^6～10^9）相比，种泥中所含的 ARGs 浓度则相对较高。实验设计时待消化底物与种泥体积比为 5∶3，可见种泥占相当大的比例，因此种泥中的 ARGs 也可能是厌氧消化过程中 ARGs 绝对浓度升高的原因之一。但这一因素属于人为因素，可在实验中规避，选择不含 ARGs 的种泥或将待消化种泥进行厌氧消化培养驯化，进而消除种泥中 ARGs 的干扰。

表 4-13　种泥中抗性基因绝对浓度在厌氧消化前后的变化　（单位：copies/g TS）

种泥	tetA	tetG	tetQ	tetW	tetX
消化前	$9.93×10^8$	$3.44×10^8$	$7.12×10^7$	$7.74×10^8$	$8.95×10^9$
消化后	$1.66×10^9$	$8.03×10^8$	$5.14×10^7$	$8.17×10^8$	$1.74×10^9$
种泥	bla_{TEM}	bla_{NDM-1}	sulI	sulII	
消化前	$1.67×10^8$	$3.55×10^7$	$6.22×10^8$	$4.44×10^9$	
消化后	$3.89×10^8$	$6.23×10^7$	$5.32×10^8$	$4.34×10^9$	

2. 污泥中 *tet*Q 和 *tet*W 在 AD 阶段增多

无论污泥是否经过预处理，或预处理作用如何改变基因浓度，污泥中 *tet*Q 和 *tet*W 的相对丰度在厌氧消化阶段均显著增加。

污泥消化作用可通过水解和生物降解从物理学意义上破坏细胞外部的 DNA，抗性基因通常被污泥中宿主微生物所携带，在污泥处理过程中，可通过细胞增殖或基因水平转移而得以增殖，也可由于在环境变化中不同的生存能力而被去除[83]。在本节研究中，污泥厌氧消化可显著削减所有抗性基因，但污泥中的 *tet*Q 和 *tet*W 则不同，*tet*Q 和 *tet*W 基因的抗性机理是通过核糖体靶点修饰造成抗生素失效，即通过改变抗生素在核糖体上的连接位点，使抗生素分子不能有效结合在核糖体上，继而被排出细胞，从而产生抗药性[10]。Aydin 等研究指出，制药废水会促进细菌群落之间核糖体蛋白质的突变[9]。此外，另有研究证明高浓度的抗生素残留会增加并且促进基因的水平转移，且可以增加转座子在菌群之间的活性[83]。综上，可以推断本节研究制药污泥中由于包含高浓度的土霉素，会通过促进目标修饰基因（*tet*Q 和 *tet*W）的水平转移而加速污泥细菌的核糖体蛋白质靶点修饰，因此污泥中的 *tet*Q 和 *tet*W 会在厌氧消化过程中增多。

此外，Zhang 等研究发现，在污泥厌氧消化过程中，外排泵类抗性基因是污泥样品中主要的抗性机理，然而在厌氧消化后核糖体靶点修饰作用机理所占的比例增加了 7%～21%。这也可能是污泥中 *tet*Q 和 *tet*W 会在厌氧消化过程中增多的原因之一[44]。

综上所述，污泥中 ARGs 在各处理工艺中变化各异，难以具体控制，这是由于污泥中微生物具有极其复杂的生物过程，因此很难具体解释分析每一种抗性基因在臭氧-厌氧消化或热水解-厌氧消化过程中的变化情况。然而，臭氧-厌氧消化和热水解-厌氧消化工艺的确可有效地削减污泥中抗性基因的绝对浓度和相对丰度，可以断言，污泥预处理结合厌氧消化技术是未来污泥中抗性基因控制的重要研究方向之一。

4.4.4 抗性基因组成变化与相关性分析

1. 抗性基因在处理过程中的组成变化

1) 九种 ARGs 占总 ARGs 百分比变化

图 4-17 为剩余污泥中九种抗性基因占总 ARGs 的百分比。从图中可以看出，在未经任何处理的原污泥中，*tet*X 是最主要的抗性基因，占 66%，其次是 *tet*A，占 13%；当污泥经臭氧预处理后，污泥中 ARGs 的组成及各基因所占的比例基本不变；热水解预处理与臭氧氧化相比，显著改变了污泥中基因的组成，其中 *tet*X 被大幅削减，甚至降低至检出限以下，*bla* 和 *sul* 基因所占的比例显著增加；经污泥厌氧消化和臭氧-厌氧消化处理后，与原污泥相比，仅 *tet*A 和 *sul*Ⅱ 两种基因所占比例增多；但在热水解-厌氧消化后，污泥中 ARGs 组成与其他两组厌氧消化工艺相比差异较大，*tet*X 仍为主要抗性基因，占 67%，其次是 *tet*W，占 12%。

Tong 等以微波、微波-加酸和微波-双氧水三种技术作为污泥厌氧消化的预处理工艺，结果发现，污泥经过三种预处理后其中 ARGs 组成发生显著变化且彼此相差较大，

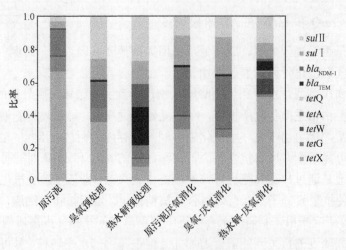

图 4-17 抗性基因组成变化

然而在厌氧消化阶段中，这些差异逐渐降低，厌氧消化结束后的排泥中 ARGs 组分及各自浓度彼此相接近。因此得出结论，厌氧消化进泥中 ARGs 的浓度组分并不能显著影响消化过程中 ARGs 的组成[48]。

在本节研究中，臭氧预处理后的污泥中 ARGs 组分和比例与原泥相差不大，但臭氧预处理与原污泥经厌氧消化后各 ARGs 所占的比例发生了显著改变，与 Tong 等的研究结果相似。但是，对于热水解预处理，污泥中 ARGs 组分被显著改变，且该差异持续存在于后续的厌氧消化过程中。ARGs 组成的变化可能是由于污泥中潜在的宿主微生物的分布随不同工艺发生了改变，因此可以推断热水解预处理显著改变了污泥的菌落结构，进而影响了抗性基因宿主微生物的分布，而臭氧与微波预处理则对污泥中群落分布的影响不太显著。

此外，除经热水解预处理后的污泥，在经其他不同工艺处理后的污泥样品中，$tetX$ 始终是占主导成分的抗性基因。$tetX$ 在过去几十年间始终被认为其宿主单一，只被拟杆菌属的某些种（Bacteroides spp.）所携带。然而，近年来文献逐渐报道了大量的其他 $tetX$ 宿主微生物，如鸭疫里默氏杆菌（Riemerella anatipestifer）、阴沟肠杆菌（Enterobacter cloacae）、睾丸酮丛毛单胞菌（Comamonas testosteroni）、大肠杆菌（E. coli）、肺炎克雷伯氏菌（Klebsiella pneumoniae）、代尔夫特食酸菌（Delftia acidovorans）、肠杆菌属某些种（Enterobacter spp.）以及其他肠杆菌科（Enterobacteriaceae）和假单胞菌科（Pseudomonadaceae）菌属[84-87]。广泛的宿主微生物使其在各种环境中均能大量增殖或水平转移，因此导致 $tetX$ 始终占有较高的比例。

2）不同耐药机理 ARGs 比例变化

细菌的耐药机理主要有三种方式：外排泵、核糖体靶点修饰和酶修饰[88]。外排泵是指抗生素进入细菌细胞后，细菌能够通过一些特殊的膜蛋白将抗生素泵出细胞，使抗生素难以到达作用靶点并累积到一定浓度水平，抗生素对细菌的损害作用继而受到抑制。核糖体靶点修饰是指通过改变抗生素在核糖体上的连接位点，使抗生素分子不能有效结合在核糖体上，导致细菌产生对该抗生素的耐药性，如磺胺类抗性基因的耐药性通常是

DHPS 突变基因，改变靶点结构。酶修饰是指细菌通过产生对抗生素具有修饰作用的酶，改变抗生素的结构及其抑菌官能团，被修饰后的产物与 RNA 结合能力大大降低，从而降低或者消除其抑菌效果。例如，β-内酰胺类抗生素最主要的耐药机理是 β-内酰胺酶基因，β-内酰胺抗生素的 β-内酰胺环被酶打开，从而失去药效。

外排泵是研究最多的四环素耐药机理，外排泵蛋白位于细胞膜上，可将四环素抗生素分子转运出细胞。本节研究中的 tetA 与 tetG 即为外排泵类蛋白编码基因。核糖体保护蛋白数量在四环素类耐药机理中排名第二，其通常位于细胞质，保护核糖体免受四环素分子的攻击。本节研究中的 tetQ 和 tetW 属于核糖体靶点修饰基因。tetX 是唯一一个受到较多关注的四环素酶修饰基因，其可编码位于细胞质的 44kDa 蛋白质，并且在氧气和还原性辅酶Ⅱ的存在下对四环素分子进行化学修饰和降解作用[25]。

在上述污泥处理实验中，图 4-14 和图 4-15 分别为某制药集团剩余污泥和某城市剩余污泥中，所选定的 9 种抗性基因按不同耐药机理划分，各自占总 ARGs 的比例。

PWS 和 MWS 原污泥中酶修饰基因所占比例最大，其贡献源是污泥中的 tetX 基因。PWS 经臭氧预处理后三种耐药机理的 ARGs 分布并无显著变化，而 MWS 在臭氧预处理后靶点修饰基因比例增大，主要是由于 sul 基因比例增大。热水解预处理显著增加了两种污泥中靶点修饰基因所占的比例，同样是源于 sul 基因的增加。原污泥厌氧消化和臭氧-厌氧消化后，污泥中外排泵和靶点修饰基因比例明显增多；而热水解-厌氧消化后与原污泥相比，外排泵基因比例显著下降，靶点修饰基因增多（图 4-18）。

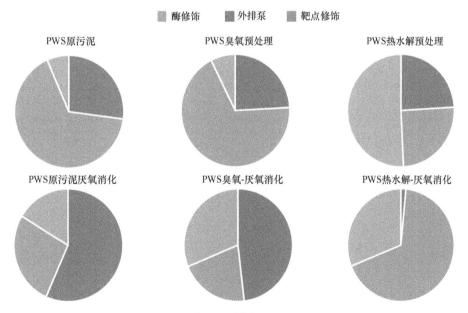

图 4-18 污泥中不同耐药机理 ARGs 百分比

Zhang 等分析了污泥中不同耐药机理的抗性基因在中温厌氧消化和高温厌氧消化过程中所占比例的变化，结果得知，外排泵是所研究污泥中最主要的耐药机理[44]。外排泵蛋白不仅可以泵出细胞内部的抗生素，还能将重金属和其他毒性物质排入外部环境[89, 90]。因此，外排泵是可以抵抗多种环境因素的最高效的耐药机理[91]，所以外排泵类基因目前

表 4-14 污泥 ARGs 在臭氧-厌氧消化过程中的相关性分析

	16S rRNA	总 ARGs	intI1	tetX	tetG	tetW	tetA	tetQ	bla_{TEM}	bla_{NDM-1}	sul I	sul II
16S rRNA	1.000											
总 ARGs	0.893	1.000										
intI1	0.873	0.999*	1.000									
tetX	0.876	0.999*	1.000**	1.000								
tetG	0.965	0.980	0.970	0.971	1.000							
tetW	0.978	0.968	0.956	0.958	0.999	1.000						
tetA	0.904	1.000*	0.998*	0.998*	0.984	0.974	1.000					
tetQ	0.818	0.989	0.995	0.994	0.940	0.921	0.985	1.000				
bla_{TEM}	0.893	1.000**	0.999*	0.999*	0.979	0.967	1.000*	0.989	1.000			
bla_{NDM-1}	0.081	-0.521	-0.557	-0.552	-0.339	0.289	-0.499	0.640	-0.522	1.000		
sul I	0.890	1.000**	0.999*	1.000*	0.978	-0.966	0.999*	-0.990	1.000**	-0.527	1.000	
sul II	0.564	0.875	0.895	0.893	0.760	-0.725	0.863	-0.936	0.876	-0.869	0.879	1.000

* $p<0.05$; ** $p<0.01$。

表 4-15 制药污泥 ARGs 在热水解-厌氧消化过程中的相关性分析

	16S rRNA	总 ARGs	intI1	tetX	tetG	tetW	tetA	tetQ	bla_{TEM}	bla_{NDM-1}	sul I	sul II
16S rRNA	1.000											
总 ARGs	0.972	1.000										
intI1	0.972	1.000**	1.000									
tetX	0.973	1.000**	1.000**	1.000								
tetG	0.971	1.000**	1.000**	1.000**	1.000							
tetW	0.980	0.907	0.907	0.907	0.904	1.000						
tetA	0.971	1.000*	1.000**	1.000**	1.000**	0.904	1.000					
tetQ	0.855	0.711	0.710	0.711	0.706	0.941	0.706	1.000				
bla_{TEM}	0.971	1.000**	1.000**	1.000**	1.000**	0.904	1.000*	0.706	1.000			
bla_{NDM-1}	−0.635	−0.437	−0.437	−0.438	−0.431	−0.775	−0.431	−0.944	−0.431	1.000		
sul I	0.972	1.000**	1.000**	1.000*	1.000**	0.906	1.000**	0.709	1.000**	−0.436	1.000	
sul II	0.986	0.998*	0.998*	0.998*	0.997*	0.934	0.997*	0.757	0.997*	−0.498	0.998*	1.000

* $p<0.05$; ** $p<0.01$。

已经在多种环境中被广泛检出。Zhang 等在研究中还发现，靶点修饰类基因在厌氧消化过程中比例明显上升，且中温厌氧消化比高温厌氧消化上升比例更高，接近原污泥中靶点修饰基因比例的 2 倍。

目前，仅有本节研究与 Zhang 等的研究报道了厌氧消化过程中不同耐药机理的抗药细菌所占比例的变化情况，且污泥中抗性基因随不同处理工艺的变化非常复杂，因此，尚不能明确每种变化的具体原因。一种可能的解释是，污泥中携带不同耐药机理 ARGs 的细菌群落，对不同处理工艺中环境因素的变化（如环境中溶解氧的变化、温度的变化等）所作出的反应各异。同时，本节研究中仅选择了九种 ARGs 进行定量检测，不能代表所对应耐药机理的全部抗性基因，故本结论具有局限性，仅能代表所选定的 ARGs 的变化情况。有关不同耐药机理抗性基因的变化仍需要后续更深入的研究。

2. 抗性基因在处理过程中的相关性分析

表 4-14 与表 4-15 分别列出了制药污泥在臭氧-厌氧消化、热水解-厌氧消化工艺过程中，ARGs、16S rRNA 与 $intI$1 的皮尔森相关分析（Pearson correlation analysis）的结果。从表中可以看出，制药污泥和城市污泥在两种不同的工艺过程中，ARGs、16S rRNA 与 $intI$1 相关性分析结果类似。污泥中总 ARGs 变化与 $intI$1 呈显著相关（O_3-AD: 0.999，$p<0.05$；TH-AD: 1.000，$p<0.01$）。此外，与 $intI$1 呈显著相关的基因还有 $tetX$、$tetG$、$tetA$ 与 sul I。而其余 ARGs 之间相关性不显著，或无统一规律。

抗性基因在细菌之间的转移过程中，$intI$1 起着至关重要的作用。它通常可携带一种甚至多种编码抗生素抗性的基因盒[91]，同时代表抗性基因的水平转移与多重耐药性[92]。尽管 $intI$1 自身不能在微生物之间进行移动或转移，但它可以通过与接合型质粒或插入序列等转座子相结合[91]，完成在细菌之间的迁移。因此，$intI$1 通常被认为是代表 ARGs 污染的代表性指标[91]。

这一结果说明，在污泥厌氧消化过程中基因的水平转移是极重要的一种方式，需要后续更加深入的研究。

本章内容研究臭氧/热水解-厌氧消化工艺对污泥溶解性、理化性质、厌氧消化可生物利用性等的影响，并且检测了组合工艺对污泥抗性基因的去除规律，得到以下重要结论：

（1）臭氧与热水解预处理技术均可显著提高污泥溶出率，在优选的预处理工况下，污泥溶出率分别达到 68.84%和 42.90%；两种预处理技术通过改变污泥絮体结构和结合水的分布，对污泥理化性质产生明显影响；经预处理后的污泥在厌氧消化过程中脱水性能改善，污泥质量去除率升高，且甲烷产量大幅增加。

（2）经臭氧预处理后制药污泥厌氧消化产甲烷量是原污泥厌氧消化的 2.25 倍，热水解预处理后的污泥产甲烷量是原污泥的 5.71 倍，组合工艺对污泥产甲烷效率大幅提升，且对制药污泥提升效果更显著。

（3）臭氧-厌氧消化与热水解-厌氧消化处理抗生素类制药污泥具有显著的技术优势。两种技术相比，热水解-厌氧消化工艺在污泥产甲烷效率方面优势更大，且尤其适用于发酵类药物生产工艺废水中产生的高有机质含量的剩余污泥。

（4）臭氧/热水解-厌氧消化工艺能将污泥中 ARGs 的绝对浓度对数值数量级削减 0.07~3.22，同时，污泥中 ARGs 的相对丰度去除率高达 84%~97%。组合工艺极大地降低了污泥中携带 ARGs 的 ARB 所占的比例，并且可有效控制污泥中 ARGs 的水平转移。

参 考 文 献

[1] 牟真. 制药行业水污染环境影响评价及防治措施分析[J]. 绿色科技, 2014, 1(7): 207-210.
[2] Bernard S, Gray N F. Aerobic digestion of pharmaceutical and domestic wastewater sludges at ambient temperature[J]. Water Research, 2000, 34(3): 725-734.
[3] Kaya Y, Ersan G, Vergili I, Gonder Z B, Yilmaz G, Dizge N, Aydiner C. The treatment of pharmaceutical wastewater using in a submerged membrane bioreactor under different sludge retention times[J]. Journal of Membrane Science, 2013, 442(9): 72-82.
[4] 陈吉宁, 徐绍史, 郭声琨. 国家危险废物名录[J]. 上海建材, 2016, (4): 1-11.
[5] Liu J, Zeng X, Zhao J. Effects of selected catalysts on the catalytic wet oxidation of pharmaceutical sludge[C]//Kim Y H. AER-Advances in Engineering Research. Shenzhen: Atlantis Press, 2016: 1031-1035.
[6] 刘春慧, 周光. 制药行业药渣污泥干化工艺研究[J]. 中国环保产业, 2012, (5): 52-54.
[7] 王山辉, 刘仁平, 赵良侠. 制药污泥的热解特性及动力学研究[J]. 热能动力工程, 2016, 31(10): 90-95.
[8] 吴昊. 制药污泥好氧堆肥肥效评价[J]. 环境保护与循环经济, 2013, 33(9): 39-41.
[9] Aydin S. Enhanced biodegradation of antibiotic combinations via the sequential treatment of the sludge resulting from pharmaceutical wastewater treatment using white-rot fungi trametes versicolor and Bjerkandera adusta[J]. Applied Microbiology and Biotechnology, 2016, 100(14): 6491-6499.
[10] 刘苗苗. 两种抗生素的生产废水处理系统中抗性基因的产生和分布机制[D]. 北京: 中国科学院大学, 2013.
[11] 杨宝峰. 药理学(第 8 版)[M]. 北京: 人民卫生出版社, 2014.
[12] Bbosa G S, Mwebaza N, Odda J, Kyegombe D B, Ntale M. Antibiotics/antibacterial drug use, their marketing and promotion during the post-antibiotic golden age and their role in emergence of bacterial resistance[J]. Health, 2014, 6(5): 410-425.
[13] Courvalin P. Transfer of antibiotic resistance genes between gram-positive and gram-negative bacteria[J]. Antimicrobial Agents & Chemotherapy, 1994, 38(7): 1447-1451.
[14] Ochman H, Lawrence J G, Groisman E A. Lateral gene transfer and the nature of bacterial innovation[J]. Nature, 2000, 405(6784): 299-304.
[15] Auerbach E A, Seyfried E E, Mcmahon K D. Tetracycline resistance genes in activated sludge wastewater treatment plants[J]. Water Research, 2007, 41(5): 1143-1151.
[16] Zhang X X, Zhang T. Occurrence, abundance, and diversity of tetracycline resistance genes in 15 sewage treatment plants across China and other global locations[J]. Environmental Science & Technology, 2011, 45(7): 2598-2604.
[17] Li J, Cheng W, Xu L, Jiao Y, Baig S A, Chen H. Occurrence and removal of antibiotics and the corresponding resistance genes in wastewater treatment plants: Effluents' influence to downstream water environment[J]. Environmental Science and Pollution Research, 2016, 23(7): 6826-6835.
[18] Chen H, Zhang M. Effects of advanced treatment systems on the removal of antibiotic resistance genes in wastewater treatment plants from Hangzhou, China[J]. Environmental Science & Technology, 2013, 47(15): 8157-8163.
[19] Mao D, Yu S, Rysz M, Luo Y, Yang F, Li F, Hou J, Mu Q, Alvarez P J. Prevalence and proliferation of antibiotic resistance genes in two municipal wastewater treatment plants[J]. Water Research, 2015, 85(6): 458-466.

[20] Witte W. Selective pressure by antibiotic use in livestock[J]. International Journal of Antimicrobial Agents, 2000, 16(1): 19-24.
[21] Bibbal D, Dupouy V, Ferré J P, Toutain P L, Fayet O, Prere M F, Bousquet-Melou A. Impact of three ampicillin dosage regimens on selection of ampicillin resistance in enterobacteriaceae and excretion of bla_{TEM} genes in swine feces[J]. Applied and Environmental Microbiology, 2010, 73(15): 4785-4790.
[22] Chu B, Heuer H, Gomes N, Kaupenjohann M, Smalla K. Similar bacterial community structure and high abundance of sulfonamide resistance genes in field-scale manures[M]//Manure: Management, uses and environmental impacts. Hauppauge , USA: Nova Science Publishers, 2010: 141-166.
[23] Heuer H, Focks A, Lamshöft M, Smalla K, Matthies M, Spiteller M. Fate of sulfadiazine administered to pigs and its quantitative effect on the dynamics of bacterial resistance genes in manure and manured soil[J]. Soil Biology & Biochemistry, 2008, 40(7): 1892-1900.
[24] Binh C T, Heuer H, Kaupenjohann M, Smalla K. Piggery manure used for soil fertilization is a reservoir for transferable antibiotic resistance plasmids[J]. Fems Microbiology Ecology, 2008, 66(1): 25-37.
[25] Yang W, Moore I F, Koteva K P, Bareich D C, Hughes D W, Wright G D. *Tet*X is a flavin-dependent monooxygenase conferring resistance to tetracycline antibiotics[J]. Journal of Biological Chemistry, 2004, 279(50): 52346-52352.
[26] Ji X, Shen Q, Liu F, Ma J, Xu G, Wang Y, Wu M. Antibiotic resistance gene abundances associated with antibiotics and heavy metals in animal manures and agricultural soils adjacent to feedlots in Shanghai, China[J]. Journal of Hazardous Materials, 2012, 235-236(20): 178-185.
[27] Ling Z, Yang Y, Huang Y, Zhou S, Luan T. A preliminary investigation on the occurrence and distribution of antibiotic resistance genes in the Beijiang River, South China[J]. Journal of Environmental Sciences, 2013, 25(8): 1656-1661.
[28] Jiang L, Hu X, Xu T, Zhang H, Sheng D, Yin D. Prevalence of antibiotic resistance genes and their relationship with antibiotics in the Huangpu River and the drinking water sources, Shanghai, China[J]. Science of the Total Environment, 2013, 458-460(3): 267-272.
[29] Zhang X, Wu B, Zhang Y, Zhang T, Yang L, Fang H, Ford T, Cheng S. Class 1 integronase gene and tetracycline resistance genes *tet*A and *tet*C in different water environments of Jiangsu Province, China[J]. Ecotoxicology, 2009, 18(6): 652-660.
[30] Borradale D. Combating the rise of the superbugs: The health and scientific challenges of antibiotic resistance[J]. Australian Science, 2013.
[31] WHO. Global action plan on antimicrobial resistance[M]. Geneva: WHO Press, 2015.
[32] Pruden A, Larsson D G, Amézquita A, Collignon P, Brandt K K, Graham D W, Lazorchak J M, Suzuki S, Silley P, Snape J R, Topp E, Tong Z, Zhu Y. Management options for reducing the release of antibiotics and antibiotic resistance genes to the environment[J]. Environmental Health Perspectives, 2013, 121(8): 878-885.
[33] Reardon S. WHO warns against 'post-antibiotic' era[J]. Nature, 2014. DOI: 10.1038/nature.2014.15135.
[34] Thanner S, Drissner D, Walsh F. Antimicrobial resistance in agriculture[J]. Microbiology, 2016, 7(2): e2227.
[35] Macauley J J, Qiang Z, Adams C D, Surampalli R, Mormile M R. Disinfection of swine wastewater using chlorine, ultraviolet light and ozone[J]. Water Research, 2006, 40(10): 2017-2026.
[36] Murray G E, Tobin R S, Junkins B, Kushner D J. Effect of chlorination on antibiotic resistance profiles of sewage-related bacteria[J]. Applied and Environmental Microbiology, 1984, 48(1): 73-77.
[37] Huang J J, Hu H Y, Tang F, Li Y, Lu S Q, Lu Y. Inactivation and reactivation of antibiotic-resistant bacteria by chlorination in secondary effluents of a municipal wastewater treatment plant[J]. Water Research, 2011, 45(9): 2775-2781.
[38] Reinthaler F F, Feierl G, Galler H, Haas D, Leitner E, Mascher F, Melkes A, Posch J, Winter I, Zarfel G, Marth E. ESBL-producing *E. col*i in Austrian sewage sludge[J]. Water Research, 2010, 44(6): 1981-1985.

[39] Zhang J, Wang Z, Wang Y, Zhong H, Sui Q, Zhang C, Wei Y. Effects of graphene oxide on the performance, microbial community dynamics and antibiotic resistance genes reduction during anaerobic digestion of swine manure[J]. Bioresource Technology, 2017, 245(Pt A): 850.

[40] Zhang J, Liu J, Wang Y, Yu D, Sui Q, Wang R, Chen M, Tong J, Wei Y. Profiles and drivers of antibiotic resistance genes distribution in one-stage and two-stage sludge anaerobic digestion based on microwave-H_2O_2 pretreatment[J]. Bioresource Technology, 2017, 241: 573.

[41] Pei J, Yao H, Wang H, Shan D, Jiang Y, Ma L, Yu X. Effect of ultrasonic and ozone pre-treatments on pharmaceutical waste activated sludge's solubilisation, reduction, anaerobic biodegradability and acute biological toxicity[J]. Bioresource Technology, 2015, 192: 418-423.

[42] Pei J, Yao H, Wang H, Ren J, Yu X. Comparison of ozone and thermal hydrolysis combined with anaerobic digestion for municipal and pharmaceutical waste sludge with tetracycline resistance genes[J]. Water Research, 2016, 99: 122-128.

[43] Ju F, Li B, Ma L, Wang Y, Huang D, Zhang T. Antibiotic resistance genes and human bacterial pathogens: Co-occurrence, removal, and enrichment in municipal sewage sludge digesters[J]. Water Research, 2016, 91: 1-10.

[44] Zhang T, Yang Y, Pruden A. Effect of temperature on removal of antibiotic resistance genes by anaerobic digestion of activated sludge revealed by metagenomic approach[J]. Applied Microbiology & Biotechnology, 2015, 99(18): 7771-7779.

[45] Burch T R, Sadowsky M J, Lapara T M. Modeling the fate of antibiotic resistance genes and class 1 integrons during thermophilic anaerobic digestion of municipal wastewater solids[J]. Applied Microbiology & Biotechnology, 2015, 100(3): 1437-1444.

[46] Jang H M, Lee J, Kim Y B, Jeon J H, Shin J, Park M R, Kim Y M. Fate of antibiotic resistance genes and metal resistance genes during thermophilic aerobic digestion of sewage sludge[J]. Bioresource Technology, 2018, 249: 635.

[47] Tian L, Shi L, Wu J, Zhao P, Shi H. A hybrid system of thermophillic anaerobic digestion and heat pump for sludge stabilization and cascade utilization of energy in municipal sewage treatment plant[J]. Journal of Basic Science & Engineering, 2011, 19(5): 792-798.

[48] Tong J, Liu J, Zheng X, Zhang J, Ni X, Chen M, Wei Y. Fate of antibiotic resistance bacteria and genes during enhanced anaerobic digestion of sewage sludge by microwave pretreatment[J]. Bioresource Technology, 2016, 217: 37-43.

[49] Oh J, Salcedo D E, Medriano C A, Kim S. Comparison of different disinfection processes in the effective removal of antibiotic-resistant bacteria and genes[J]. Journal of Environmental Sciences, 2014, 26(6): 1238-1242.

[50] Zhuang Y, Ren H, Geng J, Zhang Y, Zhang Y, Ding L, Xu K. Inactivation of antibiotic resistance genes in municipal wastewater by chlorination, ultraviolet, and ozonation disinfection[J]. Environmental Science and Pollution Research, 2015, 22(9): 7037-7044.

[51] Zhang G, Yang J, Liu H, Zhang J. Sludge ozonation: Disintegration, supernatant changes and mechanisms[J]. Bioresource Technology, 2009, 99(3): 1505-1509.

[52] Scheminski A, Krull R, Hempel D C. Oxidative treatment of digested sewage sludge with ozone[J]. Water Science & Technology, 2000, 42(9): 151-158.

[53] 倪丙杰, 徐得潜, 刘绍根. 污泥性质的重要影响物质——胞外聚合物(EPS)[J]. 环境科学与技术, 2006, 29(3): 108-110.

[54] Chu L, Wang J, Wang B, Xing X H, Yan S, Sun X, Jurcik B. Changes in biomass activity and characteristics of activated sludge exposed to low ozone dose[J]. Chemosphere, 2009, 77(2): 269-272.

[55] Bougrier C, Albasi C, Delgenès J P, Carrere H. Effect of ultrasonic, thermal and ozone pre-treatments on waste activated sludge solubilisation and anaerobic biodegradability[J]. Chemical Engineering & Processing Process Intensification, 2006, 45(8): 711-718.

[56] Gessesse A, Dueholm T, Petersen S B, Nielsen P H. Lipase and protease extraction from activated sludge[J]. Water Research, 2003, 37(15): 3652-3657.

[57] Braguglia C M, Gianico A, Mininni G. Comparison between ozone and ultrasound disintegration on

sludge anaerobic digestion[J]. Journal of Environmental Management, 2012, 95(95): S139-S143.

[58] Meeten G H, Smeulders J B A F. Interpretation of filterability measured by the capillary suction time method[J]. Chemical Engineering Science, 1995, 50(8): 1273-1279.

[59] Erden G, Demir O, Filibeli A. Disintegration of biological sludge: Effect of ozone oxidation and ultrasonic treatment on aerobic digestibility[J]. Bioresource Technology, 2010, 101(21): 8093-8098.

[60] 高雯, 张凤娥, 董良飞, 张建琴, 秦燊. 臭氧、超声与生物质组合调理污泥脱水性能研究[J]. 常州大学学报(自然科学版), 2016, 28(1): 78-82.

[61] 王海怀, 朱睿. PAM 投加量对臭氧氧化厌氧消化耦合工艺污泥脱水性的影响[J]. 四川环境, 2013, 32(1): 12-15.

[62] 袁文兵, 吴金苗, 刘亮, 王燕. 氯化铁/臭氧组合工艺改善活性污泥性质的研究[J]. 工业水处理, 2016, 36(4): 73-76.

[63] 任汉文, 蔡璇, 朱煜, 刘燕, 周莹莹. 臭氧消毒技术研究进展[J]. 给水排水, 2011(s1): 207-211.

[64] Martin M A, Gonzalez I, Serrano A, Siles J A. Evaluation of the improvement of sonication pre-treatment in the anaerobic digestion of sewage sludge[J]. Journal of Environmental Management, 2015, 147: 330-337.

[65] Wilson C A, Novak J T. Hydrolysis of macromolecular components of primary and secondary wastewater sludge by thermal hydrolytic pretreatment[J]. Water Research, 2009, 43(18): 4489-4498.

[66] Park N D, Helle S S, Thring R W. Combined alkaline and ultrasound pre-treatment of thickened pulp mill waste activated sludge for improved anaerobic digestion[J]. Biomass & Bioenergy, 2012, 46(6): 750-756.

[67] Kim D H, Cho S K, Lee M K, Kim M S. Increased solubilization of excess sludge does not always result in enhanced anaerobic digestion efficiency[J]. Bioresource Technology, 2013, 143(6): 660-664.

[68] DonosoB A, Pérez E S, Aymerich E, Polanco F F. Assessment of the influence of thermal pre-treatment time on the macromolecular composition and anaerobic biodegradability of sewage sludge[J]. Bioresource Technology, 2011, 102(2): 660-666.

[69] Carrère H, Dumas C, Battimelli A, Batstone D J, Delgenes J P, Steyer J P, Ferrer I. Pretreatment methods to improve sludge anaerobic degradability: A review[J]. Journal of Hazardous Materials, 2010, 183(1): 1-15.

[70] Dwyer J, Starrenburg D, Tait S, Barr K, Batstone D J, Lant P. Decreasing activated sludge thermal hydrolysis temperature reduces product colour, without decreasing degradability[J]. Water Research, 2008, 42(18): 4699-4709.

[71] Abe N, Tang Y Q, Iwamura M, Morimura S, Kida K. Pretreatment followed by anaerobic digestion of secondary sludge for reduction of sewage sludge volume[J]. Water Science & Technology, 2013, 67(11): 2527-2533.

[72] Abelleira-Pereira J M, Pérez-Elvira S I, Sánchez-Oneto J, Roberto de la C, Portala J R, Nebot E. Enhancement of methane production in mesophilic anaerobic digestion of secondary sewage sludge by advanced thermal hydrolysis pretreatment[J]. Water Research, 2015, 71: 330-340.

[73] Xue Y G, Liu H J, Chen S S, Dichtl N, Dai X H, Li N. Effects of thermal hydrolysis on organic matter solubilization and anaerobic digestion of high solid sludge[J]. Chemical Engineering Journal, 2015, 264: 174-180.

[74] Eskicioglu C, Kennedy K J, Droste R L. Initial examination of microwave pretreatment on primary, secondary and mixed sludges before and after anaerobic digestion[J]. Water Science and Technology, 2008, 57(3): 311-317.

[75] EU. Working document on sludge[R]. 2000. [2019-8-1]. https://www.researchgate.net/publication/ 204978825.

[76] USEPA Environmental regulation and technology: Control of pathogens and vector attraction in sewage sludge (including domestic septage) under 40 CRF Part 503[R]. Washington DC: U.S. Environmental Protection Agency, 1999.

[77] Liu M, Zhang Y, Yang M, Tian Z, Ren L, Zhang S. Abundance and distribution of tetracycline resistance genes and mobile elements in an oxytetracycline production wastewater treatment system[J].

Environmental Science & Technology, 2012, 46(14): 7551.

[78] Aydin S, Ince B, Ince O. Development of antibiotic resistance genes in microbial communities during long-term operation of anaerobic reactors in the treatment of pharmaceutical wastewater[J]. Water Research, 2015, 83(4): 337-344.

[79] Munir M, Wong K, Xagoraraki I. Release of antibiotic resistant bacteria and genes in the effluent and biosolids of five wastewater utilities in Michigan[J]. Water Research, 2011, 45(2): 681-693.

[80] Henriques I S, Fonseca F, Alves A, Saavedra M J, Correia A. Occurrence and diversity of integrons and β-lactamase genes among ampicillin-resistant isolates from estuarine waters[J]. Research in Microbiology, 2006, 157(10): 938-947.

[81] Ma Y, Wilson C A, Novak J T, Riffat R, Aynur S, Murthy S, Pruden A. Effect of various sludge digestion conditions on sulfonamide, macrolide, and tetracycline resistance genes and class I integrons[J]. Environmental Science & Technology, 2011, 45(18): 7855-7861.

[82] Ubeda C, Maiques E, Knecht E, Lasa I, Novick R P, Penades J R. Antibiotic-induced SOS response promotes horizontal dissemination of pathogenicity island-encoded virulence factors in staphylococci[J]. Molecular Microbiology, 2010, 56(3): 836-844.

[83] Ghosh S, Ramsden S J, Lapara T M. The role of anaerobic digestion in controlling the release of tetracycline resistance genes and class 1 integrons from municipal wastewater treatment plants[J]. Applied Microbiology Biotechnology, 2009, 84(4): 791-796.

[84] Chen Y, Tsao M, Lee S, Chou C, Tsai H. Prevalence and molecular characterization of chloramphenicol resistance in Riemerella anatipestifer isolated from ducks and geese in Taiwan[J]. Avian Pathology, 2010, 39(5): 333-338.

[85] Leski T A, Bangura U, Jimmy D H, Ansumana R, Lizewski S E, Stenger D A, Taitt C R, Vora G J. Multidrug-resistant *tet*X-containing hospital isolates in Sierra Leone[J]. International Journal of Antimicrob Agents, 2013, 42(1): 83-86.

[86] 张昱, 杨敏, 王春艳, 田哲. 生产过程中抗生素与抗药基因的排放特征、环境行为及控制[J]. 环境化学, 2015, (1): 1-8.

[87] Webber M A, Piddock L J. The importance of efflux pumps in bacterial antibiotic resistance[J]. Journal of Antimicrobial Chemotherapy, 2003, 51(1): 9.

[88] Wright G D. The antibiotic resistome: The nexus of chemical and genetic diversity[J]. Nature Reviews Microbiology, 2007, 5(3): 175-186.

[89] Dang B, Mao D, Xu Y, Luo Y. Conjugative multi-resistant plasmids in Haihe River and their impacts on the abundance and spatial distribution of antibiotic resistance genes[J]. Water Research, 2017, 111: 81-91.

[90] Berglund B. Environmental dissemination of antibiotic resistance genes and correlation to anthropogenic contamination with antibiotics[J]. Infection Ecology & Epidemiology, 2014, 5: 28564.

[91] Gillings M R, Gaze W H, Pruden A, Smalla K, Tiedje J M, Zhu Y G. Using the class 1 integron-integrase gene as a proxy for anthropogenic pollution[J]. Isme Journal, 2015, 9(6): 1269-1279.

第 5 章 抗生素污染控制技术发展趋势

5.1 研究热点

由于抗生素种类繁多、结构复杂,现有的常规污水处理工艺对其处理难度较大,处理效果具有很大的不确定性,因此,污水处理厂出水是抗生素进入环境的主要源头之一[1]。针对这一现状,国内外研究人员开始探索开发高效、经济、环境友好的新型污染物处理工艺,一方面基于传统工艺进行升级改造,另一方面结合最新的科学技术开发新的工艺。对于废水中抗生素的处理,目前研究较多的工艺包括活性炭吸附、膜处理工艺、高级氧化技术及新型环境功能材料等。

活性炭因具有很高的物理吸附和化学吸附能力而广泛应用于污水处理中,对于微量抗生素去除也具有很大潜力,特别是对于 $K_{ow}>2$ 的非极性物质。活性炭分为粉末活性炭(PAC)和颗粒活性炭(GAC)两种,GAC 和 PAC 对微量抗生素都有很好的吸附作用,且 GAC 具有吸附和过滤介质双重作用[2]。Karelid 等研究了活性炭对克拉霉素等 22 种药物的去除效果,结果表明在 15~20 mg/L 的 PAC 或 28~230mg/L 的 GAC 投加量下,大多数污染物去除率能够达到 95%[3]。活性炭的吸附效果取决于其吸附性能和接触时间,目前对于活性炭吸附的研究热点主要集中于对其表面的改性处理。活性炭表面改性方法包括酸碱改性、氧化还原改性、负载金属或化合物改性等,改性后的活性炭对污染物更具选择性[4]。采用活性炭吸附技术处理抗生素是目前最经济适用的方法之一[5],但在实际运行中,活性炭吸附效果会由于空隙的堵塞或吸附位点的竞争而大大降低[6]。

膜生物反应器(MBR)是将活性污泥法与膜分离技术结合,通过污泥吸附、生物降解、膜的截留和吸附等机理去除水中的污染物[7]。MBR 法具有适应性强、占地面积小、耐负荷冲击能力强、易于自动控制等优点,常用于医院废水处理[8]。MBR 工艺通过分开控制固体停留时间和水力停留时间可获得更长的污泥龄及保留世代菌,对抗生素的去除效果往往优于传统活性污泥(CAS)工艺[9]。例如,MBR 工艺中甲氧苄啶的去除率高于 CAS 工艺,其去除效果与污泥龄有关[10]。但由于抗生素结构复杂,MBR 工艺对不同污染物的去除效果存在较大差异。Kovalova 等研究了 MBR 工艺对医院废水中多种抗生素的去除效果,结果表明对甲氧苄啶的去除率达 96%,而对喹诺酮类的去除率约 50%,对大环内酯类的去除率为 20%~60%[11]。MBR 工艺一般利用微滤或超滤膜,通过膜分离过程对活性污泥的高效截留作用,保证反应装置中高浓度生物量和丰富的微生物群落。由于运行中过分依赖膜的分离作用,对膜材料和膜组件的一次性投资与运行成本较高,膜污染问题会影响系统的稳定性,这些问题成为限制 MBR 工艺大规模应用的重大阻碍[12]。

AOPs 由于其催化效率高、处理效果好,作为一种新兴的环境友好型净化处理技术近几年备受关注,特别适用于传统生物方法难以降解的抗生素。AOPs 主要通过产生·OH 将有机污染物氧化或矿化,·OH 具有氧化性强、选择性低等特点,与水中有机物的反应速率常数通常在 $10^6 \sim 10^9$ L/(mol·s)[13]。臭氧氧化是应用最广泛的 AOPs 技术,常用于污水深度处理或饮用水处理[14]。由于臭氧在水中的溶解度和稳定度较低、与有机污染物的反应速率相对较慢,单一的臭氧氧化对有机污染物的氧化程度较低,目前的研究更多地关注催化臭氧化处理或复合处理过程[15]。Fenton 法和类 Fenton 法能够高效去除废水中的抗生素[16],该方法的核心是通过金属催化剂分解 H_2O_2 而产生·OH,Fe^{2+} 和 H_2O_2 的浓度是影响其处理效率的关键因素。UV 光解法因其专一性而存在很大局限,而 O_3/UV、UV/H_2O_2、TiO_2-多相光催化等复合 AOPs 过程能够有效去除多种抗生素,如 UV/H_2O_2 法对土霉素、脱氧土霉素和环丙沙星的去除率达到 98%~99%[17]。AOPs 在实际应用中也存在很多问题,如药剂成本高、水体基质效应大、光源利用率低及产物毒性不确定等,都限制了 AOPs 的大规模应用。

新型环境功能材料是一类具有独特的物理、化学或生物性质的,对污染物具有良好去除效果的新型材料[5]。对于新型环境功能材料的研发与应用一直是备受关注的研究热点。新型环境功能材料包括新型碳材料、分子印迹材料、环境矿物材料、微筛膜材料及零价纳米铁材料[18]。相比于传统的氧化和生物方法,新型环境功能材料对于新型污染物的去除具有特定敏感性、去除高效性、环境友好性和经济合理性等优点[18],但我国对于该类材料的研究仍处在起步阶段。

5.2 发展趋势

1. 目前各国对于水中药物类污染物的法规

新型污染物,一般指尚未制定相关的环境排放标准或管理政策,但由于其检出频率及潜在的健康风险,有可能被纳入管制对象的一类环境污染物,包括药物及个人护理用品(PPCPs)、内分泌干扰物(EDCs)、全氟化合物(PEOS、PFOA)、多环芳烃(PAHs)和溴化阻燃剂等[19]。近年来,随着国际上对新型污染物的关注度越来越高,欧盟、美国、瑞士、澳大利亚等发达国家和地区已经将一些新型污染物列入水环境保护标准中[20]。然而,目前被定义为新型污染物的化合物有近 600 种,相关标准中只针对少数新型污染物提出了限制标准,有待进一步提高和完善。

饮用水水质直接关系到人类的生命健康。EPA 和 WHO 对饮用水中的部分新型污染物规定了浓度限值,如规定 PFOS/PFOA、总多氯联苯(PCBs)、酞酸酯类 EDCs 等的浓度限值在 $10^{-1} \sim 10^2$ μg/L[21,22]。我国生活饮用水卫生标准中也规定了一些酞酸酯类 EDCs 和总 PCBs 等新型污染物的浓度限值[23]。由于新型污染物对生态环境的毒性效应,制定其在水环境中的标准也十分必要。欧洲委员会在 Water Framework Directive 中规定了一些 PPCPs、EDCs 和 PFOS 等在地表水中的浓度限值。我国地表水环境质量标准中,也规定 PCBs 和苯并(a)芘(BaP)的浓度限值[24]。值得注意的是,欧盟开始将一些 EDCs 和 PPCPs 等污染物纳入地表水环境标准中,这预示着水环境质量标准在未来的发展方向

[19]。污水处理厂出水排放标准的制定直接关系到水环境质量和饮用水水质。瑞士是第一个实行新型污染物点源控制的国家,在其水保护法案中规定了新型污染物的排放限值,并要求部分污水处理厂增加高级处理工艺[19]。英国对污水处理厂出水中雌激素浓度提出建议标准为 1 ng/L 以下[25]。我国对污水排放中仅几种有机氯农药和邻苯二甲酸酯类规定了限值[26]。

各国现有标准中只对少数新型污染物设置了浓度限值,且大部分污染物浓度限值较高,有些甚至远超过环境检测值[19]。相关标准浓度限值的制定,应基于新型污染物对生态环境和人体健康的毒性数据,因此,对于这类污染物的生态风险评估仍需开展大量科学研究。另外,以综合性指标评估多种污染物的综合效应也是今后的发展方向[27]。尽管目前对于新型污染物的环境排放标准或管理政策并不完善,但很多国家已经开展了微污染物筛选、毒性评估等工作,并积极开展国际合作,这将为相关环境排放标准或管理政策的制定提供科学的基础。

2. 基于数值模型的处理工艺优化

基于紫外光的高级氧化工艺用于处理水中抗生素是现在的研究热点之一[28]。目前,只有 UV/H_2O_2 技术投入工程使用,例如,针对去除水中微污染的加拿大 Cornwall 水厂和以去除水中有机微污染物、减少氯代消毒副产物为目的的荷兰 Andijk 市政水厂的中压深度处理系统(UV/H_2O_2 联用技术)等[29]。然而除 UV/H_2O_2 技术外,其他基于紫外光的高级氧化工艺主要集中于实验室的研究,高能耗造成的高运行成本是阻碍其推广应用的主要原因之一。节能降耗是目前世界的发展方向[30]。因此,如何在同样的能量输入条件下获得更好的处理效果,或者如何在较低的成本输入条件下达到要求的处理效果是目前基于紫外光高级氧化工艺领域的重要课题。这就衍生出两种优化方式:对紫外光反应器进行优化,达到更高的能量利用率;通过反应过程的动力学模型寻找最优的氧化剂投加量,减少成本输入。

1)紫外光反应器的优化

随着紫外光技术应用日趋广泛,开发高效、低成本、低能耗的反应器受到越来越多人的重视。紫外光反应器的优化主要包括以下三个方面:首先,紫外光反应器腔体内部灯管的数量和排布形式其处理效果有着重要影响。目前各反应器制造厂商及国内外学者采用计算模型对其进行优化:一方面根据模型寻求最优的灯管布设与水体流态的组合方式,另一方面对反应器腔体内水流形态进行研究,寻求准确的模型来获得更加真实的紫外光剂量评估方法[31-33]。其次作为紫外光消毒的核心部件,光源开发一直受到极大的重视。汞蒸气灯一直是紫外光反应器的主要光源,从传统的低压汞灯到大功率的中压汞灯和高压汞灯,再到低压高输出灯或者汞齐灯,低能耗、高效率、长寿命和低成本的光源开发一直是研究的热点[30]。最后,开发高质量的紫外灯套管清洗装置对于紫外光反应器的优化也具有重要意义。石英套管在长时间运行过程中会形成一层污垢,阻碍紫外光的射出,因此需定期清洗石英套管上黏附的杂质[34-36]。

2)反应过程的模型优化

基于紫外光的高级氧化工艺不仅可以有效地去除水中的抗生素类污染物,还可以有效地去除水中的致病微生物，进而受到国内外学者的广泛关注。目前已研究的基于紫外光的高级氧化工艺包括 UV/H_2O_2、UV/O_3、UV/FC、UV/NH_2Cl、UV/PDS（PMS）、UV/PAA、UV/NO_3^-等，人们在研究抗生素降解机理的同时，还基于反应的动力学过程建立数学模型对基于紫外光的高级氧化工艺进行优化，如基于离子和自由基基元反应的 Matlab-Simbiolgy 模型[37-45]和 Kintecus 模型[46-50]等。这些基于反应动力学的数学模型可以为供水企业优化升级现有的消毒工艺建立基于紫外光的高级氧化体系提供理论基础。

3）耦合现有水处理工艺的抗生素去除技术

高级氧化工艺因可以产生高活性的自由基而可以高效地降解传统水处理工艺无法处理的抗生素，例如，UV/H_2O_2、UV/TiO_2、O_3/H_2O_2等工艺在抗生素去除方面都显现出极强的能力[51, 52]。然而这些独立的高级氧化工艺需要新建单独的水处理构筑物并需要持续添加额外的药剂，这就增加了企业的运行负担，使这些高级氧化工艺的推广应用受到限制。针对独立的高级氧化工艺的这一缺点，优化耦合水厂现有工艺使其成为高级氧化体系，成为水厂抗生素处理工艺发展的新趋势之一。目前水厂常用的消毒工艺包括紫外光消毒及氧化剂消毒工艺，其中常用的消毒剂包括自由氯（FAC）、二氧化氯（ClO_2）、氯胺（NH_2Cl）、过氧乙酸（PAA）、高锰酸钾（$KMnO_4$）等。在我国，由于水源水中有机质含量普遍较高，传统的氧化剂消毒工艺会产生较多的消毒副产物。此外，单独的紫外光消毒或是氧化剂消毒工艺难以有效降解水中的抗生素类污染物[52]。如果耦合这些现有的工艺（氧化剂消毒后通过紫外光设备或是自由氯耦合氯胺），不仅可以达到消毒的目的，水中的氧化剂还可以被紫外光激活（或氧化剂之间反应）生成自由基，形成高级氧化体系，实现对水中抗生素的高效去除。

耦合现有的工艺使其成为高级氧化体系具有诸多优势：首先，现有的一些消毒工艺，如氯胺消毒等，由于其本身对病原微生物的灭活速率较慢，为达到出水水质要求及余氯要求，本身具有添加紫外消毒设备的需求；其次，这些工艺可直接设立在氧化剂消毒的水处理厂中，无须改造现有的水处理构筑物，也无须投加其他药品，这就很大程度上减少了供水企业的运行成本。

目前已经报道的耦合高级氧化工艺包括 UV/FC、UV/ClO_2、UV/NH_2Cl、UV/PAA、UV/$KMnO_4$等，这些高级氧化工艺在污染物去除及病原微生物的消毒方面都表现出优异的性能[38-40, 42, 44, 45, 53]。这些高级氧化工艺除产生高活性的羟基自由基外，还可以产生一些高选择性的自由基，包括含氯的自由基、含氮的自由基、碳中心的自由基等，这些高选择性自由基的存在可以高效地去除水中特定的微污染物。这些耦合的新型高级氧化工艺是目前水处理工艺研究的热点之一。

4）耦合资源回收的抗生素去除技术

耦合资源回收的抗生素去除技术已经逐渐成为该领域一个新的发展方向。研究发现，在去除典型废水（如医疗废水、畜禽养殖废水和尿液废水等）中药物类污染物的过程中，废水中高浓度的营养元素（如 N 和 P 等）在一定程度上限制了特定处理工艺对污染物的去除效率。例如，Dodd 等利用臭氧氧化法处理尿液废水，然而由于氨的存在，在尿液中需要极高用量的臭氧（150 mg/L）才能降解约50%的药物类污染物[54]。前期研究利用 UV/H$_2$O$_2$ 和 UV/PDS 去除尿液中的抗生素及其人体代谢产物，也发现 NH$_3$ 是抑制去除效率的主要因素。在高 pH（pH＞8）下，以 NH$_3$ 形式存在的氨氮与多种 ROS 发生反应，从而抑制 ROS 对污染物的降解[53, 55]。因此，耦合现有的高级氧化技术，同步实现抗生素去除和氮磷等营养元素回收利用的新型一体化工艺技术是该领域研究的一个重点，对实现典型废水中污染物去除和资源化利用具有重要意义。

以尿液废水处理为例，生命周期分析显示：如果能够同时实现尿液中药物类污染物去除和氮磷营养元素的回收利用，将减少源分离尿液收集处理系统约90%的环境影响，在世界范围内每年节省2.5万 m^3 的饮用水并减少17%的污水排放，排放到环境中的氮磷污染将减少50%以上[56]。目前，国内外对于药物类污染物在源分离尿液中的降解的研究仍处于起步阶段。已报道的处理方法包括纳米膜过滤、离子交换树脂、电渗析、臭氧氧化等[57-59]。然而，这些方法只能将污染物从尿液中物理分离出来，仍需要进一步的处理来彻底降解污染物，且未与氮磷元素回收耦合。生物炭作为一种具有稳定的芳香结构的多功能材料，近年来越来越多地应用在农业及环境领域。研究发现，生物炭可以吸附水和土壤中的氮磷等营养元素[60]，而前期实验及文献中的多数研究结果表明，生物炭可以有效激活过氧化物（如 H$_2$O$_2$、PMS 和 PDS 等）产生活性基团实现源分离尿液废水中药物类污染物的彻底降解[61-63]。因此，基于生物炭的高级氧化工艺在实现耦合资源回收及抗生素去除的研究中具有良好的研究背景及应用潜力。

此外，耦合资源回收的抗生素技术不仅可以有效实现废水中污染物的去除，降低能耗，同时还有利于减少抗性基因在污水中的传播。利用基于碳材料（如生物炭）的过氧化物体系处理典型的含有部分营养元素的抗生素废水，一方面，可以对废水中的营养元素进行回收，实现资源的可持续利用；另一方面，可以减轻污水处理厂的氮磷负荷和药物类污染物的浓度。因此，探究和开发更多成本低廉、可行性强的废水一体化处理技术，将对拓展碳材料催化剂的应用领域，实现废水中资源的回收利用提供新思路和新途径。

参 考 文 献

[1] 李雪晴. 粉末活性炭加强型膜生物反应器对污水中新型污染物的去除[J]. 水处理技术, 2017, 43(12): 19-22.

[2] Altmann J, Rehfeld D, Trader K, Sperlich A, Jekel M. Combination of granular activated carbon adsorption and deep-bed filtration as a single advanced wastewater treatment step for organic micropollutant and phosphorus removal[J]. Water Research, 2016, 92: 131-139.

[3] Karelid V, Larsson G, Bjorlenius B. Pilot-scale removal of pharmaceuticals in municipal wastewater: Comparison of granular and powdered activated carbon treatment at three wastewater treatment plants[J]. Journal Environmental Management, 2017, 193: 491-502.

[4] Yin C Y, Aroua M K, Daud W M A W. Review of modifications of activated carbon for enhancing contaminant uptakes from aqueous solutions[J]. Separation and Purification Technology, 2007, 52(3): 403-415.

[5] 雷小阳, 王一凡, 倪雯倩, 杨成程. 水中新型污染物的去除工艺研究进展[J]. 广东化工, 2018, 45(16): 143-145.

[6] Fukuhara T, Iwasaki S, Kawashima M, Shinohara O, Abe I. Absorbability of estrone and 17β-estradiol

in water onto activated carbon[J]. Water Research, 2006, 40(2): 241-248.

[7] Sipma J, Osuna B, Collado N, Monclus H, Ferrero G, Comas J, Rodriguez-Roda I. Comparison of removal of pharmaceuticals in MBR and activated sludge systems[J]. Desalination, 2010, 250(2): 653-659.

[8] Liu Q L, Zhou Y F, Chen L Y, Zheng X. Application of MBR for hospital wastewater treatment in China[J]. Desalination, 2010, 250(2): 605-608.

[9] Le-Minh N, Khan S J, Drewes J E, Stuetz R M. Fate of antibiotics during municipal water recycling treatment processes[J]. Water Research, 2010, 44(15): 4295-4323.

[10] Gobel A, McArdell C S, Joss A, Siegrist H, Giger W. Fate of sulfonamides, macrolides, and trimethoprim in different wastewater treatment technologies[J]. Science of the Total Environment, 2007, 372(2-3): 361-371.

[11] Kovalova L, Siegrist H, Singer H, Wittmer A, McArdell C S. Hospital wastewater treatment by membrane bioreactor: Performance and efficiency for organic micropollutant elimination[J]. Environmental Science & Technology, 2012, 46(3): 1536-1545.

[12] Judd S J. Membrane technology costs and me[J]. Water Research, 2017, 122: 1-9.

[13] Michael I, Rizzo L, McArdell C S, Manaia C M, Merlin C, Schwartz T, Dagot C, Fatta-Kassinos D. Urban wastewater treatment plants as hotspots for the release of antibiotics in the environment: A review[J]. Water Research, 2013, 47(3): 957-995.

[14] Yang K, Yu J W, Guo Q Y, Wang C M, Yang M, Zhang Y, Xia P, Zhang D, Yu Z Y. Comparison of micropollutants' removal performance between pre-ozonation and post-ozonation using a pilot study[J]. Water Research, 2017, 111: 147-153.

[15] Wang J L, Xu L J. Advanced oxidation processes for wastewater treatment: Formation of hydroxyl radical and application[J]. Critical Reviews in Environmental Science and Technology, 2012, 42(3): 251-325.

[16] Bokare A D, Choi W. Review of iron-free Fenton-like systems for activating H_2O_2 in advanced oxidation processes[J]. Journal of Hazardous Materials, 2014, 275: 121-135.

[17] Yuan F, Hu C, Hu X X, Wei D B, Chen Y, Qu J H. Photodegradation and toxicity changes of antibiotics in UV and UV/H_2O_2 process[J]. Journal of Hazardous Materials, 2011, 185(2-3): 1256-1263.

[18] 周传龙, 代朝猛, 张亚雷, 张伟贤. 新型环境功能材料去除水体痕量污染物的研究进展[J]. 材料导报, 2012, 26(13): 145-149.

[19] 文湘华, 申博. 新兴污染物水环境保护标准及其实用型去除技术[J]. 环境科学学报, 2018, 38(3): 847-857.

[20] Bui X T, Vo T P T, Ngo H H, Guo W S, Nguyen T T. Multicriteria assessment of advanced treatment technologies for micropollutants removal at large-scale applications[J]. Science of the Total Environment, 2016, 563-564: 1050-1067.

[21] Cotruvo J A. 2017 WHO guidelines for drinking water quality: First addendum to the fourth edition[J]. Journal-American Water Works Association, 2017, 109(7): 44-51.

[22] USEPA. EPA 816-F-09-004 national primary drinking water regulations[S]. Washington DC: Office of Water, U.S. Environmental Protection Agency, 2009.

[23] 中华人民共和国卫生部, 国家标准化管理委员会. 生活饮用水卫生标准(GB 5749—2006)[S]. 北京: 中国标准出版社. 2006.

[24] 中华人民共和国国家环保总局, 国家质量监督检验检疫总局. 地表水环境质量标准(GB 3838—2002)[S]. 北京: 中国环境科学出版社. 2002.

[25] 史江红. 雌激素在污水处理系统中浓度分布及其去除效果研究进展[J]. 给水排水, 2013, 49(7): 1-3.

[26] 国家环境保护局, 国家质量监督检验检疫总局. 城镇污水处理厂污染物排放标准(GB 18918—2002)[S]. 北京: 中国环境出版社. 2002.

[27] 王斌, 邓述波, 黄俊, 余刚. 我国新兴污染物环境风险评价与控制研究进展[J]. 环境化学, 2013,

32(7): 1129-1136.

[28] Von Gunten U. Oxidation processes in water treatment: Are we on track?[J]. Environmental Science & Technology, 2018, 52(9): 5062-5075.

[29] Imoberdorf G, Mohseni M. Kinetic study and modeling of the vacuum-UV photoinduced degradation of 2, 4-D[J]. Chemical Engineering Journal, 2012, 187: 114-122.

[30] 李梦凯. 紫外反应器的优化设计方法、剂量验证和运行监测[D]. 北京: 中国科学院大学, 2013.

[31] Wols B A, Hofman-Caris C H M, Harmsen D J H, Beerendonk E F, Van Dijk J C, Chan P S, Blatchley E R. Comparison of CFD, biodosimetry and lagrangian actinometry to assess UV reactor performance[J]. Ozone-Science & Engineering, 2012, 34(2): 81-91.

[32] Wols B A, Hofman J A M H, Beerendonk E F, Uijttewaal W S J, Van Dijk J C. A Systematic approach for the design of UV reactors using computational fluid dynamics[J]. Aiche Journal, 2011, 57(1): 193-207.

[33] Imoberdorf G E, Taghipour F, Mohseni M. Radiation field modeling of multi-lamp, homogeneous photoreactors[J]. Journal of Photochemistry and Photobiology A: Chemistry, 2008, 198(2-3): 169-178.

[34] Lin L S, Johnston C T, Blatchley E R. Inorganic fouling at quartz : Water interfaces in ultraviolet photoreactors. I. Chemical characterization[J]. Water Research, 1999, 33(15): 3321-3329.

[35] Wait I W, Blatchley E R. Model of radiation transmittance by inorganic fouling on UV reactor lamp sleeves[J]. Water Environment Research, 2010, 82(11): 2272-2278.

[36] Wait I W, Johnston C T, Blatchley E R. The influence of oxidation reduction potential and water treatment processes on quartz lamp sleeve fouling in ultraviolet disinfection Reactors[J]. Water Research, 2007, 41(11): 2427-2436.

[37] Ben W W, Sun P Z, Huang C H. Effects of combined UV and chlorine treatment on chloroform formation from triclosan[J]. Chemosphere, 2016, 150: 715-722.

[38] Cai M Q, Sun P Z, Zhang L Q, Huang C H. UV/peracetic acid for degradation of pharmaceuticals and reactive species evaluation[J]. Environmental Science & Technology, 2017, 51(24): 14217-14224.

[39] Sun P Z, Lee W N, Zhang R C, Huang C H. Degradation of DEET and caffeine under UV/chlorine and simulated sunlight/chlorine conditions[J]. Environmental Science & Technology, 2016, 50(24): 13265-13273.

[40] Sun P Z, Meng T, Wang Z J, Zhang R C, Yao H, Yang Y K, Zhao L. Degradation of organic micropollutants in UV/NH_2Cl advanced oxidation process[J]. Environmental Science & Technology, 2019, 53(15): 9024-9033.

[41] Sun P Z, Tyree C, Huang C H. Inactivation of escherichia coli, bacteriophage MS2, and *Bacillus spores* under UV/H_2O_2 and UV/peroxydisulfate advanced disinfection conditions[J]. Environmental Science & Technology, 2016, 50(8): 4448-4458.

[42] Sun P Z, Zhang T Q, Mejia-Tickner B, Zhang R C, Cai M Q, Huang C H. Rapid disinfection by peracetic acid combined with UV irradiation[J]. Environmental Science & Technology Letters, 2018, 5(6): 400-404.

[43] Yao H, Sun P Z, Minakata D, Crittenden J C, Huang C H. Kinetics and modeling of degradation of ionophore antibiotics by UV and UV/H_2O_2[J]. Environmental Science & Technology, 2013, 47(9): 4581-4589.

[44] Zhang R C, Meng T, Huang C H, Ben W W, Yao H, Liu R N, Sun P Z. PPCP degradation by chlorine-UV processes in ammoniacal water: New reaction insights, kinetic modeling, and DBP formation[J]. Environmental Science & Technology, 2018, 52(14): 7833-7841.

[45] Zhang R C, Yang Y K, Huang C H, Li N, Liu H, Zhao L, Sun P Z. UV/H_2O_2 and UV/PDS treatment of trimethoprim and sulfamethoxazole in synthetic human urine: Transformation products and toxicity[J]. Environmental Science & Technology, 2016, 50(5): 2573-2583.

[46] Guo K H, Wu Z H, Shang C, Yao B, Hou S D, Yang X, Song W H, Fang J Y. Radical chemistry and structural relationships of PPCP degradation by UV/chlorine treatment in simulated drinking water[J]. Environmental Science & Technology, 2017, 51(18): 10431-10439.

[47] Li W, Patton S, Gleason J M, Mezyk S P, Ishida K P, Liu H Z. UV photolysis of chloramine and

[48] Patton S, Li W, Couch K D, Mezyk S P, Ishida K P, Liu H Z. Impact of the ultraviolet photolysis of monochloramine on 1, 4-dioxane removal: New insights into potable water reuse[J]. Environmental Science & Technology Letters, 2017, 4(1): 26-30.
[49] Patton S, Romano M, Naddeo V, Ishida K P, Liu H Z. Photolysis of mono- and dichloramines in UV/hydrogen peroxide: Effects on 1, 4-dioxane removal and relevance in water reuse[J]. Environmental Science & Technology, 2018, 52(20): 11720-11727.
[50] Wu Z H, Guo K H, Fang J Y, Yang X Q, Xiao H, Hou S D, Kong X J, Shang C, Yang X, Meng F A, Chen L W. Factors affecting the roles of reactive species in the degradation of micropollutants by the UV/chlorine process[J]. Water Research, 2017, 126: 351-360.
[51] Lee Y, Gerrity D, Lee M, Gamage S, Pisarenko A, Trenholm R A, Canonica S, Snyder S A, Von Gunten U. Organic contaminant abatement in reclaimed water by UV/H_2O_2 and a combined process consisting of O_3/H_2O_2 followed by UV/H_2O_2: Prediction of abatement efficiency, energy consumption, and byproduct formation[J]. Environmental Science & Technology, 2016, 50(7): 3809-3819.
[52] Yang W B, Zhou H D, Cicek N. Treatment of organic micropollutants in water and wastewater by UV-based processes: A literature review[J]. Critical Reviews in Environmental Science and Technology, 2014, 44(13): 1443-1476.
[53] Zhang R C, Yang Y K, Huang C H, Zhao L, Sun P Z. Kinetics and modeling of sulfonamide antibiotic degradation in wastewater and human urine by UV/H_2O_2 and UV/PDS[J]. Water Research, 2016, 103: 283-292.
[54] Dodd M C, Zuleeg S, Von Gunten U, Pronk W. Ozonation of source-separated urine for resource recovery and waste minimization: Process modeling, reaction chemistry, and operational considerations[J]. Environmental Science & Technology, 2008, 42(24): 9329-9337.
[55] Zhang R C, Sun P Z, Boyer T H, Zhao L, Huang C H. Degradation of pharmaceuticals and metabolite in synthetic human urine by UV, UV/H_2O_2, and UV/PDS[J]. Environmental Science & Technology, 2015, 49(5): 3056-3066.
[56] Landry K A, Boyer T H. Life cycle assessment and costing of urine source separation: Focus on nonsteroidal anti-inflammatory drug removal[J]. Water Research, 2016, 105: 487-495.
[57] Pronk W, Palmquist H, Biebow M, Boller M. Nanofiltration for the separation of pharmaceuticals from nutrients in source-separated urine[J]. Water Research, 2006, 40(7): 1405-1412.
[58] Landry K A, Boyer T H. Diclofenac removal in urine using strong-base anion exchange polymer resins[J]. Water Research, 2013, 47(17): 6432-6444.
[59] De Boer M A, Hammerton M, Slootweg J C. Uptake of pharmaceuticals by sorbent-amended struvite fertilisers recovered from human urine and their bioaccumulation in tomato fruit[J]. Water Research, 2018, 133: 19-26.
[60] Qambrani N A. Rahman M M, Won S, Shim S, Ra C. Biochar properties and eco-friendly applications for climate change mitigation, waste management, and wastewater treatment: A review[J]. Renewable & Sustainable Energy Reviews, 2017, 79: 255-273.
[61] Sun P Z, Li Y X, Meng T, Zhang R C, Song M, Ren J. Removal of sulfonamide antibiotics and human metabolite by biochar and biochar/H_2O_2 in synthetic urine[J]. Water Research, 2018, 147: 91-100.
[62] Ouyang D, Chen Y, Yan J C, Qian L B, Han L, Chen M F. Activation mechanism of peroxymonosulfate by biochar for catalytic degradation of 1, 4-dioxane: Important role of biochar defect structures[J]. Chemical Engineering Journal, 2019, 370: 614-624.
[63] Zhu K M, Wang X S, Chen D, Ren W, Lin H, Zhang H. Wood-based biochar as an excellent activator of peroxydisulfate for Acid Orange 7 decolorization[J]. Chemosphere, 2019, 231: 32-40.